高等学校专业教材

生物工程工厂设计概论

主　编　吴思方

编　者　王秀道　边红杰　阮文权　梁世中

中国轻工业出版社

图书在版编目（CIP）数据

生物工程工厂设计概论/吴思方主编. —北京：中国轻工业出版社，2025.5

高等学校专业教材

ISBN 978 - 7 - 5019 - 5920 - 4

Ⅰ. 生… Ⅱ. 吴… Ⅲ. 生物工程 - 工厂 - 建筑设计 - 高等学校 - 教材 Ⅳ. TU276

中国版本图书馆 CIP 数据核字（2007）第 041548 号

责任编辑：张 靓　　责任终审：滕炎福　　封面设计：高 建

版式设计：马金路　　责任校对：李 靖　　责任监印：张京华

出版发行：中国轻工业出版社（北京鲁谷东街 5 号，邮编：100040）

印　　刷：三河市万龙印装有限公司

经　　销：各地新华书店

版　　次：2025 年 5 月第 1 版第 21 次印刷

开　　本：787×1092　1/16　印张：20.25

字　　数：467 千字　插页：4

书　　号：ISBN 978-7-5019-5920-4

定　　价：38.00 元

邮购电话：010 - 85119873

发行电话：010 - 85119832　010 - 85119912

网　　址：http://www.chlip.com.cn

Email：club@chlip.com.cn

250838J1C121ZBQ

《生物工程工厂设计概论》编委会

主　编　吴思方　（湖北工业大学生物工程学院）

编　者　（以姓氏笔画为序）

王秀道　（山东轻工业学院食品与生物工程学院）

边红杰　（河北科技大学生物工程学院）

阮文权　（江南大学生物工程学院）

梁世中　（华南理工大学生物工程学院）

前　　言

《生物工程工厂设计概论》是一门以生物工艺学、生物制药学、GMP（药品生产质量管理规范）和工程学及相关科学理论和工程技术为基础，综合性、实践性很强的应用性工程学科。

根据国家教育部制定的“面向21世纪教学内容和课程体制改革”的要求和1998年教育部为缩减专业设置、扩大专业覆盖面，将本科发酵工程专业改置为生物工程专业，其专业内涵增加，覆盖面扩大。近年来生物工程发展迅猛，工厂规模大型化、现代化，新工艺、新技术、新设备不断涌现，生产技术不断提高。为满足生物工程专业的教学和生物工程行业发展需要，作者在原轻工高等院校发酵工程专业教材委员会组织编撰的教材《发酵工厂工艺设计概论》基础上，重新编写了这本《生物工程工厂设计概论》。

本书按照我国现行基本建设程序，系统介绍了生物工程工厂建设项目的建设程序、内容、步骤、方法和原理。重点是发酵工厂和生物制药工厂的工艺设计，并对工艺设计图的表达和绘制要求进行了介绍。本书突出理论联系实际，通过设计实例帮助学生掌握设计方法和技巧。另外，根据需要在书后有针对性地收录一些生物工程设计中常用数据、材料、设备、化工制图图例等，以供设计参考。

本书由吴思方、边红杰、梁世中、王秀道、阮文权编写，吴思方主编。其中绪论、第六章、附录由湖北工业大学吴思方编写，第一、二、十章由河北科技大学边红杰编写，第三、四章由华南理工大学梁世中编写，第五、九章由山东轻工业学院王秀道编写，第七、八章由江南大学阮文权编写。

本书既可作为高等院校生物工程专业、制药工程专业及相关专业的教材，也可作为生物工程、制药工程、轻化工程从事生产、研究和设计人员参考用书。

由于编者水平有限，书中不当之处，恳请读者批评指正。

编　者

2007年1月

目　　录

绪　论

一、课程的目的和任务

生物工程工厂设计概论是一门以生物工艺学、生物制药学、GMP 和工程学及相关科学理论和工程技术为基础,综合性、实践性很强的应用性工程学科,是在学生基本学完大学全部课程,扎实掌握基础理论、工程技能及专业理论、专业知识的基础上开设的。其目的是培养学生具备生物工程工厂设计的工程能力和工程素质,结合毕业实习和毕业设计,完成工程师的综合性基本训练。

生物工程工厂设计是一项政治、经济和技术紧密配合,政策性很强的综合性工作。除了要求设计工作者具有计算、绘图、表达等基本功和专业理论、专业知识外,还必须掌握生物工程工厂设计的理论、方法和有关设计规范。因此,本课程的任务是:使学生了解工厂设计的工作程序、内容、步骤,对于生物工程工艺类专业的学生讲,主要是掌握生物工程工艺设计的理论、方法和有关设计规范,走上工作岗位后,能胜任工艺设计工作。

具体讲,其任务是:

(1) 了解我国基本建设的有关方针政策和规定,掌握基本建设的工作程序、内容和设计范围分工。

(2) 了解生物工程工厂工艺设计在总体设计中的地位和作用,掌握工艺设计的范围、内容、基本方法和步骤、工艺设计的深度要求等基本知识。

(3) 了解生产工艺设计与公用工程设计的关系,熟悉公用工程设计的有关知识。

(4) 了解和熟悉工厂设计的有关规范、标准(见本书附录二)以及技术经济和概算等内容和要求。

(5) 熟悉作为工艺设计主要成果的设计说明书和工艺设计图(工程语言)的有关内容、特点、表示方法、规范和标准等知识。

二、生物工程工厂设计的重要性

生物工程产业是国民经济中的重要部门。为了实现把我国建设成为社会主义现代化强国的宏伟目标,根据国民经济的发展规划,生物工程产业的生产规模、产品、产量和品种将有一个较大的发展。在生物工程产业的基本建设战线上,工厂设计发挥着重要的作用。新建、改建和扩建一个工厂,均离不开设计工作。在科学研究中,从小试、中试以及工业化生产,都需要与设计有机结合,进行新工艺、新技术、新设备的开发工作。因此,设计工作是把科学技术转化为生产力的一门综合性科学。它是扩大再生产,更新改造原有企业,增加产品品种,提高产品质量,节约能源和原材料,促进国民经济和社会发展的重要技术经济活动的组成部分。

工厂设计在工程项目建设的整个过程中,是一个极其重要的环节,可以说在建设项目立项以后,设计前期工作和设计工作就成为建设中的关键。企业在建设的时候能不能加快速度,保证施工安装质量和节约投资,建成以后能不能获得最大的经济效益、环境效益和社会效益,设计工作起着决定性的作用。

因此,国民经济的发展、发展的效益和速度,都离不开工厂设计工作。其状况如何,对于发展科学技术事业和社会主义现代化建设都有着极大的影响。

三、工厂设计的任务和内容

工厂设计的基本任务是要作出体现国家有关方针政策,切合实际,安全适用,技术先进,经济效益和环境效益好的设计,为我国社会主义现代化建设服务。

工厂企业工程项目,不论规模大小,是大型还是中小型;也不论是新建还是扩建,其基本建设的第一步程序就是设计工作。设计工作一般包括有总(整)体设计与局部设计。凡是设计范围涉及到整个工业企业的,称总体设计。如生物工程工厂的总体设计有总平面、工艺、给排水、供电、供汽、土木建筑等设计以及有关厂址选择、生产检测与控制仪表、环境保护、生产组织与劳动定员、技术经济与概算等内容。凡是设计的范围不涉及整个工业企业的全部内容,而只是其中的某些部分,甚至于某一个部分或某一个设备,称局部设计。新建厂的设计一般属于总体设计,扩建厂的设计一般属于局部设计者居多。

工厂设计工作的内容包括参加建设项目的决策,编制各个阶段设计文件,配合施工和参加验收,进行总结的全过程。所负责项目设计的单位和从事工艺设计的人员,都要有高度的责任心和良好的素质,对每个工程项目都要负责到底,直到该工程项目建成投产,全部达到设计能力,经有关部门验收考核,技术经济效果合格,才算完成设计任务。

四、生产工艺设计在总体设计中的重要地位

生物工程工厂总体设计的范围包括了企业内应该配置的一切单项工程的完整设计,一般包括总平面布置,生产车间,动力车间(如锅炉房、变电站、给排水工程等),厂内外运输,自控仪表,空气净化,采暖通风,环境保护工程,福利设施,办公楼,技术经济与概算等单项工程设计。从总体设计来说,生产工艺设计是总体设计的主导设计,生产工艺专业是主体专业,它起着贯串全过程并且组织协调各专业设计的作用,而其他配套专业是根据生产工艺提出的要求来进行设计的。所以,生物工程工厂生产工艺设计的范围是负责全厂生产工艺流程设计和各生产车间的设计,并向配套专业人员提供设计依据、提出设计要求。工艺专业向配套专业提出的要求将作为配套专业设计的重要依据。因此,生产工艺设计不仅要求自身工艺设计具有先进性和合理性,而且也将直接影响到其他协同配套专业的设计先进性和合理性。

评价一个工厂设计的优劣最主要点是看它工艺生产技术是否先进可靠、安全适用,在经济上是否合理。评价其工艺技术先进性,是否达到国内先进水平还是国际先进水平,具体应考核其工艺流程的先进性,选用设备的先进性,工艺控制和工艺条件的先进性和合理性,产品生产技术经济指标的先进性,对环境产生的污染程度等。因此,一个技术上先进可靠,经济上合理的优秀的工厂设计,它的生产工艺流程、设备选择及车间布置等都应该是先进合理的。可见生产工艺设计是起着主导的决定性作用的。这就要求工艺专业人

员，不仅要熟练地掌握本专业的知识和技能，而且还要熟悉有关专业（例如，土建、供热、自控仪表等）的知识和技能。只有这样，才能更好地与各专业相互配合，紧密合作，共同搞好设计工作。

生物工程工厂的总体设计是由各个车间设计所构成的，车间设计是总体设计的组成部分。工厂的总体设计也好，车间设计也好，是由工艺设计和其他非工艺设计（包括土建、采暖通风、供水、供电、供热等）组成的。而工艺设计人员主要是担负工艺设计部分，其中尤以车间工艺设计为主。因此，车间工艺设计是本书的中心内容。

五、生产工艺设计的依据、内容和深度

工艺专业设计人员在进行工艺设计时，必须以批准的可行性研究报告中规定的生产纲领和任务为依据。根据原材料的特性和产品的质量要求，以及厂址的现场条件，并结合国内设备制造供应条件和引进国外技术与装备的可能性，尽量采用先进的工艺技术和装备。其设计的主要依据是：

（1）可行性研究报告。

（2）项目工程师或项目总负责人下达的设计工作提纲和总工程师作出的技术决定。

（3）如采用新原料品种、新技术和新设备时，必须在技术上有切实把握并且依据了正式的试验研究报告和技术鉴定书，经设计院领导核准后方可作为设计依据。

工艺设计的内容和深度，也就是初步设计阶段和施工图设计阶段的内容和深度，请见本书第一章第五节和第六节。

生物工程专业是工艺类专业，学生毕业设计的深度和要求，一般以初步设计中的工艺设计为主，兼顾部分设备设计。设计范围以车间为主。

六、工厂设计工作原则

（1）设计工作要围绕现代化建设这个中心，为这个中心服务。首先要做到精心设计，投资省，技术新，质量好，收效快，回收期短，使设计工作符合社会主义经济建设的总原则。

设计的安全性和可靠性是工程项目设计工作的第一要务，是设计人员进行生物工程项目设计的根本出发点和落脚点。

（2）设计工作必须认真进行调查研究（例如毕业实习）。要学会查阅文献，搜集设计必需的技术基础资料，加强技术经济的分析工作，深入调查，与同类型厂先进技术经济指标作比较。要善于从实际出发去分析研究问题。设计的技术经济指标以达到或超过国内同类型工厂生产实际平均先进水平为宜。

（3）解放思想，按照更新设计观念、更新设计方法、更新科技知识的“三更新”原则，积极采用新技术，加强电子计算机的应用，先进技术和专利成果的采用。突出创新性，力求设计在技术上具有现实性和先进性，在经济上具有合理性，环境保护上具有可行性。尽可能提高劳动生产率，降低能耗，努力达到生物工程设计的高质量和高水平。

（4）设计必须结合实际，因地制宜，体现设计的通用性和独特性相结合的原则，不能千厂一貌。工厂生产规模、产品品种的确定，要适应市场的需要、满足客户需要、控制成本

需要。要考虑资金来源，建厂地点，时间，三废综合利用等条件，并适当留有发展余地。

（5）生物工程工厂设计中，还应考虑采用微生物发酵的工厂的独特要求，既要注意到周围环境（包括空气、水源）的清洁卫生，又要注意到工厂内车间之间对卫生、无菌、防火等条件的相互影响。另外，食品类发酵工厂，还应贯彻国家食品卫生法有关规定，充分体现卫生、优美、流畅，并能让参观者放心的原则。

（6）生物制药工艺设计，必须严格遵守国家颁布的“药品生产管理规范”（good manufacturing practice，简称 GMP）。药厂及车间设计必须以 GMP 为设计依据和准则，树立符合 GMP 要求的整体工程理念。

（7）设计工作必须加强计划性，各阶段工作要有明确的进度。

第一章　基本建设程序

第一节　概　　述

一、执行基本建设程序的重要性

基本建设程序，是指基本建设项目在整个建设过程中各项工作必须遵循的先后顺序。它是指基本建设项目全过程中各环节、各步骤之间客观存在的不可破坏的先后顺序，是由基本建设项目本身的特点和客观规律决定的。

建设项目是一项涉及面很广的综合性技术工作，从制定建设规划、确定建设项目、勘察、选址、设计、建筑、安装、试车，直到竣工验收以及交付使用等各个阶段、各个环节之间，各有不同的工作内容，同时又紧密地联系在一起，有着客观的先后顺序。

基本建设程序始终是国家对建设项目管理的一项重要内容。我国现行的基本建设程序是总结了建设工作的实践经验而制定的，反映了建设工作所固有的客观自然规律和经济规律，是建设项目科学决策和顺利进行的重要保证，是保证工程质量和投资效益的一个根本原则。在进行项目建设工作中，只有在完成上一环节工作后，才可以转入下一环节，不可违反顺序，不得简化程序，必须严格遵守。

二、基本建设程序的内容

一个新建项目从计划建设到建成投产，按照建设项目发展的内在联系和发展过程，建设程序一般要经过：建设前期、建设期和交付使用期三个阶段。

1. 建设前期的工作程序

建设前期的工作主要是项目申报阶段的工作和项目申报完成后的初步设计阶段的工作。

(1) 项目申报阶段　项目建设单位根据国民经济和社会发展的长远规划、行业规划、地区规划等要求，经过对拟建项目进行充分的调查、预测、分析和论证后，按要求编制项目申请报告。项目申请报告编制完成后，按照现行的建设项目审批权限进行报批。

项目建设单位在提出项目申请报告之前，要委托相关技术部门，对拟建设项目进行必需的可行性研究、环境影响评价、安全评价、能源评估；并与土地资源、能源供应、原材料供应、水资源等相关部门签署有关证明、协议；还要进行厂址选择、地质勘探、水资源勘查等，并撰写相关的报告书，经论证核实后，再行编制项目申请报告。这些技术文件及协议、证明是项目申请报告报批时的必要附件。设计人员在此阶段要完成可行性研究、厂址选择和项目申请并完成相应报告的撰写工作。

(2) 初步设计阶段　项目建设单位在项目申请报告审批、核准、备案后，委托有资质的设计部门进行初步设计和总概算工作。

综上所述，基本建设项目的第一阶段的工作程序为：

一个工程项目从社会发展、工业布局、市场需求和地区、行业发展规划⟶项目申请报告⟶上报审批、备案⟶初步设计、总概算工作⟶初步设计图纸、文件、总概算⟶上报审批

批准后，才能进入第二阶段建设期工作。

2. 建设期的工作程序

批准的初步设计、总概算 →
- 设计单位 ⟶施工图设计；修改初步设计，修正概算；施工图预算；分批交付施工图纸；选派工地代表
- 筹建单位 ⟶征地；设备材料订货；签订施工安装合同；施工安装准备；生产准备工作（人员培训等）
- 施工安装单位 ⟶施工安装预算；施工组织设计；开工准备

⟶ 施工安装总进度表 ⟶开工报告⟶上报⟶ 开工建设 ⟶单项工程验收⟶调试⟶试生产⟶ 主管部门验收 ⟶ 移交生产

3. 交付使用期的工作程序

项目建设完毕，由主管部门组织验收后，所建项目就交付使用，进入正常生产经营阶段。设计单位进行回访、总结、资料存档等工作。

所以，基本建设项目的第三阶段的工作程序为：

移交生产、正式投产 ⟶ 企业经营管理、生产指挥调度（投入、产出、销售）

↑

设计单位 ⟶ 设计回访、设计总结经验 ⟶ 整理编制技术档案

第二节　项目申请报告

一、项目申请报告的任务

项目申请报告是设计工作的前奏，其任务就是向国家省、市有关主管部门直接申请工程项目，以期批准建设。因此，在编写项目申请报告时，尽量做到文字简要，具有超前分析的观点，注意突出立项工程急迫性、现实性、经济性。

二、项目申请报告的主要内容

项目申请报告应包括以下主要内容。

1. 项目申报单位情况

主要包括项目申报单位的重点经营范围、资产负债情况、股东构成及股权结构比例、以往投资类似项目的简要情况等内容。

2. 拟建项目情况

主要包括以下内容：

（1）项目建设地点、建设内容、规模及运行方式、建设必要性；

（2）拟建项目与相关规划、相关产业政策、相关行业准入标准的关系；

（3）产品及技术方案、主要设备选型、资源供应；

（4）厂址条件、工程设想、总平面布置和运输；

（5）主要建、构筑物和建筑物的建筑特征与结构设计、其他工程等；

（6）劳动安全及工业卫生、消防水系统、组织机构及岗位定员；

（7）工程项目实施的条件和轮廓进度；投资规模、资金筹措方案等。

3. 建设用地及相关规划

（1）项目建设用地区域情况　建设地区的资源、区域地质、交通运输情况，以及自然条件与项目的特定生产需要的关系。

（2）项目用地情况　项目用地占用土地数量、占用农用地、建设项目用地等数量，生产区、生活区、原料基地占地面积，需要拆迁及可利用的原有建筑物、构筑物情况，项目需要支付的补偿或出让费用，项目用地预审情况。

（3）项目布局规划情况　项目合理布局的论证分析。在城市规划区内的项目选址和布局与所在地城市规划衔接情况。

4. 资源利用和能源耗用分析

（1）资源和原材料　项目需要利用的自然资源及其来源、数量、运输方式、供应条件以及今后发展和开发趋势，项目现有资源利用与相关开发资源利用的总体规划衔接。

（2）能源耗用和公共设备的占用　项目所需煤、电、气、汽、油等燃料，拥有动力及公用设施的数量和能力，需由项目自建的规模和种类以及可利用的现有设施。

（3）节能和节水措施　能源和水资源消耗大的项目，应符合综合利用、节约资源和可持续发展等方面的要求，并提出节能、节水措施，对能耗、水耗指标进行分析。

5. 生态环境影响分析

（1）建设项目的周围环境现状　项目所在地的自然及经济社会情况，包括地理、水文、气候、气象等情况；自然保护区、风景游览区、名胜古迹以及重要政治文化设施情况；生活居住区分布情况和人口密度等社会经济情况、人群健康状况和地区病等情况；环境质量现状情况等。

（2）项目主要污染及污染物分析　项目主要污染源，主要污染物的种类、排放浓度、排放量和排放方式等；废弃物的回收利用和处理、处置方案；采用的污染物排放标准。

（3）建设项目的环境影响　建设项目对环境可能造成的影响的分析、预测和评估项目影响的特征；环境影响的范围、程度和性质。

（4）环保措施的评述及其技术经济论证　提出各项措施的投资估算，建设项目环境影响的经济损益分析。

（5）环境监测制度及环境管理的建议。

（6）环境评价的结论和建议。

6. 经济和社会效益分析

（1）投资估算和资金筹措　分析项目建设和运营所需的投资，估算工程总投资，并对资金筹措作出分析。

（2）国民经济评价　从国家整体的角度考察项目对国民经济的贡献和需要国民经济付出的代价。

（3）社会效果分析　分析项目对国家政治和社会稳定的影响，包括分析项目建设对解决和促进就业的作用；项目与当地的科技、文化发展水平的相互适应性；项目与当地基础设施发展水平的相互适应性；项目与当地居民的宗教、民族习惯的相互适应性；项目对合理利用自然资源的影响等。

7. 建设与实施

（1）项目建设实施的安全、消防、卫生等措施；

（2）工程质量要求；

（3）项目的招标方式和招标组织形式。

8. 结论与建议

（1）结论及有关说明；

（2）需要政府解决的问题和建议。

9. 有关附件

（1）城市规划行政主管部门出具的城市规划意见；

（2）国土资源行政主管部门出具的项目用地预审意见；

（3）环境保护行政主管部门出具的环境影响评价文件的审批意见；

（4）根据有关法律法规应提交的其他文件。

第三节　可行性研究

一、可行性研究的任务和意义

可行性研究的任务是根据三级经济规划（包括国家、地区与行业的）要求，或根据市场经济的要求，对拟建（扩、改建）工程项目的技术性、经济性和工程实施性，进行全面调查、预测、分析和论证，作出是否合理可行的科学评价，最后写出可行性研究报告，为国家主管部门对项目作出决策提供可靠依据。如若批准建设，可行性研究报告中确定的设计方案与设计原则及其附属的基础资料，应当作为初步设计的主要依据。

可行性研究是工程项目建设的首要环节，是决定项目投资命运的关键。其意义在于避免和减少建设项目决策的失误，提高建设投资的综合效益。

二、可行性研究报告的内容

1. 总论

（1）项目提出的背景（改扩建项目要说明企业现有概况），投资的必要性和经济意义；

（2）研究工作的依据和范围。

2. 根据经济预测、市场预测确定项目建设规模和产品方案

（1）市场需求情况的预测；

（2）国内、省内现有企业生产能力的估计；

（3）销售预测、价格分析、产品竞争能力，产品需要外销的，要进行国外需求情况的

预测和进入国际市场前景的分析；

(4) 拟建项目的规模、产品方案和发展方向的技术经济比较和分析，扩建、改建项目要说明对原有固定资产的利用情况。

3. 资源、原材料、动力、运输、供水等配套条件及公用设施落实情况

(1) 经过资源行政主管部门正式批准的资源贮量、品位、成分以及使用条件；

(2) 原料、辅助材料、水、燃料的种类、数量、来源和供应可能；

(3) 所需公用设施的数量、供应方式和供应条件。

4. 建厂条件、厂址选择方案及总图布置方案

(1) 建厂的地理位置，气象、水文、地质、地形条件和社会经济现状；

(2) 交通、运输及水、电、汽的现状和发展趋势；

(3) 厂址比较与选择意见；

(4) 在拟建厂址的界区内，进行总厂平面布置方案。

5. 工艺技术、主要设备选型、建设标准和相应的技术经济指标

(1) 主要生产工艺流程、主要设备的选型；

(2) 建设标准及生产中采用的技术经济指标。

6. 主要单项工程、公用辅助设施、总体布置方案和土建工程量估算

7. 环境保护、安全生产、劳动卫生、消防、GMP 等要求和采取的相应措施方案

8. 企业组织、劳动定员和人员培训设想

9. 建设工期和实施进度

10. 投资估算和资金筹措

(1) 主体工程和辅助配套工程所需的投资；

(2) 生产流动资金的估算；

(3) 资金来源、筹措方式及国内外贷款及偿还方式。

11. 经济效益和社会效益评价

12. 结论

第四节　设计任务书

一、设计任务书的内容

设计任务书是一个指令性的文件，是确定基本建设项目，编制设计文件的主要依据。

设计任务书是在可行性研究的基础上进行编制的。其内容各类建设项目不尽相同，大、中型项目一般包括以下内容：

(1) 建设的目的和依据及建设项目名称；

(2) 建设规模、产品方案、生产方法和工作制度；

(3) 原材料、燃料、动力(水、汽、电)等供应情况；

(4) 厂址和地点，地理自然条件、交通、运输、防空、防震等要求；

(5) 资源综合利用和三废治理的要求；

（6）建设工期及设计、施工单位名称；

（7）投资控制数及劳动定员控制数；

（8）要求达到的经济效益和技术水平；

（9）对改、扩建工程项目要说明原固定资产的利用程度和现有生产潜力发挥情况。

小型建设项目设计任务书的内容可以简化。

二、设计任务书的附件

为了说明设计任务书有关内容，报上级审批，以便更好地指导设计，还应附上必要的附件资料。主要有如下内容：

（1）原材料的供应和原料基地情况；

（2）厂址地区的地形与地势、工程地质、水文、气象和地震等资料；

（3）土地使用批准书及能源、交通等协议书；

（4）可行性研究报告中有关预测经济效果的资料和计算依据；

（5）如引进国外的技术和设备，要附国家批准文件；如采用新工艺、新产品或新设备，则应有鉴定书或试验报告；

（6）扩建工程要附有本厂总平面图及主要设备平衡表。

第五节　初步设计阶段

一、概　　述

设计阶段的划分，一般按工程规模的大小、工程的重要性、技术的复杂性、设计条件的成熟程度以及设计水平的高低，总的可以分为三阶段设计、两阶段设计和一阶段设计三种情况。

三阶段设计包括：初步设计→技术设计→施工图设计。对于新而复杂、规模特大或缺乏该种设计经验的大、中型工程，经主管部门指定的才按三阶段进行设计。

两阶段设计包括：扩大初步设计（也简称初步设计）→施工图设计。我国目前大多数改建、扩建和新建工程，都采用两阶段设计。

一阶段设计：施工图设计。一般为小厂的新建或小规模的改、扩建工程。

两阶段设计综合了三阶段和一阶段设计的优点，既可靠，又节省时间，是我国基本采用的设计方法。本书主要介绍两阶段设计。

初步设计是基本建设前期工作的组成部分，是实施工程建设的基本依据，所有新建、改建、扩建和技术改造的建设工程都必须有初步设计。

初步设计的依据是批准的设计任务书及其附件可行性研究报告，以及可靠的设计基础资料。

初步设计除生产工艺作为主导专业外，其他各专业均要按初步设计内容规定编制初步设计文件，以及编制车间综合概算和全厂总概算。

初步设计的目的是保证工程项目投产后，收到预期的经济效益。为此，除了要有准确可靠的技术资料和基础数据外，还要积极采用先进合理的技术经济指标，积极采用成熟的或是有了工厂经验并通过技术鉴定的新工艺、新技术、新设备和新材料。对重要的技术方案和工艺方法，应做到多方案或多方法的比较，最后从中优选而定。

二、初步设计的主要内容与成果

初步设计是在下达的设计任务书或与建设单位签署的设计合同基础上，确定全厂设计原则、设计标准、设计方案和重大技术问题。设计内容包括总图、运输、工艺、土建、电力、照明、采暖、通风、空调、给排水、动力及设计概算等。初步设计的成果是设计说明书和设计图纸。

（一）全厂初步设计说明书的内容

初步设计说明书的内容和深度要求，应按照国家或行业规定的要求编写，如《轻工业建设项目初步设计编制内容及深度规定》和《医药建设项目初步设计编制内容及深度规定》，其基本内容如下：

1. 总论

1.1 概述

1.2 设计依据

1.3 设计范围及分工

1.4 设计原则

1.5 工厂组成

1.6 产品方案及建设规模

1.7 生产方法及全厂工艺总流程

1.8 主要原材料、燃料的规格、消耗量及来源

1.9 公用系统主要参数及消耗量

1.10 厂址概况

1.11 全厂定员

1.12 建设进度

1.13 技术经济指标

1.14 存在问题及建议

2. 总图运输

3. 工艺

4. 公用工程

4.1 给排水

4.2 供电及电信

4.3 供热

4.4 空压站

4.5 冷冻站

4.6 厂区室外管道

5. 辅助生产装置

5.1 维修
5.2 中央化验室
5.3 动物房
5.4 仓库
5.5 液体原料及产品贮运设施
6. 仪表及自动控制
7. 设备
8. 土建
8.1 设计依据及设计要求
8.2 建筑设计
8.3 结构设计
9. 采暖通风
10. 行政管理及生活设施
11. 环境保护
12. 消防
13. 劳动安全卫生
14. 节能
15. 概算
16. 财务评价

主要数据及技术经济指标见表1－1。

表 1－1　全厂主要数据及技术经济指标

序号	名　称	单位	指　标	备　注
1	职工总人数	人		
	其中：基本生产工人	人		
	辅助生产工人	人		
	工程技术人员	人		
	行政管理人员	人		
2	年总劳动量	万工时		
	其中：××产品	工时		
3	设备仪器总数	台(套)		
	其中：××设备	台		
	××设备	台		
	……			
4	全厂占地总面积	m^2		
	其中：工业区占地面积	m^2		
	生活区占地面积	m^2		
5	建筑面积	m^2		
	其中：工业区建筑面积	m^2		
	生活区建筑面积	m^2		
6	全厂性仓库面积	m^2		

续表

序号	名 称	单位	指 标	备 注
7	建筑系数			
	厂区	%		
	生活区	%		
8	总用电量			
	(1) 设备容量	kW		
	(2) 需用量	kW		
	(3) 需要系数			
9	总用水量	t/d		
	其中:生产用水(最大)量	t/h		
	平均用水量	t/h		
	生活用水量	t/h		
10	全厂用热量	kW		
11	全厂压缩空气用量			
12	燃料耗量(分种类)	t/d		
	……			
	总投资	万元		

(二) 车间初步设计说明书(工艺部分)的内容

按照《轻工业建设项目初步设计编制内容深度规定》QBJS 6—2005 工艺部分说明书的内容,并根据行业特点和工程的繁简条件编写;有几个主要生产车间时,应按车间分别编写。例如啤酒工厂设计,工艺部分可按麦芽车间、糖化车间、发酵车间、包装车间分别编写;酒精工厂设计工艺部分可按粉碎车间、蒸煮糖化车间、酒母发酵车间、制曲车间、蒸馏车间分别编写;味精工厂按糖化车间、发酵车间、提取车间、精制车间分别编写。编写内容的一般要求如下。

×××车间(以下分车间叙述)

(1) 车间概况及特点。

说明车间设计的生产规模、产品方案、生产方法、工艺流程的特点,论证其技术先进、经济合理和安全可靠及多方案比选的要求。

(2) 车间组织。

(3) 工作制度,年工作日,日工作小时,生产班数,连续或间断生产情况等。

(4) 成品或半成品的主要技术规格及质量标准(注明国家、行业或国际标准)。

(5) 生产流程简述。

叙述物料经过工艺设备的顺序及生成物的去向,产品及原料的运输和贮备方式;说明主要操作技术条件(如温度、压力、流量、浓度、配比等参数;如系间断操作时,需说明一次操作的加料量、生产周期及时间);说明易爆工序或设备的防护措施和操作要点。

(6) 采用新技术的内容、效益及来源。

(7) 主要工艺技术指标(需列表说明)。

（8）原料、辅助原材料需用量及主要技术规格或质量标准；根据工艺流程，经过计算列出单位产品原材料、物料、动力消耗指标（如水、电、汽等），与国内已达到的先进指标的比较说明（见表1－2）。

表 1－2 原材料、物料、动力消耗指标及需用量表

序号	名称	规格或质量标准	单位	单位产品消耗指标	需用量			国内已达到的先进指标	备注
					时(h)	天(d)	年(a)		

（9）主要设备选型，论证其技术先进、适用和经济合理性；需引进设备名称、数量及说明。

（10）车间化验站的设置和主要设备选择。

（11）测量、计量器具的配置说明。

（12）室外工艺管道。

① 主要管道的负荷与参数。

② 管道系统选择。

③ 管道设计、敷设方式，穿越特殊地区（如特殊地质、地貌、高压线等）的技术方案，采用特殊材质的说明。

④ 特殊技术要求和措施（防爆、防雷、防静电、蒸汽伴管或套管加热等）。

⑤ 防腐及保温要求简述。

⑥ 绘制室外工艺管道系统图，厂外管道线路图，管架及管沟线路图。如与室外供热管道联合设计的，则应与供热专业协作绘制室外工艺、供热管道系统图及管架、管沟线路图。

（13）存在问题及建议。

（14）附件。

① 工艺流程图。标明原料、辅助材料、各种介质流向、工艺参数和控制点等。

② 设备布置图。标明平面、剖面布置。

③ 设备一览表。

④ 主要材料估算表。

注：

（1）本文所指的"工艺"系主体工艺，各公用专业的工艺设计内容，分别在有关章节中。

（2）编写时除对全厂的生产工艺做综合说明外，应按各生产车间分别叙述。若为综合车间时，除以车间整体叙述外，还应按工段分别说明。

（3）动力消耗指标除上列要求外，有的项目如以处理原料为单位来表达消耗指标的，则应按行业要求编列。

（4）生产工艺涉及的行业较多，因此上列各节仅为一般要求，编写时需按具体项目的不同要求，加以调整和增补。

（三）初步设计的图纸、附表

（1）生产工艺流程图（生产工艺设计需绘制）；

（2）车间设备布置图（生产工艺设计需绘制）；

（3）全厂总平面布置图，比例一般采用1:500、1:1 000，该图可放在总图运输部分；

（4）主要生产设备和电动机一览表；

（5）主要材料估算表。

三、初步设计的步骤

生产工艺设计在初步设计阶段，可分为下面几个步骤进行：

（1）选择并确定生产工艺流程，确定技术经济指标；

（2）进行生产工艺的各种计算；

（3）设备的选型和计算，确定生产设备的规格和台数；

（4）车间设备布置设计；

（5）向配套专业（土建、自控仪表、供水、环保、供电、供热、采暖通风、技术经济和概预算等）提出设计要求和有关资料；

（6）正式绘制车间设备布置图，工艺流程图，编制设备表和主要材料估算表；

（7）编写初步设计有关生产工艺部分的文件（统计说明书）。

四、初步设计的深度

初步设计的深度，应满足以下要求：

（1）设计方案的比较选择和确定；

（2）主要设备和材料的订货；

（3）土地征用；

（4）建设投资的控制；

（5）提供主管部门和有关单位进行设计审查；

（6）确定生产工人和生产管理人员的岗位、技术等级、人数并安排人员技术培训；

（7）作为施工图设计的主要依据；

（8）进行施工安装准备和生产准备工作。

初步设计完成后，须报请上级机关审查批准，才能进入施工图设计阶段。

五、初步设计阶段工艺设计人员应向协同设计的相关专业提交的资料

由于工艺专业在总体设计工作中占主导地位，所以有责任向协同设计的相关专业提供配合设计的条件和要求，作为这些专业设计的依据，以期在工艺专业正式开展设计作业的同时，协同设计的相关专业也可开展平行设计作业，以保证整个工程项目的设计能够按计划进度如期保质保量地完成。

在初步设计阶段，工艺专业向协同设计的相关专业应提供的资料列于表1-3。

在施工图设计阶段，如果有些数据经过核查，或在审批初步设计时经修改补充而必须

修改时,则对所涉及的数据必须另提修正资料作为施工图设计依据,并应进一步提供详细资料,主要内容列于表1-3。

表 1-3　　工艺专业向协作专业提供资料清单(初步设计)

序号	提出资料名称	资料内容	接受单位
1	主要技术经济指标	1. 技术操作数据 2. 原材料、动力消耗 3. 副产品、联产品产量 4. 收获率、提取率 5. 其他	项目工程师、技术经济设计专业、概预算专业
2	生产流程资料图		项目工程师、自控仪表专业总图、土建专业、供电专业、供冷专业、空压专业、给排水专业、采暖通风专业、供热专业、概预算专业
3	工艺设备布置资料图		
4	设备、电动机一览表		
5	设备荷载和设备最大件资料	1. 设备本体重 2. 设备内物料重 3. 拖动功率 4. 转动方向 5. 本车间最大件的质量和尺寸 6. 其他	土建专业
6	弱电、通讯、电、声、光报警联络等要求	1. 电话 2. 调度电话 3. 广播 4. 工段操作点与有关车间的红、绿灯电铃讯号联系 5. 对讲话筒或电话 6. 音响报警 ……	供电专业
7	用汽资料	1. 蒸汽质量 2. 用汽定额 3. 用汽量(平均、最大) 4. 冷凝水水质和水量及回收方式 5. 蒸汽负荷曲线	供热专业
8	冷耗资料	1. 用冷地点 2. 用冷参数 3. 耗冷量(平均、最大)	供冷专业
9	用气资料	1. 用气地点 2. 用气压力、温度、干燥和净化要求 3. 压缩空气用量(平均、最大)	空压专业
10	特殊照明要求	1. 车间操作点特殊照明要求 2. 需要低电压行灯插座或低压电源的操作点	供电专业

续表

序号	提出资料名称	资料内容	接受单位
11	给、排水资料	1. 水质 2. 水压 3. 用水量(平均、最大) 4. 进车间接管点 5. 车间排水水质水量及排出点	给、排水专业
12	暖通资料	1. 车间采暖点及要求 2. 车间夏季降温点及要求 3. 车间排除粉尘点及要求 4. 车间排浊空气或有害气体点及要求 5. 车间排除湿热点及要求 6. 特殊温湿度调节用房及具体要求	采暖通风专业
13	生活及服务用房资料	工作场所为生产服务的用房要求,如最大班人数,岗位就餐人数,质量检验室布置和分析桌、柜等尺寸,卫生工程和室内供排水设施等	土建专业 供、排水专业
14	人员配置资料	车间或工段的岗位操作人员、技术人员、管理人员,按每个操作班开列	技经专业
15	概预算资料	1. 安装材料汇总估算 2. 工器具需用量估算 3. 备品备件资料 4. 化验、检测仪具资料	概预算专业
16	全厂运输量资料	1. 原材料　2. 成品 3. 副产品、联产品　4. 五金材料 5. 化工原料　6. 维修材料 7. 油料　8. 润滑油脂	总图运输专业或厂内运搬专业
17	自控仪表资料	1. 自动控制器要求和安装点 2. 仪表安装点和控制室位置 3. 其他要求	自控仪表专业

第六节　施工图设计阶段

一、施工图设计的内容与成果

施工图设计阶段的内容,是连贯并依据批准的初步设计,使之更加具体化,按某一个单项工程成套出图。这些图纸必须是可按其进行施工安装的图纸,而且还要提出施工安装验收质量标准以及特殊施工安装方法和注意事项的施工说明书。

施工图设计的成果表现如下。

1. 设计文件

施工图阶段的设计文件主要是施工说明书,它应阐明以下3个内容:

(1) 如果对初步设计的某些内容必须进行修改时,应详细说明修改的理由和原因。

但有些主要内容如生产规模、产品方案、工艺流程、主要设备、建筑面积和标准、定员等，须报请原来审批初步设计的机关批准后才能据以修改。

（2）设备安装和验收标准及其注意事项。本项要求指明设备安装与土建施工的关系，大型设备的吊装方法，预留的安装孔位置，楼板负荷等。并应列出各类型设备安装要求及验收规范，尤其是对关键设备要写明安装精度要求。此外，在本项中也要对设备的防腐、防锈、涂色、试压试漏和静电接地等提出要求。

（3）管道安装和验收标准及其注意事项。各类管道的安装、施工、验收规范。对要求无菌等特殊管道提出施工要求。对管道安装坡度、管道的防腐、试压试漏、静电接地和涂色等提出要求。

2. 设计图纸、附表

（1）生产工艺系统详图。

（2）生产设备布置安装图、管路布置安装图，比例都采用1:50、1:25；有些细部详图可采用1:10、1:5、1:2等比例，以便于施工安装和制造。

（3）非标准设备制造和安装图，按机械制图标准绘制。

（4）设备和电动机明细表，施工、安装、现场制作件材料汇总表。

（5）其他为了设备订货和安装的补充说明和图纸。施工图设计是根据已经批准的初步设计文件，对建设项目各单项工程及建筑群体组成进行详细的安装施工设计，绘制施工图、编制工程预算书，作为工程施工的依据。

二、施工图设计的步骤

施工图设计阶段可按下述步骤进行工作：

（1）核实工艺设计方案：如需个别调整，视具体情况向相关部门递交书面资料，说明原因；

（2）核实设备选型方案：搜集设备的详细安装尺寸，为土建提资料；

（3）为土建、水道、暖通、电气、自控、动力等专业提资料；

（4）组织各专业绘制相应的施工图，编制相关文件。

三、施工图设计的深度

施工图设计的深度除了和初步设计互相连贯衔接之外，还必须满足：

（1）全部设备、材料的订货和交货安排；

（2）非标准设备的订货、制造和交货安排；

（3）能作为施工安装预算和施工组织设计的依据；

（4）控制施工安装质量，并根据施工说明要求进行验收。

四、施工图设计阶段工艺设计人员应向协同设计的相关专业提交的资料

施工图设计阶段工艺设计人员应向协同设计的相关专业提交的资料主要内容列于表1-4。

表 1-4　**工艺专业向协作专业提供资料清单(施工图设计)**

序号	提出资料名称	资料内容	接受单位
1	主要设备基础图及荷载资料	1. 设备基础定位 2. 地脚螺栓留孔 3. 预埋件定位 4. 设备荷重(自重、物料重) 5. 电机功率及运转方向 6. 防震要求等 用图纸并在图上标注,供土建出基础施工图、留孔图、预埋件图等用	土建专业
2	个别设备和特殊构筑物资料图	1. 单独设备基础标高,二次浇灌混凝土厚度,基础上地脚螺丝留孔或预埋件,荷重数据 2. 设备定位和基础位置关系 3. 混凝槽、池等构筑物详图 供土建出车间设备基础布置图、留孔图和预埋件图用,出特殊构筑物土建图用	土建专业
3	生产工艺流程系统资料图和自控器要求	提供仪表专业具体布置自控器和仪表安装点,出自控仪表系统图	自控仪表专业
4	中心实验室、车间检验站布置详图资料和仪具清单	供土建设计、卫生工程设计和修正概算或施工预算用	土建专业、概预算专业、给排水专业
5	修正概算资料	供概预算专业作修正概算或施工预算用	概预算专业
6	室外管线支架资料	管线、管径、质量,有无保护层及其排列布置,提供土建出管架施工图用	土建专业
7	非标准设备制造图及基础资料	供汇总材料修正概算,供电动力配电,土建基础施工图	概预算专业、土建专业、供电专业
8	其他更改资料		有关协同设计专业

第二章　厂址选择与工厂总平面设计

第一节　厂址选择的重要性及原则

一、厂址选择的重要性

厂址选择是企业建设的重要环节,包括了建厂地区的选择和工厂场地位置的选择。

厂址选择要根据建厂地区的自然环境、技术经济条件、行业特点综合考虑而定。厂址选择合理与否,将直接影响工厂前期的基建投资、建厂速度和企业后期的经济效益和社会效益。

因此,确定建厂地址是一项影响深远,具有高度科学性的包括政治、经济、技术的综合性工作,必须贯彻国家建设的各项方针政策,进行大量的可行性研究,综合考虑各种因素的影响作用,采取极为慎重的态度,多方案比较论证,选出投资省、建设快、运营费低、具有最佳经济效益、环境效益和社会效益的厂址。

二、厂址选择的原则

厂址选择的总原则是:

第一,厂址选择必须符合工业布局、符合所在地区、城市规划的要求,按照国家有关法律、法规及建设前期工作的规定进行。

第二,充分利用各地区的有利条件,避开或克服不利条件;充分利用当地人力、物力、财力和自然资源,保护环境;节约用地,不占用良田及经济效益高的土地,并符合国家现行土地管理、环境保护、水土保持等法规有关规定。尽量远离风景游览区和自然保护区,不污染水源,有利于三废处理,并符合现行环境保护法规规定。

第三,使企业接近原料、能源产地和产品消费区,消除不合理运输;总体经济效益好,有利于加快国民经济发展和人民生活的提高。

具体厂址所在地点的选择,则要从场地的自然条件、技术经济条件及所在行业的特点三方面考虑,依次满足相应的条件。

1. 自然条件

(1) 地理位置　选择厂址时应当了解所选厂址的方位及其与城镇的关系,并考虑生物工程工厂生产方式及产品销售细的特点。

(2) 地形、面积和地势　地形应尽可能简单、整齐。以矩形场地为最佳,以利于总平面布置。面积应满足总平面布置的需要。地势要求以基本平坦、略有坡度为佳。以便于厂内建筑物的基础施工及车间布置、运输道路的布置及厂区的排水(雨水)。对平原地区,自然地形坡度不小于0.5%为宜,对于丘陵地区、山区,地势以不大于5%为宜。此外,为了防止厂区受淹,厂区应在历年最高洪水线之上。如在山区建厂,还要注意周围塌方、滑坡和泥石流等问题。预选厂址的地形、地势的描述，由地形图上的等高线和坐标网来描述的。（参见本章有关附件资料中对等高线的描述。）

（3）地质条件 应避开地震断层、泥石流、滑坡、流沙、溶洞、沼泽等危害地段，以及具有开采价值的矿藏区、采空区，以及古井、古墓、坑穴密集的地区 。场地地基承载力（地耐力）一般应不低于 120～150kN/m^2。如在寒冷地区建厂还要注意冻土层情况。应尽可能不在地震 7 度烈度或 7 度以上地区建厂为宜，在 9 度地区不应建厂。

（4）气象条件 气象条件包括风向、风量、雨量和气温等，要考虑高温、高湿、云雾、风沙和雷击地区对生产的不良影响，这些有关影响空气质量的因素，对生物工程企业尤为重要。因此要搜集十年以上的历史资料，对雨量和气温还应有最高、最低和平均数据。还要考虑冰冻线对建筑物基础和地下管线敷设的影响。

（5）水文条件 建厂地区的水资源状况（水质、水量、水价）直接会影响工厂建成后的生产和生活。水资源状况包括：地下水（深水井）、泉水（有压力）；地表水（江河、水库）、城市自来水的水源状况；了解相应的蓄水量，水量供应量、水价以及有关供应协议，取水点、水质情况（分析报告）等。生物工程生产耗水量大，为减少水的输送成本，企业尽量靠近水资源丰富的水源地。

厂址应位于不受洪水、潮水或内涝威胁的地带；地下水位最好低于地下室和地下构筑物的深度；地下水对建筑基础最好无侵蚀性。生物工程生产水质要求非常高，水质对生物制品的质量影响重大。生物制药工厂用自来水为原水，经逐级提纯水质，制备符合一定生产工艺要求的工艺用水，原水质量决定制水效率的高低，能耗大小，设备的繁简，管理维护的难易和产品的成本高低。因此，药物制剂厂厂址应靠近水量充足和水质良好的水源。

（6）环境卫生条件 生物工程产品中不少是医药产品或食品，所以对工厂周围的环境有严格要求。建厂地区周围的环境卫生条件是生物工程生产厂所应首先考虑的问题，尤其是生物制药的企业，GMP 规定了不同类别药品生产所需环境的空气洁净度的要求，周围的环境卫生会直接影响洁净车间的净化效率、建设投资和运行成本。

因此，生物工程生产企业厂址应设在周围自然环境较清洁、大气含尘、含菌浓度低、无有毒有害气体污染、绿化较好及地形、地貌有利于生产、节能的区域。尽量远离多风沙、多粉尘、多烟雾及有毒害气体的区域，机场、铁路、码头、交通要道等。如无法避免这些地区，则一定要位于污染源和全年主导风向的上风侧，且有足够的防护距离。此外，还应建在居民区的下风侧。

2. 技术经济条件

（1）原料、辅料等供应条件 在生物工程产品的生产过程中，原料消耗非常多，特别是粮食、燃料及一些化工原料。因此，厂址宜靠近原料、燃料基地、包装材料的供应地、或产品主要销售地。

（2）动力供应条件 厂址应具有满足生产、生活及发展规划所必需的水源和电源，并靠近水源、电源。建厂地区如有热电站可供应蒸汽，则可减少建造锅炉及供电的投资。有利于生物工程工厂的环境卫生。

（3）交通运输条件 生物工程工厂生产原料、辅料消耗量大，产生废料数量较多，因此,生物工程工厂的运输任务也较重。选择厂址,必须以交通运输方便为原则。根据工厂运货量、物料性质、外部运输条件、运输距离等因素,合理确定运输方式(铁路、公路、水运、空运)。除了铁路和公路的运输外,在有条件时应优先考虑水运,以降低运输成本。

(4) 其他协作条件 在选厂址时,要注意周围的协作条件,宜靠近现有城市,以有利于同邻近的工业企业和城镇,在生产、交通运输、动力公用、修理、综合利用和医疗、文化、商业设施等方面的协作与共享。

因此,生物工程工厂的厂址选择,涉及面广,必须综合考虑、慎重对待,要按经济规律办事,以有利于建设事业。

三、厂址选择的工作程序

厂址选择工作一般分为三个阶段,即准备阶段、现场勘查阶段、厂址选择报告编写阶段。

(一) 准备阶段

(1) 人员准备 组建选厂工作组,由建设单位、设计院(包括工艺、总图、土建、动力、给排水、供电、技经、环保等专业人员)、勘察(包括工程地质、水文地质、测量等人员)三个部门人员组成。

(2) 技术准备 拟定选址工作计划,收集厂区自然条件、技术经济条件资料。

(二) 现场勘查阶段

核实情况、落实条件、现场勘探并写出预选厂址地质勘探报告。

(三) 厂址选择报告编写阶段

厂址选择报告阶段是厂址选择工作的结束阶段。在此阶段里,选厂工作组全体成员按工艺、总图、给排水、供电、供热、土建、结构、技经、地质、水文等13个专业类型,对前两阶段收集,勘测所实得的资料和技术数据进行系统整理,编写出厂址选择报告,供上级主管部门组织审批。

四、厂址选择报告

(一) 厂址选择报告的基本内容

1. 概述

(1) 说明选厂的目的与依据;

(2) 说明选厂工作组成员及其工作过程;

(3) 说明厂址选择方案并论述推荐方案的优缺点及报请上级机关考虑的建议。

2. 主要技术经济指标

依据所建生物工程工厂的类型、生产工艺技术特点及要求条件等,列出选择厂址应具有的主要技术经济指标。通常包括以下8项:

(1) 全厂占地面积(m^2),包括生产区、生活区面积等;

(2) 全厂建筑面积(m^2),包括生产区、生活区、行管区面积;

(3) 全厂职工人数控制数;

(4) 用水量(t/h 或 t/a)、水质要求;

(5) 用电量(包括全厂生产设备及动力设备的定额总需要量)(kW);

(6) 原材料、燃料耗用量(t/a);

(7) 运输量(包括运入及运出量)(t/a);

(8) 三废措施及其技术经济指标等。

3. 厂址条件

说明所选厂址的自然条件及其具备的技术经济条件,并附有说明材料。通常包括以下10项:

(1) 地理位置及厂址环境　说明厂址所在地理图上的坐标、海拔高度;行政归属及名称;厂址近邻距离与方位(包括城镇、河流、铁路、公路、工矿企业及公共设施等),并附上比例1/50 000的地理位置图及厂址地形测量图。①

(2) 厂址场地外形、地势及面积　说明可利用的场地、地势坡度及现场平整措施,附上总平面布置规划方案图。

(3) 厂址地质与气象　说明土壤类型、地质结构、地下水位及厂址地区全年气象情况。其中风向、风速变化情况的表示法,详见本章附件资料说明。

(4) 土地征用及迁民情况　说明土地征用有关事项、居民迁居的措施等。

(5) 交通运输条件　说明依据地区条件,提出公路、铁路、水路等可利用的运输方案及修建工程量。

(6) 原材料、燃料情况　说明其产地、质量、价格及运输、贮存方式等。

(7) 给排水方案　说明依据地区水文资料,提出对厂区给水取水方案及排水或污水处理排放的意见。

(8) 供热供电条件　说明依据地区热电站能力及供给方式,提出所建厂必须采取的供热供电方式及协作关系问题。

(9) 建筑材料供应条件　说明场地施工条件及建筑厂房的需要,提出建筑材料来源、价格及运输方式问题,尤其就地取材的协作关系等。

(10) 环保工程及公共设施　说明厂址的卫生环境和投产后对地区环境的影响,提出三废处理与综合利用方案及地区公共福利和协作关系的可利用条件等。

4. 厂址方案比较

依据选择厂址的自然、技术经济条件,对几个拟定的厂址,首先进行技术经济方案比较,而后结合自然条件与以往选厂址实践经验,展开讨论。着重于基建费用与常年经营费用的比较,从中优选出一个作为选定厂址的推荐意见及其中有关问题的建议。具体方法如下。

选择1#、2#、3#三个厂址,采用方案比较法,抓住经济性与技术性两大系列,进行单项比较,得出单系列比较的初步结论,然后合二为一进行两系列综合比较,最后联系实践经验,得出厂址选择的结论。详见表2-1与表2-2。表中用画线“—”表示给予分值的一次标记,“正”字表示给予5次分值,画线“—”越多,表示分值越高。

① 地形测量图涉及到地形图上等高线及方位线表示法,详见本章附件资料。

由表2-1比较结论是：2[#]厂址技术性方案最佳,3[#]厂址最差;由表2-2比较结论是:1[#]厂址经济性方案最佳,3[#]厂址最差。综合上述两大系列比较,结论是1[#]厂址为最佳厂址。

表 2-1　　厂址技术性方案比较表

序号	厂号 / 技术等级 / 项目名称	1[#]			2[#]			3[#]		
		A	B	C	A	B	C	A	B	C
1	地理位置(靠近城镇?)	—				—				—
2	面积、外形(面积大小?矩形?)		—		—				—	
3	地势(海拔?坡度?)		—		—					—
4	地质(地耐力=? N/m^2,地下水位?)		—		—				—	
5	土方量(挖填平衡否?)		—		—					—
6	建筑施工条件(方便?困难?)	—				—				—
7	建筑材料(就地取材?有协作?)			—			—	—		
8	交通运输条件(陆路?水路?)	—				—		—		
9	给水条件(有水源地?深井水?水质?)		—		—			—		
10	排水条件(有排放系统?污水站?)	—				—				—
11	热电供应(充足?有协作关系?)	—			—			—		
12	环卫条件(邻近污染源?三废处理?)			—			—		—	
13	职工生活(有公共设备?自建生活区?)			—		—			—	
小计	以上单项累积数	正	正	下	正一	正	丅	𤴓	𤴓	正
总计	技术性比较级差	A=B>C			A>B>C			A=B<C		
结论	2[#]厂址技术性方案最佳,1[#]厂址次之,3[#]厂址最差									

注：A—良好等级,B—中等级别,C—劣差等级。

表 2-2　　厂址经济性方案比较表

序号	厂号 / 费用等级 / 项目名称	1[#]			2[#]			3[#]		
		A	B	C	A	B	C	A	B	C
1	铁路专用线费用(线路、桥梁、涵洞)		—		—				—	
2	码头建筑费用			—			—	—		
3	公路建筑费用			—		—		—		

续表

序号	项目名称 \ 费用等级 \ 厂号	1#			2#			3#		
		A	B	C	A	B	C	A	B	C
4	土地征用费用	—				—				—
5	土方工程费用(挖方、填方、夯土、运土)			—			—	—		
6	建筑材料费用(钢筋、水泥、木石……)	—			—					—
7	建筑厂房及设备基础费用			—		—		—		
8	住宅及文化设施建筑费用			—			—			
9	给水设施费用(水泵房、给水管线、水塔等)			—		—			—	
10	排水设备费用(排水管线、污水处理)			—		—		—		
11	供热设施(锅炉房、蒸汽管线)			—		—		—		
12	供电设施(变电器、配电设备、供电线路)		—		—			—		
13	临时建、构筑费用		—			—			—	
小计	基建费用	丅	下	正 下	下	正 丅	下	正 下	下	丅
1	运输费用(原料、材料、成品等)		—			—		—		
2	给排水		—			—		—		
3	汽耗量费用		—			—			—	
4	电耗量费用			—		—		—		
小计	经管费用		下	一		止		下		
	以上单项累积数	丅	正 一	正 止	下	正 正 一	下	正 正 一	止	丅
总计	经济性比较级差	A < B < C			A < B > C			A > B > C		
结论	1#厂址经济性最佳,2#厂次之,3#最差									

注：A—低费用等级,B—中等费用等级,C—高费用等级。

(二) 有关附件资料

(1) 各试选厂址总平面布置方案草图(比例1/2 000)；

(2) 各试选厂址技术经济比较表及说明材料；

(3) 各试选厂址地质水文勘探报告；

(4) 水源地水文地质勘探报告；

(5) 厂址环境资料及建厂对环境的影响报告；

(6) 地震部门对厂址地区震烈度的鉴定书；

（7）各试选厂址地形图（比例 1/10 000）及厂址地理位置图（比例 1/50 000）[①]；

（8）各试选厂址气象资料[②]；

（9）各试选厂址的各类协议书，包括原料、材料、燃料、产品销售、交通运输、公共设施……。

注：

① 地形图：用所谓等高线表示地势变化幅度的图形，称为地形图。

ⅰ 等高线：等高线是地面上同高度的各点连接成的封闭理想曲线。或者，等高线是设想的水平面与地势起伏的地面相交而成的封闭曲线。该封闭曲线的弯曲形状随地面上高低形势而异。如图 1 所示。图中有标号"O"的诸点连接而成的曲线，由于诸点均表示高出水平基准面 90m，故称此曲线为 90m 的等高线。同样，有标号"×"的诸点连成的 80m 同高的曲线，则称为 80m 的等高线。由此推知，有标号"△"连成的 70m 同高的曲线，即为 70m 等高线，等等。图 2 的上部表示地形水平面，下部表示 A－A 剖面的地形纵向变化。具体而言是：a. 等高线的间距（即疏密程度）越小，则表示地面坡度越大；反之，则越平坦；间距相等则表示此地面坡度相同。b. 在封闭的等高线中，几条较高的封闭线，表示此地势为山峰；反之则表示为低谷（例如湖泊、盆地、洼地等）。c. 等高线的数字表示该处地形的绝对标高，称为海拔高度。标高的基准面，我国选用黄海海面（即青岛海面）为零面。例如，珠穆朗玛峰高 8 848m，即表示其海拔高度。

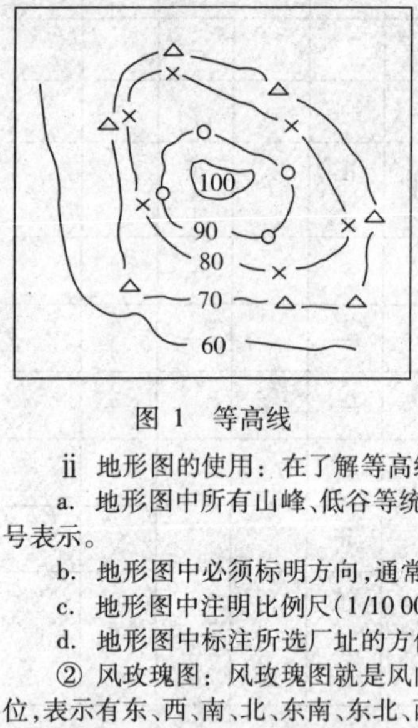

图 1　等高线

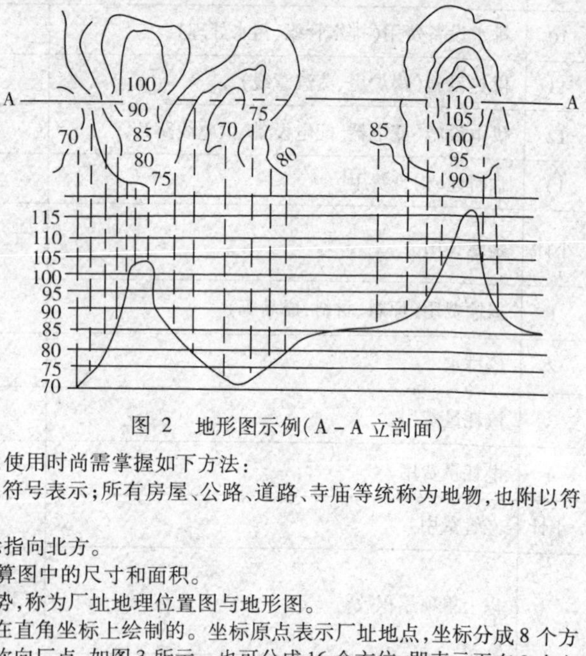

图 2　地形图示例（A－A 立剖面）

ⅱ 地形图的使用：在了解等高线表示的意义后，使用时尚需掌握如下方法：

a. 地形图中所有山峰、低谷等统称为地形并附以符号表示；所有房屋、公路、道路、寺庙等统称为地物，也附以符号表示。

b. 地形图中必须标明方向，通常方向线箭头表示指向北方。

c. 地形图中注明比例尺（1/10 000），可以用来计算图中的尺寸和面积。

d. 地形图中标注所选厂址的方位与地势变化形势，称为厂址地理位置图与地形图。

② 风玫瑰图：风玫瑰图就是风向频率图。它是在直角坐标上绘制的。坐标原点表示厂址地点，坐标分成 8 个方位，表示有东、西、南、北、东南、东北、西南和西北的风吹向厂点，如图 3 所示。也可分成 16 个方位，即表示再有 8 个方位的风吹向厂址。如果将常年每个方向吹向厂址的风之次数占全年总次数的百分率称为该风向的频率，则将各方向风频率按一定的比例，在方位坐标上描点，可连成一条多边形的封闭曲线，称之为风向频率图。由于多边形的图像很似一朵玫瑰花，故又称为风玫瑰图，如图 4 所示。由图可见，全年风向次数最多的方位集中在东北向，故称之为主风向。图中虚线表示夏季的风向频率图。很明显各方位的风向频率不同，但其总和为 100%。

图 3　方位线图

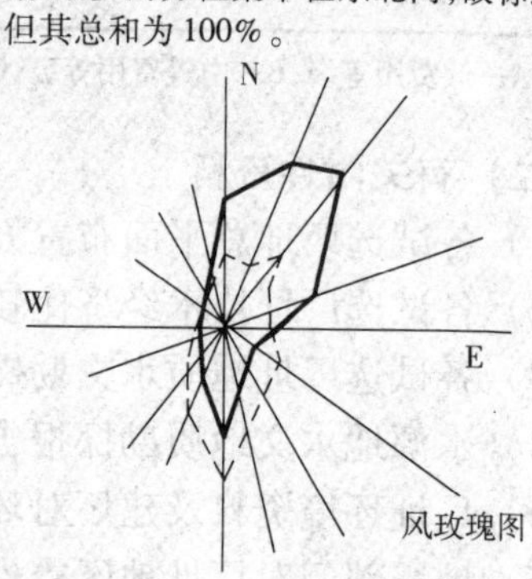

图 4　16 个方位绘制的风向频率图

第二节　总平面设计

工厂总平面设计是工厂总体布置的平面设计，其任务是将组成工厂的所有建筑物、构筑物和其他工程设施，合理地布置在所选厂址的界区内。

工厂总平面设计的深度是随着设计工作的进行而不同。在进行厂址选择前，要有一个拟建工厂的初步总平面规划设计，作为确定厂区用地面积的依据。厂址确定后，就要进行较详细的初步设计阶段总平面设计，即将组成工厂的建筑物、构筑物、堆场、道路、绿化、管网等各要素，根据生产、安全、消防、卫生、环保、美化的要求，在已划定的占地范围内合理地进行平面布置。到施工图设计阶段，工厂总平面设计要满足建筑施工的要求，总平面布置图中明确地表示出厂内各建筑物、构筑物、堆场、道路、绿化、管网等准确位置及标高。

因此，工厂总平面设计是一项涉及面广、影响重大的设计任务，有"一张蓝图值千金"的比喻。在设计院里，通常设有总图设计部门，专门进行工厂总平面设计。对于工艺设计人员，除了做好工艺设计外，也参与工厂总平面布置设计工作。

一、总平面设计的内容

工厂总平面设计一般包括平面布置设计、竖向设计、运输设计、管线综合布置、绿化布置五项内容。

1. 平面布置设计

根据工厂的生产流程及各组成部分的生产特点，结合地形、风向等条件，把性质相同、功能相近、联系密切、对安全环境要求相似的建筑群体，分区并进行集中布置，使其满足工艺生产流程和方便生产管理的要求。

2. 竖向设计

确定厂内各建筑物、道路、堆场、各种管线的设计标高，使之相互协调、并充分利用自然地形，以使在工厂建设时土方量减少、并保证厂区内运输方便、雨水能顺利排除。

3. 运输设计

主要包括厂内外运输方式的确定、厂内道路的设计，并根据运输量确定运输工具的数量。

4. 管线综合布置

确定厂内所有管线敷设方式与定位，即将工厂内的所有供生产和生活用的管线——物料、水、蒸汽、压缩空气、真空、电、废液等管线，按其特点，结合厂区地形、生产安全、交通运输、施工检修等因素，确定其地上或地下的敷设位置、标高、间距，使之布置经济、合理、整齐。

5. 绿化美化布置

工厂绿化美化是城镇绿化美化的重要组成部分。现代化生物工程生产厂家由于卫生条件高标准要求，绿化设计更为重要。工厂绿化设计包括绿化方式、绿化美化区布置等。

二、总平面设计的原则和要求

总平面布置，应在总体规划的基础上，根据工业企业的性质、规模、生产流程、交通运输、环境保护，以及防火、安全、卫生、施工及检修、发展等要求，结合场地自然条件，经多方案技术经济比较，择优确定其设计方案。

总平面设计原则和要求包括以下几点。

（1）总平面设计必须符合生产流程的要求。原料、半成品、成品的生产作业线应顺直、短捷，避免作业线的交叉和返回。因此，建、构筑物厂房布置要做到功能分区明确，合理用地，结合厂址地形合理选择标高，顺应等高线布置。如果地形坡度较大时，应采用阶梯式布置，以减少平整场地土石方量和缩短车间之间距离。

（2）总平面设计应当将占地面积较大的生产主厂房布置在厂区的中心地带，以便其他部门为其提供配合服务。在地形地质受限制的条件下，应采取施工措施加以解决，既不能勉强追求方正，又不能迁就施工简便，以免留有后患，长期影响生产经营。工厂大门及生活区应与生产主厂房相适应，便于工人上下班。

（3）总平面设计应充分考虑地区主风向的影响，以此合理布置各建、构筑厂房及厂区位置，主风向由各地风玫瑰图决定。生物工程工厂菌种各异，应防止环境染菌。厂内生产区总有废气、废水排出。为确保生活区、行政区的环境卫生，生产区应处在生活区的下风向，而卫生要求高的车间应处在上风向。

（4）总平面设计应将人流、货流通道分开，避免交叉。工厂大门至少应设置两个以上，包括正门（指职工出入门）、侧门（指产品、材料出入口）、后门（指原料、燃料、废料进出口）等。同时，合理设计厂内运输系统（包括仓库、堆场等），保证良好的运输条件和效益。

（5）总平面设计应遵从城市规划的要求。面向城市交通干道方向做工厂的正面布置。正面的工厂建筑物应直线性布置，与城市建筑保持协调，以利于市容美观整齐。

（6）厂区布置要能较好地适应工厂的近、远期规划，留有一定的发展余地。

（7）洁净厂房区域应布置成独立小区，区内应尽量减少露土地面，且不宜布置在主干道两侧。

（8）总平面设计必须符合国家及行业的有关规范和规定，满足卫生、安全、GMP要求。如《工业企业设计卫生标准》、《建筑设计防火规范》、《厂矿道路设计规范》、《工业企业采暖通风和空气调节设计规范》、《工业锅炉房设计规范》、《工业“三废”排放试行标准规定》、《工业与民用通用设备电力装备设计规范》等，以及厂址所在地区的发展规划。保证工业企业协作条件。

总平面设计是工艺专业与其他非工艺专业设计的综合，各专业设计互相联系又互相矛盾，这就是总平面设计的要求繁多复杂的原因。在把握总平面设计原则和基本要求的同时，还需要根据具体情况做具体分析，按设计程序进行设计。

三、总平面设计的方法

（一）工厂组成与厂区的划分

1．工厂组成

工厂的组成一般包括以下内容：

（1）生产车间　生产成品或半成品的厂内所有工艺生产主要部门，称为生产车间。它是全厂的主体。通常由若干生产厂房建、构筑物组成。如由糖化、发酵、灌酒、包装、酒库、化验等厂房联合建成的一个啤酒车间。

(2) 辅助车间　协助生产车间正常生产的各生产部门，称为辅助车间。也由若干建、构筑厂房组成。如由酵母回收、麦糟处理、麦芽储仓、仓库、机修等组成啤酒车间的辅助车间。

(3) 动力车间　保证生产车间顺利生产及全厂各部门正常工作的部门，称为动力车间。由水泵房水塔、贮水池、锅炉房、空气压缩站、冷冻站、变电所、仪表维修等厂房组成。

(4) 行管部门　全厂性行政、后勤职能部门，起指挥管理服务的作用。由办公室、中心试验室、医务所、汽车库、食堂、浴室、托儿所、俱乐部、厂大门传达室、职工学校等建筑、构筑物厂房等组成。

(5) 绿化区域　绿化设施和工厂前区建筑小品等美化环境布置。

(6) 道路等运输设施和各类地上、地下工程管网　如上下水道、电缆或架空电气线路、热力管道、空气管道、冷冻管道、氮气管道、煤气管道、通讯电缆等室外管线。

(7) 三废治理　废污处理设施和场地等。

2. 厂区划分

厂区划分就是根据生产、管理和生活的需要，结合安全、卫生、管线、运输和绿化的特点，把全厂建、构筑物群划分为若干联系紧密、性质相近的单元。这样，既有利于全厂性生产流水作业畅通(纵向联系)，又利于邻近各厂房建、构筑物设施之间保持协调、互助的关系(横向联系)。

通常将全厂场地划分为厂前区、生产区、厂后区及左右两侧区(如图2-1)。如此划分，体现出各区功能分明、运输联系方便、建筑井然有序。

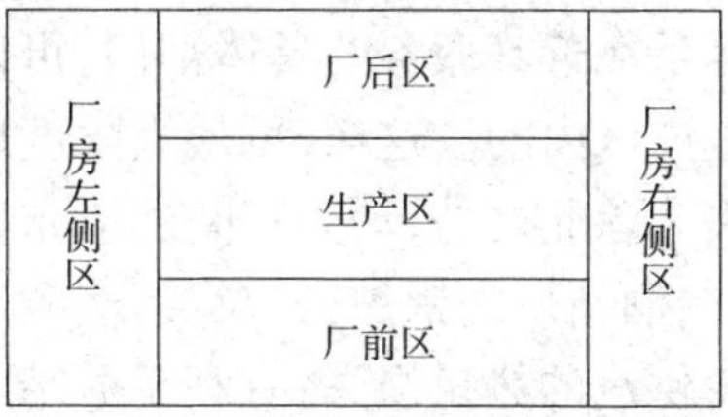

图 2-1　厂区划分示意图

厂前区的建筑，基本上属于行政管理及后勤职能部门等有关设施(食堂、医务所、车库、俱乐部、大门传达室、商店等)。

生产区包括主要车间厂房及其毗连紧密的辅助车间厂房和少量动力车间厂房(水泵房、水塔或冷冻站等)。生产区应处在厂址场地的中部，也是地势地质最好的地带。

厂后区主要是原料仓库、露天堆场、污水处理站等。根据厂区的地形和生产车间的特殊要求，可将机修、给排水系统、冷冻站、变电所及其有关仓库等，分布在左右两侧区而尽量靠近主要车间，以便为其服务。

全厂运输道路成为分割各区片的界限，主干道与厂区大门通连。根据城市卫生规范，厂前区、主干道两侧应充分布置绿化设施且注意美化环境。必要时，要根据地区主风向，在左右两侧区或厂后区设置卫生防护地带，以免污染厂外环境并降低噪音的影响。

(二) 总平面设计的常用布置形式

1. 建筑物的布置位置

(1) 主要生产车间建筑物的布置位置　主要生产车间建筑物的布置位置是决定全厂厂区布置的关键，应首先考虑布置在生产区的中心地带，且地势平坦，地耐力大于150～200kN/m²，以满足生产设备的布置。其朝向应当正面朝阳或偏南向布置，以便于自然采光与通风。厂房的外形设计应简洁、明快、大方，尽量采用长条形外形，外表面应平直整齐，避免不规则的建筑外形，以充分体现生物工程工厂卫生洁净的特点和现代化厂房的风格。这样，不但能节约用地，还能更好地将主要生产车间沿生产流程线呈链条状布置。主生产车间的布置还应考虑生产、管理，以及城市规划和美化环境等各方面的要求。合理组合建筑物，恰当地采用联合厂房，有利于提高土地利用系数及符合 GMP 规范。生产性质相类似或工艺流程相联系的车间要靠近或集中布置。兼有原料药物和制剂生产的药厂，原料药生产区布置在制剂生产区的下风侧。

（2）辅助车间建筑物等的布置位置　辅助车间建筑物的位置应靠近其服务的主车间厂房或其服务对象。如啤酒厂内，瓶、箱堆场因其贮量较大而占地面积较多，应布置在厂后区，但又紧靠啤酒包装车间的部位，这样可减少输送距离。而给水设施（水泵房、水池或水塔等）应靠近啤酒车间的糖化麦汁冷却间、麦芽车间的浸麦间及冷冻站的冷凝器部位，最好布置在等距离的位置上，即布置在厂后区，从而减少输水管线。

车库、仓库、堆场这类辅助区域应布置在邻近生产区的货运出入口及主干道附近，应避免人流、物流交叉，保证厂区内外运输顺畅。

危险品库应设在厂区的安全位置，并由防冻、降温、消防等保障措施，麻醉产品、剧毒药品应设专用仓库，并有防盗措施。

如需设动物房，应按国家食品药品监督管理局《实验动物管理办法》等有关规定，布置在偏僻处，并设专用的排污和空调设施。

（3）动力车间（包括锅炉房、冷冻站、空压站、变电所等）建筑物的布置位置　动力车间尽量靠近其服务的具体部门，可以大部集中布置在厂区的左侧或右侧。少数也有布置在生产区内的。这样，可最大限度地减少管路管线的铺设、输送汽、冷、气、电的常年能量损失。除此之外，动力车间还应布置在厂区的下风向，以免烟尘污染厂区和易引起火灾。例如，酒精厂的锅炉房应靠近蒸煮车间，并且处在地势较低处和厂区的下风向。这样，可减少供汽的热量损失，有利于凝结水的回收及环境卫生。

（4）行政管理和后勤部门建筑设施的总体布置位置　行政管理和后勤部门建筑设施的总体布置应是集中在厂前区。因其职能性质规定，对厂内要方便于全厂性的行政业务和生产技术管理及后勤服务；对外在建筑上要适应城市规划、市容整齐的要求，所以多设置在工厂的大门处临近两侧。行政办公楼要正对着大门并且附以大型花池绿化及侧旁美化，有体现厂址方位朝向的作用。此建筑物内包括行政技术管理部门及中心试验室，通风采光充分。其他公共设施可布置在办公大楼的两侧。如食堂与俱乐部可并在一个建筑楼内，车库、消防车、医务所、护卫室等可并在一建筑内。

2. 总平面布置的形式分类

厂区总平面图是一个结合厂址自然条件和技术经济要求，进行规划布置的图纸。因此，为了总体效果好，相继出现了许多布置形式。关于布置形式的分类法，在工厂设计理论中尚未完全统一。下面仅就形式分类问题，作些研究并举实例予以说明。

（1）总平面水平向布置形式　总平面图通常是指水平面上的布置图。图中涉及的建、构筑物很多，彼此相关又相互矛盾。但都取决于主要生产车间的合理布置。主要布置形式有区带式与周边式两种。

① 区带式布置形式（如图2－2）。在厂区划分的前提下，保证区域功能分明的特点，

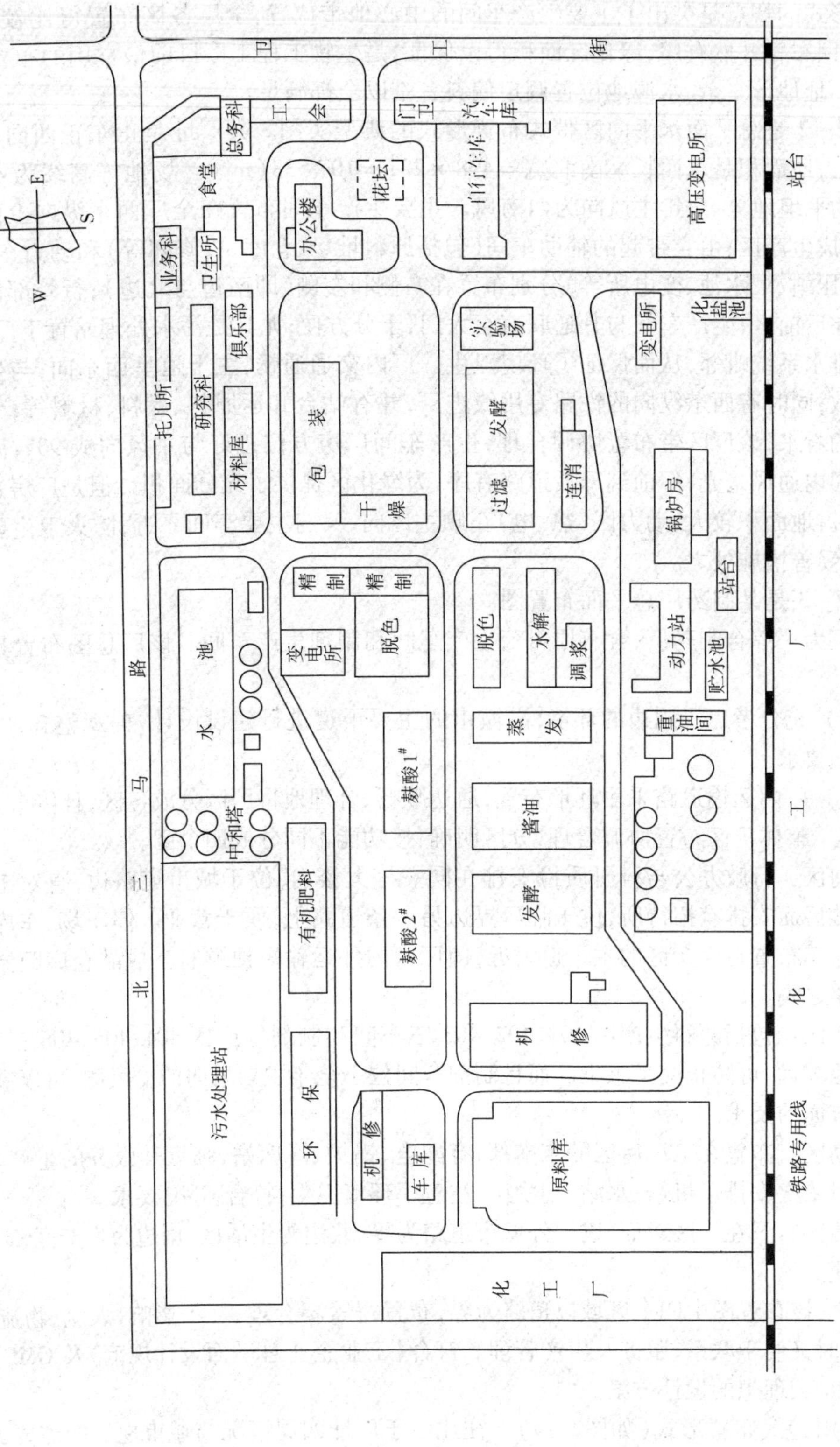

图 2-2　××味精厂总平面图（1:2 000）

以主要生产车间的定位布置，带起辅助车间和动力车间的逐一布置，称为区带式布置。这种布置形式的特点是突出了主要生产车间的中心地带位置，全厂各区布置得比较协调合理，道路网布置井然有序，绿化区面积得以保证，是生物工程工厂目前最常用的布置形式。但对于厂址地形复杂、水源地位置调角偏斜者难以全都满足。

图 2-2 是总平面水平向区带式布置形式的典型实例。其厂址是正东正西向的长方形厂区，占地面积是东西长×南北宽=498×231=107 538(m^2)。场地等高线为 41.1～41.5m 的平坦地势，全年主风向为西南风。主要生产车间布置在全厂西东纵向上的中心地带，形成生产区；由它带起的辅助车间（包括原料堆场、仓库、机修间等）和动力车间（锅炉房、空压站、贮水池、变电所等）分别布置在右侧和左侧（即南边与北边）；行管部门和后勤生活在厂前区，生产车间与其通联直至大门，十分方便；尤其是污水处理站置于厂后区，与市政排水系统毗邻，从而保证了环境卫生。厂内交通通畅，主干道呈西东向，与生产流程线一致，同时有西东纵向的铁路专用线进厂，并有站台卸运原料、燃料、材料等，十分方便。总的看来，该厂区带布置协调合理，生产车间厂房方位正好与主风向成 90°，因而有利于车间内通风采光；厂前到厂后道路有序，为绿化区提供了充分面积。但是厂房建筑型式一般，占地面积较大；动力区（热、电）正顺主风向，又与主要车间靠近，防火卫生要求较高，须有妥善措施处之。

图 2-3 是某制药厂总平面布置图。

该厂为一综合制药厂，含有原料药生产车间和制剂生产车间。该厂总图布置具有以下特点：

（ⅰ）充分考虑了周边的环境，沿城市的主要干道进行建设设计，美观整齐，符合城市的规划要求。

（ⅱ）厂内运输道路采用环形布置，通达顺畅、合理地将厂区分成各区，且停车方便。

（ⅲ）整体厂区布置协调合理，分区明确，按功能不同分成四个区。

厂前区：行政办公与科研质检安排在同一栋大楼内，位于城市道路边，直对工厂正门。该楼后面安排有招待所，位于临厂界边另一条道路上，便于营业。停车场、车库以及成品仓库等布置在生产区的主干道附近，使厂区内外运输短捷顺直。成品仓库距制剂生产区一路之隔。

生产区：包括原料生产区 401、402、403 三车间和制剂生产区 404、405、406 三车间，两区相隔较远，可防止交叉感染。而且制剂车间位于全年主导风向的上风侧，可以满足空气质量方面的要求。

辅助区：布置在工厂后区的东南部，有配电、锅炉、冷冻站，临近其服务的生产车间。该区同时依次安排了机修、水站、动物房，注意了环境卫生，符合 GMP 要求。

生活区布置在厂区对面，以厂外城市道路为界，北边为生活区，南边为生产区，工人上下班方便。

总之，该布置图中四个区域以道路为界，布置得紧凑合理、互不影响，人流、物流互不交叉，同时又便于联系、服务及生产管理。符合《工业企业总平面设计规范》及 GMP 的要求，是一个较理想的设计方案。

② 周边式布置形式（如图2-4）。往往由于厂址四周情况与城市规划的需要，将生

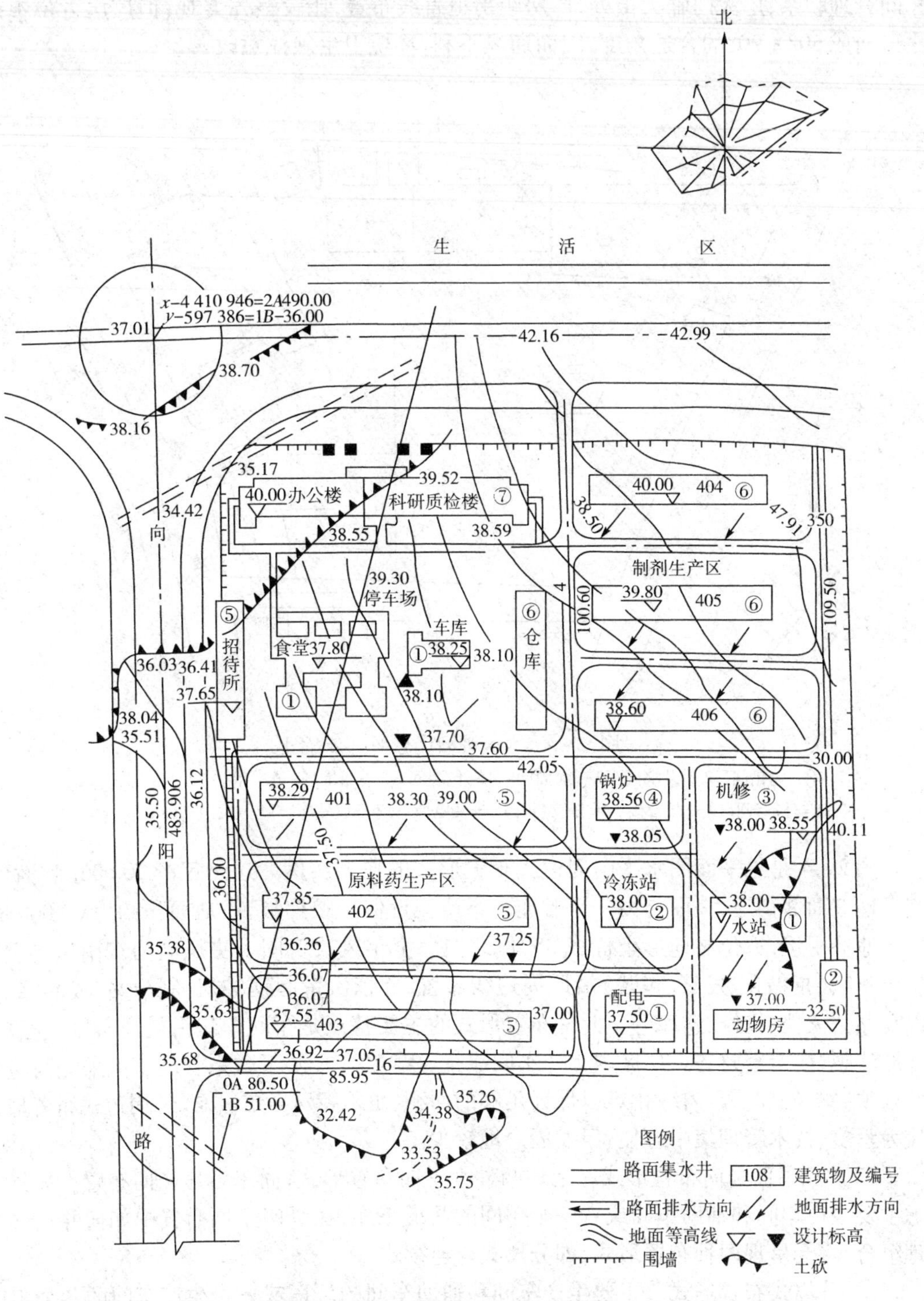

图 2-3　某制药厂总平面布置图

产车间环绕厂区周边，首先从厂大门处开始布置，逐一带起辅助部门与动力部门，相随着布置，此称为周边式布置。其特点是厂房建筑沿周边，厂区无严格划分，生产集中，有利于车间管理联系;厂大门临大街处,厂房顺街道直线布置,比较整齐美观;但厂房方位很难与主风向成60°~90°的合适角度,因而通风不利,环境卫生须注意改善。

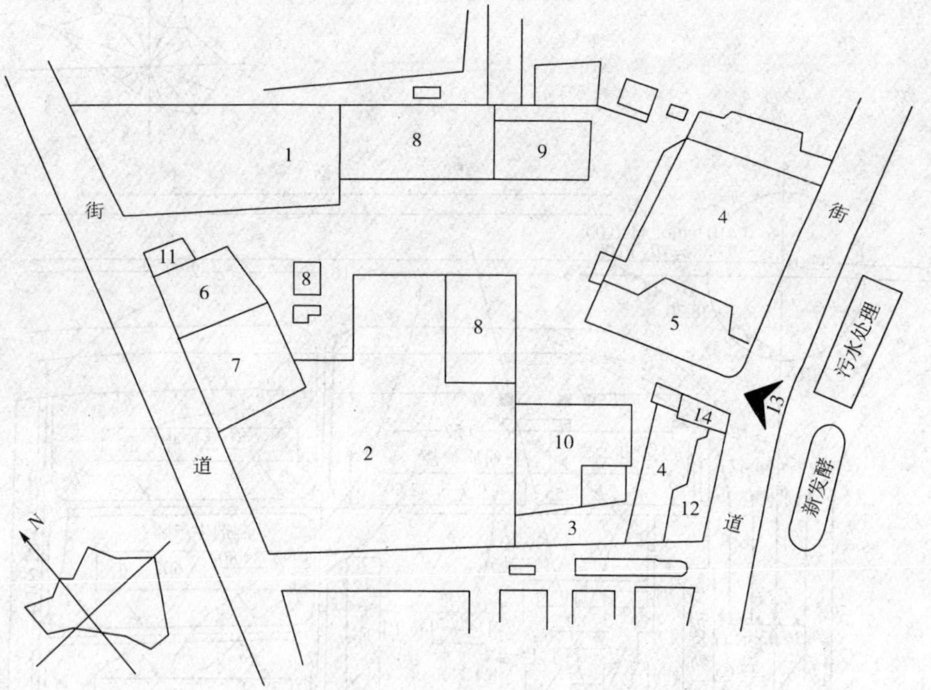

图 2-4 ××啤酒厂总平面布置图

1—糖化间 2—发酵间 3—灌酒间 4—包装间 5—瓶堆场 6—锅炉房 7—制冷站 8—机修间 9—办公楼 10—食堂 11—变电所 12—成品库 13—大门 14—传达室

图2-4是总平面图水平向周边式布置形式的典型实例。这是年产20 000t 啤酒厂。其厂址三面邻街道,一面与另一厂毗连。场地呈近似等腰梯形,占地面积约为60 000m^2。厂区地势平坦,方位与地形坐标成35°偏北向。全年风玫瑰图上主风向为东南风。主要生产车间(指糖化、发酵、包装)沿厂周边线布置,并依次带起锅炉房、制冷站、成品库等,以及办公大楼、机修、仓库等。此种布置形式的主要特点是车间厂房沿街道布置,建筑物外形壮观,使市容整齐。厂区内生产车间靠拢,生产集中,便于联系管理。但采光与卫生要求须妥善处理。厂内绿化难以保证足够的面积,也须特殊考虑。总之,周边式布置形式较为紧凑、技术管理集中方便,但发展余地较少。

(2) 总平面竖向布置形式 上述两种水平向布置形式,尚未考虑竖向布置。如果考虑主要生产车间和辅助车间或者一个车间的几道工序,在竖向平面布置中如何并接和合理组合,将会呈现两种布置形式,即分离式与连续式。

① 分离式布置形式。主要生产车间和辅助车间的厂房或一个生产车间的各个工序的厂房,分散布置在划分好的区片里,并且厂房建筑多是单层或二层式的布置形式,称为分离式布置形式。

分离式布置形式的优点是各车间建筑彼此独立,无竖向拼合布置。建筑物间距较大,结构简单。防火安全,有良好的通风和充分的采光条件。还可减免粉尘、烟气、噪音及地震等对其他车间的影响。另外,能留有发展余地。缺点是:增加占地面积,延长生产流程线及管道线路,使车间联系不方便,同时增加常年的输送费用。

② 连续式布置形式。与分离式相反,连续式布置形式是将主要车间和辅助车间或一个车间的若干工序的厂房进行竖向布置,予以合理并接。

连续式布置的优点是:相对地减少工厂占地面积,提高了产量;缩短生产工艺流程线及减少车间之间的运输费用和车间管理费用,车间联系方便。其缺点是:建筑密度大,使通风采光或高温作业条件差;防火卫生要求高等。

(3) 联合式(或组合式)布置形式(如图2-5) 综合上述两类四种布置形式的优缺点,提出所谓联合式布置形式。此种形式的特点是:根据生物工程生产工艺过程的要求和特点,结合厂址自然条件(指地形、地质、水文、气象、地震等)及施工技术水平条件,将水平向与竖向平面布置的优点协调结合,使得总平面布置既有明显的厂区划分,又使建、构筑物疏密合理;既有建筑物的悬殊标高,又有防火卫生和通风采光的妥善处理;既有先进的技术集中生产管理,又留有发展余地。这种布置形式在我国近期的生物工程工厂设计中,已呈明显的发展趋势。

图2-5就是总平面联合式布置形式的典型实例。这是坐落在青岛崂山区的著名的青岛啤酒二厂。生产规模20万吨/年。场地形状是等腰直角三角形,占地面积约123 000m^2。原厂址地势由北向南等高线递降,坡度>3%,厂址方位角由北偏东向30°32′34″。全年(包括夏季)风玫瑰图主风向为正东南向。总平面布置特点归纳如下:

① 4个主要生产车间(指制麦、糖化、发酵和包装)布置在全厂的中心地带。整个生产工艺流程线长400m,各厂房建筑由西北向东南成"¬"形链条状排列,并且互不并接,又保持合适的间距。水平向布置建筑密度均匀,竖向布置建筑高度悬差极大(如选麦塔高42m,发酵罐30m,糖化楼25m,包装间15m),充分体现出各工艺过程的特点。

② 厂区划分功能分明。

ⅰ 生产区包括制麦、糖化、发酵、包装等车间,所组成流水作业线短直畅通。

ⅱ 厂前区包括办公楼、接待室、小啤酒间、礼堂餐厅、招待所、浴池、小汽车库、单身宿舍、幼儿园,充分体现行政技术管理和后勤生活的重要作用。此区地势偏高,处于主风向的侧面,又远离车间,消除了噪音,环境卫生较好。

ⅲ 厂后区包括机修间、电仪修理间、总降压变电站、锅炉房、污水处理站、危险品库等,充分体现辅助车间与动力车间的辅助和保证作用。此区地势偏低,污水处理站的设备在此,方便送排,同时又依主风向的西侧向,对环境无影响。

③ 动力部门根据主要生产车间的需要,分散布置在其服务的区域内。

ⅰ 大井、水塔、泵房及清水池全布置在厂前区。这是因为水系崂山水,崂山在厂址北边。厂前区是全厂地势最高处,故由此给水,全厂方便且节省输送费用。

ⅱ 空气压缩站布置在糖化楼区内,离酵母培养间、发酵罐、包装车间等较近,服务方便。

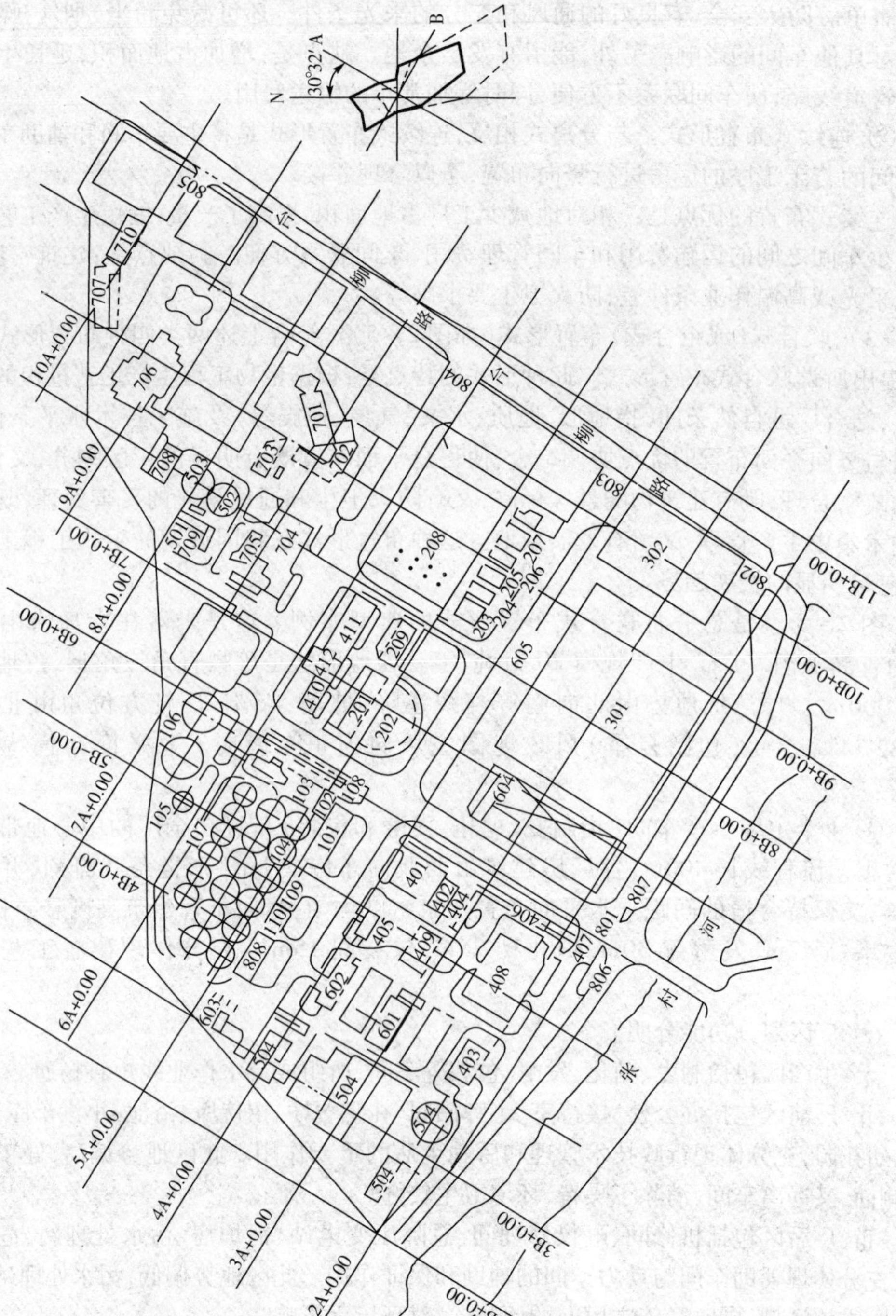

图 2-5 青岛啤酒二厂总平面图(1∶1 000)

说明：1. 本图为总平面施工布置图，建筑坐标系 A = 50mm，B = 50mm。

2. 厂区地形由北向南呈坡，采取阶梯式布置。

3. 全厂分三区：生产区(由 101……201……301……组成)，厂前区(由 701……501……组成)，及厂后区(由 401……，505……601……组成)。

ⅲ 变电配电所分别布置在制麦区、糖化区和厂后区。后区布置总降压变电所。糖化区的变电所是为制冷站和发酵罐服务的。分别布置变电所的优点是由于靠近负荷中心，线路短，比较安全，同时变电功率补偿较好，配电节省方便。缺点是布置厂中心的变电所，防火要求高，必须采取稳妥措施。

ⅳ 制冷站布置在糖化楼区，首先保证发酵罐区供冷；其次保证灌装前啤酒过冷及 CO_2 回收用冷；再次，供厂前区的小啤酒间、成品库以及接待室、办公楼内空调用。

编号	名称	编号	名称	编号	名称	编号	名称
101	卸麦间	209	酵母处理室	413	总电压变电所	704	礼堂餐厅
102	计量间	210	废啤酒器	414	制冷站	705	浴池
103	精选塔	211	控制室	415	空压站	706	招待所
104	大麦仓	213	发酵罐	416	变电所	707	单身宿舍
105	发芽塔	214	辅助间	501	给水泵房	708	幼儿园
106	干燥塔	301	包装车间	502	大井	709	厂前区变电所
107	麦芽仓	302	成品库	503	清水池	710	汽车库
108	浸麦水池	401	锅炉房	504	水塔	801	1#大门
109	制麦辅助楼	402	引风机房	505	污水站	802	2#大门
110	变电所	403	水处理	601	机修间	803	3#大门
201	粉碎间	404	灰渣泵房	602	电仪修间	804	4#大门
202	糖化间	405	热交换站	603	危险品库	805	售酒间
203	蓄热器	406	粉煤袋	604	瓶堆场	806	厕所
204	浮选间	407	粉碎机房	605	车场	807	人行横道
205	酵母槽	408	煤棚	701	办公楼	808	综合管廊
206	酵母繁殖室	409	灰渣池	702	接待室	809	淀粉处理间
207	酵母综合间	410	渣斗	703	小啤酒间	810	综合仓库
208	酵母贮存间	412	变电所				

总之，动力部门的分离布置是区带式布置的特点，最大限度地节约了能源。

④ 全年(包括夏季)风玫瑰图的主风向为东南风向，厂址朝向由北偏东向 30°32′34″，这样，各生产车间的方位角即为 30°32′34″。各车间的正面位置将与主风向成 45° - 30°32′34″ = 14°27′26″，如此主风向不能垂直吹向厂房建筑，对通风有一定影响，但对采光有利。全厂布置中将包装车间布置在上风侧，制麦车间布置在下风侧，厂前区与厂后区皆布置在侧风向，这都是合理的布置。

⑤ 全厂道路布置形式为终端式，因为厂区地形坡度大，采用阶梯式划片布置厂房建、构筑物。但主干道短直，且厂大门(东门两个，南门两个)通联，运输方便。道路两旁地带和厂前区办公楼前绿化面积充足，体现出现代化工厂特点。

⑥ 在联合式布置中，还在生产区、厂前区留有余地，以协调发展的需要，充分体现总平面设计，追求技术先进性与最佳经济效果的原则。

四、厂内运输设计

厂内运输是工厂总平面设计中一个重要内容。完善合理的运输不仅保证生产中原料、材料及成品及时供销,而且对节约基建投资及投产后提高劳动生产率、降低成本、减轻劳动强度等有着重大意义。同时,运输的方式选择、道路的布置形式等对厂区划分、车间关系、仓库堆场的位置都是决定因素之一。所以,厂内运输是工厂总平面设计的重要组成部分。

(一) 厂内运输的任务

厂内运输的任务是通过各种运输机械工具,完成厂内仓库与车间、堆场与车间、车间与车间之间的货物分流。也就是通过运输组织以保证生产中原材料、燃料等陆续供应,生产的产品和副产品源源不断地运出。

厂内运输就是根据原材料、燃料、产品、副产品的种类、运输量,结合厂区运输条件,选择运输工具和运输方式,并进行合理布置。

(二) 道路布置的形式

依据生物工程工厂的生产规模、产品结构、厂区划分等特点,厂内道路布置的形式有两种:一种是循环式布置,即道路为环绕厂房建、构筑物的闭合系统的道路网,并保证物流、人流的运输方便、安全和高效以及消防的要求。另一种是道路不兜环、各有分散终点的终端式布置。这种道路布置的特点是在终点端设置回车场,以便车辆调头。回车场的布置形式有圆形、三角形与T形等,如图2-6所示。

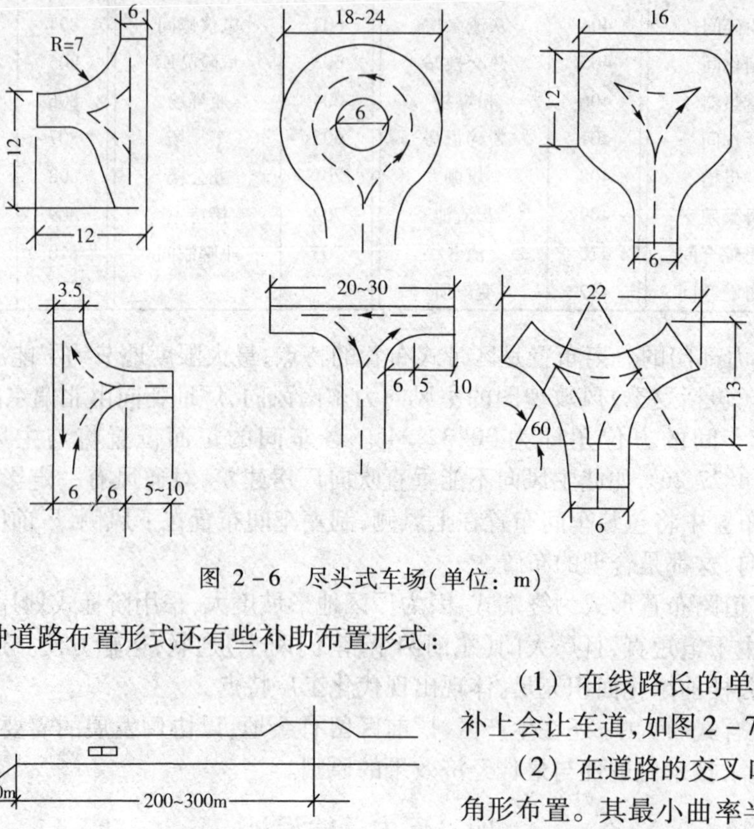

图 2-6 尽头式车场(单位:m)

上述两种道路布置形式还有些补助布置形式:

图 2-7 会让车道示意图

(1) 在线路长的单车道路上应补上会让车道,如图2-7所示。

(2) 在道路的交叉口处,应做圆角形布置。其最小曲率半径:双车道为7m;单车道为9m。

(3) 在办公楼、成品库前,车辆

需要停放和调转，此处的道路要加宽成停车场。

（三）道路的规格

道路的规模包括宽度、路面质量等，根据城市建筑规定、工厂生产规模等而定。通常以城市型道路标准施工。路面采用沙石沥青浇注铺设，并且明沟排水，保持环境卫生。道路纵横贯通，其宽度依主干道、次干道、人行道和消防车道而异。主干道宽至6~9m，其他支干道为4~6m宽。

厂区道路主要技术指标如表2-3。

表 2-3　厂区道路主要技术指标表

序号	指标名称			汽车道	电瓶车道
1	路面宽度/m	城市型	单车道	3.5	2.0
			双车道	6.0~6.5	3.5
		公路型	单车道	3~3.5	2.0
			双车道	5.5~6.0	3.5
2	路肩宽度/m			1.0~1.5	
3	车间引道宽度/m			3.0~4.0	2.0~3.5
4	平曲线最小半径/m			15.0	6.0
5	交叉口转弯半径/m	单　车		9.0	5.0
		带一辆拖车		12.0	7.0
6	最大纵坡/%			8.0	3~4
7	最小纵坡/%			0.4	
8	车间引道最小半径/m			8.0	4.0
9	纵向坡度最小宽度/m			50	50

五、总平面布置图的绘制

总平面设计是从项目建设前期进行可行性研究及申报阶段就进行了，到项目建设阶段又分初步设计和施工设计两个阶段进行的。因此，总平面布置图也分成了项目申报阶段的总平面布置图、初步设计阶段的总平面布置图和施工设计阶段的总平面布置图。

1. 项目申报阶段的总平面布置图

主要是根据工艺要求，结合厂区地形条件绘制出的，图中是将厂内主要建筑物的大概轮廓在界区内进行布置，标注主要尺寸。

2. 初步设计阶段的总平面布置图

依据工艺专业提供的主要生产车间的外轮廓，及与非工艺专业商定的各车间厂房建筑物设想外轮廓尺寸，结合厂区地形等自然条件绘制。按先总图计划后分区安排，先主要生产车间后辅助车间，并把交通运输、给排水、管线等有机联系在一起，先近期考虑后远景规划发展的原则来进行。具体内容是考虑厂区方位、厂房建筑物相对位置、动力区（给水、供热、供电等）分布、交通运输路线及竖向布置关系。初步设计阶段的工厂总平面布置图比例通常按 1:1000 绘制。

3. 施工设计阶段的总平面布置图

总平面施工图根据初步设计的有关审批意见,进行调整。明确规定各建筑物、构筑物、交通运输、管线等的准确位置、相对关系及标高,并用测量坐标网和建筑施工坐标网进行定位。这样的图能全面、准确地标注尺寸,完全满足施工的要求。根据厂区的大小,绘制比例可选 1:500 或 1:1000。

施工图设计阶段的总平面布置图是表明厂区内自然状况和规划设计的图纸,所以,图中所含内容较多,主要包括:厂址原有地形的等高线、测量坐标网及建筑施工坐标网、风玫瑰图;全厂建筑物、露天作业场、道路、铁路的平面布置、标高及坡度;竖向设计、排水设施;厂区围护设施及绿化规划等。

施工设计阶段的总平面布置图的绘制方法:

(1) 按上北下南方向绘制,根据场地形状或布局,可向左或右偏转,但不宜超过 45°。总图中应绘制指北针或风玫瑰图。

(2) 图中有用细实线表示的坐标网格,用以标定厂址及厂内建筑物、构筑物、道路等的位置。测量坐标网常画成交叉十字线,坐标代号用“X、Y”表示,轴间距为 50m 或 100m;建筑坐标网常画成网格通线,坐标代号用“A、B”表示。坐标值为负数时,应注“-”号,为正数时,“+”号可省略,其轴间距也常定为 50m 或 100m。总平面图上有测量和建筑两种坐标系统时,应在附注中注明两种坐标系统的换算公式。

(3) 图中应标明:

① 场地四邻原有及规划道路的位置(主要坐标或定位尺寸);

② 主要建筑物及构筑物的位置、名称、层数、建筑间距;

③ 新建道路、广场的定位、停车场及停车位、消防车道及高层建筑消防扑救场地的布置,必要时需绘制交通流线示意;

④ 绿化、景观及休闲设施的布置示意。

(4) 表示建筑物、构筑物位置的坐标,注其三个角的坐标,如建筑物、构筑物与坐标轴线平行,可注其对角坐标。

(5) 建筑物、构筑物、铁路、道路、管线等应标注下列部位的坐标或定位尺寸:

① 建筑物、构筑物的定位轴线(或外墙面)或其交点;

② 圆形建筑物、构筑物的中心;

③ 皮带走廊的中线或其交点;

④ 铁路道岔的理论中心,铁路、道路的中线或转折点;

⑤ 管线(包括管沟、管架或管桥)的中线或其交点;

⑥ 挡土墙墙顶外边缘线或转折点。

第三章　工艺流程设计

第一节　概　述

工艺流程设计和车间布置设计是工艺设计的两个主要内容，是决定工厂的工艺计算、车间组成、生产设备及其布置的关键步骤。

生产工艺流程设计在整个工艺设计中最先开始，但随着工艺及其他专业设计的展开，通常需要对初步的工艺流程设计进行局部修改，所以几乎是最后才完成。

生产工艺流程设计的主要任务包括两个方面：其一是确定由原料到成品的各个生产过程及顺序，即说明生产过程中物料和能量发生的变化及流向，应用了哪些生物反应或化工过程及设备。其二是绘制工艺流程图。

在发酵生产过程中，原料往往不是直接变成产品，而是通过一系列的半成品或中间产品再变成成品，同时还有副产品和废液、废渣等生成，“三废”必须严格治理。

因为工艺流程设计是最关键的设计，与其他专业设计息息相关，所以需要由浅入深和分阶段进行。同时必须经过反复推敲，精心安排和计算，不断修改和完善，才能完成设计任务。

生产工艺流程的设计往往经历三个阶段，即：生产工艺流程示意图→生产工艺流程草图→生产工艺流程图。

具体地说，生产方法和生产规模确定后就可以开展设计生产工艺流程示意图。工艺流程示意图作出后，就可以进行物料衡算和能量衡算以及部分设备计算和选型。待设备设计全部完成后，再修改、充实工艺流程草图，根据流程草图和设备设计进行车间布置设计。根据车间布置图再来修改工艺流程草图，最后得出生产工艺流程图。

当然上面介绍的示意图→草图→流程图的设计程序并非一成不变，还需根据设计项目的难度、技术的成熟程度、设计人员水平及实践经验等多方面因素决定。若设计人员经验丰富，而且是难度不大、技术成熟的项目，甚至可以一次完成生产工艺流程图的设计。

第二节　生产方法的选择和工艺流程的设计原则

生产工艺流程设计是整个工艺设计的基础，工艺流程图是指导施工的重要图纸。通常，生产方法的选择和工艺流程设计，是决定设计成败的关键工作。

一、生产方法的选择

生产方法即工艺路线的选择，是生物工程工厂设计的关键步骤。一般要对可选择的各种生产方法进行全面的比较分析，从中选出技术先进、经济合理的工艺路线，以保证项目投产后能达到高产、低耗、优质和安全运转。

以发酵工厂为例,介绍选择生产方法的主要依据。

1. 原料来源、种类和性质

如需应用进口原料如啤酒生产的麦芽,则必须采取先进的生产方法和技术,以保证生产出高质量的产品,供出口或内销。原料的种类和性质不同,则生产方法也要相应改变。对酒精生产,采用糖蜜或淀粉作原料,则工艺路线就大不相同。即便是淀粉质原料,也有谷类、薯类原料和野生植物淀粉质原料之分,其工艺流程也有一定差异。

2. 产品的质量和规格

糖蜜原料发酵生产三级酒精,可采用两塔式液相过塔蒸馏流程;若生产一级或优级酒精,则必须采用三塔式或多塔式流程。又如啤酒生产中,淡色啤酒或浓色啤酒的糖化、煮沸工艺就不相同。

3. 生产规模

工厂的设计生产能力对工艺流程的选择也有影响。生产规模较小时,可采用分批发酵法;对于大型企业,则采用连续发酵工艺有利于生产过程的机械化、自动化和稳产高产的实现。

4. 技术水平

生产方法的选择也必须考虑技术水平。如酒精生产,连续发酵技术要求较高的操作技术,而间歇生产则较易掌握。又如味精生产,应用糖蜜原料发酵谷氨酸的方法,具有产酸高、经济效益好的优点,但对菌种和生产技术水平要求严格。所以生产工艺既要考虑先进性,又要保证切实可行。

5. 建厂地区的自然环境

如在热带地区建厂,就必须配套冷冻系统,才能保证正常发酵的温度要求。

6. 经济合理性

对选用的生产方法应切实做好技术经济指标的比较,尽量选用投资省、生产效率高、能耗低的生产方法,以获得良好经济效益。

二、工艺流程的设计原则

进行工艺流程设计,必须考虑以下几项原则:

(1) 保证产品质量符合国家标准,外销产品还必须满足销售地区的质量要求。

(2) 尽量采用成熟的、先进的技术和设备。努力提高原料利用率,提高劳动生产率,降低水、电、汽及其他能量消耗,降低生产成本,使工厂建成后能迅速投产,在短期内达到设计生产能力和产品质量要求,并做到生产稳定、安全、可靠。

例如,味精厂糖化车间工艺流程设计,以前采用酸法糖化或酶酸法糖化的工艺流程。现在应采用较先进的双酶法糖化工艺流程,它明显优于传统的酸法或酶酸法糖化工艺。采用耐高温 α-淀粉酶喷射液化及高转化率液体糖化酶糖化生产工艺,有着转化率高、糖液质量好、提取率及收得率高的优点。应用表明,味精行业应用双酶法糖化工艺流程,对大米糖转化率可达到95%以上,比酸法或酶酸法工艺提高3% ~5%,所制得的糖液透光率在85% ~90%,比酸法或酶酸法提高1倍左右。

啤酒厂糖化车间工艺流程设计中，以前均采用麦汁二段冷却，现在应采用麦汁一段冷却新技术，具有明显的节能效果，比原二段冷却节电 40%，节水 27%，降低煤耗 5%，同时降低载冷剂用量，降低啤酒生产成本。

在啤酒厂成熟啤酒的过滤生产流程设计中，应根据啤酒产品的质量要求，进行过滤设备的不同组合。如采用硅藻土过滤（单级），啤酒浊度 EBC 在 0.6～0.8。采用硅藻土过滤→精滤纸板过滤的组合，能明显提高啤酒的光亮透明度，EBC≤0.5。

采用硅藻土过滤→精滤纸板→无菌过滤的组合流程，可生产 EBC＜0.4 的纯生啤酒。

采用硅藻土（加硅胶）过滤→PVPP 吸附过滤→精滤纸板的过滤流程，可酿制高稳定性啤酒。

硅藻土过滤机有三种型式，即板框式、叶片式和烛式过滤机，各有优缺点。对大型厂以烛式为好，板框式过滤机操作最安全。

近十几年来，我国啤酒、柠檬酸、酒精、酶制剂等行业引进许多先进工艺流程和设备，在进行工艺流程设计时，要充分调查研究，吸收利用国内外先进的工艺流程和设备。

（3）实施清洁生产，有完善的三废治理措施，以减少或消除对环境的污染，并做好三废的回收和综合利用。

（4）确保安全生产，以保证人身和设备的安全。

（5）生产过程尽量采用机械化和自动化，实现稳产、高产。

第三节　工艺流程的设计步骤

生产方法确定后，即开始工艺流程的设计。工艺流程图的设计通常要经历三个阶段：

（1）生产工艺流程示意图；

（2）生产工艺流程草图；

（3）生产工艺流程图。

以下进行具体的叙述说明。

一、生产工艺流程示意图

生产工艺流程示意图在物料衡算前进行，其主要作用是：定性地表明原料变成产品的路线和顺序，以及应用的过程及设备。

在设计工艺流程示意图时，首先要弄清楚原料变成产品要经过哪些单元操作，其次要确定采用何种操作方式——连续或间歇。

工艺流程示意图可以用简单的设备流程图表示，甚至可用文字示意图表达。例如啤酒生产的工艺流程示意图可用图 3－1 表示。

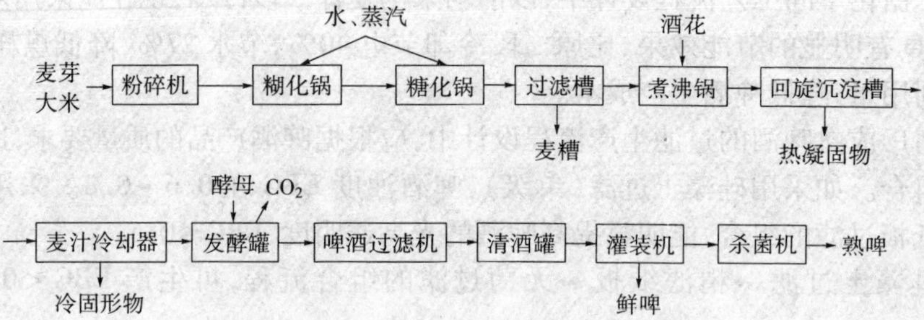

图 3-1 啤酒生产工艺流程示意图

二、工艺流程草图的设计

完成工艺流程示意图后,即开展物料平衡计算。通过物料平衡计算,求出原料、半成品、产品、副产品以及与物料计算有关的废水、废料等的规格、质量和体积等,并据此开始设备设计。

设备设计通常分两阶段进行。第一阶段的设计内容是:计算、确定计量和贮存设备的容积以及决定这些容积型设备的尺寸和台数等。

第一阶段设备设计完成后,即开展工艺流程草图的设计,并进行第二阶段设备设计与水、电、汽等能量计算。第二阶段的设备设计主要解决生物反应过程和化工单元操作的技术问题,如过滤面积、传热面积等,对专业设备和通用设备进行设计或选型。至此,所有设备的规格、型号、尺寸、台数等均已求出,据此对工艺流程草图进行修改和充实,并进行初步平面布置。

(一) 工艺流程草图的制图要求

工艺流程草图是由物料流程、图例、设备一览表以及必要的文字说明所组成,一般是初步设计阶段的草图。其制图要求如下:

(1) 应表示出厂房各层楼面的标高。

(2) 画出设备示意图,设备的尺寸大小应适当相称且大致形似,并标明其流程号。

(3) 画出设备的物料及水、汽、真空、压缩空气、冷冻剂等管线和流动方向,以及管线上的主要阀门及管路附件如过滤器、疏水器等。

(4) 画出必要的计量器具和控制仪表,如流量计、压力表、温度计等。

(5) 必要的文字注释,如废水的下水道,废料、废气及半成品、副产品的去向等。

(6) 附注图例,并按国家规定画出图签、图框。制图比例大致按 1:100 进行绘制,如设备过小或过大时则可采用 1:50 或 1:200。

(二) 工艺流程草图的绘图步骤

作图时,按工艺流程由左至右展开画出,具体步骤为:

(1) 把各层楼面的地面线用双细线绘出,注上标高。

(2) 根据设备所处的相对高度,自左至右用细实线画出各设备的外形轮廓,设备之间留有一定间距。

(3) 物料管线用粗实线画出,用箭头标明流向。

(4) 水、汽、真空、压缩空气等动力管线用细实线绘出,并标出流向。

(5) 画出设备和管道上主要附件、计量和控制仪器以及阀门等。

(6) 标注设备流程号和辅助线。

(7) 最后写上必要的文字说明。

有关图例和物料代号在本章第四节有专题论述和介绍。

三、工艺流程图的设计

当设备设计和工艺流程草图设计完成后,便开始车间布置设计。在这阶段,可能会发现工艺流程草图设计中某些设备的空间位置不合适,或是个别设备的型式和主要尺寸选取不当,因此需要修改和完善。经过多次反复逐项审查后,确认设计合理无误后才正式绘制生产工艺流程图。显然,工艺流程图的内容比工艺流程草图更加全面、完整和合理。

作为正式的设计成果,工艺流程图将被编入设计文件,供上级部门审批和今后施工使用。生产工艺流程图的例子见本章第四节图 3-4 和图 3-5。

由前所述,工艺流程示意图、生产工艺流程草图和工艺流程图并不是单独完成的,而必须同物料衡算、能量衡算、设备设计计算以及车间布置设计等交叉进行。因此,从事工艺设计时,必须全面、综合考虑,思路清晰,有条不紊,前后一致。只有这样,才能高质量地完成这项复杂又细致的设计任务。

第四节　工艺流程图

一、概　　述

工艺流程图是用来表达工艺生产流程的图样,一般有如下几种。

1. 全厂总工艺流程图或物料平衡图

总工艺流程图,在工厂设计中是为总体说明部分提供的全厂总流程图样。有的工厂则改称为全厂物料平衡图(如图 3-2)。图上用细实线画成长方框来表示各车间(工段)。流程线只画出主要物料,用粗实线表示。流程方向用箭头画在流程线上。图上还注明了车间名称,各车间原料、半成品和成品的名称、平衡数据和来源、去向等。关于图线规格可参阅附录四表 1。

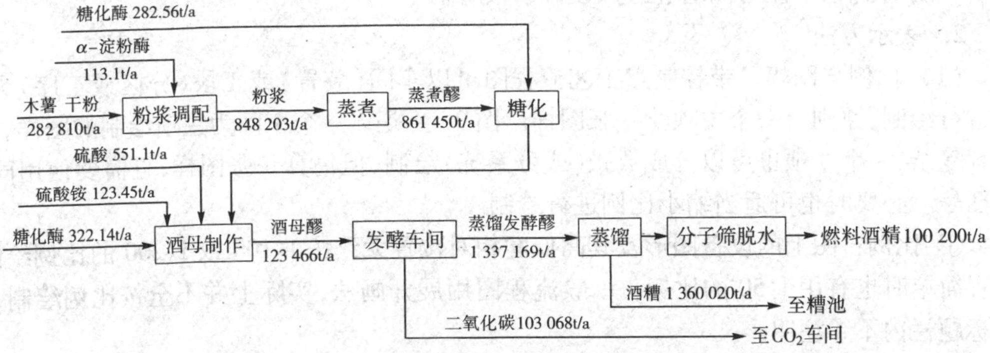

图 3-2　年产 100 000t 燃料酒精厂物料平衡图

2. 物料流程图

物料流程图(如图3-3)一般是在初步设计阶段,完成工艺平衡计算后,在全厂总工艺流程图基础上绘制的。它是一种以图形与表格结合的形式,反映设计计算结果,表达各车间内部工艺物料流程的图样。图样采用展开图形式,按工艺流程次序,自左至右画出一系列设备的图形,并配以物料流程线和必要的标注与说明。在流程上标注出各物料的组分、流量以及设备特性数据等,是这种图样的一个特点。如无变动,在施工图设计阶段中不再重行绘制。

3. 带控制点工艺流程图

带控制点工艺流程图是内容较为详细的一种工艺流程图。在管线和设备上画出配置的某些管件、阀门、自控仪表等有关符号,可供生产和施工、安装使用。带控制点工艺流程图是工艺设计必须完成的图样。图3-4为初步设计阶段提供的图样,图3-5为施工图设计阶段提供的图样。

本节以带控制点工艺流程图的表达内容和绘制方法进行讨论。

二、带控制点工艺流程图的绘制

带控制点工艺流程图是表示全部工艺设备、物料管道、阀门、设备附件以及工艺和自控仪表的图例、符号等的一种工艺流程图,也称生产控制流程图或工艺控制流程图。在初步设计和施工图设计中均要提供这种图样。由工艺专业和自控专业人员合作绘制而成。它是设备布置、仪表测量和控制设计的依据,并可供施工安装、生产操作时参考。

本节主要讨论施工图设计中的带控制点工艺流程图,掌握了这种图样的表达方法以后,再与同一项目的初步设计图样对照,以掌握初步设计阶段中的带控制点工艺流程图。

(一) 视图内容和表示方法

1. 视图内容

(1) 图形 将各设备的简单外形按工艺流程次序,展开在同一平面上,配以连接的主辅管线及管件、阀门、仪表控制点符号等。

(2) 标注 注写设备位号及名称、管段编号、控制点代号、必要的尺寸、数据等。

(3) 图例 代号、符号及其他标注的说明,有时还有设备位号的索引等。

(4) 标题栏 注写图名、图号、设计阶段等。

2. 表示方法

(1) 比例与图幅 带控制点工艺流程图可以车间(装置)或工段(分区或工序)为主项进行绘制,原则上一个主项绘一张图样。图3-4是以一个车间为主项绘制的图样。若流程复杂,一个主项也可以分成数张(或分系统)绘制,但仍算一张图样,且需要使用同一个图号。必要时也可适当缩小比例进行绘制。

① 比例:图上的设备图形及其高低间相对位置大致按1:100或1:200的比例绘制,流程简单时也有用1:50的比例。一般流程图用展开画法,实际上并不全按比例绘制,故于标题栏内不予注明。

② 图幅:图形采用展开图形式,呈长条形,因此可采用标准幅面加长的规格。但不宜太长,以阅读方便为前提。

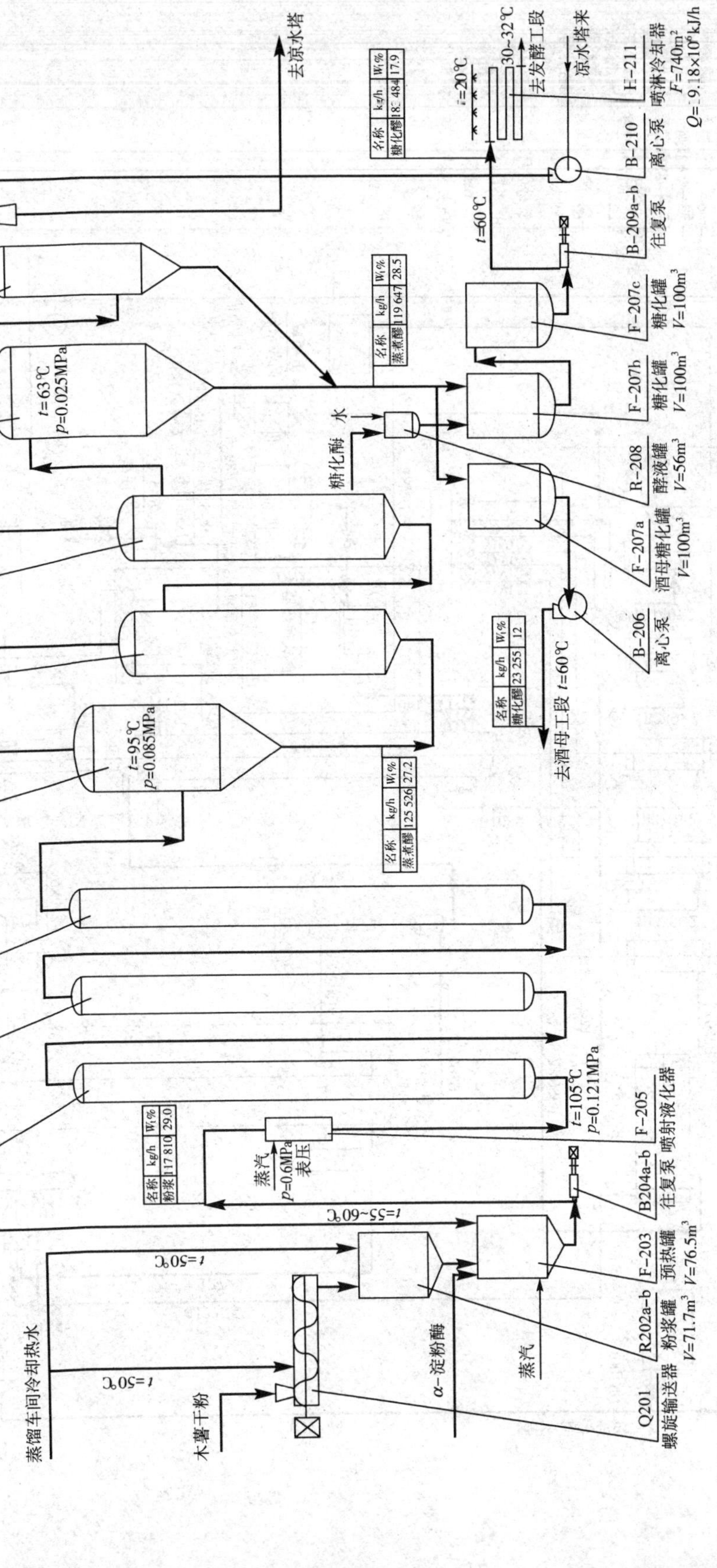

图 3-3　年产 100 000t 燃料酒精厂蒸煮糖化车间物料流程图

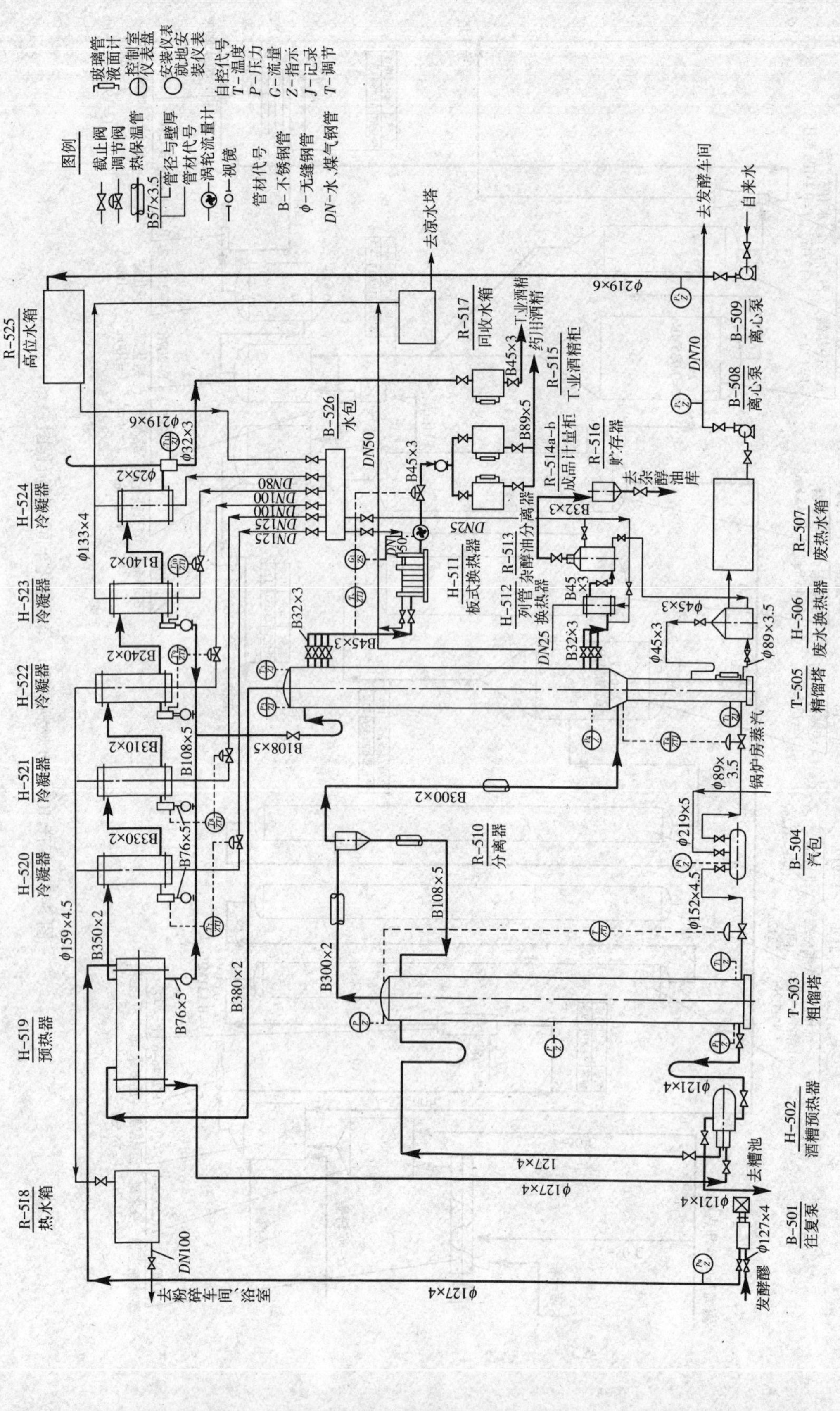

图 3-4 为初步设计阶段提供的带控点工艺流程图

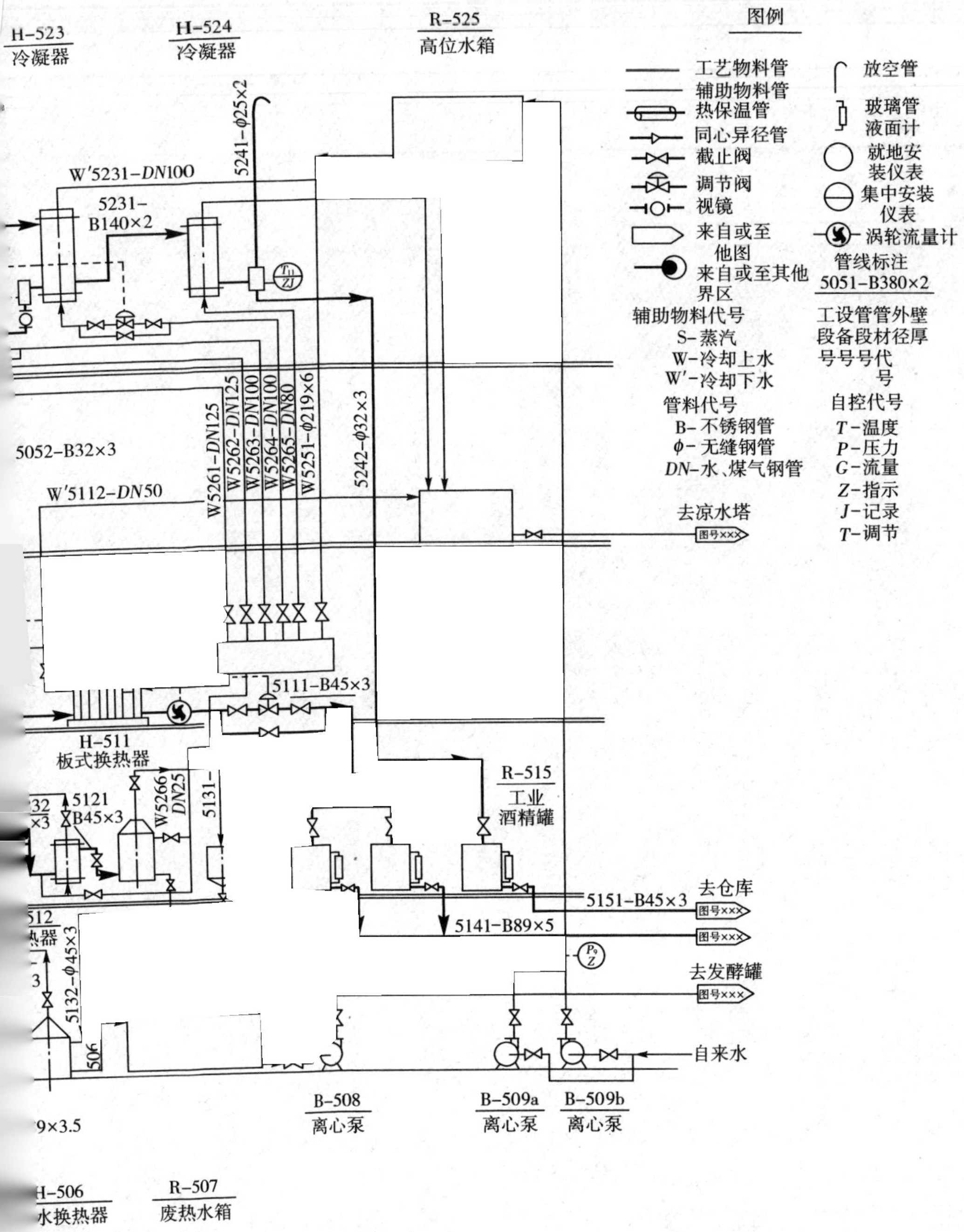

H-523
冷凝器
H-524
冷凝器
R-525
高位水箱
图例
工艺物料管
辅助物料管
热保温管
同心异径管
截止阀
调节阀
视镜
来自或至他图
来自或至其他界区
放空管
玻璃管液面计
就地安装仪表
集中安装仪表
涡轮流量计
管线标注
5051-B380×2
工设管管外壁
段备段材径厚
号号号代
号
辅助物料代号
S-蒸汽
W-冷却上水
W′-冷却下水
管料代号
B-不锈钢管
φ-无缝钢管
DN-水、煤气钢管
自控代号
T-温度
P-压力
G-流量
Z-指示
J-记录
T-调节
5241-φ25×2
W′5231-DN100
5231-B140×2
5052-B32×3
W′5112-DN50
W5261-DN125
W5262-DN125
W5263-DN100
W5264-DN100
W5265-DN80
W5251-φ219×6
5242-φ32×3
去凉水塔
5111-B45×3
H-511
板式换热器
5121
B45×3
W5266
DN25
5131-
R-515
工业
酒精罐
去仓库
5151-B45×3
5141-B89×5
去发酵罐
5132-φ45×3
自来水
B-508
离心泵
B-509a
离心泵
B-509b
离心泵
H-506
水换热器
R-507
废热水箱

控制点工艺流程图

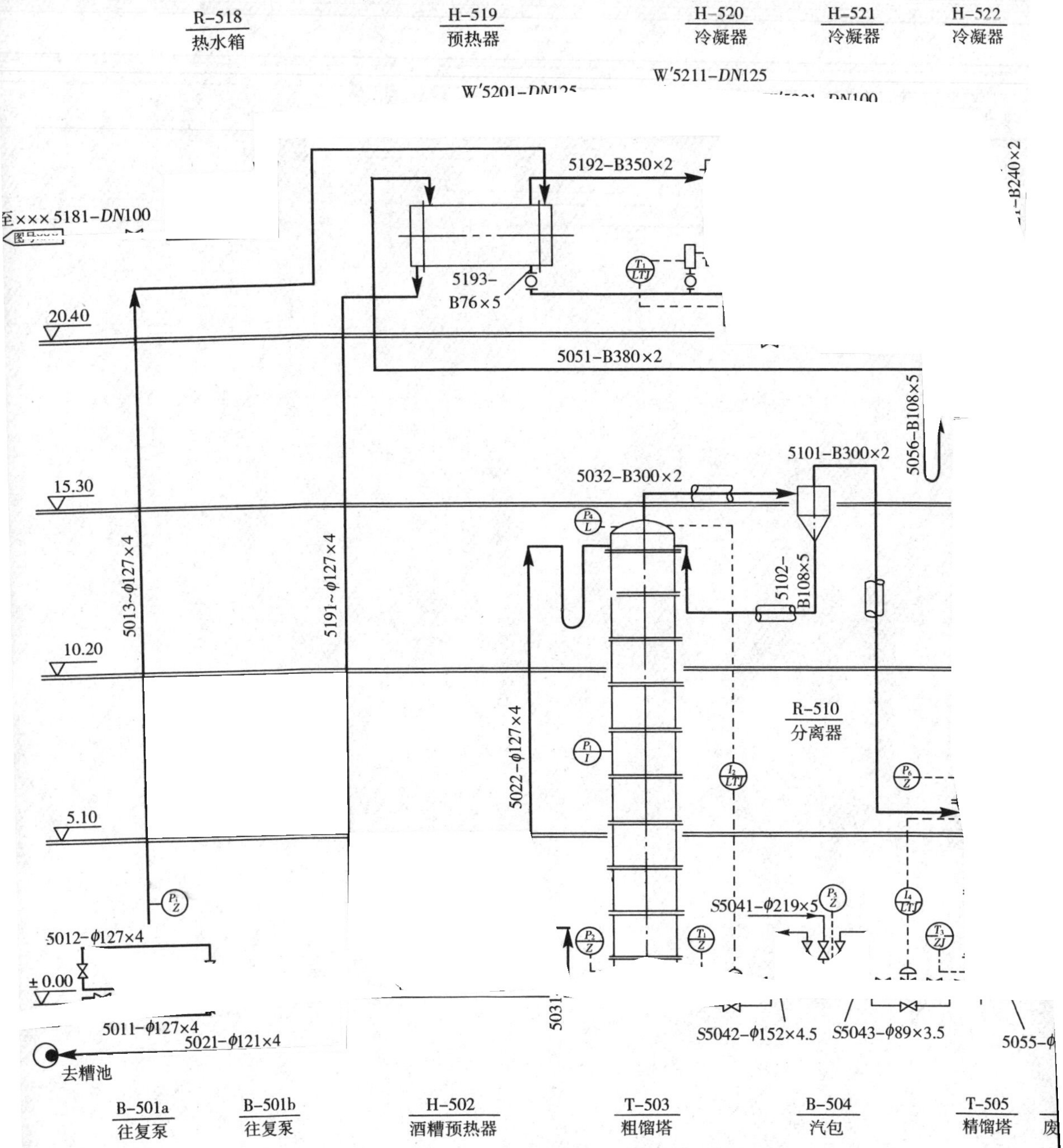

图 3-5 为施工图设计阶段提供的带

(2) 设备的画法

① 图形：设备在图上一般按比例用细线（$b/3$）绘制，画出设备的主要轮廓，如图3－6(1)。有时也画出具有工艺特征的内件示意结构（如塔板、填充物、冷却管、搅拌器等），可以用虚线绘制或用剖视形式表示，如图3－6(2)、图3－6(3)。设备上的管口一般不予画出，若需要画出则可用单线表示，如图3－6(3)所示。设备上的传动装置应简单示意画出，如图3－6(3)。某些过大或过小的设备图，可适当缩小或放大比例。常用的设备，其图形画法可参考附录四表2。

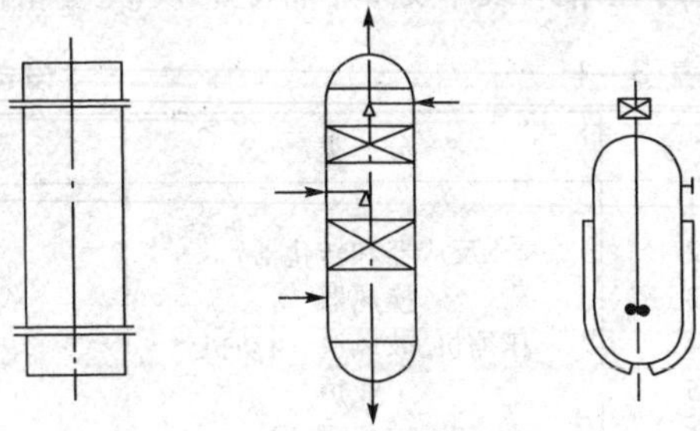

(1)　　(2)　　(3)

图 3－6

(1) 换热器　(2) 填料塔　(3) 反应釜

② 相对位置：设备间的高低和楼面高低的相对位置，一般按比例绘制。低于地面的，也要相应画在地平线以下，尽可能符合实际安装情况。有位差要求的设备，需注明其限定尺寸。设备的横向顺序应与主要物料管线一致，勿使管线曲折往返过多。设备间的横向间距，要合理布置，避免管线过长或过密。目前国内除了对有位差要求的设备按相对位置绘制外，也有不按高低相对位置绘制的情况。国外则大部分不按高低相对位置画出。

③ 相同系统（或设备）的处理：两个或两个以上相同的系统（或设备），一般应全部画出，但也有只画出一套者（例如发酵罐罐数较多时，可只画出一套）。只画出一套时，被省略部分的系统（或设备），则需用双点划线绘出矩形框表示。框内注明设备的位号、名称，并绘出引至该套系统（或设备）的一套支管。如图3－7所示。

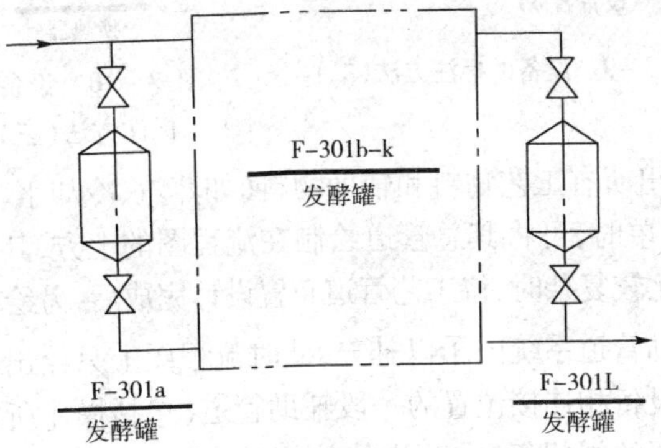

图 3－7　相同设备的表示方法

(3) 设备的标注

① 标注内容：设备在图上应标注位号和名称。设备位号在整个车间（装置）内不得重复。施工图设计与初步设计中的编号应一致。如果施工图设计中设备有增减，则位号应按顺序补充或取消（即保留空号）。设备名称也应前后一致。

② 标注方式：设备的位号、名称一般标注在相应设备的图形上方或下方，即在图纸的上端及下端两处，各设备在横向之间的标注方式应基本排成一行，如图3－4中所示。在图纸同一高度方向出现两个设备图形时，将偏上方的设备标注在图纸上端。若在同一高度方向出现两个以上设备图形时，则可按设备的相对位置将某些设备的标注放在另一设备标注的下方。也有一些图样，其设备位号仍用指引线引出，注在设备图形的空白处。

设备的标注方式，如图3－8、图3－9、图3－10所示。图3－8中水平线上方的“B－201a”为设备位号，设备位号可由设备分类代号、工段（分区）序号、设备序号等组成。设备分类代号一般规定见表3－1。同位号的设备在位号的尾端加注“a”、“b”、“c”等字样以示区别。如数量不止一台而仅画出一台时，则在位号中应予注全，如“225a－c”即表示该设备共有3台，如图3－9所示。设备位号还有一种表示方法，如图3－10所示，设备名称注写在水平线下方，并需注意反映设备的用途。

表 3－1 设备分类代号

序号	分 类	内 容	代号
1	泵	各种形式泵	B
2	反应器和转化器	反应罐、发酵罐、糖化锅、蒸煮罐等	F
3	换热器	列管、套管、螺旋等各种换热器、蒸发器等	H
4	压缩机、鼓风机、驱动机	压缩机、鼓风机、离心机、洗涤机等	J
5	工业炉	裂解炉、加热炉、转化炉等	L
6	贮槽和分离器	贮槽、贮罐、高位槽、气瓶、分离器等	R
7	起重和运输设备	各种起重机、称重机、包装机、胶带和螺旋运输设备	Q
8	塔	吸收塔、精馏塔、填料塔等	T

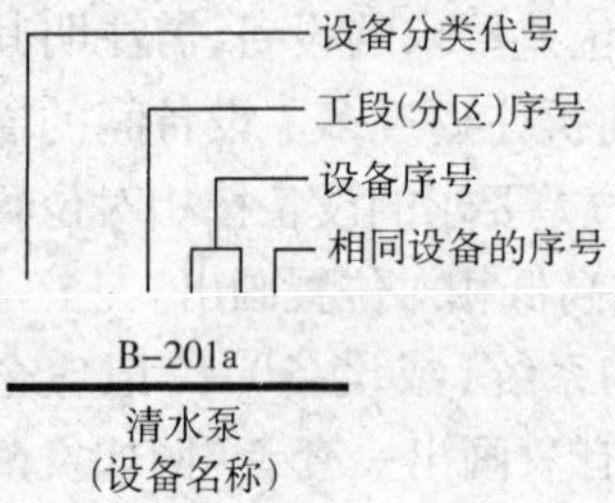

图 3－8 设备的标注方法(一)

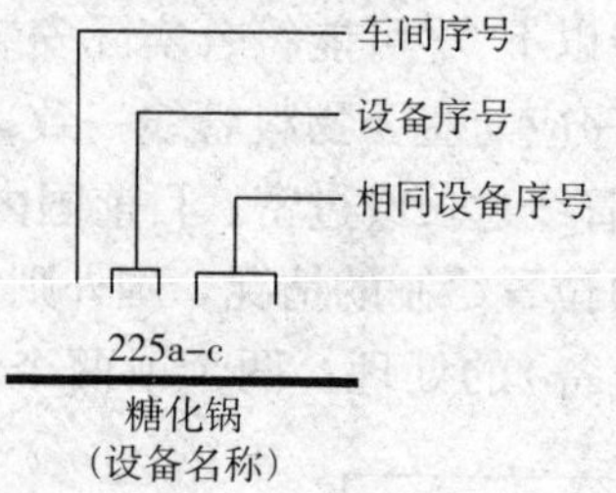

图 3－9 设备的标注方法(二)

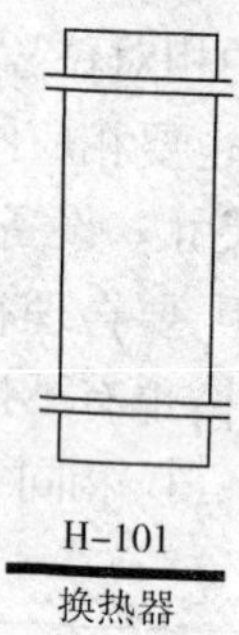

图 3－10 设备的标注方法(三)

(4) 管道的表示方法 图上一般应画出所有工艺物料和辅助物料(如蒸汽、冷却水、冷冻盐水等)的管道。当辅助管道系统比较简单时，可将其总管道绘制在流程图的上方，其支管道则下引至有关设备。当辅助管道系统比较复杂时，待工艺管道布置设计完成后，另绘辅助管道系统图予以补充，此时流程图上只绘出与设备相连接位置的一段辅助管道(包括操作所需要的阀门等)。蒸汽伴热管道比较复杂的系统，通常还需另绘蒸汽伴管系统图。

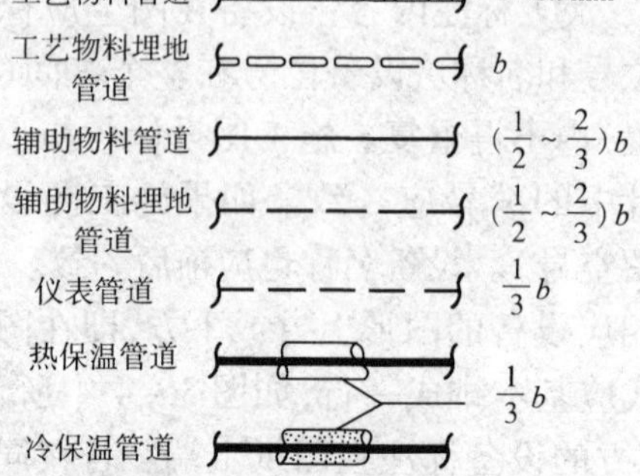

图 3－11 各种常用管道的规定线型

① 管道的画法：

i 线型规定：工艺物料管道用粗实线(常用 $b=0.9$mm 左右)绘制，辅助管道用中实线($b=0.6$mm 左右)绘制，仪表管则用细虚线(0.3mm 左右)或细实线绘制。有些图样上，保温、伴热等管道除了按规定线型画出外，还示意画出一小段(约 10mm)保温层。有关各种常用管道的规定线型，可参考图3－11。

ii 交叉与转弯：绘制管道时，应尽量注意避免穿过设备或使管道交叉，不能避免时，应将横向的管道断开一段，如图 3－12 所示。管道要尽量画成水平或垂直，不用斜线。若斜线不可避免时，应只画出一小段，以保持图面整齐。图上管道转弯处，一般应画成直角而不是圆弧形。

ⅲ 放气口、排液管及液封管：管道上的取样口、放气口、排液管、液封管等应全部画出。放气口应画在管道的上边，排液管则绘于管道下侧，U 型液封管尽可能按实际比例长度表示，如图 3－13。

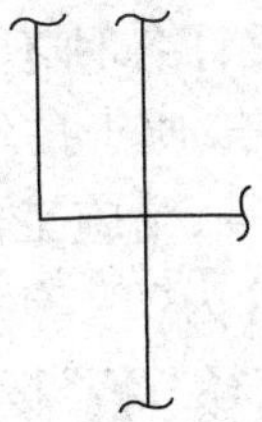

图 3－12　交叉管道的画法

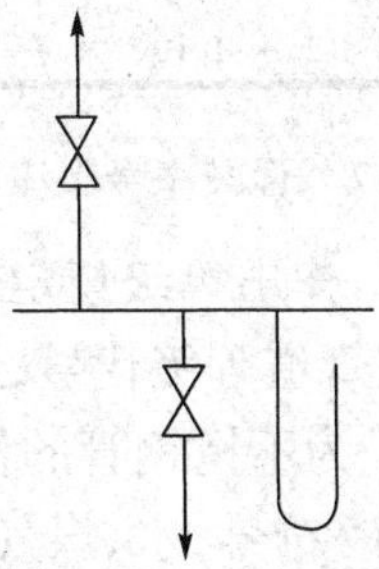

图 3－13　放气口、排液管、液封管等画法

ⅳ 来向和去向：本流程图与其他流程图连接的物料管道(即在本图上的始端与末端)应引至近图框处。与其他主项(在不同图号的图纸上)连接者，在管道端部画一个由细线构成的空心箭心，如图 3－14。箭头框中写明来向或去向的设备图号，上方则注明物料来向或去向的设备位号。与本主项另一张图纸(图号相同)上的设备连接者，则在管道端部画一个如图 3－15 所示的符号，外圆用细线绘制。习惯来向集中在图纸左侧，去向集中在图纸右侧。

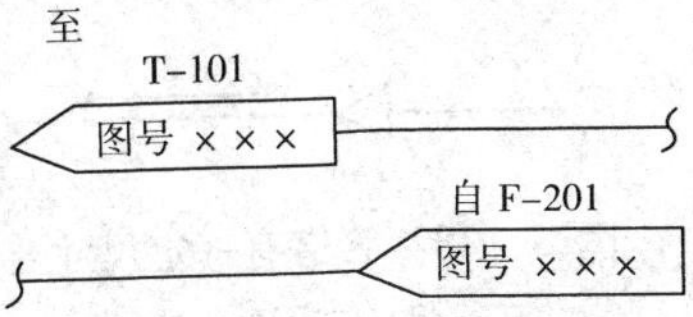

图 3－14　管道来向和去向表示法(一)

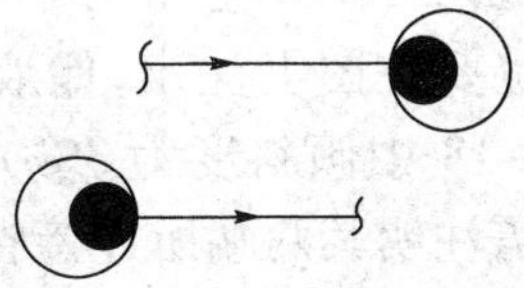

图 3－15　管道来向和去向表示法(二)

② 管道的标注：每段管道上都要有相应的标注，横向管道标注在管线的上方，竖向管道则标注在管线的左方，若标注位置不够时，可用引线引出标注。标注内容和标注方式如图 3－16 所示。

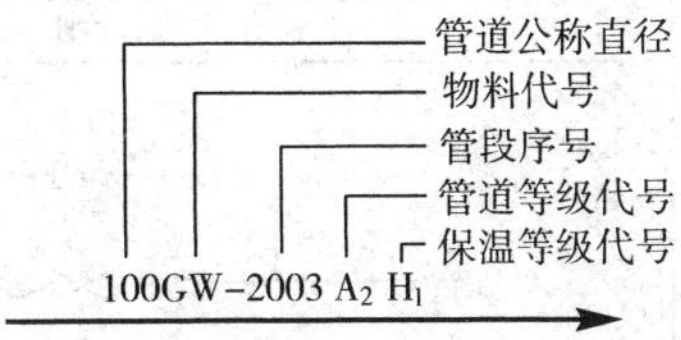

图 3－16　管道标注的内容和方式

ⅰ 管道尺寸：用管道公称直径表示，如图 3－16 中所表示的 100mm。

ⅱ 物料代号：根据《管路系统的图形符号管路》(GB 6567.2—1986)规定，管路中介质的类别代号用相应的英语名称的第一位大写字母表示。如不同介质的类别代号重复时，则用前两位大写字母表示。也可采用该介质化合物分子式符号(如硫酸为 H_2SO_4)或国际通用代号(如聚氯乙烯为 PVC)表示其类别。必要时可在类别代号的右下角注上阿拉伯数字，以区别该类介质的不同状态和性质。原《机械制图》(GB 140—1959)的规定，管路中介质类别以汉语拼音的为首字母为代号，已停止使用。管道物料的英文字母代号，参见附录四表 3。

ⅲ 管段序号：序号可按工艺流程顺序编写，其中第一位数字为工段(或分区)号，工段有10个以上，则可用两位数字表示，如“2003”即第二工段中该物料管道的第三段。有些图样不按物料编号，无需标注物料代号，而用与物料管道相连接的设备编号和管道编号表示，具有易于辨认的特点，给施工安装带来方便。如图3－17中“3212”表示与第三工段第21号设备连接的第二段管道。图3－5中的管道标注也采用这种表示方法。

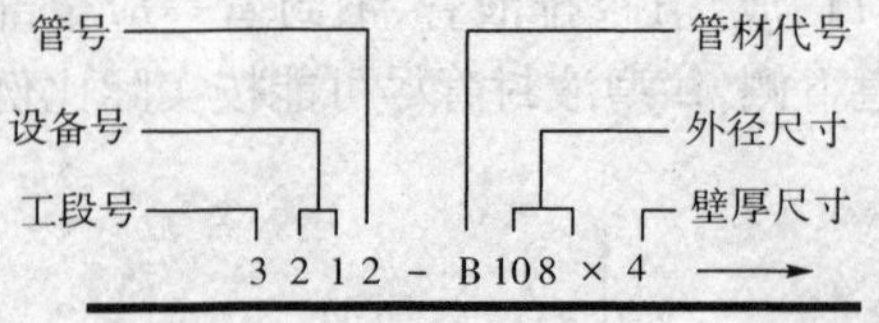

图 3－17　管段序号表注法

ⅳ 管道等级：管道按温度、压力、介质腐蚀等情况，预先设计各种不同管材、壁厚及阀门等附件的规格，作出等级规定，图上标注各管道的等级代号，便于按等级规定施工。也有些图样不标注管道等级代号，而注出管材代号与壁厚尺寸等，给施工辨认带来方便。如图3－17中，“B”为不锈钢管的代号(铝管的代号为“L”、铜管为“T”等)，无缝钢管则在外径尺寸前冠以“ϕ”符号，水、煤气输送钢管的尺寸采用公称直径“*DN*”标注，例*DN*25，表示公称直径为25mm的水、煤气钢管。

为简化方便，工艺流程图管道标注用W－ϕ89×4或ϕ89×4表示也可(初步设计)，或上图的表示方法也可，管道等级、保温等级可以不标。

ⅴ 保温等级：根据图上标注的管道等级代号，可确定施工时管道保温所需的保温材料、规格等。目前有些图纸尚未采用这一注法，则保温规格需查阅其有关设计资料。管道标注中，若包括了保温等级代号，就不必再画出一小段保温层了。

ⅵ 物料流向：可标注在管线上(如图3－16)，或标注在尺寸后(如图3－17)。

ⅶ 其他尺寸：工艺上对某些管道有一定的尺寸要求时，也要在图上注出，如液封管长度，安装坡度(如图3－18中倾斜度为3‰)等。异径管(异径接头)有时需注明其两端所连接管道的公称直径，如70/50(或D_g70/50)，一般直径大者写在前面。

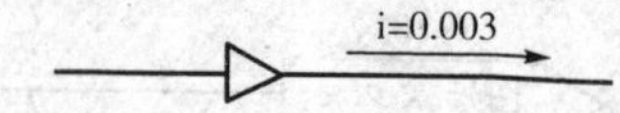

图 3－18　管道有一定尺寸要求时的标注方法

当管道转折较多时，管道的标注有时需做适当重复，以便看图。

(5) 管件与阀门的表示方法　在管道上需用细实线画出全部阀门和部分管件(如阻火器、异径接头、盲板、视镜、下水漏斗等)的符号。管件中的一般连接件，如法兰、三通、弯头、管接头等，若无特殊需要均不予画出。有些图上将所有管线上的控制阀组(包括正常生产时检修该阀所需之前后阀及旁路阀)编成控制阀表附在图样的左下角，按有控制阀组的仪表，分项一一填注各阀的有关数据，如图3－19所示。有了控制阀表，在

控　制　阀　表

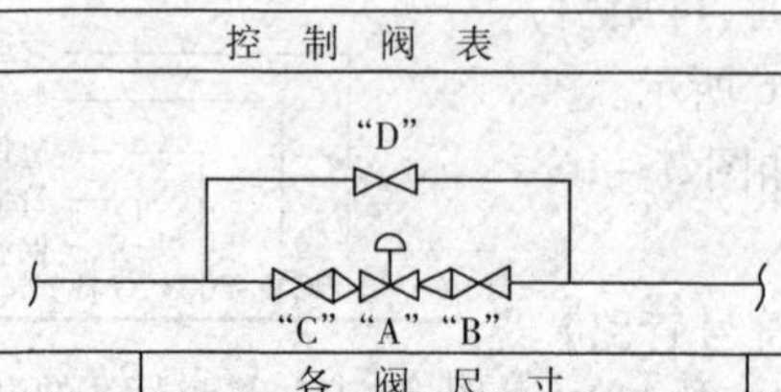

仪表号	管段号	各阀尺寸						备　注
		“A”			“B”	“C”	“D”	
		D_g	P_g	法兰面				
T-301	S-3003	25	40	凹面	50	50	50	
P-303	W-3003	125	40	凹面	250	250	250	

图 3－19　控制阀表

流程图上就不必一一画出控制阀组了。图 3－20 即为两种表达方法的对比情况。

下面介绍几种常用阀门的表示方法，如图 3－21，详细内容可参阅附录四表 4。

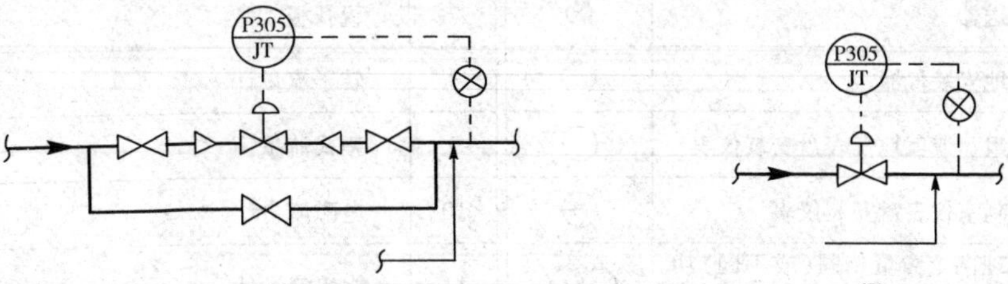

(1)　(2)

图 3－20　无控制阀表时的画法与有控制阀表时的画法

（1）无控制阀表时的画法　（2）有控制阀表时的画法

（6）仪表控制点的表示方法　工艺生产流程中的仪表及控制点应该在有关管道上，并大致按安装位置用代号、符号给以表示。代号、符号的规定如下：

① 参量的代号：常用参量的代号如表 3－2 所示。

② 功能的代号：常用的仪表功能代号如表 3－3 所示。

③ 仪表控制点的符号：仪表控制点的图形符号，一般用细线绘制，常用者如表 3－4 所示。

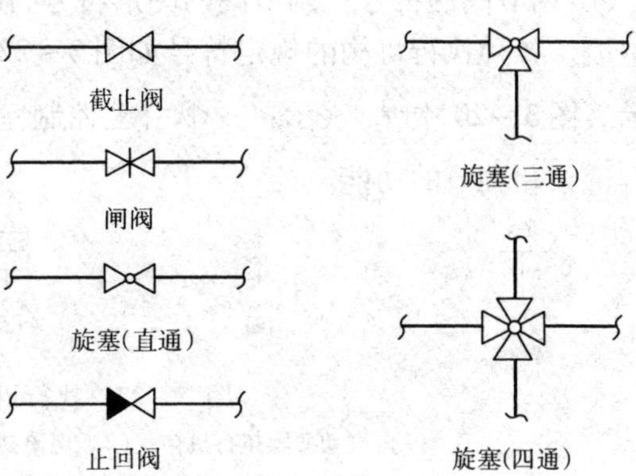

图 3－21　几种常用阀门的表示方法

表 3－2　**常用参量的代号**

序号	参　量	代号	序号	参　量	代号
1	温　度	T	11	密　度	ρ
2	温　差	ΔT	12	分　析	A
3	压力(或真空)	P	13	湿　度	ϕ
4	压　差	ΔP	14	厚　度	δ
5	流　量	q	15	频　率	f
6	液位(或料位)	H	16	位　移	s
7	质量(或体积)流量	$q_m(q_v)$	17	长　度	L
8	转　速	n	18	热　量	Q
9	浓　度	c	19	氢离子浓度	pH
10	机械量	M			

表 3－3　**表示功能的符号**

序号	功　能	代号	序号	功　能	代号
1	指　示	Z	5	信　号	X
2	记　录	J	6	手动遥控	K
3	调　节	T	7	联　锁	L
4	积　算	S	8	变　送	B

表 3－4 **仪表控制点符号**

序号	名　称	符　号	序号	名　称	符　号
1	变送器	⊗	7	锐孔板	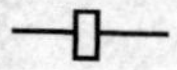
2	就地安装仪器	○	8	转子流量计	
3	机组盘或就地仪表盘安装仪表		9	靶式流量计	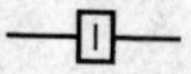
4	控制室仪表盘安装仪表	⊖	10	电磁流量计	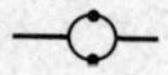
5	处理两个参量相同(或不同)功能的复式仪表	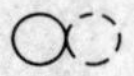	11	蜗轮流量计	
6	检测点		12	变压计	

④ 调节阀的符号：调节阀的图形符号，用细线绘制，图形由执行机构与阀体两个部分组成。各种执行机构的规定符号如图 3－22 所示。各种调节阀的规定符号如图 3－23 所示。图 3－20 中$\frac{P_{305}}{JT}$表示：一个引至控制室仪表盘安装的压力计，其编号为“305”，它具有记录和调节的功能。

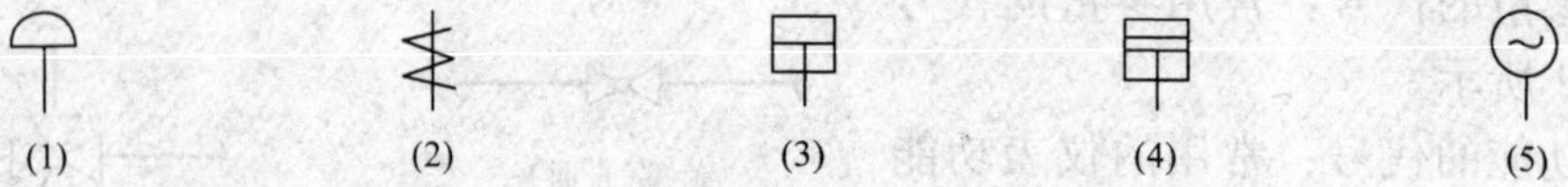

图 3－22 执行机构的规定符号

（1）气动薄膜执行机构 （2）电磁执行机构 （3）气动活塞执行机构

（4）液动活塞执行机构 （5）电动执行机构

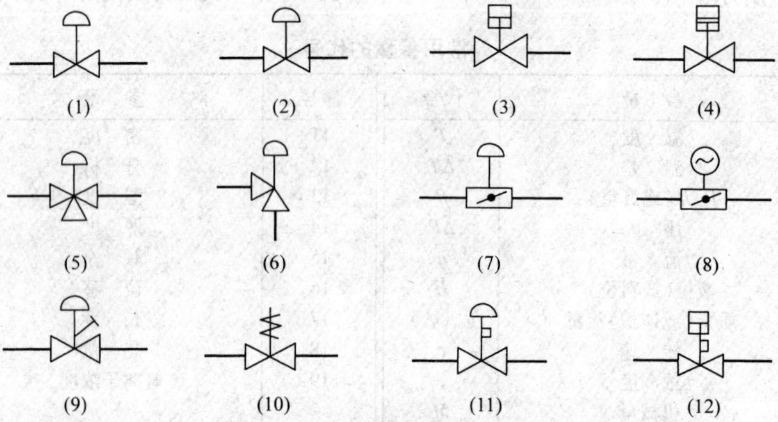

图 3－23 调节阀的规定符号

（1）气动薄膜调节阀(气闭式) （2）气动薄膜调节阀(气开式) （3）气动活塞式调节阀

（4）液动活塞式调节阀 （5）气动三通调节阀 （6）气动角形调节阀 （7）气动蝶形调节阀

（8）电动蝶形调节阀 （9）气动薄膜调节阀(带手轮) （10）电磁调节阀

（11）带阀门定位器的气动薄膜调节阀 （12）带阀门定位器的气动活塞式调节阀

（7）地面及楼面的表示方法　地面线在图上可用细实线画出，也可以不画。有时在图上用细线画出楼板及其剖面，并与地面一起注上标高（以建筑物底层室内地面为基准的高度尺寸，单位为 m），以帮助表达设备与设备间的高低位置。如图 3－5 所示。

（8）图例和索引　图上有关代号、符号等图例说明，在流程图简单时，可放在图纸的右上方。流程图复杂且图样分成数张绘制时，代号、符号的图例说明及需要编制的设备位号的索引等往往单独绘制，作为工艺流程图的第一张图纸。

（二）不同设计阶段中带控制点工艺流程图的区别

初步设计阶段的带控制点工艺流程图（如图 3－4），其作用在于表达各生产环节之间的宏观联系，反映在原料和产品给定的情况下，生产过程的组成和生产方法的合理性，并为施工图阶段工艺流程图的设计提供依据。

施工图设计阶段的带控制点工艺流程图（如图 3－5），其作用在于表达各生产环节的具体联系，给施工和安装提供具体的内容，在工艺流程的施工安装中起到指导作用。因此，它们的区别主要是图样表达的深度不同。从总的方面讲，初步设计的表达比较粗略，画得较为简单，而施工图设计的表达较细致、详细，内容更深入、更完善、更丰富，图面更复杂。施工图设计时，可以对初步设计进行修改。它们的区别具体表现在以下几个方面。

1．设备的表达

（1）设备数量方面　在初步设计阶段，流程图所表达的设备，可以不包括备用的设备，以及同一系统中的同一型号、同一规格且同一作用的设备。具体地说，凡是并联的相同设备，可以只绘制一台，其余予以省略。但在施工图设计阶段，为了表示出所有系统中的全部设备，凡设计中所选用的一切工艺设备都要在流程图中反映出来。例如图 3－4 为初步设计阶段，往复泵（B－501）、离心泵（B－509）只画出一台，在施工图阶段的图 3－5 中，工艺流程中的所有泵均需画出，如 B－501a－b、B－509a－b。

（2）设备的轮廓　在初步设计阶段只对主要和关键的设备进行稍微详细的设计，而次要设备的考虑比较粗略。因此，设备的结构型式画得较简单，一般只画出主体外廓。而在施工图设计时，对次要设备也要周密设计，而且设备还有可能增减，或初定的结构型式可能还有变动，而且涉及到管道连接的具体化。所以，设备的表示比较清楚、详细，甚至用剖视画法，表示出内部结构及传动装置、搅拌装置等内容。如图 3－4 中，蒸馏塔的表示很简单，只画出外形（T－503、T－505）；酒糟预热器（H－502）用预热器的简单图例表示。而在图 3－5 中，蒸馏塔的装配情况（塔节）已清楚表达，并在精馏塔（T－505）中，清楚表达成品、杂醇油的提取塔板位置（用虚线表示）；酒糟预热器（H－502）用真实外形轮廓表达。

（3）设备位置　在初步设计阶段，工艺流程图中的设备主要按生产流程的顺序自左向右排列绘出，对设备间在高度方向上的相对位置给予适当照顾，使人们看起来符合习惯就可以了。但在施工图阶段，对设备在图纸中的位置，除了要求按流程顺序排布外，在高度方向的位置要求较严格。各层设备的位置，都应绘制在相应的层次上，并用前述的标高符号标注各层次的标高，以说明设备在各层上的分布情况。例如图 3－4 只相对表示了设备间在高度方向的相对位置，未表示各楼层及标高，因此，不能精确确定设备位置。如泵类、蒸馏塔基础、酒糟预热器、废热水箱、汽包等，均在最下层。酒气预热器、冷凝器、热水箱、高位水箱在最高位置。成品冷却器比杂醇油换热器、分离器高，但均在中层位置。而在图3－5中，画出了车间各层楼层的标高，和设备在各楼层上的具体位置，例如酒气预热器、冷凝器、热水箱安装在第5层楼面，成品冷却器在4层楼面，杂醇油冷却器、分离器、成品计量柜在2层楼面，泵类、酒糟预热器、废热水箱、气包等在一楼地面。

2．主辅管道表达

初步设计中，管道上的旁路系统，或是没有画出，或是画得较为简单。在管道标注上，只标初定的管径、壁厚尺寸。而施工图设计时，与设备连接的所有管道，包括旁路系统和阀门，都要求表示清楚，以指导安装。管道标注上，要增加管道编号和工段、设备号等详细内容。例如图3－4中，主辅管道的表示和管道标注较简单，如3个酒气冷凝器（H－520、H－521、H－522）的冷却水出口管道只用一根管道表示流向热水箱（R－518），不能确定是用一根总管流向热水箱，还是分别接管流向热水箱。往复泵（B－501）的管道表示也较简单。而在图3－5中，可以清楚确定3个酒气冷凝器的冷却水是用三根管道分别流入热水箱的。往复泵（B－501a－b）的管道是并联连接的。管道标准增加管道编号（设备号和管段号），这样的表达便于施工安装。

3．仪表控制表达

初步设计中，流程图上对控制阀组旁路系统可以省略。而在施工图设计中，对仪表、特别是自控系统的表示，能较详细、准确地反映出实际情况，例如流量计及其控制阀组旁路系统，液位计及其控制阀组和管件等，都表示得较清楚、详细。例如图3－4中，气动薄膜阀没有表示旁路系统，而在图3－5中，清楚表示了控制阀组旁路管道和阀门。

（三）带控制点工艺流程图的绘制方法和步骤

（1）确定图纸幅面和绘图比例（没有具体比例也可）。

（2）用细实线画出各台设备的外形轮廓。如没有比例要求，设备的尺寸大小应适当相称和大致形似。画设备时，从左到右按流程顺序把各台设备在平面和空间的大致位置关系表示出来，拟布置在楼上的设备不要绘在地坪上。设备之间的距离，应根据图幅的大小、设备的多少，以及各设备间的管道疏密程度来定，不能让管道在个别设备间过于密集，以致影响管道代号的标注，并造成图面布局不均衡，甚至造成图面混乱。

（3）按有关规定，用不同符号画出设备的管道连接和流动方向，管道上各种阀门和仪表的位置。为了绘图方便，并使图面内的管道图线分布合理，应该按介质分成若干系统，再按系统进行绘制。一般先绘制主物料系统，后绘制辅助物料系统。对于同种介质的，应该先绘制管道多而杂的，再绘制简单的。

（4）对设备标明编号和名称。对管道按不同设计阶段的要求，进行标注。

（5）所采用的介质代号和阀门符号均需在流程图右上方列出图例及必要的文字说明。

第四章　工 艺 计 算

第一节　物料平衡计算

一、物料衡算的意义、方法和步骤

物料衡算是工艺计算的基础,在整个工艺计算工作中开始得最早,并且是最先完成的项目。当生产方法确定并完成了工艺流程示意图设计后,即可进行物料平衡计算,设计工作即从定性分析发展到定量计算。

(一) 物料衡算的意义

在发酵生产和其他化工生产中,物料衡算是指:根据质量守恒定律,凡引入某一系统或设备的物料质量 m,必等于所得到的产物质量 m_p 和物料损失量 m_t 之和,即:

$$m = m_p + m_t \tag{4-1}$$

这一运算法则,既适用于每一个单元操作过程,也适用于整个生产过程;既可进行总物料衡算,也可对混合物中某一组分作部分物料衡算。

通过物料平衡计算,可以求出引入和离开设备的物料(包括原料、中间体和成品等)各组分的成分、质量和体积,进而计算产品的原料消耗定额、每日或每年消耗量以及成品、副产物、废物等排出物料量。

根据物料衡算结果,可进一步完成下列的设计:

(1) 确定生产设备的容量、个数和主要尺寸。

(2) 工艺流程草图的设计。

(3) 水、蒸汽、热量、冷量等平衡计算。

在工厂建成投产后,同样可利用物料衡算,针对所用的生产工艺流程、车间或设备,利用可观测的数据去计算某些难以直接测定计量的参变量,从而实现对现行生产状况进行分析,找出薄弱环节,进行革新改造,挖掘生产潜力,制定改进措施,提高生产效率,提高正品率,减少副产品、杂质和三废排放量,降低投入和消耗,从而提高企业的经济效益。

(二) 物料衡算的方法和步骤

物料衡算的基本依据是质量守恒定律,即引入系统(或设备)操作的全部物料质量必等于操作后离开该系统(或设备)的全部物料质量和物料损失之和。而发酵生产和其他化工生产一样,有连续式或间歇式操作方法,连续操作又可分成有物料再循环和物料不循环两类。故在进行物料衡算时,必须遵循一定的方法步骤。

对于较复杂的物料平衡计算,通常可按下述方法和步骤进行。

1. 弄清题意和计算的目的要求

要充分了解物料衡算的目的要求,从而决定采用何种计算方法。例如,要作一个生产过程设计,当然就要对整个过程和其中的每一个设备作详细的物料平衡和能量平衡计算,计算项目要全面、细致,以便为后一步设备设计提供可靠依据。而当设计计算只是为了求取某个单项指标时,则可简化步骤,用简便可行的方法,直接求解。

2. 绘出物料衡算流程示意图

为了使研究的问题形象化和具体化,使计算的目的正确、明了,通常使用框图和线条图显示所研究的系统。图形表达方式宜简单,但代表的内容应准确、详细。主要物料(原料或主产品)和辅助物料(辅助原料或副产品)都应在图上表示清楚,并尽可能标出各物料的流量、组成、温度和压力等参数,不得有错漏,故必须反复核对。

3. 写出生物反应方程式

根据工艺过程发生的生物反应,写出主反应和副反应的方程式。对复杂的反应过程,可写出反应过程通式和反应物组成。需要注意的是,生物反应往往很复杂,副反应很多,这时可把次要的所占比重很小的副反应略去。但是,对那些产生有毒物质或明显影响产品质量的副反应,其量虽小,但不能忽略,因为这是精制分离设备设计和三废治理设计的重要依据。

4. 收集设计基础数据和有关物化常数

需收集的数据资料一般应包括:生产规模,年生产天数,原料、辅料和产品的规格、组成及质量等。

常用的物化常数如密度、比热容等,可在相应的化工、生化设计手册中查到。

5. 确定工艺指标及消耗定额等

设计所用的工艺指标、原材料消耗定额及其他经验数据,可根据所用的生产方法、工艺流程和设备,对照同类型生产工厂的实际水平来确定,这必须是先进而又可行的,它是衡量企业设计水平高低的标志。

6. 选定计算基准

计算基准是工艺计算的出发点,选得正确,能使计算结果正确,而且可使计算结果大为简化。因此,应该根据生产过程特点,选定统一的基准。在工业上,常用的基准有以下三种:

(1) 以单位时间产品量或单位时间原料量作为计算基准。这类基准适用于连续操作过程及设备的计算。如酒精工厂设计,可以每小时所需原料量(kg)或每小时产酒精量(kg)为计算基准。

(2) 以单位质量、单位体积或单位物质的量的产品或原料为计算基准。对于固体或液体常用单位质量(t 或 kg),对于气体常用体积或物质的量(L, m^3 或 mol),热量一般以焦耳为单位(J)。例如啤酒工厂物料衡算,可以 1 000kg 原料出发进行计算,或以 1 000L 啤酒出发进行计算。

(3) 以加入设备的一批物料量为计算基准。如啤酒生产,味精、酶制剂、柠檬酸生产,均可以投入糖化锅、发酵罐的每批次物料量为计算基准。

上述第(2)、(3)类基准常用于间歇操作过程及设备的计算。

7. 由已知数据,根据上述(4-1)式进行物料衡算

此物料衡算式既适用于整个生产过程,也适用于某一工序和设备;既可进行总物料衡算,也可对其中某一组分进行衡算。

根据物料衡算式和待求项的数目列出数学关联式,关联式数目应等于未知项数目。当关联式数目小于未知项数时,可用试差法求解。

8. 校核与整理计算结果,列出物料衡算表

在整个物料衡算过程中,对主要计算结果都必须认真校核,以保证计算结果准确无误。一当发现差错时,必须及时重算更正,以免错误延续,导致大量返工重算,甚至延误设计进度。最后,把整理好的计算结果列成物料衡算表,如表4-1所示。

表 4-1　××阶段物料衡算表

引入物料						排出物料					
序号	物料名称	含量/%	100%物料量/kg	密度/(kg/L)	体积/L	序号	物料名称	组成/%	100%物料量/kg	密度/(kg/L)	体积/L
1											
2											
合计						合计					

9. 绘出物料流程图

根据计算结果绘制物料流程图。物料流程图能直观地表明各物料在生产工艺过程的位置和相互关系,是一种简单、清楚的表示方法。物料流程图要作为正式设计成果,编入设计文件,以便于审核和设计施工。

最后,经过各种系数转换和计算,得出原料消耗综合表和排出物综合表,如表4-2和表4-3所示。

表 4-2　原料消耗综合表

序号	原料名称	单位	纯度/%	每吨产品消耗定额/t		每天或每小时消耗量/t		年消耗量/t		备　注
				工业品	100%	工业品	100%	工业品	100%	

表 4-3　排出物综合表

序号	名称	特性和成分	单位	每吨产品排出量/t	每小时排出量/t	每年排出量/t	备　注

二、主要技术经济指标的确定

(一) 技术经济指标确定的意义

建厂的基本目的是生产目的产物和获取利润,而技术经济指标则是衡量工厂设计的

合理性和先进性的主要依据。先进的、合理的技术经济指标是工厂生产成功的基础。

物料衡算和能量衡算是确定生产过程技术经济指标的关键数据。通过生产全过程的总物料衡算、能量衡算和各阶段的物料衡算、能量衡算，就可以求出：

(1) 生产1 000kg(或kL)成品或半成品的原材料消耗定额及原料总回收率。

(2) 生产1 000kg(或kL)成品所产生的排出物，包括副产物、废水、废气、废渣等。

(3) 生产1 000kg(或kL)成品的水、蒸汽、空气及冷量等消耗定额。

以上三项，通常构成了产品单位成本的主要部分。此外，主要还有电能和人工工资等。

(二) 主要技术经济指标内容

通常，生产企业主要技术经济指标包含下述各项内容：

1. 生产规模(t/a)
2. 生产方法
3. 生产天数(d/a)
4. 产品日产量(t/d)
5. 产品年产量(t/a)
6. 副产品年产量(t/a)
7. 产品质量
8. 总回收率(%)
9. 原材料单耗

(1) 主原料(t/t产品)

(2) 辅料(t/t产品)

(3) 水(t/t产品)

(4) 电(kWh/t产品)

(5) 蒸汽(t/t产品)

(6) 冷量(kJ/t产品)

10. 总投资(万元)

(1) 设备价值

(2) 材料费

(3) 运杂费

(4) 建筑工程费

(5) 工资

(6) 其他

11. 劳动生产率

(1) 生产人员

(2) 商品产值(万元)

(3) 全员劳动生产率[万元/(人·a)]

(4) 工人实物劳动生产率[t/(人·a)]

12. 单位成本(元/t)

13. 利润
(1) 单位产品利润(元/t)
(2) 总利润(万元/a)
14. 投资回收年限(a)
15. 全厂设备总质量(t)
16. 全厂主要管件、管材总质量(t)
17. 钢铁、水泥、木材单耗
详细的技术经济指标分见本书其他章节。

三、计 算 实 例

(一) 100 000t/a 淀粉原料燃料酒精厂全厂总物料衡算

1. 全厂物料衡算主要内容

淀粉原料酒精厂的物料衡算包括两部分,第一部分是生产过程全厂总物料衡算,主要计算内容有:

(1) 原料消耗的计算　主要原料为薯干,其他原料有淀粉酶、糖化酶、硫酸、硫酸铵等。

(2) 中间产品　蒸煮醪、酒母醪、发酵醪量等。

(3) 成品、副产品以及废气、废水、废渣即酒精、杂醇油、二氧化碳和废糟等。

2. 工艺流程示意图

生产工艺采用双酶法糖化、间歇(连续)发酵和三塔蒸馏流程,如图 4-1。

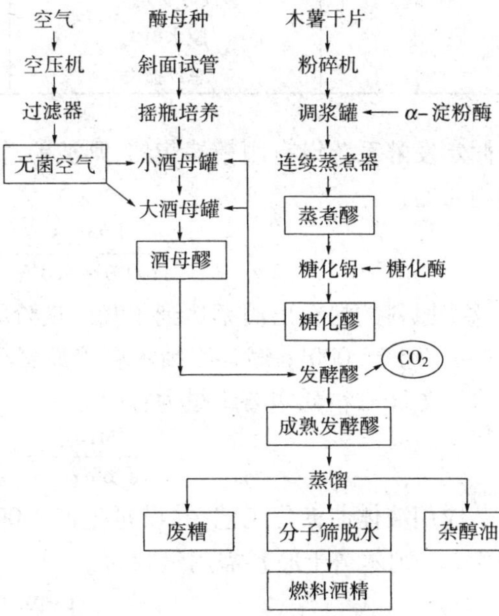

图 4-1　双酶糖化间歇(或连续)发酵燃料酒精流程示意图

3. 工艺技术指标及基础数据

(1) 生产规模　100 000t/a 酒精。

(2) 生产方法　双酶糖化、间歇发酵和塔蒸馏。

(3) 生产天数　每年 300d。

(4) 燃料酒精日产量　334t。

(5) 燃料酒精年产量　100 200t。

(6) 产品质量　国标燃料酒精,乙醇含量 99.5% 以上(体积分数)。

(7) 主原料　薯干原料含淀粉 68%,水分 13%。

(8) 酶用量　α-淀粉酶用量为 8u/g 原料,糖化酶用量为 100u/g 原料,酒母糖化醪用糖化酶量 200u/g 原料。

(9) 硫酸铵用量　8kg/t(酒精)。

(10) 硫酸用量(调 pH 用)　5.5kg/t(酒精)。

4. 原料消耗的计算

（1）淀粉原料生产酒精的总化学反应式

糖化：

$$(C_6H_{10}O_5)_n + nH_2O \longrightarrow nC_6H_{12}O_6 \qquad (4-2)$$

$$162 \qquad 18 \qquad 180$$

发酵：

$$C_6H_{12}O_6 \longrightarrow 2C_2H_5OH + 2CO_2 \qquad (4-3)$$

$$180 \qquad 46\times2 \qquad 44\times2$$

（2）生产1 000kg燃料酒精的理论淀粉消耗量　由式（4－2）和式（4－3）可求得理论上生产1 000kg燃料酒精（乙醇含量99.18%算）所耗的淀粉量为：

$$1\,000\times99.18\%\times\frac{162}{92}=1\,746.5(\text{kg})$$

燃料酒精体积分数99.5%换算成质量分数为99.18%。

（3）生产1 000kg燃料酒精实际淀粉耗量　实际上，整个生产过程经历原料处理、发酵及蒸馏等工序，要经过复杂的物理化学和生物化学反应，产品的实际产率必然低于理论产率。据实际经验，各阶段淀粉损失率如表4－4所示。

表4－4　生产过程各阶段淀粉损失率

生产过程	损失原因	淀粉损失率/%	备　注
原料处理	粉尘损失	0.40	
蒸煮糖化	淀粉残留及糖分破坏	0.40	
发　酵	发酵残糖	1.3	
发　酵	巴斯德效应	4.0	
发　酵	酒气自然蒸发与被CO_2带走	0.30	加酒精捕集器
蒸　馏	废糟带走等	1.60	
脱　水	脱水损失	1.0	
	总计损失	9.0	

假定发酵系统设有酒精捕集器，则淀粉总损失率为9.0%。故生产1 000kg燃料酒精需淀粉量为：

$$\frac{1\,746.5}{100\%-9.0\%}=1\,919.2(\text{kg})$$

这个原料的淀粉出酒率达到了我国现阶段木薯干原料生产酒精的先进出酒率水平。

（4）生产1 000kg燃料酒精木薯干原料消耗量　据基础数据给出，木薯干原料含淀粉68%，故1t酒精耗木薯干量为：

$$\frac{1\,919.2}{68\%}=2\,822.4(\text{kg})$$

若应用液体曲糖化工艺，并设每生产1 000kg燃料酒精产品需要的糖化剂所含的淀粉量为m_1，则木薯干原料需用量减为：

$$\frac{1\,919.2-m_1}{68\%}$$

（5）α－淀粉酶消耗量　应用酶活力为20 000u/g的α－淀粉酶使淀粉液化，促进糊化，可减少蒸汽消耗。α－淀粉酶用量按8u/g原料计算。

酶用量为：

$$\frac{2\,822.4\times10^{3}\times8}{20\,000}-1.129(\text{kg})$$

（6）糖化酶耗量　若所用糖化酶的活力为100 000u/g，使用量为100u/g原料，则糖化酶消耗量为：

$$\frac{2\,822.4\times10^{3}\times100}{100\,000}=2.82(\text{kg})$$

此外，酒母糖化酶用量按200u/g(原料)计，且酒母用量为10%，则用糖化酶量为：

$$2\,822.4\times10\%\times70\%\times\frac{200}{100\,000}=0.395(\text{kg})$$

式中70%为酒母的糖化液占70%，其余为稀释水与糖化剂。

两项合计，糖化酶用量为3.215kg。

（7）硫酸铵耗用量　硫酸铵用于酒母培养基的补充氮源，其用量为酒母量的0.1%，设酒母醪量为m_0，则硫酸铵耗量为：$0.1\%\,m_0$。

5. 蒸煮醪量的计算

根据生产实践，淀粉原料连续蒸煮的粉料加水比为1∶2，故粉浆量为：

$$2\,822.4\times(1+2)=8\,467.2(\text{kg})$$

蒸煮过程使用直接蒸汽加热，在后熟器和汽液分离减压蒸发、冷却降温。在蒸煮过程中，蒸煮醪量将发生变化，故蒸煮醪的精确计算必须与热量衡算同时进行，因而十分复杂。为简化计算，可按下述方法近似求解。

假定用喷射液化连续蒸煮工艺。调浆的粉浆温度为50℃，应用喷射液化器使粉浆迅速升温至105℃，然后进入维持管保温液化5～8min，真空闪急蒸发冷却至95℃后进入液化罐反应约60min后，进真空冷却器冷却至63℃后糖化30min。其工艺流程示意图如图4－2所示。

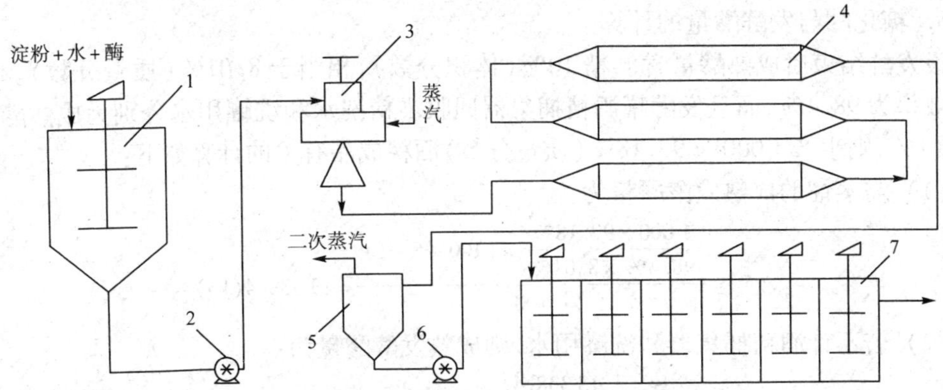

图4－2　Novo公司的一次加酶喷射液化工艺流程

1—调浆罐　2—泵　3—喷射器　4—维持管道　5—闪冷罐　6—泵　7—卧式隔板层流液化罐

干物质含量$w_0=87\%$的木薯干比热容为：

$$c_0=4.18\times(1-0.7w_0)=1.63[\text{kJ/(kg}\cdot\text{K)}]$$

粉浆干物质含量为：

$$w_1 = \frac{87}{3 \times 100} = 29.0\%$$

蒸煮醪比热容为：

$$\begin{aligned} c_1 &= w_1 c_0 + (1.0 - w_1) c_w \\ &= 29.0\% \times 1.63 + (1.0 - 29.0\%) \times 4.18 \\ &= 3.44 [\mathrm{kJ/(kg \cdot K)}] \end{aligned}$$

式中 c_w——水的比热容[kJ/(kg·K)]

为简化计算，假定蒸煮醪的比热容在整个蒸煮过程维持不变。

（1）经喷射液化器加热后蒸煮醪量为：

$$8\,465.1 + \frac{8\,465.1 \times 3.44 \times (105 - 50)}{2\,748.9 - 105 \times 4.18} = 9\,158.4(\mathrm{kg})$$

式中 2 748.9——喷射液化器加热蒸汽(0.5MPa)的焓(kJ/kg)

（2）经液化维持管出来的蒸煮醪温度降为102℃，量为：

$$9\,158.4 - \frac{9\,158.4 \times 3.44 \times (105 - 102)}{2\,253} = 9\,116.5(\mathrm{kg})$$

式中 2 253——液化维持管的温度为102℃下饱和蒸汽的汽化潜热(kJ/kg)

（3）经闪蒸汽液分离器后的蒸煮醪量为：

$$9\,116.5 - \frac{9\,116.5 \times 3.44 \times (102 - 95)}{2\,271} = 9\,019.8(\mathrm{kg})$$

式中 2 271——95℃下饱和蒸汽的汽化潜热(kJ/kg)

（4）经真空冷却后最终蒸煮醪液量为：

$$9\,019.8 - \frac{9\,019.8 \times 3.44 \times (95 - 63)}{2\,351} = 8\,597.4(\mathrm{kg})$$

式中 2 351——真空冷却温度为63℃下饱和蒸汽的汽化潜热(kJ/kg)

6. 糖化醪与发酵醪量的计算

设发酵结束后成熟醪量含酒精10%（体积分数），相当于8.01%（质量分数）。并设蒸馏效率为98.4%，而且发酵罐酒精捕集器回收酒精洗水和洗罐用水分别为成熟醪量的5%和1%，则生产1 000kg 99.18%（质量分数）酒精成品有关的计算如下：

（1）需蒸馏的成熟发酵醪量为：

$$F_1 = \frac{\dfrac{1\,000 \times 99.18\%}{98.4\% \times 8.01\%} \times (100 + 5 + 1)}{100} = 13\,338.4(\mathrm{kg})$$

（2）若不计酒精捕集器和洗罐用水，则成熟发酵醪量为：

$$\frac{13\,338.4}{106\%} = 12\,583.4(\mathrm{kg})$$

（3）入蒸馏塔的成熟醪乙醇浓度为：

$$\frac{1\,000}{98.4\% \times 13\,338.4} = 7.62\%（质量分数）$$

（4）相应发酵过程放出 CO_2 总量为：

$$\frac{991.8}{98.4\%}\times\frac{44}{46}=964.1(\text{kg})$$

（5）接种量按10%计，则酒母醪量为 m_0：

$$\frac{12\,583.4+964.1}{(100+10)\div100}\times10\%=1\,231.6(\text{kg})$$

（6）酒母醪的70%是糖化醪，其余为糖化剂和稀释水，则糖化醪量为：

$$\frac{12\,583.4+964.1}{(100+10)\div100}+1\,231.6\times70\%=13\,178.0(\text{kg})$$

7. 发酵醪量的计算

废醪量是进入蒸馏塔的成熟发酵醪减去部分水和酒精成分及其他挥发组分后的残留液。此外，由于醪塔是使用直接蒸汽加热，所以还需要加上塔的加热蒸汽冷凝水。醪塔的物料和热量衡算如图4－3所示。

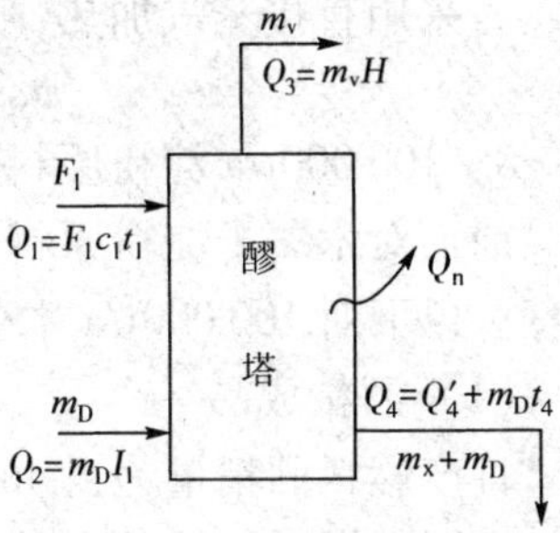

图 4－3　醪塔的物料和热量平衡图

设进塔的醪液（F_1）的温度 $t_1=70℃$，排出废醪的温度 $t_4=105℃$；成熟醪固形物含量为 $B_1=7.5\%$，塔顶上升酒气的乙醇浓度50%（体积分数）即47.18%（质量分数）。则：

（1）醪塔上升蒸汽量为：

$$m_v=13\,338.4\times\frac{7.62\%}{47.18\%}=2\,154.3(\text{kg})$$

（2）残留液量为：

$$m_x=13\,338.4-2\,154.3=11\,184.1(\text{kg})$$

（3）成熟醪比热容为：

$$\begin{aligned}c_1&=4.18\times(1.019-0.95B_1)\\&=4.18\times(1.019-0.95\times7.5\%)\\&=3.96[\text{kJ/(kg}\cdot\text{K)}]\end{aligned}$$

（4）成熟醪带入塔的热量为：

$$\begin{aligned}Q_1&=F_1c_1t_1\\&=13\,338.4\times3.96\times70\\&=3.698\times10^6(\text{kJ})\end{aligned}$$

（5）蒸馏残留液固形物含量为：

$$w_2=\frac{F_1w_1}{m_x}=\frac{13\,338.4\times7.5\%}{11\,184.1}=8.9\%$$

此计算是以间接加热，故没有加热蒸汽冷凝水的工艺。

（6）蒸馏残留液的比热容为：

$$c_2=4.18\times(1-0.378w_2)=4.039[\text{kJ/(kg}\cdot\text{K)}]$$

（7）塔底残留液带出热量为：

$$\begin{aligned}Q_4&=m_xc_2t_4=11\,184.1\times4.039\times105\\&=4.74\times10^6(\text{kJ})\end{aligned}$$

查附录得50%（体积分数）酒精蒸气焓为 $H=1\,965\text{kJ/kg}$，故有：

（8）上升蒸汽带出热量为：

$$Q_3 = m_v H = 2\,154.3 \times 1\,965 = 4.23 \times 10^6 (\mathrm{kJ})$$

塔底采用0.05MPa（表压）蒸汽加热，焓为 $I = 2\,689.8$kJ/kg；又蒸馏过程热损失 Q_n 可取为传递总热量的1%。根据热量衡算，可得消耗的蒸汽量为：

$$m_D = \frac{Q_3 + Q_4 + Q_n - Q_1}{I - c_w t_4} = \frac{4.23 \times 10^6 + 4.74 \times 10^6 - 3.698 \times 10^6}{(2\,689.8 - 4.18 \times 105) \times 99\%} = 2\,365.8 (\mathrm{kg})$$

若采用直接蒸汽加热，则塔底排出废醪量为：

$$m_x + m_D = 11\,184.1 + 2\,365.8 = 13\,549.9 (\mathrm{kg})$$

8. 100 000t/a 淀粉原料酒精厂总物料衡算

前面对木薯干淀粉原料生产1 000kg燃料酒精（99.5%，体积分数）进行了物料平衡计算。以下对100 000t/a木薯干原料燃料酒精厂进行计算。

（1）酒精成品

日产燃料酒精量为： 100 000 ÷ 300 = 333.3（t），取整数为334t/d

实际年燃料酒精总产量为： 334 × 300 = 100 200（t/a）

（2）主要原料木薯干用量

日耗量为： 2 822.4 × 334 = 942 681.6（kg/d）

年耗量为： 942 681.6 × 300 = 2.828×10^8（kg）= 282 810（t/a）

淀粉酶、糖化酶用量以及蒸煮粉浆量、糖化醪、酒母醪、蒸馏发酵醪等每日量和每年量均可算出，衡算结果详见表4-5。

表 4-5 100 000t/a 淀粉原料酒精厂物料衡算表

物料 \ 数量	生产1 000kg燃料酒精物料量/kg	每小时数量/kg	每天数量/t	每年数量/t
燃料酒精	1 000	13 917	334	100 200
木薯干原料	2 822.4	39 279	942.7	282 810
α-淀粉酶	1.129	15.71	0.3771	113.1
糖化酶	3.215	44.74	1.074	322.14
硫酸铵	1.232	17.15	0.4115	123.45
硫　酸	5.5	76.54	1.837	551.1
蒸煮粉浆	8 467.2	117 835	2 828.0	848 413
成熟蒸煮醪	8 597.4	119 647	2 971.5	861 459
糖化醪	13 178.0	183 394	4 401.5	1 320 436
酒母醪	1 231.6	17 140	411.35	123 406
蒸馏发酵醪	13 338.4	185 626	4 455.0	1 336 508
二氧化碳	964.1	13 417	322.0	96 603
废　醪	13 549.9	188 569	4 525.7	1 357 700

（二） 100 000t/a 啤酒厂糖化车间的物料衡算

啤酒厂糖化车间的物料平衡计算主要项目为原料（麦芽、大米）和酒花用量，热麦汁和冷麦汁量，废渣量（糖化槽和酒花槽）等。

1. 糖化车间工艺流程

流程示意图如图 4－4 所示。

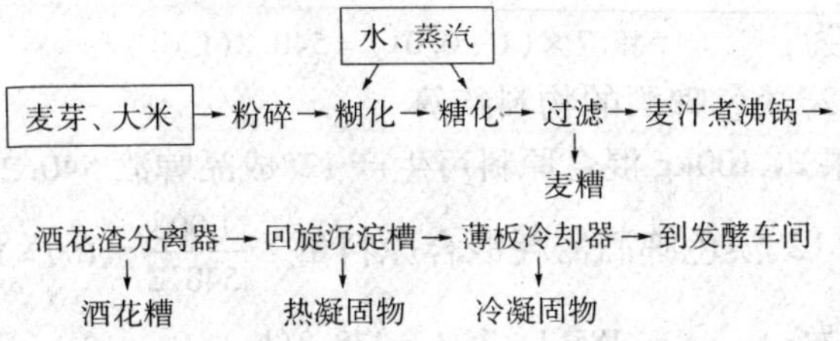

图 4－4　啤酒厂糖化车间工艺流程示意图

2. 工艺技术指标及基础数据

根据我国啤酒生产现况，有关生产原料配比、工艺指标及生产过程的损失等数据如表 4－6 所示。

表 4－6　啤酒生产基础数据

项　目	名　称	百分比/%	项　目	名　称	百分比/%
定额指标	原料利用率	98.5	原料配比	麦　芽	75
	麦芽水分	6		大　米	25
	大米水分	13	啤酒损失率（对热麦汁）	冷却损失	3
	无水麦芽浸出率	75		发酵损失	1
	无水大米浸出率	92		过滤损失	1
				装瓶损失	1
				总损失	6

根据表 4－6 的基础数据，首先进行 100kg 原料生产 12°淡色啤酒的物料计算，然后进行 1 000L 12°淡色啤酒的物料衡算，最后进行 100 000t/a 啤酒厂糖化车间的物料平衡计算。

3. 100kg 原料（75% 麦芽，25% 大米）生产 12°淡色啤酒的物料衡算

（1） 热麦汁量　据表 4－6 可得到原料收率分别为：

麦芽收率为：
$$0.75\times\frac{100-6}{100}=70.5\%$$

大米收率为：
$$0.92\times\frac{100-13}{100}=80.04\%$$

混合原料收得率为：　$(0.75\times70.5\%+0.25\times80.04\%)\times98.5\%=71.79\%$

由上述可得 100kg 混合原料可制得的 12°热麦汁量为：
$$\frac{71.79}{12}\times100=598.3(\text{kg})$$

又知 12°麦汁在 20℃时的相对密度为 1.084，而 100℃热麦汁比 20℃时的麦汁体积增

加1.04倍,故热麦汁(100℃)体积为:

$$\frac{598.3}{1.084}\times 1.04=574(L)$$

(2) 冷麦汁量为: $574\times(1-0.03)=556.8(L)$

(3) 发酵液量为: $556.8\times(1-0.01)=551.2(L)$

(4) 过滤酒量为: $551.2\times(1-0.01)=545.7(L)$

(5) 成品啤酒量为: $545.7\times(1-0.01)=540.2(L)$

4. 生产1 000L 12°淡色啤酒的物料衡算

根据上述衡算结果知,100kg混合原料可生产12°成品啤酒540.2L,故可得出下述结果:

(1) 生产1 000L 12°淡色啤酒需耗混合原料量 $\frac{1\,000}{540.2}\times 100=185.1(kg)$

(2) 麦芽耗用量为: $185.1\times 75\%=138.8(kg)$

(3) 大米耗用量为: $185.1-138.8=46.3(kg)$

(4) 酒花耗用量 对浅色啤酒,热麦汁中加入的酒花量为0.2%,故酒花耗用量为:

$$\frac{574}{540.2}\times 1\,000\times 0.2\%=2.13(kg)$$

(5) 热麦汁量为: $\frac{574}{540.2}\times 1\,000=1\,063(L)$

(6) 冷麦汁量为: $\frac{556.8}{540.2}\times 1\,000=1\,031(L)$

(7) 湿糖化糟量 设排出的湿麦糟水分含量为80%,则湿麦糟量为:

$$\frac{(1-0.06)\times(100-75)}{100-80}\times 138.8=163.1(kg)$$

而湿大米糟量为: $\frac{(1-0.13)\times(100-92)}{100-80}\times 46.3=16.11(kg)$

故湿糖化糟量为: $163.1+16.11=179.2(kg)$

(8) 酒花糟量 设麦汁煮沸过程干酒花浸出率为40%,且酒花糟水分含量为80%,则酒花糟量为:

$$\frac{100-40}{100-80}\times 2.13=6.39(kg)$$

5. 100 000t/a 12°淡色啤酒糖化车间的物料衡算

设生产旺季每天糖化6次(或4次),每年总糖化次数为1 300次。由此可算出每次投料量及其他项目的物料平衡。

把前述的有关啤酒糖化车间的三项物料衡算计算结果,整理成物料衡算表,如表4-7所示。

表 4-7 100 000t/a 啤酒厂糖化车间的物料衡算表

物料名称	单位	对100kg混合原料	1 000L 12°淡色啤酒	糖化一次定额量(80kL 12°啤酒)	100 000t/a 啤酒生产
混合原料	kg	100	185.1	14 808	$19\,250\times 10^3$
麦　芽	kg	75	138.8	11 104	$14\,435\times 10^3$

续表

物料名称	单位	对 100kg 混合原料	1 000L 12°淡色啤酒	糖化一次定额量（80kL 12°啤酒）	100 000t/a 啤酒生产
大　米	kg	25	46.3	3 704	$4\ 815\times10^3$
酒　花	kg	1.20	2.13	170.4	221.5×10^3
热麦汁	L	574	1 063	85 040	$110\ 552\times10^3$
冷麦汁	L	556.8	1 031	82 480	$107\ 224\times10^3$
湿糖化糟	kg	96.78	179.2	14 336	$18\ 637\times10^3$
湿酒花糟	kg	3.45	6.39	511.2	664.6×10^3
发酵液	L	551.2	1 020	81 600	$106\ 080\times10^3$
过滤酒	L	545.7	1 010	80 800	$114\ 400\times10^3$
成品啤酒	L	540.2	1 000	80 000	$104\ 000\times10^3$

备注：12°淡色啤酒的密度为 1 012kg/m³，实际年生产啤酒 105 248t。

（三）120 000t/a 味精工厂发酵车间的物料衡算

1. 谷氨酸发酵工艺流程示意图

谷氨酸发酵采用淀粉原料，双酶法糖化，中初糖发酵流加高糖，等电点－离子交换提取的工艺。

其工艺流程示意图如图 4－5 所示。

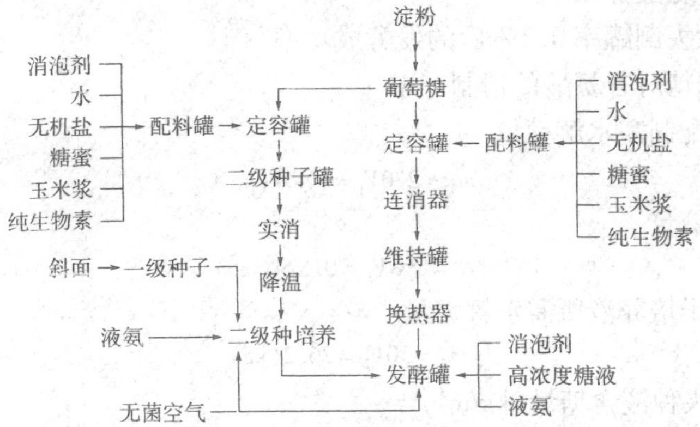

图 4－5　谷氨酸发酵工艺流程示意图

2. 工艺技术指标及基础数据

（1）主要技术指标见表 4－8。

（2）主要原材料质量指标　淀粉原料的淀粉含量为 80%，含水 14%。

（3）二级种子培养基（g/L）　水解糖 50，糖蜜 20，磷酸二氢钾 1.0，硫酸镁 0.6，玉米浆 5～10，泡敌 0.6，生物素 0.02mg，硫酸锰 2mg/L，硫酸亚铁 2mg/L。

（4）发酵初始培养基（g/L）　水解糖 150，糖蜜 4，硫酸镁 0.6，氯化钾 0.8，磷酸 0.2，生物素 2μg，泡敌 1.0，接种量为 8%。

表 4-8 谷氨酸发酵工艺技术指标

指标名称	单位	指标数	指标名称	单位	指标数
生产规模	t/a	120 000(味精)	发酵初糖	kg/m³	150
生产方法	中糖发酵,等电点-离子交换提取		淀粉糖化转化率	%	108
年生产天数	d/a	300	流加高浓糖	kg/m³	500
产品日产量	t/d	400	糖酸转化率	%	60
产品质量	纯度99%		麸酸谷氨酸含量	%	95
倒罐率	%	0.2	谷氨酸提取率	%	95
发酵周期	h	40	味精对谷氨酸产率	%	122

3. 谷氨酸发酵车间的物料衡算

首先计算生产1 000kg纯度为100%的味精需耗用的原材料及其他物料量。

(1) 发酵液量

设发酵初糖和流加高浓糖最终发酵液总糖浓度为220kg/m³,则发酵液量为:

$$V_1 = \frac{1\,000}{220 \times 60\% \times 95\% \times 99.8\% \times 122\%} = 6.55(\text{m}^3)$$

式中 220——发酵培养基终糖浓度(kg/m³)

60%——糖酸转化率

95%——谷氨酸提取率

99.8%——除去倒罐率0.2%后的发酵成功率

122%——味精对谷氨酸的精制产率

(2) 发酵液配制需水解糖量

以纯糖算: $m_1 = 220V_1 = 1\,441(\text{kg})$

(3) 二级种液量

$$V_2 = 8\% V_1 = 0.524(\text{m}^3)$$

(4) 二级种子培养液所需水解糖量

$$m_2 = 50V_2 = 26.2(\text{kg})$$

式中 50——二级种液含糖量(kg/m³)

(5) 生产1 000kg味精需水解糖总量

$$m = m_1 + m_2 = 1\,467.2(\text{kg})$$

(6) 耗用淀粉原料量

理论上,100kg淀粉转化生成葡萄糖量为111kg,故耗用淀粉量为:

$$m_{淀粉} = \frac{1\,467.2}{80\% \times 108\% \times 111\%} = 1\,529.9(\text{kg})$$

式中 80%——淀粉原料含纯淀粉量

108%——淀粉糖化转化率

(7) 液氨耗用量 发酵过程用液氨调pH和补充氮源,耗用260~280kg;此外,提取过程耗用 160 ~ 170kg，合计每吨味精消耗 420 ~ 450kg。

（8）甘蔗糖蜜耗用量

二级种液耗用糖蜜量为：　$20V_2 = 10.48(kg)$

发酵培养基耗糖蜜量为：　$4V_1 = 26.2(kg)$

合计耗糖蜜 36.68kg

（9）氯化钾耗量

$$m_{KCl} = 0.8V_1 = 5.24(kg)$$

（10）磷酸二氢钾（$KH_2PO_4 \cdot 7H_2O$）耗量

$$m_3 = 1.0V_2 = 0.524(kg)$$

（11）硫酸镁（$MgSO_4 \cdot 7H_2O$）用量

$$0.6(V_1 + V_2) = 4.24(kg)$$

（12）消泡剂（泡敌）耗用量

$$1.0V_1 = 6.55(kg)$$

（13）玉米浆耗用量（8g/L）

$$m_4 = 8V_2 = 4.19(kg)$$

（14）生物素耗用量

$$m_5 = 0.02V_2 + 0.002V_1 = 0.0236(g)$$

（15）硫酸锰耗用量

$$m_6 = 0.002V_2 = 1.048(g)$$

（16）硫酸亚铁耗用量

$$m_7 = 0.002V_2 = 1.048(g)$$

（17）磷酸耗用量

$$m_5 = 0.2V_1 = 1.31(kg)$$

（18）谷氨酸（麸酸）量

发酵液谷氨酸含量为：　$m_1 \times 60\%(1 - 0.2\%) = 862.9(kg)$

实际生产的谷氨酸（提取率 95%）为：

$$862.9 \times 95\% = 819.8(kg)$$

4. 120 000t/a 味精厂发酵车间的物料衡算表

由上述生产 1 000kg 味精（100% 纯度）的物料衡算结果，可求得 120 000t/a 味精厂发酵车间的物料平衡计算。具体计算结果如表 4 - 9 所示。

表 4 - 9　　120 000t/a 味精厂发酵车间的物料衡算表

物料名称	生产 1t 味精（100%）的物料量	120 000t/a 味精生产的物料量	每日物料量
发酵液量/m^3	6.55	786×10^3	2 620
二级种液量/m^3	0.524	62.88×10^3	209.6
发酵水解用糖量/kg	1 441	172.92×10^6	576.4×10^3
二级种培养用糖量/kg	26.2	3.144×10^6	10.48×10^3
水解糖总量/kg	1 467.2	176.06×10^6	586.9×10^3

续表

物料名称	生产1t味精(100%)的物料量	120 000t/a 味精生产的物料量	每日物料量
淀粉用量/kg	1 529.9	183.6×10^6	611.96×10^3
液氨用量/kg	420	50.4×10^6	168×10^3
糖蜜用量/kg	36.68	4.402×10^6	14.672×10^3
氯化钾用量/kg	5.24	628.8×10^3	2.096×10^3
磷酸二氢钾用量/kg	0.524	62.88×10^3	209.6
硫酸镁用量/kg	4.24	508.8×10^3	1.696×10^3
泡敌用量/kg	6.55	786×10^3	2.62×10^3
玉米浆用量/kg	4.19	502.8×10^3	1 676
生物素用量/g	0.0236	2 832	9.44
硫酸锰用量/g	1.048	125.76×10^3	419.2
硫酸亚铁用量/g	1.048	125.76×10^3	419.2
磷酸用量/kg	1.31	157.2×10^3	524
谷氨酸用量/kg	819.8	98.376×10^6	327.92×10^3

(四) 1 000t/a 某抗生素厂发酵车间物料衡算

1. 工艺技术指标及基础数据

(1) 主要技术指标见表 4-10。

表 4-10 某抗生素发酵工艺技术指标

指标名称	单位	指标数	指标名称	单位	指标数
生产规模	t/a	1 000	发酵辅助时间	h	12
生产方法	中糖发酵,等电点-离子交换提取		菌种培养时间	h	40
年生产天数	d/a	300	菌种培养辅助时间	h	10
产品日产量	kg/d	3 334	接种量	%	15
产品质量	1 000u/mg		发酵罐装料系数	%	75
倒罐率	%	2.0	放罐发酵单位	u/mL	3 500
发酵周期	h	120	提取总收率	%	45

(2) 种子培养基(g/L) KH_2PO_4 0.592,黄豆饼粉 16.50,葡萄糖 4.93,碳酸钙 0.15,硝酸钾 0.15,玉米油 0.236,油酸甘油酯 4.02,豆油 9.045,硅油 0.021。

(3) 发酵初始培养基(g/L) KH_2PO_4 1.63,黄豆饼粉 45.30,葡萄糖 16.42,碳酸钙 0.15,硝酸钾 0.15,玉米油 0.79,油酸甘油酯 3.42,豆油 7.53,硅油 0.056。

(4) 发酵培养基补料(g/L) 油酸甘油酯 16.571,豆油 19.333,氨水(26%)12.264。

2. 发酵工艺流程示意图

如图 4-6 所示。

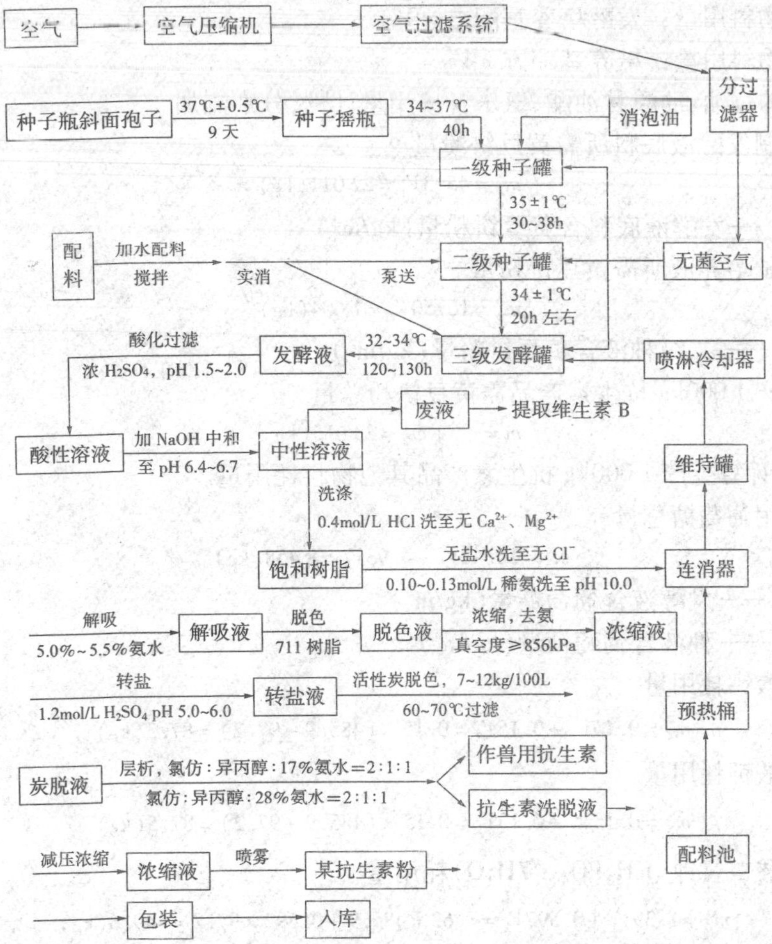

图 4-6 某抗生素发酵工艺流程示意图

3. 发酵车间的物料衡算

首先计算生产1 000kg活度为1 000u/mg的某抗生素产品需耗用的原材料及其他物料量。

(1) 放罐成熟发酵液量

成熟发酵液放罐单位为3 500u/mL，生产1 000kg产品发酵液量为：

$$V_0=\frac{1\,000\times1\,000\times1\,000\,000}{3\,500\times1\,000\times1\,000\times45\%\times98\%}=647.9(\mathrm{m}^3)$$

式中 45%——抗生素产品总提取率

98%——除去倒罐率2%后的发酵成功率

(2) 放罐成熟发酵液量 V_0 分为三部分组成

底料 $V_1=647.9\times75\%=485.9(\mathrm{m}^3)$

种液量 $V_2=647.9\times15\%=97.2(\mathrm{m}^3)$

补料量 $V_3=647.9\times10\%=64.8(\mathrm{m}^3)$

底料的物料用量：发酵培养基配方 $\times V_1$

种液的物料用量：培养基配方 $\times V_2$

补料中的豆油、油酸甘油酯、氨水各按用量计算，分别流加。

（3）配制发酵液底料所需黄豆饼粉量

$$m_1 = 45.3V_1 = 22\,011(\mathrm{kg})$$

式中 45.3——发酵液底料含黄豆饼粉量($\mathrm{kg/m^3}$)

（4）种子培养液所需黄豆饼粉量

$$m_2 = 16.50V_2 = 1\,604(\mathrm{kg})$$

式中 16.50——二级种液含黄豆饼粉量($\mathrm{kg/m^3}$)

（5）生产 1 000kg 抗生素产品需黄豆饼粉总量

$$m = m_1 + m_2 = 23\,615(\mathrm{kg})$$

同理，可计算生产 1 000kg 抗生素产品其他物料耗用量。

（6）耗用葡萄糖总量

$$m_3 = 16.42V_1 + 4.93V_2 = 8\,458(\mathrm{kg})$$

式中 16.42——发酵液含葡萄糖量($\mathrm{kg/m^3}$)

4.93——种液含葡萄糖量($\mathrm{kg/m^3}$)

（7）碳酸钙耗用量

$$m_4 = 0.15V_1 + 0.15V_2 = 0.15 \times (485.9 + 97.2) = 87.5(\mathrm{kg})$$

（8）硝酸钾耗用量

$$m_5 = 0.15V_1 + 0.15V_2 = 0.15 \times (485.9 + 97.2) = 87.5(\mathrm{kg})$$

（9）磷酸二氢钾($KH_2PO_4 \cdot 7H_2O$)耗用量

$$m_6 = 1.39V_1 + 0.592V_2 = 1.63 \times 485.9 + 0.592 \times 97.2 = 849.6(\mathrm{kg})$$

（10）油酸甘油酯耗用量

$$m_7 = 3.42V_1 + 4.02V_2 + 16.57V_3 = 3.42 \times 485.9 + 4.02 \times 97.2 + 16.57 \times 64.8 = 3\,126.3(\mathrm{kg})$$

（11）豆油耗用量

$$m_8 = 7.53V_1 + 9.05V_2 + 19.33V_3 = 7.53 \times 485.9 + 9.05 \times 97.2 + 19.33 \times 64.8 = 5\,791.1(\mathrm{kg})$$

（12）玉米油耗用量

$$m_9 = 0.79V_1 + 0.236V_2 = 0.79 \times 485.9 + 0.236 \times 97.2 = 406.8(\mathrm{kg})$$

（13）硅油耗用量

$$m_{10} = 0.056V_1 + 0.021V_2 = 0.056 \times 485.9 + 0.021 \times 97.2 = 29.25(\mathrm{kg})$$

（14）氨水(26%)耗用量

$$m_{11} = 12.26V_1 = 12.26 \times 485.9 = 5\,957(\mathrm{kg})$$

4. 1 000t/a 抗生素发酵车间物料衡算

由上述生产 1 000kg 活度为 1 000u/mg 的某抗生素产品需耗用的原材料及其他物料的衡算结果，可求得 1 000t/a 该抗生素发酵车间的物料平衡计算。具体计算结果如表 4－11 所示。

表 4-11　**1 000t/a 某抗生素发酵车间的物料衡算表**

物料名称	生产 1t 某抗生素（活度 1 000u/mg）物料量	1 000t/a 某抗生素生产的物料量	每日物料量
成品抗生素量/kg	1 000	$1\ 000\times10^3$	3 334
发酵液量/m^3	647.9	647 900	2 160
二级种液量/m^3	97.2	97 200	324
黄豆饼粉量/kg	23 615	$23\ 615\times10^3$	78 716
葡萄糖量/kg	8 458	$8\ 458\times10^3$	28 193
碳酸钙量/kg	87.5	87.5×10^3	291.7
硝酸钾量/kg	87.5	87.5×10^3	291.7
磷酸二氢钾量/kg	849.6	849.6×10^3	2 832
油酸甘油酯量/kg	3 126.3	$3\ 126.3\times10^3$	10 421
豆油量/kg	5 791.1	$5\ 791.1\times10^3$	19 304
玉米油量/kg	406.8	406.8×10^3	1 356
硅油量/kg	29.25	29.25×10^3	97.5
氨水量/kg	5 957	$5\ 957\times10^3$	19 857

第二节　热量平衡计算

一、热量衡算的意义、方法和步骤

热量衡算的目的在于定量研究生产过程，为过程设计和操作最佳化提供依据。

（一）热量衡算的意义

（1）通过热量衡算，计算生产过程能耗定额指标。应用蒸汽等热量消耗指标，可对工艺设计的多种方案进行比较，以选定先进的生产工艺；或对已投产的生产系统提出改造或革新，分析生产过程的经济合理性和过程的先进性，并找出生产上存在的问题。

（2）热量衡算的数据是设备类型的选择及确定其尺寸、台数的依据。

（3）热量衡算是组织和管理、生产、经济核算和最优化的基础。热量衡算的结果有助于工艺流程和设备的改进，达到节约能源、降低生产成本的目的。

（二）热量衡算的方法和步骤

和前述物料衡算一样，热量衡算也可作全过程的或单元设备的热量衡算。现以单元设备的衡算为例加以说明，具体的方法和步骤如下。

1. 画出单元设备的物料流向及变化的示意图

2. 分析物料流向及变化，写出热量衡算式

$$\sum Q_{入}=\sum Q_{出}+\sum Q_{损} \tag{4-4}$$

式中　$\sum Q_{入}$——输入的热量总和（kJ）

$\sum Q_{出}$——输出的热量总和（kJ）

$\sum Q_{损}$——损失的热量总和（kJ）

通常，

$$\sum Q_{入}=Q_1+Q_2+Q_3 \tag{4-5}$$

$$\sum Q_{出} = Q_4 + Q_5 + Q_6 + Q_7 \tag{4-6}$$

$$\sum Q_{损} = Q_8 \tag{4-7}$$

式中 Q_1——物料带入的热量(kJ)

Q_2——由加热剂(或冷却剂)传给设备和所处理的物料的热量(kJ)

Q_3——过程的热效应,包括生物反应热、搅拌热等(kJ)

Q_4——物料带出的热量(kJ)

Q_5——加热设备需要的热量(kJ)

Q_6——加热物料需要的热量(kJ)

Q_7——气体或蒸汽带出的热量(kJ)

把(4-5)~(4-7)式代入(4-4)式,得

$$Q_1 + Q_2 + Q_3 = Q_4 + Q_5 + Q_6 + Q_7 + Q_8 \tag{4-8}$$

值得注意的是,对具体的单元设备,上述的 $Q_1 \sim Q_8$ 各项热量不一定都存在,故进行热量衡算时,必须根据具体情况进行具体分析。

3. 搜集数据

为了使热量衡算顺利进行,计算结果正确无误和节约时间,首先要搜集有关数据,如物料量、工艺条件以及必需的物性数据等。这些有用的数据可以从专门手册查阅,或取自工厂实际生产数据,或根据试验研究结果选定。

4. 确定合适的计算基准

在热量衡算中,取不同的基准温度,算出的(4-8)式中各项数据就不同。所以必须选准一个设计温度,且每一物料的进出口基准态必须一致。通常,取0℃为基准温度可简化计算。

此外,为使计算方便、准确,可灵活选取适当的基准,如按100kg原料或成品、每小时或每批次处理量等作基准进行计算。

5. 进行具体的热量计算

(1) 物量带入的热量 Q_1 和带出热量 Q_4 可按下式计算,即:

$$Q = \sum mct$$

式中 m——物料质量(kg)

c——物料比热容[kJ/(kg·K)]

t——物料进入或离开设备的温度(℃)

(2) 过程热效应 Q_3 过程的热效应主要有生物合成热 Q_B、搅拌热 Q_S 和状态热(例如汽化热、溶解热、结晶热等):

$$Q_3 = Q_B + Q_S \tag{4-9}$$

式中 Q_B——发酵热(呼吸热)(kJ),视不同条件、环境进行计算,参考本章第四节(二)有关内容

$$Q_S = 3\,600P\eta\text{(kJ)}$$

式中 P——搅拌功率(kW)

η——搅拌过程功热转化率,通常 $\eta = 92\%$

(3) 加热设备耗热量 Q_5 为了简化计算,忽略设备不同部分的温度差异,则:

$$Q_5 = mc(t_2 - t_1) \tag{4-10}$$

式中　m——设备总质量(kg)

c——设备材料比热容[kJ/(kg · K)]

t_1、t_2——设备加热前后的平均温度(℃)

(4) 气体或蒸汽带出热量 Q_7

$$Q_7 = \sum m(ct + r) \tag{4-11}$$

式中　m——离开设备的气态物料(如空气、CO_2 等)量(kg)

c——液态物料由0℃升温至蒸发温度的平均比热容[kJ/(kg · K)]

t——气态物料温度(℃)

r——蒸发潜热(kJ/kg)

(5) 设备向环境散热 Q_8　为了简化计算,假定设备壁面的温度是相同的,则:

$$Q_8 = A\alpha_T(t_w - t_a)\tau \tag{4-12}$$

式中　A——设备总表面积(m^2)

α_T——壁面对空气的表面传热系数[W/(m^2 · ℃)]

t_w——壁面温度(℃)

t_a——环境空气温度(℃)

α_T 的计算:

① 空气作自然对流,$\alpha_T = 8 + 0.05t_w$

② 强制对流时,$\alpha_T = 5.3 + 3.6w$(空气流速 $w = 5m/s$)或 $\alpha_T = 6.7w^{0.78}$ ($w > 5m/s$)

τ——操作过程时间(s)

(6) 加热物料需要的热量 Q_6

$$Q_6 = mc(t_2 - t_1) \tag{4-13}$$

式中　m——物料质量(kg)

c——物料比热容[kJ/(kg · K)]

t_1、t_2——物料加热前后的温度(℃)

(7) 加热(或冷却)介质传入(或带出)的热量 Q_2　对于热量平衡计算的设计任务,Q_2 是待求量,也称为有效热负荷。若计算出的 Q_2 为正值,则过程需加热;若 Q_2 为负值,则过程需从操作系统移出热量,即需冷却。

最后,根据 Q_2 来确定加热(或冷却)介质及其用量。通常,能量消耗综合表如表4-12所示。

表 4-12　　能量消耗综合表

序号	名称	规格	每吨产品消耗定额	每小时最大用量	每昼夜(或每小时)消耗量	年消耗量	备　注

6. 有关热量衡算值得注意的几个问题

(1) 确定热量衡算系统所涉及的所有热量或可能转化成热量的其他能量,不要遗漏。但对衡算影响很小的项目可以忽略不计,以简化计算。

(2) 确定物料计算的基准、热量计算的基准温度和其他能量基准。有相变时,必须确定相态基准,不要忽略相变热。

(3) 正确选择与计算热力学数据。

(4) 在有相关条件约束,物料量和能量参数(如温度)有直接影响时,宜将物料平衡和热量平衡计算联合进行,才能获得准确结果。

二、计算实例(100 000t/a 啤酒厂糖化车间热量衡算)

二次煮出糖化法是啤酒生产常用的糖化工艺,下面就以此工艺为基准进行糖化车间的热量衡算。工艺流程示意图如图 4－7 所示,其中的投料量为糖化一次的用料量(计算参考本章第一节表 4－7)。

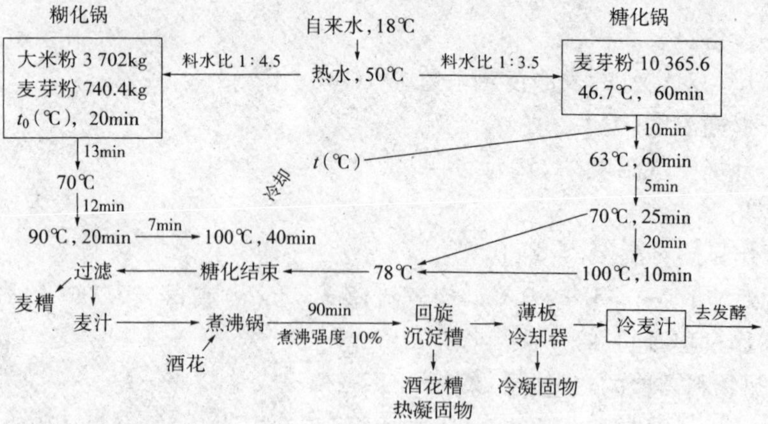

图 4－7 啤酒厂糖化工艺流程示意图

以下对糖化过程各步骤操作的热量分别进行计算。

(一) 糖化用水耗热量 Q_1

根据工艺,糊化锅加水量为:

$$m_1 = (3\,702 + 740.4) \times 4.5 = 19\,990.8(\text{kg})$$

式中 3 702——糖化一次大米粉量

740.4——糊化锅加入的麦芽粉量(为大米量的 20%)

糖化锅加水量为:

$$m_2 = 10\,365.6 \times 3.5 = 36\,279.6(\text{kg})$$

式中,10 365.6 为糖化一次糖化锅投入的麦芽粉量,即 11 106 － 740.4 = 10 365.6(kg)。而 11 106 为糖化一次麦芽定额量。

故糖化总用水量为:

$$m_w = m_1 + m_2 = 56\,270.4(\text{kg})$$

自来水平均温度取 $t_1 = 18℃$,而糖化配料用水温度 $t_2 = 50℃$,故耗热量为:

$$Q_1 = (m_1 + m_2)c_w(t_2 - t_1) = 7.527 \times 10^6(\text{kJ})$$

(二) 第一次米醪煮沸耗热量 Q_2

由糖化工艺流程(图 4－7)可知，

$$Q_2 = Q_2' + Q_2'' + Q_2''' \tag{4-14}$$

1. 糊化锅内米醪由初温 t_0 加热至 100℃耗热 Q_2'

$$Q_2' = m_{米醪} c_{米醪} (100 - t_0) \tag{4-15}$$

(1) 计算米醪的比热容 $c_{米醪}$　根据经验公式 $c_{谷物} = 0.01[(100-w)c_0 + 4.18w]$进行计算。式中 w 为含水百分率；c_0 为谷物比热容,取 $c_0 = 1.55\text{kJ/(kg·K)}$。

$$c_{麦芽} = 0.01 \times [(100-6) \times 1.55 + 4.18 \times 6] = 1.71\text{kJ/(kg·K)}$$

$$c_{大米} = 0.01 \times [(100-13) \times 1.55 + 4.18 \times 13] = 1.89\text{kJ/(kg·K)}$$

$$\begin{aligned} c_{米醪} &= \frac{m_{大米} c_{大米} + m_{麦芽} c_{麦芽} + m_1 c_w}{m_{大米} + m_{麦芽} + m_1} \\ &= \frac{3\,702 \times 1.89 + 740.4 \times 1.71 + 19\,990.8 \times 4.18}{3\,702 + 740.4 + 19\,990.8} \\ &= 3.76\text{kJ/(kg·K)} \end{aligned}$$

(2) 米醪的初温 t_0　设原料的初温为 18℃,而热水为 50℃,则

$$\begin{aligned} t_0 &= \frac{(m_{大米} c_{大米} + m_{麦芽} c_{麦芽}) \times 18 + m_1 c_w \times 50}{m_{米醪} c_{米醪}} \\ &= 47.1(℃) \end{aligned}$$

式中 $m_{米醪} = 24\,433.2(\text{kg})$

(3) 把上述结果代回式(4－15),得：

$$\begin{aligned} Q_2' &= 24\,433.2 \times 3.76 \times (100 - 47.1) \\ &= 4.860 \times 10^6 (\text{kJ}) \end{aligned}$$

2. 煮沸过程蒸汽带出的热量 Q_2''

设煮沸时间为 40min,蒸发量为每小时 5%,则蒸发水分量为：

$$\begin{aligned} m_{V_1} &= \frac{m_{米醪} \times 5\% \times 40}{60} \\ &= 814.44(\text{kg}) \end{aligned}$$

故　$$Q_2'' = m_{V_1} I = 814.44 \times 2\,257.2 = 1.838 \times 10^6 (\text{kJ})$$

式中　I——煮沸温度(约为 100℃)下水的汽化潜热(kJ/kg)

3. 热损失 Q_2'''

米醪升温和第一次煮沸过程的热损失约为前二次耗热量的 15%,即：

$$Q_2''' = 15\%(Q_2' + Q_2'')$$

4. 由上述结果得 Q_2

$$\begin{aligned} Q_2 &= 1.15(Q_2' + Q_2'') \\ &= 7.703 \times 10^6 (\text{kJ}) \end{aligned}$$

(三) 第二次煮沸前混合醪升温至 70℃的耗热量 Q_3

按糖化工艺,来自糊化锅的煮沸的米醪与糖化锅中的麦醪混合后温度应为 63℃,故混合前米醪先从 100℃冷却到中间温度 t_0。

1. 糖化锅中麦醪的初温 $t_{麦醪}$

已知麦芽粉初温为 18℃,用 50℃的热水配料,则麦醪温度为：

$$t_{麦醪}=\frac{m_{麦芽}c_{麦芽}\times 18+m_2c_w\times 50}{m_{麦醪}c_{麦醪}}$$

其中，糖化锅中 $m_{麦醪}=m_{麦}+m_2=46\,645.2(kg)$

2. 米醪的中间温度 t

根据热量衡算，且忽略热损失，米醪与麦醪并合前后的焓不变，则米醪的中间温度为：

$$t=\frac{m_{混合}c_{混合}t_{混合}-m_{麦醪}c_{麦醪}t_{麦醪}}{m_{米醪}c_{米醪}}$$

其中，麦醪的比热容

$$c_{麦醪}=\frac{m_{麦芽}c_{麦芽}+m_2c_w}{m_{麦醪}}=\frac{10\,365.6\times 1.71+36\,279.6\times 4.18}{10\,365.6+36\,279.6}$$
$$=3.63[kJ/(kg\cdot K)]$$

混合醪的比热容

$$c_{混合}=\frac{m_{麦醪}c_{麦醪}+m_{米醪}c_{米醪}}{m_{混合}}=3.67[kJ/(kg\cdot K)]$$

故
$$t=\frac{71\,078.4\times 3.67\times 63-46\,645.2\times 3.63\times 46.67}{24\,433.2\times 3.76}$$
$$=92.87(℃)$$

因此温度比煮沸温度只低 7.13℃，考虑到米醪由糊化锅到糖化锅输送过程的热损失，可不必加中间冷却器。

3. 由上述结果得 Q_3

$$Q_3=m_{混合}c_{混合}(70-63)=1.826\times 10^6(kJ)$$

（四）第二次煮沸混合醪的耗热量 Q_4

由糖化工艺流程可知：

$$Q_4=Q_4'+Q_4''+Q_4''' \tag{4-16}$$

1. 混合醪升温至沸腾所耗热量 Q_4'

（1）经第一次煮沸后米醪量为：

$$m'_{米醪}=m_{米醪}-m_{V_1}$$
$$=24\,433.2-814.44$$
$$=23\,618.8(kg)$$

故进入第二次煮沸的混合醪量为：

$$m_{混合}=m'_{米醪}+m_{麦醪}$$
$$=23\,618.8+46\,645.2$$
$$=70\,264(kg)$$

（2）据工艺，糖化结束醪温为78℃，抽取混合醪温为70℃，则送到第二次煮沸的混合醪量占：

$$\frac{\dfrac{m_{混合}(78-70)}{100-70}}{m_{混合}}\times 100\%=26.7\%$$

故
$$Q_4'=26.7\%\,m_{混合}c_{混合}(100-70)=2.066\times 10^6(kJ)$$

2. 二次煮沸过程蒸汽带走的热量 Q_4''

煮沸时间为10min，蒸发强度为5%，则蒸发水分量为：

$$m_{V_2}=\frac{26.7\%m_{混合}\times5\%\times10}{60}$$
$$=156.3(kg)$$

故 $$Q_4''=m_{V_2}h=156.3\times2\,257.2=0.353\times10^6(kJ)$$

式中 h——煮沸温度下饱和蒸汽的焓(kJ/kg)

3. 热损失 Q_4'''

根据经验有： $$Q_4'''=15\%(Q_4'+Q_4'')$$

4. 把上述结果代回式(4-16)得 Q_4

$$Q_4=1.15(Q_4'+Q_4'')$$
$$=2.782\times10^6(kJ)$$

(五) 洗槽水耗热量 Q_5

设洗槽水平均温度为80℃，每100kg原料用水450kg，则用水量为：

$$m_{洗}=\frac{14\,808\times450}{100}=66\,636(kg)$$

故 $$Q_5=m_{洗}c_w(80-18)=4.131\times10^6(kJ)$$

(六) 麦汁煮沸过程耗热量 Q_6

$$Q_6=Q_6'+Q_6''+Q_6''' \quad (4-17)$$

1. 麦汁升温至沸点所耗热量 Q_6'

由表4-7糖化物料衡算表可知，100kg混合原料可得到574kg热麦汁，并设过滤完毕麦汁温度为70℃。则进入煮沸锅的麦汁量为：

$$m_{麦汁}=\frac{14\,808\times574}{100}$$
$$=84\,998(kg)$$

又 $$c_{麦汁}=\frac{11\,106\times1.71+3\,702\times1.89+14\,808\times6.4\times4.18}{14\,808\times7.4}$$
$$=3.852[kJ/(kg\cdot K)]$$

故 $$Q_6'=m_{麦汁}c_{麦汁}(100-70)=9.822\times10^6(kJ)$$

2. 煮沸过程蒸发耗热量 Q_6''

煮沸强度10%，时间1.5h，则蒸发水分量为：

$$m_{V_3}=84\,998\times10\%\times1.5$$
$$=12\,750(kg)$$

故 $$Q_6''=m_{V_3}h=12\,750\times2\,257.2=28.779\times10^6(kJ)$$

式中 h——煮沸温度下饱和蒸汽的焓(kJ/kg)

3. 热损失 Q_6'''

$$Q_6'''=15\%(Q_6'+Q_6'')$$

4. 把上述结果代回式(4-17)可得出麦汁煮沸总耗热

$$Q_6=115\%(Q_6'+Q_6'')$$
$$=44.391\times10^6(kJ)$$

（七）糖化一次总耗热量 $Q_{总}$

$$Q_{总} = \sum_{i=1}^{6} Q_i = 68.36 \times 10^6 (\text{kJ})$$

（八）糖化一次耗用蒸汽量 D

使用表压为0.3MPa的饱和蒸汽，$h = 2\,725.3$kJ/kg，则：

$$m_0 = \frac{Q_{总}}{(h-i)\eta} = 33\,255(\text{kg})$$

式中 i——相应冷凝水的焓(561.47kJ/kg)

η——蒸汽的热效率，取 $\eta = 95\%$

（九）糖化过程每小时最大蒸汽耗量 Q_{max}

在糖化过程各步骤中，麦汁煮沸耗热量 Q_6 为最大，且知煮沸时间为90min，热效率95%，故：

$$Q_{max} = \frac{Q_6}{1.5 \times 95\%} = 31.15 \times 10^6 (\text{kJ/h})$$

相应的最大蒸汽耗量为：

$$m_{D_{max}} = \frac{Q_{max}}{h-i} = 14\,396(\text{kg/h})$$

（十）蒸汽单耗

据设计，每年糖化次数为1 300次，共生产啤酒105 248t。年耗蒸汽总量为：

$$m_T = 33\,255 \times 1\,300 = 43\,231\,500(\text{kg})$$

每吨啤酒成品耗蒸汽(对糖化)：

$$m_s = \frac{43\,231\,500}{105\,248}$$

$$= 410.8\text{kg/t 啤酒}$$

每昼夜耗蒸汽量(生产旺季算)为：

$$m_d = 33\,255 \times 6 = 199\,530(\text{kg/d})$$

至于糖化过程的冷却，如热麦汁被冷却成冷麦汁后才送发酵车间，必须尽量回收其中的热量。最后若需耗用冷冻水，则在本章的第四节“耗冷量计算”中介绍。

最后，把上述计算结果列成热量消耗综合表，如表4-13所示。

表4-13 100 000t/a啤酒厂糖化车间总热量衡算表(耗蒸汽量)

名 称	压力/MPa	每吨产品消耗定额/kg	每小时最大用量/(kg/h)	每昼夜消耗量/(kg/d)	年消耗量/(kg/a)	备 注
蒸 汽	0.3(表压)	410.8	14 396	199 530	43 231 500	

第三节 水平衡计算

一、水衡算的意义、方法和步骤

（一）水衡算的意义

发酵生产中，水是必不可少的物料。因为发酵过程涉及的生化反应，是由微生物或酶作生物催化剂的。微生物和酶的催化作用必须有水的存在，因为这两者都主要由蛋白质组成和起催化功能。缺水则酶无法被激活，微生物便不能生长增殖。通常，以糖为碳源，培养基含水 80% 以上时，大多数微生物才能正常生长、增殖和代谢。所以在发酵生产中，原料处理、培养基制备、加热和冷却、设备清洗等都需用大量的水。可以说，没有水，就没有生物反应，发酵生产就无法进行。例如，每生产 1t 酒精，用水量在 60t 以上；每生产 1t 啤酒，用水量在 6～10t 甚至更多(不包括麦芽生产)。

其次，无论是原料的蒸煮、糖化或发酵等过程，都有最佳的原料、基质浓度范围，故加水量必须严格控制。例如，以糖蜜为原料生产酒精，流加的发酵培养基含糖 17%～20% 时(其余主要是水)，发酵生产效率和糖酒转化率均较高。又如啤酒生产，麦芽或大米等糊化和糖化的料水比有较严格的定量关系。

所以，对发酵生产，水的平衡计算是十分重要的设计步骤，因为水衡算与物料衡算、热量衡算等工艺计算以及设备的计算和选型、产品成本、技术经济等均有密切关系。此外，发酵生产的废液排放量也与水的用量密切相关。

(二) 水衡算的方法和步骤

水衡算是在完成主要物料衡算的基础上与热量衡算同时展开的。水衡算的方法与步骤和物料衡算类似，为节省篇幅，在此不再详细介绍。下面，根据发酵生产水衡算的特点，提出值得注意的问题。

(1) 发酵生产工艺中，需用水的过程一般包括原料处理、培养基配制、半成品的洗涤、温度控制的冷却过程、设备和管道的清洗等。

(2) 生产工艺、设备或规模不同，生产过程用水量也随之改变，有时差异还很大。即便是同一规模、工艺也相同的厂，单位成品耗水量往往也大不相同。所以在工艺流程设计时，必须妥善安排，合理用水，尽量做到一水多用和循环使用。

二、计算实例(100 000t/a 淀粉原料酒精厂蒸馏车间水衡算)

(一) 蒸馏工艺流程示意图

酒精生产蒸馏流程有双塔式、三塔式或多塔式，而其中根据物料的过塔状态又分成气相过塔和液相过塔。本设计以淀粉原料出发，生产燃料酒精，采用半直接式三塔蒸馏流程和相应的脱水工艺，流程示意图如图 4-8 所示。

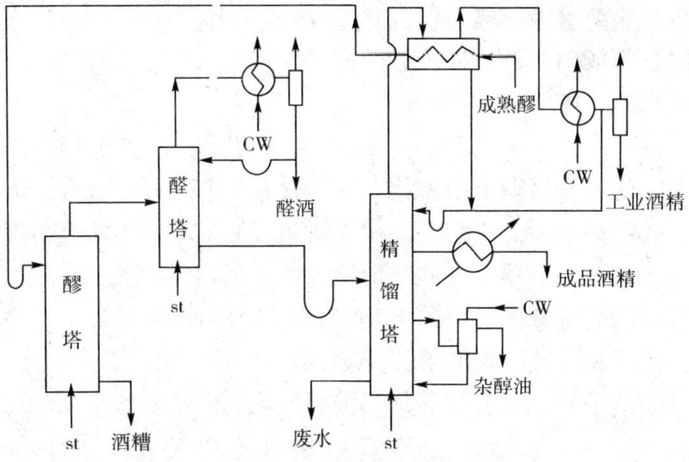

图 4-8　半直接式三塔酒精蒸馏流程

CW—冷却水　st—加热蒸汽

(二) 工艺技术指标及基础数据

(1) 排醛塔和精馏塔塔顶温度均为 78.5～79℃，塔顶蒸汽的酒度为 95%～96%，第二分凝器温度为40℃。

（2）醛酒产量占成品总量的2%。

（3）杂醇油分油提取温度取25℃。

（4）取出杂醇油馏分的酒精浓度为42%～60%（体积分数），平均值50%。

（三）蒸馏车间的水衡算

燃料酒精蒸馏采用三塔差压流程，95%（体积分数）气相分子筛脱水，考虑脱水损失取1%，分子筛脱水后冷凝，从过热温度119℃（0.3MPa）降至30℃。

1. 醛塔分凝器冷却用水（若生产燃料酒精，可不用分离醛酒）

工厂所处的地理位置或气候条件不同，或在不同的季节，冷却水温可能有较大差异。现假定所用冷却水的初温 $t_{H_1}=25℃$，且冷却水以逆流串联方式通过各分凝器，离开时终温 $t_{H_2}=70℃$，则醛塔分凝器冷却水耗量可通过以下计算求解：

根据本章第一节的三（一）物料衡算结果，95%酒精产量 $P=13\,917/0.99/0.95=14\,797kg/h$。醛酒量 $A=14\,797\times2\%=296kg/h$。据设计经验，醛塔回流比 $R_1=195$，且查表得95%酒精蒸汽的焓 $h=1\,166kJ/kg$，则冷却水量为：

$$W_1=\frac{AR_1h}{c_w(t'_{H_1}-t_{H_1})}=\frac{296\times195\times1\,166}{4.18\times(70-25)}=357\,796(kg/h)$$

2. 醛酒冷却水

把醛酒从 $t_2=78.3℃$ 冷却到 $t'_2=25℃$，冷却水使用 $t_{H_2}=20℃$ 的深井水，终温为：$t'_{H_2}=40℃$，逆流操作。则每小时耗水量为：

$$W_2=\frac{Ac_A(t_2-t'_2)}{c_w(t'_{H_2}-t_{H_2})}=\frac{296\times2.89\times(78.3-25)}{4.18\times(40-20)}=546(kg/h)$$

3. 精馏塔分凝器用水

从精馏塔顶出来的酒气先经醪液预热器与冷成熟醪进行热交换，酒气冷凝成饱和液体。物料和热量流程示意图见图4-9。

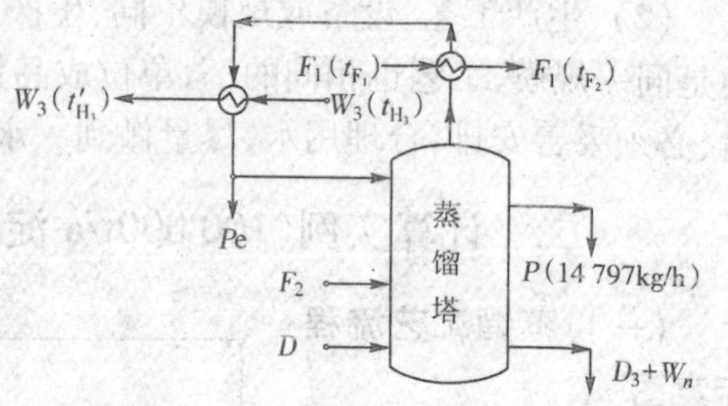

图4-9 精馏塔物料和热量流程图

据热量衡算有：

$$(R_2+1)(P+P_g)i_3=F_1c_F(t_{F_2}-t_{F_1})+W_3c_w(t'_{H_3}-t_{H_3}) \qquad (4-18)$$

式中 R_2——精馏塔回流比，R_2 一般为3～4，现取 $R_2=3.0$

P_g——回流入醛塔的次等酒量，可取95%酒精 P 的2%，故 $P_g=296(kg/h)$

i_3——塔顶上升酒气的焓，为1 166kJ/kg

F_1——蒸馏发酵醪流量，为185 718kg/h

c_F——蒸馏发酵醪比热容，取3.96kJ/(kg·K)

t_{F_1}、t_{F_2}——蒸馏发酵醪加热前后温度，为32℃和50℃

t_{H_3}、t'_{H_3}——冷却水进出口温度，取30℃和70℃

由式(4-18)可得精馏塔分凝器冷却水用量为：

$$W_3=\frac{(R_2+1)(P+P_g)i_3-F_1c_F(t_{F_2}-t_{F_1})}{c_w(t'_{H_3}-t_{H_3})}$$

$$=\frac{(3+1)(14\ 797+296)\times 1\ 166-185\ 718\times 3.96\times(50-32)}{4.18\times(70-30)}$$

$$=316\ 801(kg/h)$$

4. 精馏塔95%酒精冷却水用量 W_4（若生产燃料酒精则不用冷却，饱和蒸汽直接到分子筛脱水塔）

95%酒精冷却使用20℃的深井水，根据热量衡算，耗水量为：

$$W_4=\frac{Pc_P(t_P-t'_P)}{c_W(t'_{H_4}-t_{H_4})} \tag{4-19}$$

式中 c_P——酒精比热容，为2.89kJ/(kg·K)

t_P、t'_P——95%酒精冷却前后温度，分别为78.3℃和30℃

t_{H_4}、t'_{H_4}——冷却水初温和终温，分别为20℃和40℃

把上述各量代回式(5-19)得：

$$W_4=\frac{14\ 797\times 2.89\times(78.3-30)}{4.18\times(40-20)}=24\ 707(kg/h)$$

5. 杂醇油分离稀释用水量 W_5（若生产燃料酒精，不用分离杂醇油）

采用气相提油工艺，即在精馏塔加料板以下2~6块塔板抽出酒气，经冷凝冷却，再用20℃冷水稀释至含酒精10%（体积分数），经分离盐析精制而成。工艺流程示意图如图4-10所示。

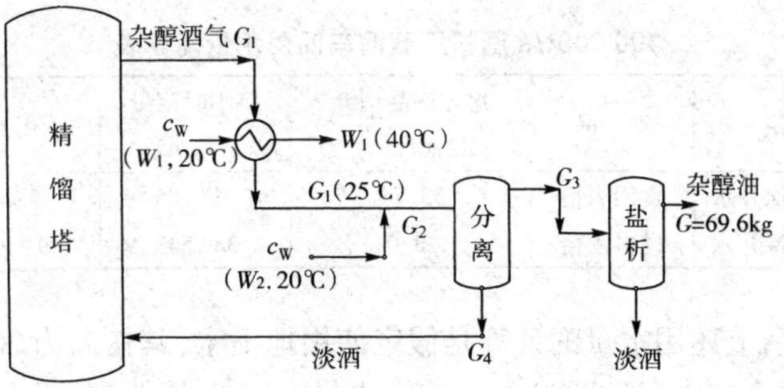

图 4-10 杂醇油提取流程示意图

根据上述工艺流程，并假定分离器和盐析后提取的杂醇油占从精馏塔抽出总油的90%，其余10%随淡酒回流入塔。根据物料衡算，可求出从精馏塔抽取的杂醇油酒气量 G_1 为：

$$G_1=\frac{69.6}{90\%\times 20\%}=387(kg/h)$$

式中 20%——杂醇油酒气中杂醇油的含量。相应的进入分离器的稀酒精杂醇油溶液量 G_2 为：

$$G_2=\frac{G_1\times 50}{10}=1\ 935(kg/h)$$

根据热量衡算，得冷却水用量为：

$$W'_5=\frac{387\times[2\,042+4.0\times(82.8-25)]}{4.18\times(40-20)}=10\,523(\mathrm{kg/h})$$

式中 2 042——含20%杂醇油酒气的冷凝热，kJ/kg

把50%酒精杂醇油溶液稀释至含酒精10%的冷水用量为：

$$W''_5=G_2-G_1=1\,935-387=1\,548(\mathrm{kg/h})$$

故杂醇油分离稀释总用水量为：

$$W_5=W'_5+W''_5=10\,523+1\,548=12\,071(\mathrm{kg/h})$$

6. 分子筛脱水后从过热温度119℃降至30℃的冷水用量 W_6

$$W_6=\frac{13\,917\times[853+2.69\times(119-30)]}{4.18\times(70-20)}=72\,742(\mathrm{kg/h})$$

7. 蒸馏车间总用水量

若生产食用酒精，总用水量为：

$$W=W_1+W_2+W_3+W_4+W_5=357\,796+546+316\,801+24\,707+12\,071=711\,921(\mathrm{kg/h})$$

若生产燃料酒精，总用水量为：

$$W=W_3+W_6=316\,801+72\,742=389\,543(\mathrm{kg/h})$$

把上述结果整理成用水量衡算表，如表4－14所示。

表 4－14 100 000t/a 酒精厂蒸馏车间用水量衡算表

名称	规格	产品	每吨产品消耗定额/(t/t)	每小时用量/(kg/h)	每天用量/(t/d)	年耗量/(t/a)
冷水	自来水或深井水	食用酒精	53.74	747 885	17 949.2	5 384 772
冷水	自来水或深井水	燃料酒精	28.0	389 543	9 349.0	2 804 700

值得提出的是，上述用水量的计算是假定使用地下水，其初温为20℃，求得的用水量是相应于这年平均冷却水温(20℃)的年均用水量。若考虑到夏季冷却水温较高，则每小时最大用水量就以夏季最炎热的日子的冷却水温为依据，代入各用水量计算式中计算，以求出最大用水量，以便为车间和全厂的供水、排水系统的设计提供依据。

第四节 耗冷量计算

一、耗冷量计算的意义、方法和步骤

(一) 耗冷量计算的意义

现代生物工程工厂通常都有制冷系统。无论是菌种培养、发酵、产品提取精制等过程，都可能要求在室温以下的温度进行。例如啤酒生产中，主发酵温度通常为6～10℃，过冷和后发酵在－1℃左右，大麦发芽适宜温度为12～16℃；近几年成为热门研究课题的植物细胞培养生产有用物质的发酵过程，适宜的培养温度范围是22～26℃。此外，许多生物活性物质，如酶、乙肝疫苗、干扰素以及一些抗生素等，其发酵生产或精制提取过程都需要在较低温度下进行操作，等等。以上所述的过程，均需要制冷操作。

通过耗冷量的计算，结合冷冻工艺要求，选定制冷系统类型和冷冻机的型号、规格，进而完成制冷系统设计。

（二）耗冷量计算的方法和步骤

通常，可把生物工程工厂耗冷量分为工艺耗冷量（Q_t）和非工艺耗冷量（Q_{nt}），而工艺耗冷量又包含了发酵培养基和发酵罐体的冷却降温耗冷，生物反应放热（发酵热）的除去等；非工艺耗冷量则包括维护结构耗冷量、用电设备运转放热耗冷量等。具体的计算公式如下：

$$Q = Q_t + Q_{nt} \tag{4-20}$$

式中，工艺耗冷量可用下式计算：

$$Q_t = Q_1 + Q_2 + Q_3 + Q_4 \tag{4-21}$$

1. 培养基等物料和发酵罐体冷却至操作温度的耗冷量（Q_1）

$$Q_1 = \frac{(m_M c_M + m_R c_R)(t_1 - t_2)}{\tau} \tag{4-22}$$

式中 m_M——发酵培养基等物料质量（kg）

c_M——发酵培养基等物料比热容［kJ/(kg·K)］

m_R——发酵反应器质量（kg）

c_R——发酵罐体比热容［kJ/(kg·K)］

t_1——料液和罐体冷却前的温度（℃）

t_2——料液和罐体冷却后的温度（℃）

τ——工艺规定的冷却过程时间（h）

2. 发酵热（Q_2）

根据生物反应理论计算及实验测定研究结果，通气发酵过程和厌气发酵过程放热量可分别通过下述过程计算求取：

（1）通气发酵过程热量计算　通气发酵过程放热常用的计算方法有三种，一是通过冷却水带走的热量计算；二是通过发酵液温度升高测定计算；三是应用生物合成热的方法进行计算。前两种是通过实验测定结果推算，第三种方法则是半理论计算法。下面就具体说明其计算过程。

据理论分析，发酵热可用下式计算：

$$Q_2 = Q_b + Q_{st} - Q_\varepsilon \quad (\text{kJ/h}) \tag{4-23}$$

式中 Q_b——生物合成热，包括微生物细胞呼吸放热 Q'_b 和发酵放热 Q''_b 两部分，即：

$$Q_b = \alpha Q'_b + \beta Q''_b \quad (\text{kJ/h}) \tag{4-24}$$

式中 Q'_b——15 651kJ/kg（对葡萄糖）

Q''_b——4 953kJ/kg（对葡萄糖）

α 和 β 分别为细胞呼吸和发酵的耗糖量（kg/h）。

而机械搅拌产生的热量为：

$$Q_{st} = 3\,600\eta P_{st} \quad (\text{kJ/h}) \tag{4-25}$$

式中 η——搅拌功热转换系数，为 0.92

P_{st}——搅拌轴功率（kW）

而 Q_ε 为排气使发酵液水分汽化带出的热焓。根据经验，可取：

$$Q_\varepsilon = 0.2Q_b \tag{4-26}$$

（2）厌气发酵过程热量计算　酒精、啤酒等发酵过程是厌气发酵，若以麦芽糖计算，则发酵热为：

$$Q_2 = 613.6\text{kJ/kg(麦芽糖)} \tag{4-27}$$

此外，还有种子培养耗冷量 Q_3 和工艺用无菌水的冷却耗冷量 Q_4 等，可参照以上方法计算。

3. 非工艺耗冷量 Q_{nt} 的计算

非工艺耗冷量通常包含有照明及用电设备放热量、需降温冷冻的车间厂房的围护结构和低温设备、管道的冷量散失以及其他操作过程的耗冷等。即：

$$Q_{nt} = Q_5 + Q_6 + Q_7 \tag{4-28}$$

（1）照明及用电设备耗冷及其他操作耗冷量 Q_5

① 车间照明耗冷量可根据下式计算：

$$Q_5' = q_1 A \quad (\text{kJ/h}) \tag{4-29}$$

式中　A——冷间面积（m^2）

其中，q_1 为冷间单位面积照明放热耗冷量。通常，若使用荧光灯，车间的照明标准为 $5W/m^2$，同时使用系数取 0.6，则：

$$\begin{aligned} q_1 &= 5 \times 0.6 \times 3\,600 = 10\,800[\text{J/(m}^2\cdot\text{h)}] \\ &= 10.8[\text{kJ/(m}^2\cdot\text{h)}] \end{aligned}$$

② 电机等用电设备运转耗冷量

$$Q_5'' = 3\,600 P_\varepsilon \eta \tag{4-30}$$

式中　P_ε——电机或其他用电设备功率（kW）

η——功热转换系数，取 0.92

③ 冷间室门开启耗冷量

$$Q_5''' = q_2 A \tag{4-31}$$

式中　q_2——冷间单位面积开门耗冷量，可取 100～300kJ/（m^2·h），视开门的频繁程度和车间面积而定

④ 冷间内操作工人耗冷量

$$Q_5'''' = q_3 n \tag{4-32}$$

式中　q_3——每个操作工单位时间耗冷量，视车间温度不同而取不同值，如表 4-15 所示

n——车间内操作工人数

$$\begin{aligned} Q_5 &= Q_5' + Q_5'' + Q_5''' + Q_5'''' \\ &= 21.6F + 3\,312P_\varepsilon + q_2 F + q_3 n \end{aligned} \tag{4-33}$$

表 4-15　不同温度下操作人员产生热的耗冷量（q_3）

冷间温度/℃	20	10	4	0	-7	-12	-18
每人耗冷量 q_3/(kJ/h)	400	774	900	1 005	1 108	1 277	1 381

（2）围护结构耗冷量 Q_6 可用下式表示：

$$Q_6 = \sum_{i=1}^{n} K_i A_i (t_a - t) + K \cdot A\Delta t \qquad (4-34)$$

式中 A_i——围护结构的面积(m^2)

A——受太阳辐射的壁面面积(m^2)

K、K_i——围护结构的传热系数[W/(m^2·K)],取经验值0.5W/(m^2·K)

t_a、t——冷间外部环境计算温度和室内温度,且 $t_a = 0.4t_1 + 0.6t_2$。其中 t_1 和 t_2 分别为当地10年内最热月份的平均温度和极端最高温度(℃)。为简化计算,不同地区 t_a 的取值可参考表4-16选取。

表 4-16 不同城市室外计算温度

城市 t_a/℃	北京 34.1	上海 34.2	天津 33.8	哈尔滨 31.0	长春 32.1	沈阳 32.8	大连 29.8
城市 t_a/℃	乌鲁木齐 32.1	兰州 32.6	银川 33.0	西宁 25.2	西安 35.2	石家庄 36.1	太原 31.4
城市 t_a/℃	济南 36.5	南京 34.0	合肥 34.7	杭州 34.4	福州 35.1	郑州 35.2	武汉 34.4
城市 t_a/℃	长沙 35.1	南昌 35.4	南宁 33.6	广州 33.6	成都 32.1	重庆 35.5	昆明 25.2
城市 t_a/℃	贵阳 26.2	拉萨 24.0					

此外,在太阳辐射产生的冷量损失计算中,温度差 Δt 值可根据表4-17选取。在计算太阳辐射热量时,应遵循下述规则:只需采用受太阳辐射最强的一垛外墙,如该车间处于顶层,则应加上屋顶部分太阳辐射量。

表 4-17 围护结构外表太阳辐射昼夜平均温度差 Δt

纬度	围护结构名称	吸收率 P	围护结构朝向					
			水平面	南	东南或西北	东或西	东北或西北	北
1	2	3	4	5	6	7	8	9
北纬23°	红砖墙面	0.75		3.1	4.6	5.0	4.3	2.4
	混凝土块砌,拉毛水泥,汰石子类粉刷墙面	0.65		2.7	4.0	4.3	3.7	2.1
	水泥或沙石类粉刷墙面	0.56		2.3	3.4	3.7	3.2	1.8
	石灰类粉刷墙面	0.48		2.0	2.9	3.2	2.7	1.5
	深色油毡屋面,沥青屋面	0.88	10.0					
	浅色油毡屋面,水泥屋面	0.72	8.0					
北纬30°	红砖墙面	0.75		2.9	4.4	5.1	4.0	2.3
	混凝土块砌,拉毛水泥,汰石子类粉刷墙面	0.65		2.5	3.8	4.4	3.5	2.0
	水泥或沙石类粉刷墙面	0.56		2.2	3.3	3.8	3.0	1.7
	石灰类粉刷墙面	0.48		1.9	2.8	3.2	2.6	1.5
	深色油毡类屋面,沥青屋面	0.88	10.5					
	浅色油毡类屋面,水泥屋面	0.72	8.5					

续表

纬度	围护结构名称	吸收率 P	围护结构朝向					
			水平面	南	东南或西北	东或西	东北或西北	北
1	2	3	4	5	6	7	8	9
北纬35°	红砖墙面	0.75		3.6	4.7	5.2	4.2	2.8
	混凝土块砌,拉毛水泥,汰石子类粉刷墙面	0.65		3.1	4.1	4.5	3.6	2.5
	水泥或沙石类粉刷墙面	0.56		2.7	3.5	3.9	3.1	2.1
	石灰类粉刷墙面	0.48		2.6	3.2	3.4	2.7	1.8
	深色油毡类屋面,沥青屋面	0.88	9.3					
	浅色油毡类屋面,水泥屋面	0.72	7.6					
北纬40°	红砖墙面	0.75		4.1	5.0	5.3	4.2	2.8
	混凝土块砌,拉毛水泥,汰石子类粉刷墙面	0.65		3.5	4.3	4.6	3.6	2.4
	水泥或沙石类粉刷墙面	0.56		3.0	3.7	4.0	3.1	2.0
	石灰类粉刷墙面	0.48		2.6	3.2	3.4	2.7	1.8
	深色油毡类屋面,沥青屋面	0.88	9.2					
	浅色油毡类屋面,水泥屋面	0.72	7.5					
北纬45°	红砖墙面	0.75		4.5	5.3	5.3	4.2	2.7
	混凝土块砌,拉毛水泥,汰石子类粉刷墙面	0.65		3.9	4.6	4.6	3.6	2.4
	水泥或沙石类粉刷墙面	0.56		3.3	4.0	4.0	3.1	2.0
	石灰类粉刷墙面	0.48		2.9	3.4	3.4	2.7	1.7
	深色油毡类屋面,沥青屋面	0.88	9.0					
	浅色油毡类屋面,水泥屋面	0.72	7.3					

(3) 低温设备、管道的冷量散失 Q_7 低温设备如啤酒厂的露天锥形罐以及低温管路等。

由于环境温度高而使热量传入低温管路或设备内。这部分的耗冷量 Q_7 的计算和 Q_6 近似。即:

$$Q_7 = KF\Delta t \tag{4-35}$$

其中,总传热系数 K 可通过下式计算:

$$K = \frac{1}{\frac{1}{\alpha_1} + \frac{\delta_1}{\lambda_1} + \frac{\delta_2}{\lambda_2} + \cdots + \frac{1}{\alpha_2}} \quad [\mathrm{W/(m^2 \cdot K)}] \tag{4-36}$$

式中 α_1——空气对壁面给热系数,取 $11.6\mathrm{W/(m^2 \cdot K)}$

δ_1、δ_2 和 λ_1、λ_2 等——各层材料厚度(m)和导热系数[$\mathrm{W/(m \cdot K)}$]

α_2——由内壁面对物料的给热系数,可用下式计算:

$$\alpha_2 = 23.2\beta \frac{W^{0.8}}{d^{0.2}} \quad [\mathrm{W/(m^2 \cdot K)}] \tag{4-37}$$

式中 β——介质的物理状态参数,对于水和与水近似的介质(如啤酒),由下式确定:

$\beta = 60 + t$, 其中 t 为介质温度(℃)

W——介质运动速度,通常 $W = 0.5 \sim 2.5\mathrm{m/s}$

d——管子的外径(m)

二、计算实例(100 000t/a 啤酒厂发酵车间耗冷量计算)

啤酒发酵工艺有上面发酵和下面发酵两大类,而后者又有传统的发酵槽发酵和锥形罐发酵等之分。不同的发酵工艺,其耗冷量也随之改变。下面以目前我国应用最普遍的锥形罐发酵工艺进行 100 000t/a 啤酒厂发酵车间的耗冷量计算。

(一) 发酵工艺流程示意图

94℃热麦汁$\xrightarrow{\text{冷却}}$冷麦汁(6℃)⟶锥形罐发酵⟶过冷却至 -1℃⟶贮酒⟶过滤⟶清酒罐

(二) 工艺技术指标及基础数据

年产 12°淡色啤酒 105 248t;

旺季每天糖化 6 次,淡季 4 次,每年共糖化 1 300 次;

主发酵时间 6 天;

4 锅麦汁装 1 个锥形发酵罐;

12°Bx 麦汁比热容 $c_1=4.0\text{kJ/(kg}\cdot\text{K)}$;

冷媒用液氨;

麦芽糖厌氧发酵热 $q=613.6\text{kJ/kg}$;

麦汁发酵度 60%。

根据发酵车间耗冷性质,可分成工艺耗冷量和非工艺耗冷量两类,即:

$$Q=Q_t+Q_{nt} \tag{4-38}$$

(三) 工艺耗冷量 Q_t

1. 麦汁冷却耗冷量 Q_1

近几年来普遍使用一段式串联逆流式麦汁冷却方法。使用的冷却介质为 2℃的冷冻水,出口温度为 85℃。糖化车间送来的热麦汁温度为 94℃,冷却至发酵起始温度 6℃。

根据表 4-7 啤酒生产物料衡算表,可知每糖化一次得热麦汁 85 040L,而相应的麦汁密度为 1 048kg/m^3,故热麦汁为:

$$m=1\,048\times85.040=89\,122(\text{kg})$$

又知 12°麦汁的比热容为 4.0kJ/(kg·K),工艺要求在 1h 内完成冷却过程,则所耗冷量为:

$$\begin{aligned}Q_1&=\frac{mc(t_1-t_2)}{\tau}\\&=\frac{89\,122\times4.0\times(94-6)}{1}\\&=31.37\times10^6(\text{kJ/h})\end{aligned}$$

式中　t_1 和 t_2——分别为麦汁冷却前后温度(℃)

　　τ——冷却操作过程时间(h)

根据设计结果,每个锥形发酵罐装 4 锅麦汁,则麦汁冷却每罐耗冷量为:

$$Q_f=4Q_1=4\times31.37\times10^6$$

$$=125.48\times10^{6}(\mathrm{kJ})$$

2. 发酵耗冷量 Q_2

（1）发酵期间发酵放热 Q_2'　假定麦汁固形物均为麦芽糖，而麦芽糖的厌氧发酵放热量为613.6kJ/kg。设发酵度为60%，则1L麦汁放热量为：

$$q_0=613.6\times12\%\times60\%=44.18(\mathrm{kJ})$$

根据物料衡算，每锅麦汁的冷麦汁量为82 480L，则每锥形罐发酵放热量为：

$$Q_0'=44.18\times82\,480\times4=14.576\times10^{6}(\mathrm{kJ})$$

由于工艺规定主发酵时间为6天，每天糖化6锅麦汁，并考虑到发酵放热的不平衡，取系数1.5，忽略主发酵期的麦汁温升，则发酵高峰期耗冷量为：

$$Q_2'=\frac{Q_0'\times1.5\times6}{24\times6\times4}=\frac{14.576\times10^{6}\times1.5\times6}{24\times6\times4}$$
$$=227\,672(\mathrm{kJ/h})$$

（2）发酵后期发酵液降温耗冷 Q_2'' 主发酵后期，发酵液温度从6℃缓慢降至-1℃，每天单罐降温耗冷量为：

$$Q_0''=4mc_1[6-(-1)]=4\times89\,122\times4.0\times7$$
$$=9\,981\,664(\mathrm{kJ})$$

工艺要求此过冷过程在2天内完成，则耗冷量为（麦汁每天装1.5个锥形罐）：

$$Q_2''=\frac{1.5Q_0''}{24\times2}=311\,927(\mathrm{kJ/h})$$

（3）发酵总耗冷量 Q_2

$$Q_2=Q_2'+Q_2''=227\,672+311\,927$$
$$=539\,599(\mathrm{kJ/h})$$

（4）每罐发酵耗冷量 Q_0

$$Q_0=Q_0'+Q_0''=14.576\times10^{6}+9\,981\,664=24.558\times10^{6}(\mathrm{kJ})$$

3. 酵母洗涤用冷无菌水冷却的耗冷量 Q_3

在锥形罐啤酒发酵过程，主发酵结束时要排放部分酵母，经洗涤活化后重复用于新麦汁的发酵，一般可重复使用5~7次。设湿酵母添加量为麦汁量的1.0%，且使用1℃的无菌水洗涤，洗涤无菌水量为酵母量的3倍。冷却前无菌水温为30℃，用-8℃的酒精液作冷却介质。

由上述条件，可得无菌水用量为：

$$m_w'=82\,480\times6\times1.0\%\times3$$
$$=14\,846(\mathrm{kg/d})$$

式中　82 480——糖化一次的冷麦汁量(kg)

每班无菌水用量：　$m_w=\frac{m_w'}{3}=\frac{14\,846}{3}=4\,948.8(\mathrm{kg/班})$

假定无菌水冷却操作在2h内完成，则无菌水冷却耗冷量为：

$$Q_3=\frac{m_wc_m(t_w-t_w')}{\tau}$$
$$=\frac{4\,948.8\times4.18\times(30-1)}{2}$$

$$=299\ 947(\text{kJ/h})$$

每罐用于酵母洗涤的耗冷量为：

$$Q_3=\frac{m_w c_m(t_w-t'_w)}{1.5}$$
$$=\frac{4\ 948.8\times4.18\times(30-1)}{1.5}$$
$$=399\ 929(\text{kJ})$$

式中 1.5——每班装罐1.5罐

4．酵母培养耗冷量 Q_4

根据工艺设计，每月需进行一次酵母纯培养，培养时间为12天，即288h。根据工厂实践，每产100 000t啤酒工厂酵母培养耗冷量为：

$$Q_4=130\ 000(\text{kJ/h})$$

对应的年耗冷量为：

$$Q'_4=Q_4\times288\times10=374.4\times10^6(\text{kJ})$$

5．发酵车间工艺耗冷量 Q_t

综上计算，可求算出发酵车间的工艺耗冷量为：

$$Q_t=\sum_{i=1}^{4}Qi=31.37\times10^6+539\ 599+299\ 947+130\ 000$$
$$=32.34\times10^6(\text{kJ/h})$$

（四）非工艺耗冷量 Q_{nt}

除了上述的发酵过程工艺耗冷量外，发酵罐外壁、运转机械、围护结构及管道等均会耗用或散失冷量，构成所谓的非工艺耗冷量，现分别介绍。

1．露天锥形罐冷量散失 Q_5

锥形罐啤酒发酵工厂几乎都是把发酵罐置于露天，由于太阳辐射、对流传热和热传导等造成冷量散失，可根据前面一、（二）、3、（3）介绍的低温设备、管道的冷量散失公式计算。通常，这部分的冷量散失可由经验数据求取。根据经验，年产10万吨啤酒露天锥形罐的冷量散失在13 000～30 000kJ/t啤酒之间，若在南方亚热带地区设厂，可取高值。故旺季每天耗冷量为：

$$Q'_5=m_b\times30\ 000=494.9\times1.012\times30\ 000$$
$$=15.0\times10^6(\text{kJ/d})$$

式中 m_b——旺季成品啤酒日产量(t)

若白天日晒高峰耗冷量为平均每小时耗冷量的2倍，则高峰耗冷量为：

$$Q_5=\frac{2Q'_5}{24}=1.25\times10^6(\text{kJ/h})$$

2．清酒罐、过滤机及管道等散失冷量 Q_6

因涉及的设备、管道很多，若按前面介绍的公式计算，十分繁杂，故啤酒厂设计时往往根据实验经验选取。通常，取 $Q_6=12\%\,Q_t$，所以：

$$Q_6=12\%\,Q_t=12\%\times32.34\times10^6=3.882\times10^6(\text{kJ/h})$$

（五）100 000t/a啤酒厂发酵车间冷量衡算表

将上述计算结果，整理后可得100 000t/a啤酒厂发酵车间冷量衡算表，如表4－18

所示。

表 4-18 啤酒发酵车间冷量衡算表

耗冷分类	耗冷项目	每小时耗冷量/(kJ/h)	每罐耗冷量/kJ	年耗冷量/kJ
工艺耗冷量	麦汁冷却 Q_1	31.37×10^6	125.48×10^6	407.8×10^8
	发酵耗冷量 Q_2	539 599	24.558×10^6	79.81×10^8
	无菌水冷却 Q_3	299 947	399 929	1.3×10^8
	酵母培养 Q_4	130 000	1.152×10^6	3.744×10^8
	工艺总耗冷 Q_t	32.34×10^6	57.487×10^6	492.65×10^8
非工艺耗冷量	锥形罐冷损 Q_5	1.25×10^6	20.0×10^6	65.0×10^8
	管道等冷损 Q_6	3.882×10^6	62.112×10^6	201.86×10^8
	非工艺总耗冷 Q_{nt}	5.132×10^6	82.112×10^6	264.86×10^8
合　计	总耗冷 Q	37.47×10^6		759.51×10^8
单　耗	721.64kJ/t 啤酒			

第五节　无菌压缩空气消耗量计算

一、无菌压缩空气消耗量计算的意义、方法和步骤

（一）无菌压缩空气消耗量计算的意义

大多数微生物的生长、增殖都需要氧，代谢和产物的生物合成过程也往往有氧参加。尤其是通气发酵生产，溶氧速率更显重要，有时甚至是发酵生产效率的制约因素。例如微生物增殖耗氧量，以葡萄糖为碳源时，每增殖 1kg 细胞（干基），大肠杆菌需消耗 1.5kg 溶解氧，面包酵母约需 1.1kg 溶解氧；若以甲醇作基质，则耗氧量比糖质原料更高得多。

在需氧发酵生产中，要使发酵液保持一定的溶氧浓度，必须向反应系统通入大量无菌空气。但不同类型的发酵生产，适宜的溶氧浓度和耗氧速率往往不一样。而溶氧速率与反应器类型、通气速率、搅拌条件等有关。对同一类型的发酵反应，由于使用的发酵罐形式不同，通气速率即无菌压缩空气消耗量也不一样。此外，还常用无菌压缩空气压送培养基和其他料液，压缩空气消耗量也不一样。故压缩空气消耗量的计算是非常重要的设计任务。

通过压缩空气用量的计算，可确定配套的空气压缩机的选型和台数，并进行空气过滤除菌系统的设计。

（二）压缩空气消耗量计算的方法和步骤

压缩空气消耗量，通常用单位时间耗用的常压空气体积表示，即 m^3/h 或 m^3/min（10^5Pa）。所以在设计时，只需求出需用的压缩空气的体积和压强就可以了。下面分别介绍通气发酵罐的通气量和压送液体物料所需的压缩空气消耗量的计算方法。

1. 通气发酵罐通风量计算

对好氧发酵过程，合适的供氧速率，应通过试验确定。发酵系统处于稳定态时，溶氧速率与耗氧速率相等，即：

$$OTR = OUR \tag{4-39}$$

$$OTR = K_La(c^* - c) \tag{4-40}$$

$$OUR = q_{O_2} \cdot x \tag{4-41}$$

或

$$OUR = \frac{Q(c_{in} - c_{out})}{V} \tag{4-42}$$

式中 OTR——溶氧速率[$mol\ O_2/(m^3 \cdot h)$]

OUR——耗氧速率[$mol\ O_2/(m^3 \cdot h)$]

q_{O_2}——微生物比呼吸速率[$mol\ O_2/(kg \cdot h)$]

x——微生物活细胞浓度(kg/m^3)

K_La——体积溶氧系数(h^{-1}或s^{-1})

c^*——与气相主流的氧分压平衡的饱和溶氧浓度($mol\ O_2/m^3$)

c——发酵液实际溶氧浓度($mol\ O_2/m^3$)

Q——通气量(m^3/h)

c_{in}——通入发酵罐的空气氧浓度($mol\ O_2/m^3$)

c_{out}——离开发酵罐的空气氧浓度($mol\ O_2/m^3$)

V——发酵罐装液量(m^3)

由式(4-41)和式(4-42),可求出通气量:

$$Q = \frac{q_{O_2} \cdot xV}{c_{in} - c_{out}} \tag{4-43}$$

通常,c_{in}就是大气的氧浓度,而c_{out}可根据氧利用率计算,且$c_{out} = 0.85 \sim 0.9c_{in}$;$q_{O_2}$由小型发酵试验确定;$x$和$V$可通过分析测定。

搅拌通风发酵罐的比拟放大设计主要有两种准则,其一是等K_La放大,另一是等$\frac{P_0}{V}$放大准则。下面简单介绍之。

(1) 等K_La放大准则计算Q 对高耗氧的生物反应,如酵母培养和单细胞蛋白(SCP)生产,通常使用等K_La放大准则。根据Aiba等人研究,此时放大罐通气量Q_2与试验罐的Q_1的关系为:

$$Q_2 = Q_1 \times \frac{V_2}{V_1}\left(\frac{H_1}{H_2}\right)^{2/3} \tag{4-44}$$

式中 V_1——试验罐的装液量(m^3)

V_2——放大罐的装液量(m^3)

H_1——试验罐的装液高度(m)

H_2——放大罐的装液高度(m)

其中,放大罐的V_2和H_2可根据试验罐的V_1和H_1通过几何相似准则放大计算求出。

(2) $\frac{P_0}{V}$相等放大准则 这是通风发酵罐放大设计最常用的方法。生产实践和研究证明,对谷氨酸、柠檬酸及抗生素等发酵,尽管规模不同,但维持P_0/V不变,则生产结果相近。

应用P_0/V相等准则放大设计时，理论上通气量的计算可按空截面气速V_s维持恒定的原则，即放大罐的通气量为：

$$Q_2=\frac{\pi}{4}D_2^2V_{s_1} \quad (4-45)$$

式中 D_2——放大罐的直径(m)

V_{s_1}——试验罐空截面气速(m/s)

但通常放大后的混合情况会变差，故实际上放大罐的空截面气速往往比V_{s_1}大，最佳值应由试验研究后确定。

根据工厂生产实践，目前谷氨酸发酵过程搅拌转速和通气速率的范围如表4-19所示。

表 4-19 谷氨酸发酵常用的搅拌转速与通气量

发酵罐容量/m^3	0.05	0.5	5.0	20	50	100	200	500
搅拌转速/(r/min)	600	350	230	180	150	135	125	110
通气速率/vvm	0.80~1.50	0.50~0.80	0.40~0.65	0.35~0.55	0.30~0.50	0.25~0.48	0.20~0.45	0.18~0.35

2. 通风搅拌用的压缩空气的压强计算

通气发酵罐或其他供搅拌用的压缩空气必须有足够的压强，以克服液柱阻力、空气分布器及其他管道阻力。其压强可按下式计算：

$$p=10\left[H\rho_L+\frac{\rho_a w^2}{2g}(1+\sum\xi)+p_0\right] \quad (4-46)$$

式中 p——通风搅拌用的压缩空气的压强(Pa)

H——被搅拌液体的液柱高度(m)

ρ_L——被搅拌液体的密度(kg/m^3)

ρ_a——通入空气的密度(kg/m^3)

w——管道中空气流速(m/s)

g——重力加速度($9.81m/s^2$)

$\sum\xi$——总阻力系数，包括空气分布器等阻力

p_0——液面上的压强(Pa)

特殊地，对普通的液体搅拌，压强为10^5Pa的空气消耗量为：

$$V=kAp\tau \quad (m^3) \quad (4-47)$$

式中 A——液体容器的截面积(m^2)

k——搅拌强度系数，对缓和搅拌$k=24$，剧烈搅拌$k=60$，中等搅拌$k=48$

τ——每次搅拌所需时间(h)

3. 压送培养基等液体物料时无菌空气耗量

在发酵生产过程，种液和经灭菌的消泡剂尿素溶液等通常使用无菌压缩空气压送入发酵系统。

(1) 所需压缩空气的压强p可按下式求算：

$$p = 10\left[H\rho + \frac{\rho w^2}{2g}(1 + \sum\xi) + p_0\right] \quad (\text{Pa}) \qquad (4-48)$$

式中　H——压送静压高度，即设备间液面垂直距离（m）

ρ——被输送液体密度（kg/m^3）

其余符号的意义和式 4－46 相同。

通常，压送高度 H 是已知的或可按下式估算：

$$(H + \sum\xi)\frac{\rho w^2}{2g} = 20\% \sim 50\% H\rho \qquad (4-49)$$

（2）压缩空气消耗量分下述两种情况计算：

① 设备中液体在一次操作中全部压完

一次操作消耗的压强为 10^5Pa 的空气量为：

$$V = 10^{-5} V_0 p \quad (\text{m}^3) \qquad (4-50)$$

每小时压缩空气消耗量为：

$$V_1 = \frac{10^{-5} V_0 p}{\tau} \quad (\text{m}^3/\text{h}) \qquad (4-51)$$

式中　τ——每次压送液体的操作时间（h）

V_0——设备容积（m^3）

p——所需压缩空气的压强（Pa），按 4－48 式计算

② 设备中液体部分压出

对一次操作，折算成压强为 10^5Pa 的压缩空气消耗量为：

$$V = \frac{[V_0(2-\varphi) + V_L]p \times 10^{-5}}{2} \quad (\text{m}^3) \qquad (4-52)$$

若每次压送时间为 τ（h），则每小时无菌空气耗量为：

$$V' = \frac{5 \times 10^{-6}[V_0(2-\varphi) + V_L]p}{\tau} \quad (\text{m}^3/\text{h}) \qquad (4-53)$$

式中　V_0——设备容积（m^3）

φ——设备装料系数

V_L——一次压送出的液体体积（m^3）

二、计算实例（120 000t/a 味精厂发酵车间无菌空气耗量衡算）

（一）谷氨酸发酵无菌空气平衡示意图

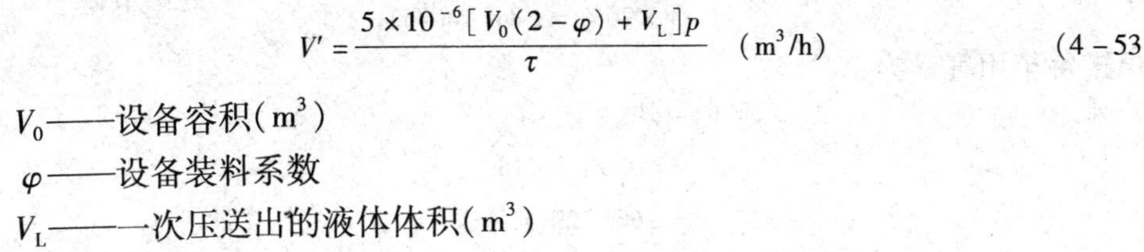

（二）发酵工艺技术指标及基础数据

120 000t/a 味精厂发酵工艺技术指标及物料平衡计算结果详见本章第一节。根据表 4－8 和表 4－9 给出的基础数据及物料衡算结果，列出与空气消耗有关的基本数据有：

每日的发酵液量为 2 620m³；

每日的二级种液量为 209.6m³；

发酵时间：32h；

发酵周期（含清洗、灭菌等）：40h；

发酵罐公称容积：500m³（10 个），全容积：550m³；

发酵罐装料系数：80%。

（三）发酵过程无菌空气用量计算

发酵车间无菌空气消耗量主要用于谷氨酸发酵过程通风供氧，其次为种子培养的通气以及培养基压料输送也需要压缩空气。此外，因设备和管路、管件等的消毒吹干以及其他损耗构成无菌空气的耗用量。

1. 单罐发酵无菌空气耗用量

根据表 4 - 17 可知，550m³ 规模的通气搅拌发酵罐的通气速率为 0.15 ~ 0.35vvm，取 0.35vvm 进行计算。

（1）单罐发酵过程用气量（常压空气）

$$V = 550 \times 80\% \times 0.35 \times 60 = 9\,240(m^3/h)$$

（2）单罐年用气量

$$V_a = V \times 32 \times 180 = 53\,222\,400(m^3)$$

式中 180——每年单罐发酵批次

2. 种子培养等其他无菌空气耗量

二级种培养是在种子罐中进行的，可根据接种量、通气速率、培养时间等进行计算。但通常的设计习惯，是把种子培养用气。培养基压送及管路损失等算作一次，一般取这些无菌空气消耗量之和约等于发酵过程空气耗量的 20%。故这项无菌空气耗量为：

$$V' = V \times 20\% = 1\,848(m^3/h)$$

单罐每年用气量为：

$$\begin{aligned} V'_a &= V' \times 8 \times 180 \\ &= 1\,056 \times 8 \times 180 \\ &= 2\,661\,120(m^3/a) \end{aligned}$$

式中 8——种子罐培养时间

3. 发酵车间高峰无菌空气消耗量

$$\begin{aligned} V_{max} &= 10V + 6V' = 10 \times 9\,240 + 1\,848 \times 6 \\ &= 103\,488(m^3/h) \end{aligned}$$

式中 6——种子罐个数（见第五章第二节）

4. 发酵车间无菌空气年耗量

$$V_t = 10V_a + 6V'_a = 10 \times 53\,222\,400 + 6 \times 2\,661\,120 = 548\,190\,720(m^3/a)$$

（四）发酵车间无菌空气单耗

根据设计，实际味精年产量为：

$$G = 120\,000t/a$$

故发酵车间无菌空气单耗为：

$$V_0=\frac{V_t}{G}=4\,568(m^3/t)$$

（五）120 000t/a 味精厂发酵车间无菌空气衡算表

根据上述计算结果，可得出 120 000t/a 味精厂无菌空气用量衡算表，如表 4－20 所示。

表 4－20　发酵车间无菌空气衡算表

发酵罐公称容积/m^3	单罐通气量/(m^3/h)	种子培养耗气量/(m^3/h)	高峰空气耗量/(m^3/h)	年空气耗量/m^3	空气单耗/(m^3/t 味精)
500	9 240	1 848	103 488	5.48×10^8	4 568

注：发酵罐装料系数 80%，发酵周期 40h，年生产天数 300 天，实际生产能力 120 000t/a，公称容积 500m^3，全容积为 550m^3。

第六节　抽真空量计算

一、抽真空量计算的意义、方法和步骤

（一）抽真空量计算的意义

如上节介绍的压缩空气一样，抽真空量也广泛应用于发酵生产和其他化工生产过程中。例如真空过滤、真空蒸发、真空冷却、减压蒸馏、真空干燥、真空输送等过程。生产实际的例子有：酒精发酵生产的淀粉蒸煮醪的真空冷却，味精生产的真空煮晶，酶制剂生产的真空浓缩酶液等。

根据操作过程的真空度要求，可把真空操作划分成四类，如表 4－21 所示。

表 4－21　真空操作范围及特性

真空类型	低真空	中真空	高真空	超高真空
压强/Pa	>100	0.1～100	10^{-5}～0.1	<10^{-5}
κ_n 准数	<0.1	0.1～10	>10	
$\bar{p}$D/(Pa·m)	$\bar{p}$D>0.67	0.02～0.67	<0.02	

注：表中，κ_n 为 Knudsen 准数，且 $\kappa_n=\lambda/D$，其中 λ 为微粒或分子自由路程，D 为真空系统特征尺寸（一般为管径 D）。p 为真空设备压强，若管路进出口压强不同，取平均值 $\bar{p}$。

根据作用原理不同，可把真空设备分成几类，如表 4－22 所示。

表 4－22　真空设备分类表

设备类型	设 备 名 称
真空压强作用	脱气、脱泡、含浸、炼和、过滤、输送、成型、包装
真空气化作用	浓缩、冷却、干燥、蒸馏、升华
其他作用	真空反应、真空熔解铸造、真空热处理

总言之，真空在发酵食品和其他化工生产中应用十分广泛。要使操作设备达到和维

持工艺规定的真空度，就必须持续或间歇抽真空。

（二）抽真空量计算的方法和步骤

在进行真空设备系统设计计算时，通常可按下述方法和步骤进行。

（1）明确需抽真空设备的具体操作目的，如真空冷却、真空浓缩或真空过滤等。

（2）根据工艺要求，计算确定设备系统的操作真空度。

（3）由生产能力，通过物料衡算和热量衡算，确定负荷量。

（4）对分批操作，要计算抽真空操作时间。

（5）设计真空设备的结构和型号规格（真空泵选型等）。

（6）各种过程的抽真空量可按下列方法计算：

① 真空冷却器的抽真空量计算：被处理料液在真空冷却器内产生的二次蒸汽量为：

$$W=\frac{Gc(t_1-t_2)}{h-ct_2}\quad (\mathrm{kg/h}) \tag{4-54}$$

式中 G——进入冷却器的料液流量（kg/h）

c——料液比热容[kJ/(kg·K)]

t_1——进入的料液温度（℃）

t_2——离开的冷却的料液温度（℃）

h——二次蒸汽焓（kJ/kg）

这里，假定料液比热容 c 在冷却前后不变，即忽略了蒸发前后的浓度改变，以简化计算。

查出二次蒸汽比体积 v，则待求的抽真空量为：

$$B_1=\frac{Gcv(t_1-t_2)}{h-ct_2}\quad (\mathrm{m^3/h}) \tag{4-55}$$

因料液中含有空气等不凝性气体，若使用水喷射真空泵，水中不可避免溶解少量空气；且真空系统的管路、阀门等也难免会漏入空气。所以，抽真空量计算时还必须计及这些不凝性气体的排除。综合之，可得出不凝性气体抽出量为：

$$B_2=2.5\times10^{-5}(W+W')+aW\quad (\mathrm{kg/h}) \tag{4-56}$$

式中 W'——水喷射泵耗水量（kg/h）

a——空气渗漏系数

所以，真空冷却器抽真空量为：

$$\begin{aligned}B&=B_1+B_2\\&=\frac{Gc(t_1+t_2)[v+2.5\times10^5+a]}{t_1-t_2}+2.5\times10^{-5}W'\end{aligned} \tag{4-57}$$

② 真空过滤耗真空量：真空过滤机是发酵工业和其他轻化工生产广泛应用的分离机械。设真空过滤面积为 A(m²)，则所需抽真空量（对连续操作）：

$$B'=\alpha A\quad (\mathrm{m^3/h}) \tag{4-58}$$

对间歇操作，每批抽真空量为：

$$B=\alpha A\tau\quad (\mathrm{m^3}) \tag{4-59}$$

每天总抽气量为：

$$B_t = \alpha A\tau n(m^3/d) \quad (4-60)$$

在式(4－58)～式(4－60)中：

α——操作系数，通常取15～18

τ——每次抽滤所需时间(h)

n——每天操作次数

③ 真空输送料液耗真空量：通常采用间歇操作，且液体可视为不可压缩流体，故每次操作抽真空量为：

$$B = V(-2.3\lg p) \quad (m^3) \quad (4-61)$$

若每天(24h)操作 n 次，则共需抽真空量为：

$$B_t = Vn(-2.3\lg p) \quad (m^3/d) \quad (4-62)$$

若每次操作时间为 τ(h)，则抽真空速率为：

$$B_1 = \frac{V(-2.3\lg p)}{\tau} \quad (m^3/h) \quad (4-63)$$

在式(4－61)～式(4－63)中：

V——需抽真空设备容积(m^3)

p——设备内残余压强(atm)

④ 抽真空时间与真空泵的选择：对给定的真空泵，在一定的压强下相应有一定的抽气速率。故对一定容积的容器，从初始压强 P_1 抽空至终压强 P_2 时，一次操作所需的抽气时间为：

$$t = 2.3 \times \frac{V}{S} \times \lg \frac{p_1}{p_2} \quad (4-64)$$

式中　V——需抽真空容器的容积(m^3)

S——真空泵有效抽气速率(m^3/h)

通常，式(4－62)中的抽气时间 t 是生产工艺决定的，由 t 可确定有效抽气速率的计算：

$$S = 2.3 \times \frac{V}{t} \times \lg \frac{p_1}{p_2} \quad (4-65)$$

根据式(4－65)算出的抽气速率 S 是真空泵的选型的重要参数。

当然，如果使用水喷射真空泵，有效抽气速率还必须与循环水的温度有关。水温低，则不凝性气体排除速率就高，如前述的式(4－57)所示。

二、计算实例(100 000t/a 淀粉原料燃料酒精厂糖化车间抽真空量计算)

在淀粉原料燃料酒精厂糖化车间，常用真空冷却器使100℃以上的成熟蒸煮醪迅速冷却到60℃的糖化温度，或先冷却至95℃继续液化反应一段时间后经板式换热器冷却至糖化温度。应用真空冷却，糖化液质量高，且可节省大量热能和冷却水，故应用广泛。

从原理上讲，还可以应用真空速冷法使成熟糖化醪从60℃冷却到30℃，供发酵用。但是，此真空冷却过程需较高真空度，对设备要求高，目前仍未实用。所以，糖化车间抽真空量计算就归结到蒸煮醪的真空冷却过程计算。

（一）蒸煮醪真空冷却器物料流程图

根据本章第一节介绍的100 000t/a淀粉原料燃料酒精厂物料衡算结果，可得出真空闪蒸冷却器的物料、热量平衡图，如图4－11所示。

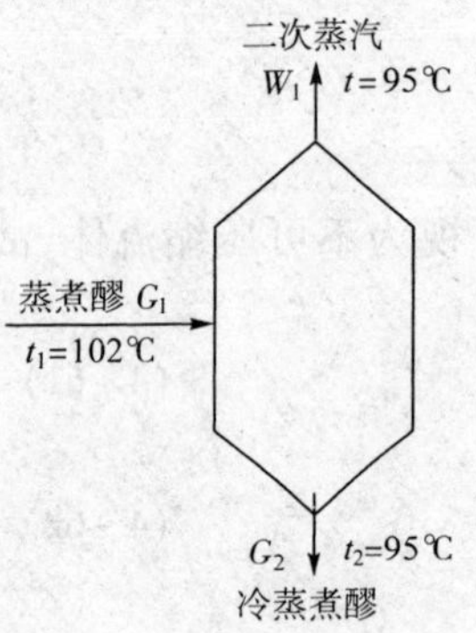

图4－11　真空冷却器热量平衡图

（二）蒸煮醪真空闪蒸冷却器抽真空量计算

由物料流程图4－11，可列出真空闪蒸冷却器的物料衡算式和热量衡算式：

$$G_1 = G_2 + W_1 \tag{4-66}$$

$$G_1 c_1 t_1 = G_2 c_2 t_2 + W_1 \tag{4-67}$$

1. 真空冷却过程产生的二次蒸汽量

按工艺要求，真空冷却前后蒸煮醪的温度分别为 $t_1=102℃$ 和 $t_2=95℃$。从本章第一节的计算可知，蒸煮醪的比热容 c 为 3.44kJ/(kg · K)，故真空闪蒸冷却过程的二次蒸汽量为：

$$W_1 = \frac{G_1 c_1 (t_1 - t_2)}{h - c_2 t_2}$$

$$= \frac{9\,116.5 \times \frac{334}{24} \times 3.44 \times (102-95)}{2\,681 - 3.44 \times 95}$$

$$= 1\,297.7(\text{kg/h})$$

式中　2 681——102℃的饱和空气焓(kJ/kg)

查表知95℃饱和蒸汽密度为 $\rho=0.5039\text{kg/m}^3$，故二次蒸汽的体积为：

$$V = \frac{W_1}{\rho} = 2\,575.3(\text{m}^3/\text{h})$$

2. 水喷射真空泵循环水量

设循环水的初温为 $t_3=34℃$，终温为 $t_2=42℃$，则循环水量为：

$$W_2 = \frac{W_1(h - t_4 c_m)}{c_w(t_4 - t_3)}$$

$$= \frac{1\,297.7 \times (2\,681 - 42 \times 4.186)}{4.186 \times (42-34)}$$

$$= 97\,079(\text{kg/h}) = 97.079(\text{m}^3/\text{h})$$

3. 抽气量验算

泵吸入蒸汽压力为 $p_s=84.556\text{kPa}$（相应于95℃），泵工作水压 $p_1=0.4\text{MPa}$（排出压力），吸入口 $p_2=0.1\text{MPa}$。若取系统空气等不凝性气体渗漏量 $A=0.3\%\,W_1$，则：

（1）应排除的不凝性气体量

$$G_a = 2.5 \times 10^{-5}(W_1 + W_2) + A$$

$$= 2.5 \times 10^{-5} \times (1\,297.7 + 97\,079) + 0.3\% \times 1\,297.7$$

$$= 6.352(\text{kg/h})$$

式中　2.5×10^{-5}——水中溶解的空气量

喷射泵排除的空气量可通过以下计算求得：

（2）喷射器引射系数

$$K = 0.85\sqrt{\frac{p_1 - p_2}{p_2 - p_s}} - 1$$
$$= 0.676$$

（3）喷射泵排除的气体量

$$V'_a = \frac{KW_2}{\rho} = \frac{0.676 \times 97\,079}{1\,000}$$
$$= 65.625(m^3/h)$$

相当于质量流量为：

$$q'_m = \frac{368V'_a(p_s - p_w)}{(273 + t_4) \times 10^5}$$
$$= \frac{368 \times 65.625 \times (84\,556 - 8\,208)}{(273 + 42) \times 10^5}$$
$$= 58.531(kg/h) > G_a = 6.352(kg/h)$$

式中　p_w——相应于喷射泵循环水终温42℃所对应的饱和蒸汽压

由计算结果可知，所设计的喷射泵的循环水量应不低于97.079m^3/h，工作水压即泵排出口压力为0.4MPa，吸入端压力为0.1MPa。相应循环水进出口温度为34℃和42℃。在上述的操作条件下，可实现预期的冷却效果。

第五章　设备的设计与选型

第一节　概　　述

一、设备设计与选型的任务

我们通常把生物工程工厂所涉及的设备分为专业设备、通用设备和非标准设备。专业设备系指发酵罐、糖化锅等专业性较强、仅为生物工程工厂使用的设备;泵、风机等各行各业都可以使用的设备称为通用设备;非标准设备是指生产车间的贮藏、池子等设施。本章主要介绍设备的工艺设计与选型。

设备工艺设计与选型的任务是在工艺计算的基础上,确定车间内所有工艺设备的台数、型式和主要尺寸。据此,着手进行车间布置设计,并为下一步施工图设计以及其他非工艺设计项目(例如设备的机械设计、土建、供电、仪表控制设计等)提供足够的有关条件,为设备的制作、订购等提供必要的资料。

二、设备设计与选型的原则

设备设计选型是否正确恰当,对投资建厂和工厂投产后的运行维修、工人的劳动强度、产品的质量都会有很大影响,其重要性是显而易见的。

从设备的设计选型情况,可以反映出所设计工厂的先进性和生产的可靠性。因此在设备的工艺设计和选型时应考虑如下原则:

(1) 保证工艺过程实施的安全可靠(包括设备材质对产品质量的安全可靠;设备材质强度的耐温、耐压、耐腐蚀的安全可靠;生产过程清洗、消毒的可靠性等)。

(2) 经济上合理,技术上先进。

(3) 投资省,耗材料少,加工方便,采购容易。

(4) 运行费用低,水电汽消耗少。

(5) 操作清洗方便,耐用易维修,备品配件供应可靠,减轻工人劳动强度,实施机械化和自动化方便。

(6) 结构紧凑,尽量采用经过实践考验证明确实性能优良的设备。

(7) 考虑生产波动与设备平衡,留有一定余量。

(8) 考虑设备故障及检修的备用。

随着我国对外开放形势的发展,近年来生物工程行业与国际上各国家的交往日益增加,通过合资引进先进技术设备的单位日益增加,这无疑对我国的生物工程工业起到促进作用。

引进的先进技术设备、新技术,如:酒精工业引进的循环粉碎新工艺设备,双酶法液化糖化新工艺,多效蒸馏和燃料酒精脱水新技术以及生产饲料减少污染的DDGS生产技术。

啤酒工业湿粉碎新技术,快速过滤设备,硅藻土过滤设备,膜过滤设备,灌装设备等。新型发酵工业,引进优良菌株以及新型生化反应器等。

许多新工艺、新设备、新技术的引进有显著的经济效益,已经或正在被我国消化吸收并有所创新。我们在进行设备设计选型时应充分了解本行业发展的动向,并结合实际情况遵循上述原则进行工艺设计和设备选型。

第二节　专业设备的设计与选型

一、专业设备设计与选型的依据

(1) 由工艺计算确定的成品量、物料量、耗汽量、耗水量、耗风量、耗冷量等。

(2) 工艺操作的最适外部条件(温度、压力、真空度等)。

(3) 设备的构造类型和性能。

二、专业设备设计与选型的程序和内容

(1) 设备所担负的工艺操作任务和工作性质,工作参数的确定。

(2) 设备选型及该型号设备的性能、特点评价。

(3) 设备生产能力的确定。

(4) 设备数量计算(考虑设备使用维修及必须的裕量)。

(5) 设备主要尺寸的确定。

(6) 设备化工过程(换热、过滤、干燥面积,塔板数等)的计算。

(7) 设备的传动搅拌和动力消耗计算。

(8) 设备结构的工艺设计。

(9) 支撑方式的计算选型。

(10) 壁厚的计算选择。

(11) 材质的选择和用量计算。

(12) 其他特殊问题的考虑。

三、专业设备设计与选型的特点

生物工程专业涉及多种产品的生产,由于不同产品在具体生产过程中的要求不一样,所以在设计计算和选型过程中就会有很大差异。应当在对各种产品生产全过程充分认识了解的基础上着手进行设计。其中主要考虑各种产品的生产特点,原料性质来源,现阶段生产水平可能达到的技术经济指标,有效生产天数,各个生产环节的周期等因素。

例如关于生产天数的确定,各种产品的生产就有很大差异。葡萄酒生产有很强的季节性,一般说来,全年产量所需要的葡萄汁要集中在短短的一、两个月左右的时间内制得。而在葡萄收获的季节,一天之中也只能工作几个小时,因此在计算时就必须注意到上述特点。在设备选型时,要保证除梗、破碎和压榨设备有足够大的生产能力。而全厂贮酒罐的容积就决定了一个葡萄酒厂的生产能力。

啤酒、味精、有机酸、抗生素等产品的生产主要环节是间歇操作的；酒精和丙酮－丁醇的生产连续性较强，基本上做到了均衡生产。

由此可见，不同产品的生物工程工厂，其专业设备的设计选型差距很大。即使同一产品工厂，由于采用连续或间歇操作，其专业设备的设计选型也不一样。下面按间歇操作和连续操作设备分类，分别叙述设计的特点和方法。

（一）间歇操作设备生产能力、数量和容积的设计计算

1. 间歇操作设备生产能力的确定

间歇操作设备生产能力的表示方法，一般为 t/(罐·批)或 m^3/(罐·批)。对于味精、抗生素、酶制剂等通风发酵设备，其生产能力由设备选型确定。例如 120 000/a 味精厂选容积为 550 的发酵罐，其生产能力为：

$$550\times80\%\times22\%\times60\%\times95\%\times122\%(1-0.2\%)=67.18[\text{t/(罐·批)}]$$

式中　550——发酵罐容积(t)

22%——发酵终糖浓度(还原糖)

80%——填充系数

60%——发酵转化率

95%——提取率

122%——精制收率

0.2%——染菌率

糖化酶制剂发酵罐，选容量为 20t 的机械搅拌通风发酵罐，其生产能力为：

$$20\times80\%\times68\%\times\frac{8\,400}{10\,000}=9.14[\text{t/(罐·批)}]$$

式中　20——发酵罐容积(t)

80%——填充系数

68%——平均总收率

8 400——发酵液含酶量(u/mL)

10 000——糖化酶标准计算单位(u/g)

对于啤酒生产，糖化设备的生产能力，由工厂的生产规模、每天糖化次数决定。可通过物料衡算，确定每批次的投料、投水量、体积膨胀系数和填充系数，选定糖化锅、糊化锅、煮沸锅的容量。

2. 间歇操作所需设备数量的确定

可由下列公式之一求出

$$N=\frac{Z\tau}{mt} \tag{5-1}$$

$$N=\frac{V_0\tau}{24V_a\varphi} \tag{5-2}$$

式中　N——设备的操作台数(不含备用)

Z——工段的生产能力，以每昼夜加工原料和半成品的质量表示(t)

τ——设备的每一个操作周期(h)

m——设备操作有效量(t)

t——一昼夜内设备操作的时间(h)

V_0——一昼夜内被加工的原料、半成品的容量(m^3)

V_a——一台设备的容量(m^3)

φ——设备的填充系数,此值为经验值,主要考虑物料的泡沫性质和将来可能增加的容量余地

从经济性出发,在相同规模下,选择单台设备容量大些、台数少些比单台设备容量小些、台数多的投资费用与管理费用要少。而老厂改造,就要考虑原有设备利用问题。设备容量和数量的确定,不仅要考虑投资费用,有时出于工艺的要求以及生化反应和化学工程学的需要,还要优先考虑对生产有利的因素,而将设备投资的经济观点放到次要地位。例如酒精生产的拌料罐的容积不能过大,以防止原料中酶的作用转化出过多的糖;好气发酵设备要求有一定的高径比;啤酒大罐发酵时要求15h之内满罐等。

3. 设备容积的计算

$$V=\frac{V_a\tau}{24\varphi} \tag{5-3}$$

式中　V——设备的总容积(m^3)

V_a——24h内加工的成品或半成品的容积(m^3)

τ——操作周期,包括预备时间、操作和清洗等辅助操作时间(h)

φ——设备的填充系数,装有搅拌和冷却装置的或产生泡沫多的物料应取0.6~0.8,酒精发酵罐等取0.8~0.85,汽液分离器取0.7等

4. 设备主要尺寸的计算

生物工程工厂的设备多为容器型设备。不同的设备,根据用途和设备特性,高径比有很大差别。锥形底制作容易,排料干净,间歇操作采用较多。

在确定各部尺寸时,通常根据已知容量V以及高径比、封头高度(折算成相同直径筒高),列出数学方程求出。

直径计算出来后,应将其值圆整到接近的公称直径系数(可查附录一表13确定)。然后校核总容量是否可满足工艺计算的容量要求。如偏差太大,还要作相应调整,直到符合要求。

直径计算确定后,可根据关系求出其他尺寸。

(二) 连续操作设备生产能力、数量和容积的设计计算

生物工程工厂有间歇操作,也有连续操作,如味精厂的连消设备,酒精厂的连续蒸煮设备以及连续蒸馏设备等。

连续操作设备在设计中,既要考虑生产能力又要考虑混合、反应等处理效果。通常为提高反应效果的具体做法是:在满足生产能力的前提下,选择设备时要考虑其高径比和设备数量。如连续蒸煮、连续发酵设备通常取3~5个罐串联。

设计连续操作设备的容量和主要尺寸的依据是: 物料流量q(m^3/s或t/s);物料在设备中的逗留时间τ(s);物料在设备各部位的流速ω(m/s)。物料的流量q,是根据设计的生产规模,通过计算确定的。物料在连续操作设备中的逗留时间则取决于生产工艺的要求。以连消和连续蒸煮为例,同是用蒸汽加热物料,连消在加热区的逗留时间比蒸煮要短

得多，前者以杀菌和保存营养为主；后者则要考虑充分糊化物料。

1. 生产能力的确定

对于连续生产操作的设备，其生产能力是在保证生产工艺条件的基础上，单位时间通过设备的物料量，由工厂的规模与物料衡算确定。例如以淀粉质为原料，年产 100 000t 燃料酒精厂，根据物料衡算蒸煮醪的体积流量为 $111.4m^3/h$。因此要求连续蒸煮设备的生产能力即为 $111.4m^3/h$。

2. 设备容积的计算

已知物料的流量 V 和逗留时间 τ，可以计算出设备的有效容量 $V_{有效}$：

$$V_{有效} = V\tau(m^3) \tag{5-4}$$

例如 100 000t/a 酒精厂蒸煮的液化时间 60min，则液化罐的总容积 $V_{有效}$ 为：

$$V_{有效} = \frac{111.4}{60} \times 60 = 111.4(m^3)$$

3. 设备数量的计算

连续操作设备为保证反应的充分均匀，防止滞留和滑漏现象，根据生产性质的不同，一般取设备数量为 3～6 个。也可设定单个设备容量由总容量求算设备数量 n：

$$n = \frac{V_{有效}}{\varphi V'} \tag{5-5}$$

式中 $V_{有效}$——设备有效总容积（m^3）

V'——单台设备容积（m^3）

φ——填充系数（%）

接上例 100 000t/a 酒精厂 $V_{有效} = 111.4m^3$，$V' = 23m^3$，$\varphi = 80\%$，则设备数量 n 为：

$$n = \frac{111.4}{23 \times 0.8} = 6.05(个)$$

取 6 个。

4. 设备主要尺寸计算

容器类设备的主要尺寸计算方法同间歇操作设备的计算方法。但连续操作设备为保证其顺序性，通常高径比要比间歇操作设备大些。具体情况，可根据生产特点加以确定。

四、专业设备设计与选型实例（120 000t/a 味精厂发酵车间）

现以年产 120 000t 99% 纯度的味精厂发酵车间主要设备的设计选型为例，来说明专业设备设计计算与选型的过程和方法。其中发酵设备为间歇操作，灭菌设备为连续操作。

（一）间歇操作设备设计与选型

由第四章知，每生产 1 000kg 纯度为 100% 的味精需最终浓度为 22% 的糖液 $6.55m^3$。

1. 发酵罐

（1）发酵罐的选型 好气发酵罐的研究从 20 世纪 40 年代开始，取得了一系列的成果。各种罐型纷纷出现，现归纳为四大类列于表 5-1。

评价发酵罐技术性能的主要尺度是体积溶氧系数 K_{La}；评价经济性能的依据是溶氧效率 g。当然实践性要考虑，该种发酵罐已实践过的最大容积，放大性能，是否适合某种发

表 5-1 各种生化反应器气液传质特性的比较

通风或搅拌形式	机械搅拌型												气相连续型					
生化反应器形式	多桨搅拌槽			Waldhof 型			自吸式搅拌槽			卧式搅拌槽			喷淋塔			水平搅拌槽		
功耗 P_W/V_L	通风	搅拌	总功耗	通风	搅拌	总功耗	通风	搅拌	总功耗	通风	搅拌	总功耗	通风	搅拌	总功耗	通风	搅拌	总功耗
（通风、搅拌）	4.5	5.5	$10kW/m^3$	4.5	6.5	$11kW/m^3$	1.0	3.0	$4.0kW/m^3$	1.2	1.6	$2.8kW/m^3$	0.5	1.0	$1.5kW/m^3$	0.5	9.0	$9.5kW/m^3$
K_{L_a}（在 20℃）	$200h^{-1}$			$220h^{-1}$			$750h^{-1}$			$1\,050h^{-1}$			$350h^{-1}$			$1\,000h^{-1}$		
$P_W/V_L/OTR$	$6.06kW \cdot h/kgO_2$			$6.11kW \cdot h/kgO_2$			$0.73kW \cdot h/kgO_2$			$0.37kW \cdot h/kgO_2$			$0.54kW \cdot h/kgO_2$			$1.31kW \cdot h/kgO_2$		
最大容积	$400m^3$			$80m^3$			$120m^3$			$200m^3$			$500m^3$			$50m^3$		
简　图	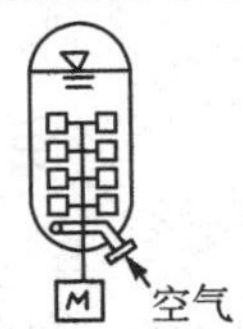			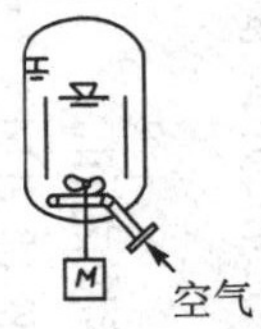			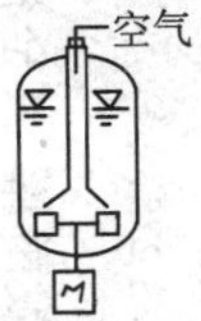			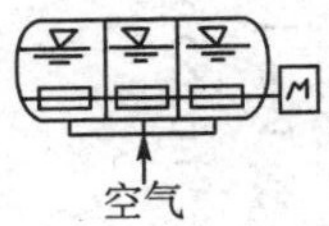			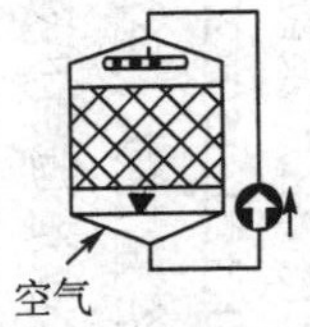			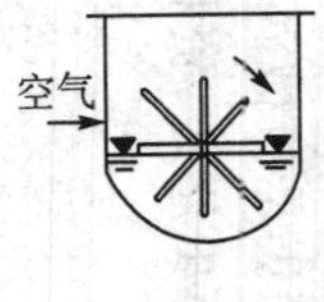		

通风或搅拌形式	水　泵　型									气　升　型								
生化反应器形式	强迫循环型			有导流筒喷射通风型			喷射通风型			气升型			差压循环型			筛板塔		
功耗 P_W/V_L	通风	搅拌	总功耗	通风	搅拌	总功耗	通风	搅拌	总功耗	通风	搅拌	总功耗	通风	搅拌	总功耗	通风	搅拌	总功耗
（通风、搅拌）	3.0	1.0	$4.0kW/m^3$	3.5	1.5	$5.0kW/m^3$	1.0	3.5	$4.5kW/m^3$	2.5	0	$2.5kW/m^3$	5.0	0	$5.0kW/m^3$	3.5	0	$3.5kW/m^3$
P_{L_a}（在 20℃）	$200h^{-1}$			$700h^{-1}$			$600h^{-1}$			$140h^{-1}$			$400h^{-1}$			$350 \sim 1\,000h^{-1}$		
$P_W/V_L/OTR$	$2.42kW \cdot h/kgO_2$			$0.96kW \cdot h/kgO_2$			$0.99kW \cdot h/kgO_2$			$1.08kW \cdot h/kgO_2$			$1.59kW \cdot h/kgO_2$			$0.51 \sim 1.25kW \cdot h/kgO_2$		
最大容积	$400m^3$			$200m^3$			$300m^3$						$500m^3$			$80m^3$		
简　图	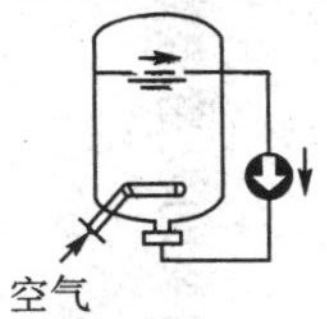			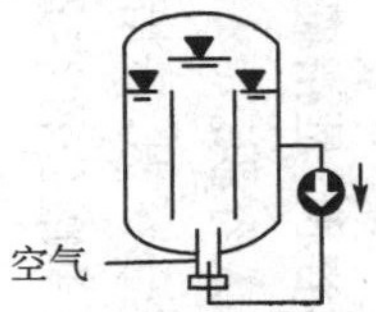			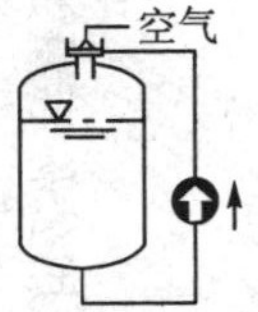			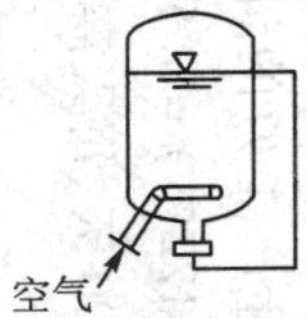						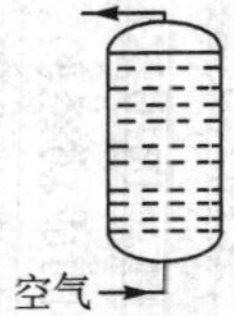		

注：风通比 1.0vvm

K_{L_a}——体积溶氧系数（h^{-1}）　P_W——通气液体搅拌功率（kW）　V_L——醪液体积（m^3）　OTR——溶氧速率[$kgO_2/(m^3 \cdot h)$]

$P_W/V_L/OTR$——溶氧效率（$kW \cdot h/kgO_2$）

酵醪的液体特性等。

当前,我国谷氨酸发酵占统治地位的发酵罐仍是机械涡轮搅拌通风发酵罐,即大家常说的通用罐。选用这种发酵罐的原因主要是:历史悠久,资料齐全,在比拟放大方面积累了较丰富的成功经验,成功率高。

现以此类发酵罐为例进行设计选型。

(2) 生产能力、数量和容积的确定

① 发酵罐容积的确定:随着科学技术的发展,生产发酵罐的专业厂家越来越多,现有的发酵罐容量系列如5,10,20,50,60,75,100,120,150,200,250,500,550,600,780m^3等。究竟选择多大容量的好呢?一般说来单罐容量越大,经济性能越好,但风险也越大,要求技术管理水平也越高。另一方面,属于技术改造适当扩建的项目,考虑原有规模发酵罐的利用和新增发酵罐的统一管理,可取与原有发酵罐相同的容积;而新建的单位和车间,应尽量减少设备数量,在技术管理水平允许的范围内,尽量取较大容量的发酵罐。

② 生产能力的计算:每吨99%的味精需要 $V = 1\ 000 \div (220 \times 60\% \times 95\% \times 99.8\% \times 122\%) = 6.55(m^3)$;生产120 000t/a味精为 $6.55 \times 120\ 000 = 7.86 \times 10^5(m^3)$;每年工作300天,每天需糖液体积 $V_{糖}$:

$$V_{糖} = \frac{786\ 000}{300} = 2\ 620(m^3)$$

若取发酵罐的填充系数 $\varphi = 80\%$,则每天需要发酵罐总容量 V_0 为:

$$V_0 = \frac{V_{糖}}{\varphi} = \frac{2\ 620}{80\%} = 3\ 275(m^3)$$

现选用公称容量为500m^3的机械搅拌通风发酵罐,其全容量为550m^3。

③ 发酵罐个数的确定:计算发酵罐容积时有几个名称需明确。装液高度系数,指圆筒部分高度系数,封底则与冷却管、辅助设备体积相抵消。

公称容积,是指罐的圆柱部分和底封头容积之和,并圆整为整数:上封头因无法装液,一般不计入容积。

罐的全容积,是指罐的圆柱部分和两封头容积之和。

现以单罐公称容量为550m^3的六弯叶机械搅拌通风发酵罐为例,每天需要550m^3发酵罐 N_0 个:

$$N_0 = \frac{3\ 275}{550} = 6(个)$$

共需要的发酵罐数:

$$N_1 = \frac{V_0 \tau}{V_{总} \cdot 24} = \frac{3\ 275 \times 40}{550 \times 24} = 10(个)$$

每天应有6个发酵罐出料,每年工作300天,

实际产量检验算: $\dfrac{550 \times 80\% \times 6 \times 300}{6.55} = 120\ 916.0(t)$

设备富裕量为 $(120\ 916.0 - 120\ 000) \div 120\ 000 = 0.7\%$,能满足生产要求。

(3) 主要尺寸的计算 按550m^3的发酵罐计算:

$$V_{全} = V_{筒} + 2V_{封} = 550m^3$$

封头折边忽略不计，以方便计算

则 $$V_{全}=V_{筒}+2V_{封}=0.785D^2\times1.9D+\pi D^3\times\frac{2}{24}=550\text{m}^3$$

$H=1.95D$；解方程得：$1.49D^3+0.26D^3=550$

$D=\sqrt[3]{\frac{550}{1.75}}=6.8\text{m}$　取 6.8m

$$H=1.9D=12.9\text{m}$$

圆柱部分容积　$V_1=0.785\times6.8^2\times12.9=468(\text{m}^3)$

上、下封头体积　$V_2=V_3=\frac{\pi D^3}{24}=\frac{\pi\times6.8^3}{24}=41(\text{m}^3)$

总容积：　$V_{全}=V_1+V_2+V_3=468+41+41=550(\text{m}^3)$

取 $\phi=80\%$ 实际装液量为：　$550\times80\%=440\text{m}^3$

(4) 冷却面积的确定　影响发酵罐冷却面积的因素很多，诸如：不同的菌种系统、基质浓度、材质、冷却水温、水质、冷却水流速等。

确定发酵罐冷却面积的方法有经验值计算法和传热公式计算法：

① 经验值计算法：不同容量发酵罐的冷却面积如下：

发酵产品	装料体积/m^3	冷却面积/m^2	冷却面积 m^2/发酵液体积 $\text{m}^3=\Psi$
酵　母	50	40	0.8
谷氨酸	40	60	1.5
柠檬酸	40	16～20	0.4～0.5
酶制剂	20	10～20	0.5～1
抗菌素	40	40～60	1～1.5

谷氨酸发酵罐冷却面积取 $1.5\text{m}^2/\text{m}^3$；

由上知填充系数 $\phi=80\%$，则每一个 550m^3 的发酵罐换热面积：

$$A=V_{全}\phi\Psi=550\times0.8\times1.5=660\text{m}^2$$

② 传热公式计算法：为了保证发酵在最旺盛、微生物消耗基质最多以及环境温度最高时也能冷却下来发酵热，必须按发酵生成热量高峰、一年中最热的那半个月的气温下，而冷却水可能达到的最高温度的恶劣条件下，计算冷却面积。

对容积 550m^3 的发酵罐，每罐的实际装液量为：

$$V_{液}=V_{全}\times\phi=550\times80\%=440\text{m}^3$$

$$A=\frac{Q}{K\Delta t_{\text{m}}}=\frac{4.18\times6\,000\times440}{4.18\times500\times8}=660\text{m}^2$$

以上两种方法，计算的结果基本一致。

(5) 搅拌器设计　机械搅拌通风发酵罐的搅拌涡轮有三种型式，可根据发酵特点、基质及菌体特性选用。由于谷氨酸发酵过程有中间补料操作，对混合要求较高，因此选用六弯叶涡轮搅拌器。该搅拌器的简图如图 5－1 所示。

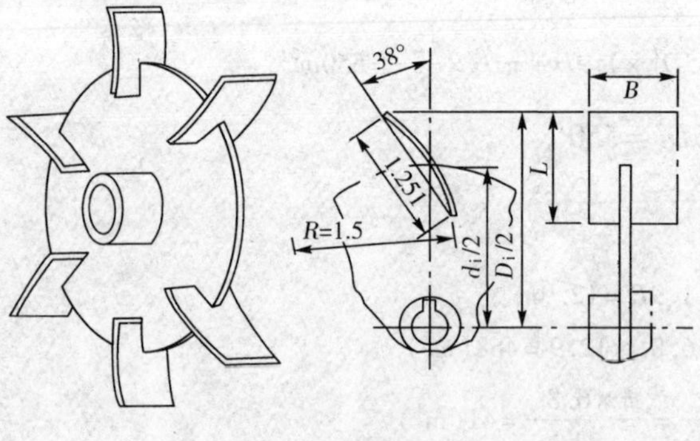

图 5-1 六弯叶涡轮搅拌器简图

$D_i : d_i : L : B = 20 : 15 : 5 : 4$

该搅拌器的各部尺寸与罐径 D 有一定比例关系，现将主要尺寸列后。

搅拌器叶径 $D_i = \frac{D}{3} = \frac{6.8}{3} = 2.27(m)$

叶宽 $B = 0.2D_i = 0.2 \times 2.27 = 0.454(m)$

弧长 $l = 0.375D_i = 0.375 \times 2.27 = 0.85(m)$

底距 $C = \frac{D}{3} = \frac{6.8}{3} = 2.27(m)$

盘径 $d_i = 0.75D_i = 0.75 \times 2.27 = 1.7(m)$

叶弦长 $L = 0.25D_i = 0.25 \times 2.27 = 0.57(m)$

叶距 $Y = D = 6.8(m)$

弯叶板厚 $\delta = 14(mm)$

取两挡搅拌，搅拌转速 110r/min。

（6）搅拌轴功率的确定　搅拌轴功率可按单位体积搅拌轴功率相等的计算方法和经验式进行计算确定。

通常谷氨酸发酵按 $1kW/m^3$ 发酵醪；对于 $550m^3$ 发酵罐，装液量 $440m^3$ 则应选取功率≥440kW 的电机。

（7）设备结构的工艺设计　设备结构的工艺设计，是将设备的主要辅助装置的工艺要求交待清楚，供制造加工和采购时取得资料依据。其内容包括：空气分布器、挡板、密封方式、搅拌器以及冷却管布置等。现分别简述如下。

① 空气分布器：对于好气发酵罐，分布器主要有两种形式，即多孔（管）式和单管式。对通风量较小（如 $Q = 0.02 \sim 0.5mL/s$）的设备，应加环型或直管型空气分布器；而对通气量大的发酵罐，则使用单管通风，由于进风速度高，又有涡轮板阻挡，叶轮打碎、溶氧是没有问题的。本罐使用单管进风，风管直径计算见（10）接管设计。

② 挡板：挡板的作用是加强搅拌强度，促进液体上下翻动和控制流型，防止产生涡旋而降低混合与溶氧效果。如罐内有相当于挡板作用的竖式冷却蛇管，扶梯等也可不设挡板。为减少泡沫，可将挡板上沿略低于正常液面，利用搅拌在液面上形成的涡旋消泡。本罐因有扶梯和竖式冷却蛇管，故不设挡板。

③ 密封方式：随着技术的进步，机械密封已在生物工程行业普遍采用，本罐拟采用双面机械密封方式，处理轴与罐的动静问题。

④ 冷却管布置：对于容积小于 $5m^3$ 的发酵罐，为了便于清洗，多使用夹套冷却装置。随着发酵罐容量的增加，比表面积变小，夹套形成的冷却面积已无法满足生产要求，于是使用管式冷却装置。蛇管因易沉积污垢且不易清洗而不采用；列管式冷却装置虽然冷却效果好，但耗水量过多；因此广泛使用的是竖直蛇管冷却装置。在环境温度较高的地区，为了进一步增加冷却效果，也有利用罐皮冷却的。

值得一提的是，为了保证发酵罐的冷却，单是计算出冷却面积是不够的，还要有足够的管道截面积，以供足够的冷却水通过。管道截面太大，管径太粗不易弯制，冷却水没有充分利用；太细则冷却水流经管路一半不到，水温已与料温相等。

Ⅰ　求最高热负荷下的耗水量 W：

$$W=\frac{Q_{总}}{c_p(t_2-t_1)} \tag{5-6}$$

式中　$Q_{总}$——每 $1m^3$ 醪液在发酵最旺盛时，1h 的发热量与醪液总体积的乘积

$$Q_{总}=4.18\times6\,000\times440=1.1\times10^7(\text{kJ/h})$$

c_p——冷却水的比热容，4.18kJ/(kg·K)

t_2——冷却水终温，$t_2=27℃$

t_1——冷却水初温，$t_1=20℃$

将各值代入上式

$$W=\frac{1.17\times10^7}{4.18\times(27-20)}=3.77\times10^5(\text{kg/h})=104.7(\text{kg/s})$$

冷却水体积流量为 $0.1m^3/s$，取冷却水在竖直蛇管中流速为 1m/s，根据流体力学方程式，冷却管总截面积 $A_{总}$ 为：

$$A_{总}=\frac{W}{v} \tag{5-7}$$

式中　W——冷却水体积流量，$W=0.1m^3/s$

v——冷却水流速，$v=1m/s$

代入上式：

$$A_{总}=\frac{0.1}{1}=0.1(m^2)$$

进水总管直径 $d_{总}=\sqrt{\frac{A_{总}}{0.785}}=\sqrt{\frac{0.1}{0.785}}=0.357(m)$，取 $D_g350\times9$。

Ⅱ 冷却管组数和管径：设冷却管总表面积为 $A_{总}$，管径 d_0，组数为 n，则：

$$A_{总}=n\cdot0.785d_0^2$$

竖直蛇管的组数 n，根据罐的大小一般取 3，4，6，8，12……组。通常每组管圈数不超过 6 圈，增加组数可排下更多冷却管；管与搅拌器的最小距离不应小于 250mm；每圈管子的中心距为 $2.5D_{外}\sim3.5D_{外}$，管两端 U 型或 V 型弯管，可弯制或焊接。安装时每组竖直蛇管用专用夹板夹紧，悬挂在托架上。夹板和托架则固定在罐壁上。管子与罐壁的最小距离应大于 100mm，主要考虑便于安装、清洗和良好传热。

现根据本罐情况，取 $n=12$，求管径。由上式得：

$$d_0=\sqrt{\frac{A_{总}}{n\cdot0.785}}=\sqrt{\frac{0.1}{12\times0.785}}=0.103(m)$$

查金属材料表选取 $\phi108\times4$ 无缝管，$d_{内}=100mm$，$d_{平均}=104mm$。

现取竖蛇管圈端部 U 型弯管曲径为 250mm，则两直管距离为 500mm，两端弯管总长度为 l_0：

$$l_0=\pi D=3.14\times500=1\,570(mm)$$

Ⅲ 冷却管总长度 L 计算：由前知冷却管总面积 $A=660m^2$；现取无缝钢管 $\phi108\times4$，

$$L=\frac{A}{A_0}=\frac{660}{0.327}=2\,018.3(m)$$

冷却管占有体积 $V=0.785\times0.108^2\times2\,018.3=18.48(m^3)$；取冷却管组 $n=12$。

Ⅳ 每组管长 L_0：

$$L_0=\frac{L}{n}=\frac{2\,018.3}{12}=168.2(\text{m})$$

另需连接管 4.2m：　　$L_{实}=L-4.2=168.2-4.2=164(\text{m})$

可排竖直蛇管的高度设为静液面高度，下部可伸入封底 500mm；设发酵罐内附件占有体 1.5m^3，则：总占有体积为：

$$V_{管}+V_{附件}=18.48+1.5=19.98(\text{m}^3)$$

筒体液面为：

$$\frac{V_{总}\times 80\%+(V_{管}+V_{附件})-V_3}{S_{截面}}$$

$$=\frac{440+19.98-41}{0.785\times 6.8^2}$$

$$=11.54(\text{m})$$

竖直蛇管总高 $H_{管}=11.54+1.0=12.54(\text{m})$；取管间距为 0.5m。

又两端弯管总长 $l_0=3.14\times 0.5=1.57$；两端弯管总高 1m；

则一圈管长为：　　$L=2H+L_0=2\times 12.54+1.57\times 2=28.22(\text{m})$

Ⅴ 每组管子圈数 n_0：$n_0=\dfrac{L_0}{L}=\dfrac{168.2}{28.22}=5.96$；取 6 圈。

$$L_{实}=28.22\times 6\times 12+(4.2\times 12)=2\,082.2>2\,018.3(\text{m})$$

现取管间距为 $2.5D_{外}=2.5\times 0.108=0.27(\text{m})$；竖蛇管与罐壁的最小距离为 0.15m。

最内层竖蛇管与罐壁的最小距离：$0.27\times 5+0.15+0.054=1.554(\text{m})$

与搅拌器的距离：$6.8-2.27-1.554=2.976(\text{m})$，在允许范围内（应大于 200mm）。

作图表明，各组冷却管相互无影响。如发现现有设计无法排下这么多冷却管，则应考虑增多冷却管组数。

Ⅵ 校核布置后冷却管的实际传热面积：

$$A_{实}=\pi d_{平均}\times L_{实}=3.14\times 0.104\times 2\,082.2=680.3>660(\text{m}^2)$$

（8）设备材料的选择　发酵设备的材质选择，优先考虑的是满足工艺的要求，其次是经济性。

如激素、抗生素、有机酸发酵等，考虑到对产品质量和产量的影响、安全性、后道工艺除铁困难或腐蚀性强等，则必须使用加工性能好、耐酸腐蚀的不锈钢。如采用 1Gr18Ni9Ti 等制作发酵设备。为了降低造价也可在碳钢设备内衬薄的不锈钢板。而像谷氨酸发酵则可以用碳钢制作发酵设备，精制时用除铁树脂除去铁离子。如企业实力雄厚，也可用不锈钢制作发酵设备。

随着科学技术的进步，会出现一些复合材料和喷涂金属和耐腐蚀涂料等新材料新技术，将会进一步降低设备投资费用。

本设备选用 1Gr18Ni9Ti 材料。

（9）发酵罐壁厚的计算　确定发酵设备壁厚的方法可用公式计算也可用查表法（计算略）。

（10）接管设计

① 接管的长度 h 设计：各接管的长度 h 根据直径大小和有无保温层，一般取 100 ~

200mm，具体见表5-2。

表 5-2　　接管长度 h　　单位：mm

<table>
<tr><th>公称直径 D_g</th><th>不保温接管长</th><th>保温设备接管长</th><th>适用公称压力/MPa</th></tr>
<tr><td>≤15</td><td>80</td><td>130</td><td>≤40</td></tr>
<tr><td>20～50</td><td>100</td><td>150</td><td>≤16</td></tr>
<tr><td>70～350</td><td rowspan="2">150</td><td rowspan="2">200</td><td>≤16</td></tr>
<tr><td>70～500</td><td>≤10</td></tr>
</table>

② 接管直径的确定：接管直径的确定，主要根据流体力学方程式计算。已知物料的体积流量，又知各种物料在不同情况下的流速，即可求出管道截面积，计算出管径。计算出的管径再圆整到相近的钢管尺寸即可。也可用图算法求管径。

现以排料管（也是通风管）为例计算管径。该罐实装440m³，设2h之内排空，则排料时的物料体积流量为：

$$q_v = \frac{440}{3\,600 \times 2} = 0.06(m^3/h)$$

取发酵醪流速 $v = 1(m/s)$；则排料管截面积为 $A_物$，$A_物 = \frac{q_v}{v} = \frac{0.06}{1} = 0.06(m^2)$；

$A_物 = 0.785d^2$，管径 $d = \sqrt{\frac{0.06}{0.785}} = 0.28(m)$，取无缝管325×8；管内径 $d_内 = 325 - (8 \times 2) = 309 > 280(m)$；认为适用。

设计每1个发酵罐有一个空气除菌系统：

通风量为：　$Q_1 = 440 \times 0.35 = 154(m^3/min) = 2.57(m^3/s)$

利用气态方程式计算工作状态下的风量 Q_f；

$$Q_f = 2.57 \times \frac{0.1}{0.35} \times \frac{273+30}{273+20} = 0.76(m^3/s);$$

如取风速 $v = 25m/s$，则风管截面积 A_f 为：

$$A_f = \frac{Q_f}{v} = \frac{0.76}{25} = 0.03(m^2)$$

$A_f = 0.785d_气^2$，则气管直径 $d_气$ 为：

$$d_气 = \sqrt{\frac{0.03}{0.785}} = 0.10(m)$$

因通风管也是排料管，故取两者的大值。即取 $d = 325 \times 8$ 无缝管；可满足工艺要求。

排料时间复核：

物流量 $Q = \frac{440}{3\,600 \times 2} = 0.06(m^3)$。物料流速 $v = 1m/s$；管道截面积 $A = 0.785 \times 0.309^2 = 0.075(m^2)$，在相同的流速下，流过物料因管径较原来计算结果大，则相应流速比为：

$$P = \frac{Q}{A_v} = \frac{0.06}{0.075} \times 1 = 0.8(倍)$$

排料时间为：　$t = 2 \times 0.8 = 1.6(h)$

(11) 支座选择　生物工程工厂设备常用支座分为卧式支座和立式支座。其中卧式支座又分为支腿,圈型支座,鞍型支座三种。立式支座也分为三种即悬挂支座,支承式支座和裙式支座。

对于 $100m^3$ 以上的发酵罐,由于设备总质量较大,应选用裙式支座。本设计选用裙式支座。具体结构在机械设计时完成。

2. 种子罐

(1) 种子罐的选型　种子罐选型同发酵罐,采用机械搅拌通风罐。

(2) 种子罐容积和数量的确定

① 种子罐容积的确定: 按第四章,接种量 8% 计算,则种子罐容积 $V_{种}$ 为:

$$V_{种子} = V_{总} \times 8\% = 550 \times 8\% = 44(m^3)$$

② 种子罐个数的确定: 种子罐个数与发酵罐对应上料,发酵罐平均每天上 6 个。种子罐培养 8h,辅助操作 8 ~ 10h;生产周期 16 ~ 18h;一般的厂是 1 个种子罐对 1 个发酵罐,因此,种子罐个数确定为 6 个。

③ 种子罐的设计与发酵罐相同,不再赘述。

(二) 连续操作设备的设计选型

中小规模的味精厂培养基灭菌多采用实罐间歇灭菌,以简化操作手续。规模较大的厂则考虑连续灭菌以提高经济效益。

连续灭菌流程有三种: 一是连消塔—喷淋冷却流程;二是喷射加热流程;三是板式换热器灭菌流程。三个流程各有其优缺点。现以喷射加热流程举例进行设备的设计选型。该流程主要由喷射加热器、维持罐、螺旋板换热器组成。增加螺旋板换热器,利用热糖液预热冷糖液,以节省热量。

1. 喷射加热

(1) 喷射泵的选择　加热采用喷射器,喷射器规格和型号见表5-3;连消流程简图见图 5-2。

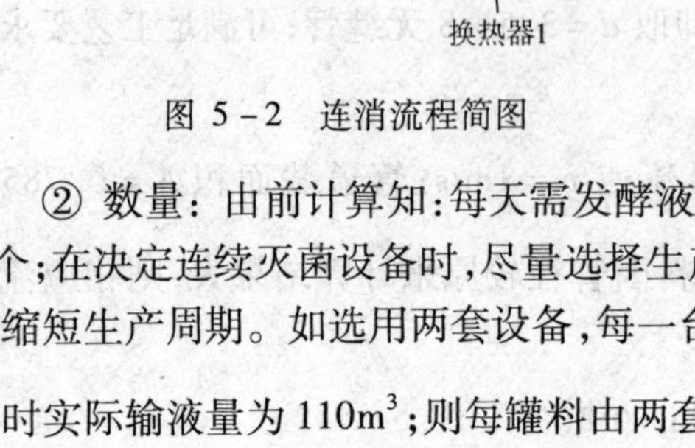

图 5-2　连消流程简图

需要连消的糖液用泵送经预热的换热器 1,经喷射器后,被迅速地加热至 115℃,然后进入维持罐,在维持罐内停留将彻底杀菌糖液通过 1、2 号螺旋板换热器冷却至发酵温度 30℃进发酵罐;

(2) 生产能力、数量和容积的确定

① 生产能力: 由上章知,每天需要发酵液 2 620m^3;

② 数量: 由前计算知:每天需发酵液 2 620m^3;每天需要装满装液量为 $440m^3$ 发酵罐 6 个;在决定连续灭菌设备时,尽量选择生产能力大些的,这样可以节省辅助操作的时间,以缩短生产周期。如选用两套设备,每一台 1h 输液量 $120m^3$(见表 5-3),每台喷射泵每小时实际输液量为 $110m^3$;则每罐料由两套连消系统同时供料,则灭菌时间 $t = \frac{440}{2 \times 110} = 2(h)$;即 2h 可装满 1 罐。每天实际连消工作时间为:$2 \times 6 = 12(h)$。

表 5－3　喷射加热器的规格和型号

序号	型　号	规　格		序号	型　号	规　格	
		t/h(干物质计)	m^3/h(液体计)			t/h(干物质计)	m^3/h(液体计)
1	HYZ－1	0.2	0.5	8	HYZ－8	20	60
2	HYZ－2	0.5	1.5	9	HYZ－9	30	90
3	HYZ－3	1	3	10	HYZ－10	40	120
4	HYZ－4	2	6	11	HYZ－11	50	150
5	HYZ－5	4	12	12	HYZ－12	66	200
6	HYZ－6	6	20	13	HYZ－13	100	300
7	HYZ－7	10	30				

2. 维持罐

参照各厂连消系统维持时间(见表5－4)选择10min；已知每小时糖液流量110m^3，则可计算出维持罐有效容量为 $V_{有效}=\dfrac{110\times10}{60}=18.3(m^3)$

取维持罐 $\varphi=80\%$；则维持罐全容量为：

$$V_{全容}=\frac{18.3}{80\%}=22.9(m^3)$$

表 5－4　三个工厂连消参数比较

厂　名	流量/(m^2/h)	连消塔温度/℃	连消塔内停留时间/s	维持时间/min
××味精厂	—	110	—	8
	—	120	—	4
××味精厂	15	115～118	10～15	8～10
××味精厂	10	110	30	8～12

考虑到维持罐内物料的返混问题，现拟取其 $H/D=3$；因该设备有一定温度和压力，视为受压容器，采用椭圆封头。

$$V_{维}=2V_{封}+V_{筒}=\frac{2\pi D^3}{24+0.785D^2\times3D}=22.9(m^3)$$

解方程，得 $D=(22.9\div2.62)^{-3}=2.06(m)$，取2.0(m)。

$$H=3\times2.0=6.0(m)$$

查附录一表17、表15得：1m高圆筒容量3.14m^3，$V_{封}=1.2(m^3)$，$h_1=0.5$；$h_2=0.05$。

验算维持罐容量 $V_{维持}=3.14\times6+2\times1.2=18.84+2.4=21.24(m^3)$，认为可满足设计要求。数量与喷射加热器配套，确定为2个。

3. 螺旋板换热器

螺旋板式换热器是一种高效换热器设备，适用汽－汽、汽－液、液－液对流传热。它适用于化学、石油、溶剂、医药、食品、轻工、纺织、冶金、轧钢、焦化等行业。按结构形式可分为不可拆式(Ⅰ型)螺旋板式及可拆式(Ⅱ型、Ⅲ型)螺旋板式换热器。

螺旋板换热器规格型号见附录三表4，螺旋板换热器外型照片和图型如图5－3。

(1) 换热器1　图5－3中螺旋板换热器1是糖液的预热器，利用被加热物料，将需

要连消的糖液预热(25℃→65℃),与此同时,从维持罐内流出的热糖液被冷却,从 115℃降到 72℃;

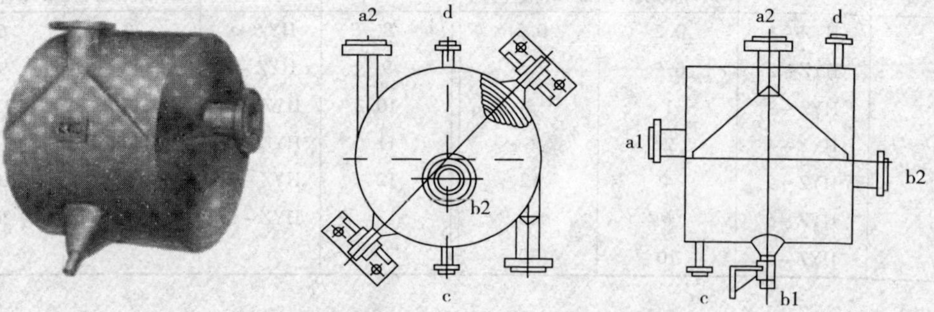

图 5-3 螺旋板换热器外型照片和图型

$$Q = G_1 c_w (t_2 - t_1) = 110 \times 10^3 \times 0.91 \times 4.18 \times (115 - 72)$$
$$= 1.8 \times 10^7 (\text{kJ/h})$$

式中 c_w——糖液比热容,0.91

平均温差 Δt 计算:

热糖液温度变化 115 → 72

冷糖液温度变化 65 ← 25

50 47

$$\Delta t = \frac{50 - 47}{\ln \frac{50}{47}} = 48.5℃$$

$A = \frac{Q}{Kc\Delta t} = \frac{1.8 \times 10^7}{1\,200 \times 4.18 \times 48.5} = 74(\text{m}^2)$,查附录三表 4,取 80($\text{m}^2$)。

数量与维持罐配套,确定为 2 个。

(2) 螺旋板换热器 2 螺旋板换热器 2 是糖液的冷却器,维持罐流出的糖液经换热器 1 冷却后,在此换热器中用冷水进一步冷却至发酵温度,送入已杀过菌的发酵罐,准备接种发酵;

热负荷 Q:

$$Q = Gc_w (t_2 - t_1)$$
$$= 110 \times 10^3 \times 0.91 \times (72 - 30) \times 4.18$$
$$= 1.76 \times 10^7 (\text{kJ/h})$$

平均温差 $\Delta t_{平均}$

糖液温度变化 72 → 30

冷却水温度变化 35 ← 16 (水升温 16℃→35℃)

Δt_2=37℃ Δt_1=14℃

$$\Delta t = \frac{\Delta t_2 - \Delta t_1}{\ln \frac{\Delta t_2}{\Delta t_1}}$$

$$=\frac{37-14}{\ln\frac{37}{14}}$$

$$=23.7℃$$

传热面积计算：

$$A=\frac{Q}{Kc\Delta t}=\frac{1.76\times10^{7}}{1\,200\times4.18\times23.7}$$

$$=148.0(m^2)$$

查附录三表4，取150(m^2)。

数量与螺旋板换热器1配套，确定为2个。

第三节　通用设备的设计与选型

属于通用设备的内容很多，本节主要介绍液体输送设备、气体输送设备及固体输送设备的计算选型。

一、液体输送设备选型

液体输送设备，主要是各种类型的泵，当然还有如压力罐输送等设备，但以下仅讨论泵类。

(一) 泵的分类和特点

生物工程工厂使用最广泛的是离心泵，因为它体积小，效率高，运行可靠，控制方便。往复泵为容积式泵，它的流量与压头无关，调节往复泵的流量，可采用改变往复泵转速(即改变往复次数)，改变冲程大小或采用支路调节的方法来实现。往复泵不能像离心泵那样，在出口管上设控制阀的办法调节流量，如若限制往复泵出口流量，即会出现重大事故。在腐蚀性液体或含有固形颗粒悬浮液时，可采用隔膜泵。旋涡泵的流量小而压头高，泵体构造简单而紧凑，但效率较低，一般低于40%。齿轮泵流量较小，但压头较高。在生物工程工厂中常用来输送黏稠液体和作为板框压滤机的加料泵。螺杆泵结合了离心泵与往复泵的优点，流量稳定，较适于在高压下输送带有固体颗粒的悬浮液。由于它的排出压力较高，而且流量均匀，在生物工程工厂中常被用于连消塔进料。

生物工程工厂使用的泵，从输送液体的原理上分，可分为叶片式和容积式两大类，其主要特点见表5-5。常用泵的类型和综合性能见附录三表1。

表5-5　泵的特点简介

指　标	叶片式			容积式	
	离心式	轴流式	旋涡式	活塞式	日转式
液体排出状态	流率均匀			有脉动	流率均匀
液体品质	均一液体(或含固体液体)	均一液体	均一液体	均一液体	均一液体
允许吸上真空高/m	4~8	—	2.5~7	4~5	4~5

续表

指　标	叶　片　式			容　积　式	
	离心式	轴流式	旋涡式	活塞式	日转式
扬程(或排出压力)	范围大,低至10m,高至600m(多级)	低,2~20m	较高,单级可达100m以上	范围大,排出压力高,可达60MPa	
体积流量/(m^3/h)	范围大,低至5,高至30 000	大,可达60 000	较小,0.4~20	范围较大,1~600	
流量与扬程关系	流量减少,扬程增大;反之流量增大,扬程降低	同离心式	同离心式,但增率和降率较大(即曲线较陡)	流量增减,排出压力不变。压力减,流量几为定值(原动机恒速)	
构造特点	转速高,体积小,运转平稳,基础小,设备维修较易		与离心式基本上相同,翼轮较离心式叶片结构简单,制造成本低	转速低,能力小,设备外型庞大,基础大。与原动机连接较复杂	同离心泵
流量与轴功率关系	依泵比转数而定。离心式泵当流量减少时,轴功率减少	依泵比转速定。轴流式泵流量减少,轴功率增加	流量减少,轴功率增加	当排出压力一定时,流量减少,轴功率减少	同活塞泵

(二) 泵的选择

1. 泵的选择原则

(1) 流量　设计生物工程工厂的装置时,总要留有一定富余能力。在选择泵时,应按设计要求达到的能力确定泵的流量,并使之与其他设备能力协调平衡。另一方面,泵的流量的确定也应考虑适应不同原料或不同产品的要求等因素,所以应综合考虑下列两点:

① 装置的富余能力及装置内各设备能力的协调平衡;

② 工艺过程影响流量变化的范围。

(2) 扬程　考虑到工艺设计中管路系统(包括设备)压力降计算比较复杂,泵的扬程需要留有适当余量,一般为正常需要扬程的1.05~1.1倍。实际上,如有现成经验数据,应尽量采用,使选用的泵能满足工艺要求。

(3) 装置(系统)的有效汽蚀余量　装置的有效汽蚀余量应大于泵所需要的允许汽蚀余量。对于进口侧物料处于减压状态或其操作温度接近汽化条件时,泵的汽蚀安全系数宜取较大值,如减压塔的塔压泵的汽蚀安全系数至少取1.3。

(4) 液面　介质液面高于泵中心者,应取最低液面;介质液面低于泵中心者,也应取最低液面。

2. 泵的选择方法及步骤

(1) 列出基本数据

① 介质的物理性质:介质名称、输送条件下的相对密度、黏度、蒸汽压、腐蚀及毒性等。

② 介质中所含固体颗粒直径和含量。

③ 介质中气体含量(体积%)。

④ 操作条件：温度，压力(进口侧设备压力，排出侧设备压力，排出侧管系压力降)，流量(正常、最小及最大)。

⑤ 泵所在位置情况：环境温度，海拔高度，装置平立面要求，进口和排出口侧设备液面至泵中心距离及管线当量长度等。

(2) 确定流量及扬程

① 流量：如果已给出正常、最小及最大流量，选泵时应按最大流量考虑；如果只给出正常流量，则应按装置及工艺过程的具体情况，采用适当的安全系数(1.1～1.2)；如果给出的是质量流量 q_m，则可按下式换算为体积流量 q_v：

$$q_v = \frac{q_m}{d} \quad (d\text{ 是介质的相对密度}) \tag{5-8}$$

② 扬程(或压差)：按泵的不同布置情况，利用伯努利方程求出泵的扬程。再根据工艺过程情况，考虑采用1.05～1.1的安全系数。

③ 选择泵型及泵的具体型号：根据介质的物性、已确定的流量、扬程，以及依据表5-5所示泵的工作范围，选出合适型式的泵。再从有关制造厂的产品样本、产品目录或说明书选择泵的具体型号，并列出该型号以及以机械油为基准的性能参数(流量、扬程或压差、效率、允许吸上高度或允许容量)。

④ 泵的性能核算：按实际情况对泵进行性能核算。

列出核算后的性能参数，如符合工艺要求，则所选泵是可用的。必要时，可绘制核算后的性能曲线及管路系统性能曲线，以确定泵的工作点。

⑤ 确定泵的几何安装高度。

⑥ 计算泵的轴功率。

⑦ 选定泵的材料及轴封。

⑧ 确定冷却水(或加热蒸汽)耗量。

⑨ 选定电动机(或蒸汽透平机)。

⑩ 确定泵的备用率和台数。

⑪ 泵的串联和并联。

⑫ 填写泵的规格表，作为泵订货的依据和选泵过程各项数据的汇总。

我国介绍泵类最完善的工具书《泵类产品目录》，共三册。

随着科学技术的进步，不断有新的输送液体的设备问世，在工作和学习中要不断学习新知识，了解新设备。

(三) 120 000t/a 味精厂发酵车间泵的选型

以连消泵的选型为例作介绍。

(1) 连消泵输送的是密度为1.05t/m^{3}的水解糖液，其黏度范围在(1.3～0.5)×10^{-3}Pa·s，温度在115℃以下。

(2) 介质中无固体颗粒，澄清，透明。

(3) 介质中基本上无气体。

(4) 操作条件：温度为60～70℃；压力：进口侧靠调浆罐液位压送，出口侧设备压力为0.4～0.5MPa；流量：最大流量 $q_{m,max}=120m^3/h$，最小流量 $q_{m,min}=100m^3/h$，正常流量 $q_m=110m^3/h$。

（5）连消泵一般设在车间或泵房中，进口侧泵在液面之下。

（6）据上，查有关图表，可确定选择离心式泵即可满足生产要求。现选 IS125－100－200。该产品转速2 900r/min，流量 $200m^3/h$，扬程50m。为保证连续生产，考虑设备用泵1台，因此，泵的数量为2台，流量可用阀门调节。

二、气体输送设备选型

气体输送设备与液体输送设备有许多相似之处。但是气体具有可压缩性，因此在气体输送过程中，当气体的压强发生变化时，其体积和温度也将随之发生变化，因此气体的输送涉及到热力学性质。但一般工程计算中，除了高压气体压缩机以外，均按一般流体输送问题处理，对于在高压下的气体压缩过程，则应用热力学方法进行计算。

（一）气体输送设备的类型和特点

1. 气体输送设备的类型

气体输送设备的类型、种类要比液体输送设备复杂得多。气体输送设备粗略分类如下：

- 气体输送设备
  - 容积式
    - 往复式
      - 活塞式
      - 膜　式
    - 回转式
      - 滑片式
      - 螺杆式
      - 转子式
  - 速度式
    - 轴流式
    - 离心式
    - 混流式

一般中小流量广泛采用活塞式，大流量则采用离心式输送设备。

2. 气体输送设备的特点

生物工程工厂常用的气体输送设备为低压空气压缩机、送风机和真空泵。高压气体压缩机使用较少，仅在 CO_2 和 H_2 的回收方面使用，本节不予讨论。

下面简述常用气体输送设备的特点。

（1）空气压缩机　生物工程工厂生产中要求提供0.2～0.3MPa（表压）的压缩空气，故常采用涡轮式空气压缩机或经过改装的往复式空气压缩机作为空气压缩站的主要送气设备。将空气压缩到一定压力，通过空气除菌系统，得到具有一定压力的无菌空气，供深层培养之用。

① 涡轮式空压机：涡轮式空压机的特点是供气量大，出口压强稳定，输出的压缩空气不含油雾。与往复式空压机相比，功率消耗较小，结构紧凑，占地面积较小；但其技术管理要求较高。

用于生物工程工厂生产的是低压涡轮空压机，其出口压力为0.25～0.55MPa（表压），容量一般都大于 $100m^3/min$，每分钟压缩 $1m^3$ 空气时，配备的电机功率约为3.5～5kW。

国产涡轮空压机的型号有DA型和SA型。“D”代表单吸，“S”代表双吸，“A”代表涡轮压气机，其后的数字分别代表供气量和出口压力以及设计序号。如DA350－41，即表示单吸涡轮空压机,公称供气量 350m^3/min,出口压力 0.4MPa(绝对压力),此机系第一次设计产品。

② 往复式空压机：往复式空压机的结构和工作原理类似于往复泵,但因操作时气体受压发热,故在气缸外需要有冷却装置。冷却装置有水冷和风冷之分,一般需要连续供气的场合,都选择水冷式空压机。往复式空压机的优点是容量范围广,价格较便宜,操作和维修比较方便。其缺点是出口流量不稳定,而且压出气体中夹带油雾,给后道工序——空气除菌带来一定困难。

往复式空压机按其气缸排列的位置不同,有 V 型,W 型,L 型……之分。按排气压力不同,可分为高压(8.0~10.0MPa)、中压(1.0~8.0MPa)和低压(小于 1.0MPa)三类。国内的低压往复式空压机多为双缸二级压缩式。在生物工程工厂中使用 L 型空压机较为普遍。如 4L-20/8 型空压机,即表示两缸呈 L 型排列、额定排气量为 20m^3/min,排气压力为 0.8MPa。L 前面的 4 表示该系列空压机的序号。

由于二级空压机的出口压力为 0.8MPa(表压),对一般生物工程工厂而言,这个压力过高。为此,一些生物工程工厂将二级空压机进行改装,把原来的两个串联的气缸改为并联气缸,即同时吸气和排气,这样空气出口压力可降到 0.2MPa 左右,而排气量增加 30%~40%。有些空压机厂为了适应生物工程工厂的需要,制成了具有两个低压缸并联的压缩机,排气压力为 0.25MPa(表压)左右,而排气量几乎比原型号增加了一倍。如 4L-40/2.5 型是 4L-20/8 型空压机的改型机。

为了解决往复空压机的出口空气中含有油雾的缺点,目前有些厂采用含有 MoS_2 的氟塑料制成的活塞环,代替空压机中原来的金属环作无油润滑,使用效果甚好,既有利于以后的空气净化,又节约了润滑油。但由于氟塑料环弹性差,故气缸泄漏量增加,使排气量减少 10% 左右。

(2) 旋转压缩机　旋转压缩机,犹如液体输送中的旋转泵,没有活塞与活门装置。因而与往复式相比,它排出的气体是连续而均匀的。此外,旋转压缩机中的旋转部分可与电动机直接连接,效率高。

旋转压缩机,构造简单而紧凑,特别适合于现代生物工程工厂的要求,用于输送或压缩空气以及排放其他气体。

旋转压缩机的主要缺点为压缩比值不大,其终压一般不高于 0.4MPa(表压),效率也较往复压缩机低。

此类压缩机根据压缩比分为两类,一类可产生较大压缩比,如转动活板压缩机和液环压缩机;另一类只能产生非常低的压缩比,如旋转鼓风机,其终压不超过 0.08MPa 表压。

(3) 送风机　也称通风机。送风机所产生的压强差不大。

送风机的类型繁多,但生物工程工厂采用最多的主要有离心式和轴流式两类,轴流式也称旋桨式。轴流式送风机较离心式送风机效益高些,但产生的压头很小,一般不超过 250Pa。

① 离心式送风机：依照产生压头的大小,离心式送风机可分为下列三种：

低压离心式送风机,压头 800~13 332Pa;

中压离心式送风机,压头 13 332~26 664Pa;

高压离心式送风机，压头 26 664 ~ 133 322Pa。

所谓压头，系指高于大气压的压力而言。

② 轴流式送风机：轴流式送风机的型式很多，其效率一般较高，约 60% ~65%，适用于在低的压头（通常在 250Pa 以下，但也可以高到 1 000Pa，皆指超过大气压而言）下输送大量的空气。轴流式送风机的生产能力，可由一个实验室的通风，大到生产过程中 3 000m^3/min 的通风。当生产能力和压头已知时，轴流式送风机的功率仍可依离心式送风机的公式计算。

（4）真空泵　生物工程工厂生产中的某些过程如真空浓缩，真空干燥都须在低于大气压的情况下操作。真空泵就是为获得低于大气压力而设计的设备。真空泵大致可分为两大类：干式真空泵和湿式真空泵。干式真空泵只从容器中抽出气体，效率较高，可达 96% ~99.9% 的真空度。湿式真空泵在抽吸气体的同时，还夹带有较多的水汽，它只能产生 85% ~90% 的真空度。

真空泵按其结构又可分为往复式、回转式（水环式和滑板式）真空泵、蒸汽喷射泵和水力喷射泵等数种。

现将生物工程工厂生产中常用的各种型式的真空泵介绍如下：

① 往复式真空泵：生物工程工厂常用的是 W 型真空泵，它是一种卧式单缸往复式真空泵，国内已有 W_1 ~ W_5 5 种主要规格，它们的抽气速率为 60 ~770m^3/h，其极限真空度可达 1 333.22Pa（绝对压力）。

② 水环式真空泵：水环式真空泵，属于湿式真空泵，最高真空度可达 85%。这种泵的结构简单、紧凑，没有活门，经久耐用。发酵工业常用的水环式真空泵系列代号为 SZ。通常用于抽吸设备中的空气或其他无腐蚀性、不溶于水和不含固体颗粒的气体。对抽吸有水蒸气的气体也很好。

③ 蒸汽喷射泵：蒸汽喷射泵是利用蒸汽流动时发生静压能与动能的相互转化，以吸入并排出气体。这种泵有多种用途，如作为小型锅炉的注水器，用于发酵产品的减压蒸发、减压蒸馏以及真空冷却、余热回收等方面。

④ 水喷射真空泵：水喷射真空泵，属于粗真空设备，由于它兼有产生真空和冷凝蒸汽的双重作用，故在生物工程工厂得到广泛的应用，如抗生素工厂，谷氨酸发酵厂的真空蒸发，酒精厂的真空冷却等。

水喷射真空泵的效率通常在 30% 以下，一般只能达到 93.3kPa 左右的真空度。其所能达到的真空度，除与结构、水压有关外，还受水温、用水量的影响。水温越低，用水量越大，则获得的真空度越高。在操作中，保持水温不变，对于保证真空操作平衡尤其重要。

（二）气体输送设备的选择

由于气体输送设备种类繁多，涉及的压力和风量范围太大，各具特色，所以气体输送设备的选择，只能粗略地说一下步骤，而更具体的选择方法要按压缩机、风机、真空泵三类分别叙述更确切些。气体输送设备的选择方法及步骤如下。

（1）列出基本数据。

① 气体的名称特性、湿含量、有无易爆易爆及毒性等。

② 气体中含固形物、菌体量。

③ 操作条件,如温度、进出口压力、流量等。

④ 设备所在地的环境及对电机的要求等。

(2) 确定生产能力及压头。

① 生产能力　选择最大生产能力,并取适当安全系数。

② 压头　按工艺要求分别计算通过设备和管道等的阻力,并考虑增加1.05~1.1倍的安全系数。

(3) 选择机型及具体型号　根据生产特点,计算出的生产能力、压头以及实际经验或中试经验,查询产品目录或手册,选出具体型号并记录该设备在标准条件下的性能参数,配用电机辅助设备等资料。

(4) 设备性能核算　对已查到的设备,要列出性能参数,并核对能否满足生产要求。

(5) 确定安装尺寸。

(6) 计算轴功率。

(7) 确定冷却剂耗量。

(8) 选定电机。

(9) 确定备用台数。

(10) 确定设备规格表,作为订货依据和选择设备过程的数据汇总。

(三) 120 000t/a 味精厂空气站空压机选型

1. 确定生产能力与压头

(1) 生产能力　根据第四章第五节计算,120 000t/a 味精厂高峰无菌空气消耗量为 103 488m^3/h,即1 724.8m^3/min。考虑余量10%。需生产能力:1 724.8×1.1=1 897(m^3/min)。

如果每个发酵罐各由一台空压机供气,则每台空压机所需供气量(Q_0):

$$Q_0=\frac{1\,897}{10}=189.7(m^3/min)$$

每台空压机所需排气量Q_n(生产能力):

$$\begin{aligned}Q_n&=Q_0\frac{p_0\times T_1}{p_1\times T_0}\\&=189.7\times\frac{0.1\times(273+25)}{0.1\times273}\\&=207(m^3/min)\end{aligned}$$

式中　p_0、T_0——标准状态下的空气压力、温度(0.1MPa、273K)

p_1、T_1——进口状态下的空气压力、温度(0.1MPa、273+t_1K)

(2) 压头　根据计算,总过滤器阻力$\Delta P_1=0.036$MPa;分过滤器阻力$\Delta P_2=$ 20mmH_2O=2.0×10^{-4}MPa;液深阻力$\Delta P_3=12.3$mH_2O=0.123MPa;其他阻力$\Delta P_4=$ 0.02MPa;则总阻力为$\sum\Delta P=\Delta P_1+\Delta P_2+\Delta P_3+\Delta P_4=0.036+2.0\times10^{-4}+0.123+0.02$ =0.179(MPa)。考虑到压头余量增加1.1倍,则$\Delta H=1.1\times\sum\Delta P=1.1\times0.179=0.197$ (MPa)。取压头为0.2MPa。

根据排气量207m^3/min和压头0.2MPa,查相关空压机手册,选用型号DW-210/2.7的空压机,其生产能力210m^3/min,压头0.27MPa,可满足生产。

2. 空压机数量

10 个发酵罐每罐清洗、进出料辅助时间 8h，可以不考虑备用，确定空压机为 10 台。

三、固体输送设备选型

在生物工程工厂生产过程中，会遇到固体原料、中间产品和最终产品的输送问题。众所周知，固体物料的输送比流体输送困难得多。

常用的固体输送设备分类如下：

- 固体物料输送设备
  - 机械输送设备
    - 带式输送机
    - 斗式提升机
    - 螺旋输送机、埋刮板输送机等
  - 流体输送设备
    - 气流输送设备
    - 液体输送设备

（一）机械输送设备

1. 带式输送机

(1) 带式输送机的特点　带式输送机又称皮带运输机，是各行业通用的运输设备，主要 用于水平移送物料或有一定倾角的移送物料。它可以输送松散的或成包成件的物件，且可做成固定位置或移动式运输机，使用非常方便，操作连续性强，输送能力较高，在运送相同距离和重量的物料时，带式输送机的动力消耗最小。由于该设备具有以上优点，故在工厂中得到广泛应用。如谷类成包原料的卸车或堆垛、散煤转送、成箱啤酒的入库等。

(2) 带式输送机的计算选型

① 带式输送机的输送量可用下式计算

$$Q = 3.6qv\ (\text{t/h}) \tag{5-9}$$

当输送松散原料时的输送量是

$$Q = 3.6A\rho v\ (\text{t/h}) \tag{5-10}$$

式中　q——单位输送带长度的载荷量(kg/m)

v——带的运动速度(m/s)

A——松散物料在带上装载的横断面积(m^2)

ρ——物料堆积密度(kg/m^3)

输送带的速度因物料不同而变化，常用输送带的速度如表 5-6 所示。

表 5-6　**常用输送带速度**

物料名称	输送带速度/(m/s)
小麦、玉米、大米(散装)	2.0~4.5
麸皮、米糠	1.5~2.0
包装谷物、成袋面粉等	0.7~1.5

常用输送带宽度 B 分别为 300，400，500，600mm。

带的宽度通常是按输送量，经计算后选取的整数系列，计算公式如下：

$$B=\sqrt{\frac{Q}{K\rho vC}}(\mathrm{m})$$

式中　B——带宽(m)

Q——输送量(t/h)

v——带的运动速度(m/s)

ρ——物料的堆积密度(t/m^3)

K——断面系数，对谷物原料 $K=135$

C——倾斜输送时的修正系数，输送带倾角 $0°\sim7°$，$C=1.0$；$8°\sim15°$，$C=0.95\sim0.90$；$16°\sim20°$，$C=0.90\sim0.80$；$21°\sim25°$，$C=0.80\sim0.75$

② 带式输送机功率估算

$$P=K_1A(0.000545KLv+0.000147QL)\pm0.00274QH \tag{5-11}$$

式中　K_1——起动附加系数($K_1=1.3\sim1.8$)

A——长度系数(超过 45m 长，$A=1$，通常 $A=1\sim1.2$)

K——轴承宽度系数，带越宽，数值越大，通常用滚动轴承 $K=20\sim50$；滑动轴承 $K=30\sim70$

L——输送机长度(m)

v——输送带的速度(m/s)

Q——输送带的输送能力(t/h)

H——输送机将物料提升的高度(m)

几种轻便移动式运输机定型产品规格如表 5-7 所示。

表 5-7　**几种轻便移动式运输机定型产品规格**

型号 / 项目规格	移动式 300 型	移动式 400 型			移动式 500 型		
					102-1	102-2	102-3
有效输送长度	4	5	7	10	10.25	15.52	20.52
输送速度/(m/s)	1	1.25	1.25	1.25	1.2	1.2	1.2
最大倾斜角	6.6°	18°	18°	18°	9°~20°	9°~20°	9°~20°
输送量	10t/h	30t/h	30t/h	30t/h	108m^3/h	108m^3/h	108m^3/h
电机功率/kW	1.1	1.1	1.1	1.5	2.8	2.8	4.5
滚筒直径/mm	250	250	250				
滚筒转速/(r/min)	735						
外型尺寸/mm	4 325×435×485						

2. 螺旋输送机

螺旋输送机又称搅龙，在生物工程工厂常用以输送潮湿的或松散的物料。由于它密闭性好，故常用于粉尘大的物料或同时用以输送和混料等场合。目前，我国生物工程工厂使用的螺旋输送机有些是根据工艺需要而设计的非定型设备，有些是采用专业厂生产的标准化设备。

设计时，螺旋输送机的直径可用下式计算：

$$D = K^{2.5}\sqrt{\frac{Q}{\varphi\rho C}} \tag{5-12}$$

式中 D——螺旋输机的螺旋直径（m）

Q——输送量（t/h）

ρ——物料堆积密度（t/m^3）

K——物料综合特性经验系数，当输送粉粒状原料、谷物、干粉时，为 0.04～0.06，当输送湿粉料时取 0.07

φ——填充系数，即物料占螺旋器内的容积，一般对粉料式粒状物料取 0.25～0.35；对于湿粉料，混合时取 0.125～0.20

C——螺旋倾斜时操作校正系数，水平工作时 $C=1$

螺旋输送机最大极限转速计算：

$$n = \frac{A}{\sqrt{D}} \tag{5-13}$$

式中 A——综合特性系数，对于粉状原料取 75～65；对于粒状原料取 50～30；对于大块原料取 30～15

D——螺旋机螺旋直径（m）

n——螺旋轴的极限转速（r/min）

螺旋输送机的功率消耗计算：

$$P_0 = K\frac{Q}{367}(LC + H)$$

式中 P_0——螺旋输机的功率消耗（kW）

Q——输送量（t/h）

L——输送长度（m）

K——阻力系数，谷物 1.3；粉料 1.8

H——输送垂直高度（m）

C——功率备用系数，1.2～1.4 之间

常用螺旋直径系列（单位 mm）：150，200，250，300，400，500，600

常用螺旋运输机的转数系列（r/min）：20，30，35，45，60，75，90，120，150，190

具体计算和产品目录请参考有关资料。

3. 斗式提升机

斗式提升机常用于将物料垂直提升到一定高度，以便使物料借重力自流加工。目前我国生产的斗式提升机的型式有 D 型，HL 型，PL 型。D 型是采用橡胶带为牵引构件，HL 型是以锻造的环形链条为牵引构件，PL 型是采用板链为牵引构件。生物工程工厂最常用的是以橡胶带牵引的 D 型斗式提升机。斗式提升机的选型计算如下：

（1）生产能力计算　斗式提升机的生产能力，可用下式计算

$$Q = 3.6\frac{V}{L}\rho w\varphi \qquad (5-14)$$

式中　Q——斗式提升机的生产能力（t/h）

V——斗的容量（L）

L——相邻两料斗距离（m）

w——料斗提升速度（m/s）

φ——料斗填充系数，一般取 0.7 ~ 0.8

ρ——物料的堆积密度（t/m^3）

D 型斗式提升机的技术性能见表 5 - 8。

表 5 - 8　　常用 D 型斗式提升机技术性能表

<table>
<tr><td colspan="2" rowspan="2">提升机型号</td><td colspan="2">D160</td><td colspan="2">D250</td><td colspan="2">D350</td><td colspan="2">D450</td></tr>
<tr><td>深斗
S 制</td><td>浅斗
Q 制</td><td>深斗
S 制</td><td>浅斗
Q 制</td><td>深斗
S 制</td><td>浅斗
Q 制</td><td>深斗
S 制</td><td>浅斗
Q 制</td></tr>
<tr><td colspan="2">输送量/(m^3/h)</td><td colspan="2" rowspan="2">25</td><td colspan="2" rowspan="2">35</td><td colspan="2" rowspan="2">45</td><td colspan="2" rowspan="2">55</td></tr>
<tr><td colspan="2">输送物料粒度极限/mm</td></tr>
<tr><td rowspan="3">料斗</td><td>料斗宽度/mm</td><td colspan="2">160</td><td colspan="2">250</td><td colspan="2">350</td><td colspan="2">450</td></tr>
<tr><td>容量/L</td><td>1.1</td><td>0.65</td><td>3.2</td><td>2.6</td><td>7.8</td><td>7.0</td><td>15.0</td><td>14.5</td></tr>
<tr><td>斗距/mm</td><td colspan="2">300</td><td colspan="2">400</td><td colspan="2">500</td><td colspan="2">640</td></tr>
<tr><td rowspan="3">输送胶带</td><td>宽度/mm</td><td colspan="2">200</td><td colspan="2">300</td><td colspan="2">400</td><td colspan="2">500</td></tr>
<tr><td>层数</td><td colspan="2">4</td><td colspan="2">5</td><td colspan="2">4</td><td colspan="2">5</td></tr>
<tr><td>外层厚度/mm</td><td>1.5</td><td>1.5</td><td>1.5</td><td>1.5</td><td>1.5</td><td>1.5</td><td>1.5</td><td>1.5</td></tr>
<tr><td colspan="2">每米长度料斗及带质量/kg</td><td>4.72</td><td>3.8</td><td>10.2</td><td>9.4</td><td>13.9</td><td>12.1</td><td>21.3</td><td>21.3</td></tr>
<tr><td colspan="2">料斗运行速度/(m/s)</td><td colspan="2">1.0</td><td colspan="2">1.25</td><td colspan="2">1.25</td><td colspan="2">1.25</td></tr>
<tr><td colspan="2">转动滚筒转速/(r/min)</td><td colspan="2">47.5</td><td colspan="2">47.5</td><td colspan="2">47.5</td><td colspan="2">37.5</td></tr>
<tr><td colspan="2">电机功率/kW</td><td colspan="2">2.2</td><td colspan="2">5.5</td><td colspan="2">7.5</td><td colspan="2">10</td></tr>
</table>

（2）功率计算　斗式提升机所需要的驱动功率系决定于料斗运动时所克服的一系列阻力，其中包括：

① 提升物料的阻力；

② 运行部分的阻力；

③ 料斗挖料时所产生的阻力，此项阻力较为复杂，只能通过实验确定。

斗式提升机驱动轴上所需要的轴功率，可近似地按下式求出：

$$P_0 = \frac{1.15QH}{367} + \frac{K_3 q_0 Hv}{367} = \frac{QH}{367}(1.15 + K_2K_3v) \quad (\mathrm{kW}) \qquad (5-15)$$

式中 Q——斗式提升机生产能力(t/h)

H——提升高度(m)

q_0——牵引构件和料斗的每米长度质量(kg/m),$q_0 \approx K_2 Q$

v——牵引构件的运动速度(m/s)

K_2、K_3——与料斗型式有关的系数,对于D型带:$K_2 = 2.5 \sim 2.0$,$K_3 = 1.6 \sim 1.10$

(3) 电动机功率计算

$$P_a = \frac{P_0}{\eta} \cdot K' \quad (kW) \tag{5-16}$$

式中 η——传动总效率,$\eta = 0.85 \sim 0.9$

K'——功率储备系数,$H < 10m$ 时,$K' = 1.45$

$H > 20m$ 时,$K' = 1.15$

斗式提升机有定型产品,订货时,根据成套表选好的高度和各种制法、装法,按以下格式编写本机的订货代号。

例如:D160型,高度 $H = 11.42m$,具有 Q、X_2、J_2、K_2、Z_2、C_1 的右装提升机的订货代号为:

$$D160Q - X_2J_2 - K_2Z_2 - C_1 - 11.42 \text{ 右装提升机}$$

如果提升机不带传动装置,则在提升机规定代号内将传动装置的代号去掉,并在规定代号后面加注“不带传动装置”字样。

(二) 气流输送

气流输送比机械输送相同物料所消耗的能量要大得多,但是由于它有很多优点,故在生物工程工业输送固体物料时仍有许多厂家使用。

1. 气流输送的主要优点

(1) 采用负压进料,可实现风选,去除铁、石等重杂质。

(2) 输送系统密闭,防止物料损失,改善劳动环境。

(3) 能较好地实现均匀定量输送,方便操作。

(4) 设备投资费用较少。

(5) 设备布置简捷、方便。

2. 气流输送的设计程序

(1) 确定要输送物料的特性参数、种类、粒度、密度、摩擦角等。

(2) 需要输送的物料量。

(3) 输送系统工艺流程设计。

(4) 输送物料的气速和混合比选定。

(5) 计算需要的空气量,并考虑漏风等。

(6) 计算系统的压力损失,考虑未计算部分。

(7) 根据空气量与压力损失,查表选择适当的风机型号,确定风机台数。

(8) 电机及传动方式选择。

气流输送系统的具体设计计算,请参考《发酵工程与设备》,在此不再详述。

四、空气洁净设备选型

生物工程工厂的空气洁净设备可分为：提供发酵罐需要的压力较高的无菌空气设备，提供车间和局部需要（洁净工作台、层流罩）的压力较低的无菌空气设备。近十几年来在无菌空气制备方面取得了划时代的长足进步。新型过滤介质、过滤材料的出现，已经结束了棉花过滤器的时代，取用过滤效率高，阻力小的膜过滤、超细纤维材料。

（一）提供发酵罐需要的压力较高的无菌空气设备

1. 传统的二级冷却、二次分油水、二级过滤系统

这个系统的流程图如图 5－4 所示。由于总过滤器使用棉花介质过滤，分过滤器使用超细玻璃纤维滤纸，所以对系统中的除油水要十分注意如一冷用深井水冷却，二冷用低于当地露点的冰水冷却，并分别用离心除水器和丝网除雾器除水。

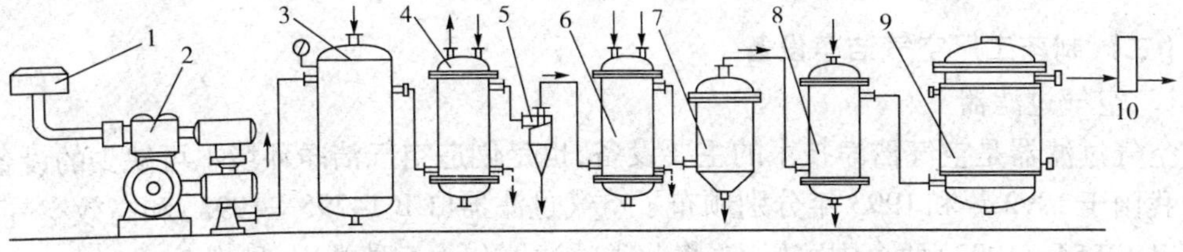

图 5－4　两级冷却、两次分油水两级过滤除菌流程

1—粗过滤器　2—压缩机　3—贮罐　4、6—冷却器　5—施风分离器

7—丝网分离器　8—加热器　9—总过滤器　10—分过滤器

2. 现代的空气除菌系统

现代的空气除菌系统，彻底摒弃了棉花过滤介质，总过滤器使用 300mm 厚的增强超细玻璃纤维滤纸，分过滤器分别使用了过滤效率为 0.99 和 0.9999 的聚氟膜过滤器。图 5－5就是内蒙某生物工程公司使用的：两级冷却、一次分油水、三级过滤的空气除菌流程，使无菌空气制备系统更加可靠。无菌空气过滤介质见表 5－9。

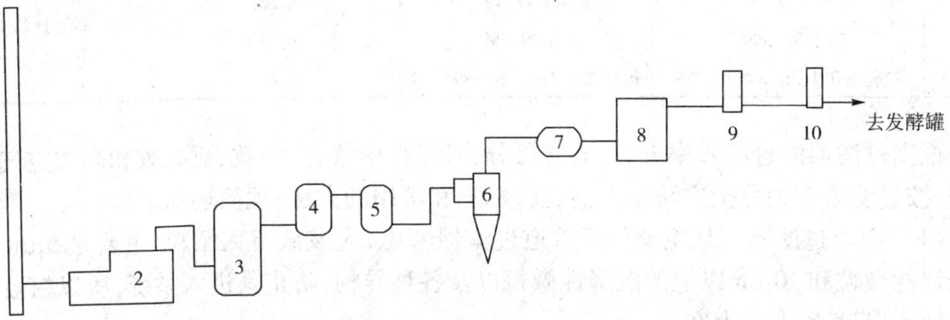

图 5－5　两级冷却、一次分油水、三级过滤的空气除菌流程

1—高采　2—空压机　3—贮气罐　4—一冷　5—二冷　6—分离器

7—加热器　8—总过滤器　9—分过滤器　10—精过滤器

表 5－9 无菌空气过滤介质表

系列	名称	形式	规格(常用过滤精度、效率)
深层式过滤材料	聚丙烯纤维复合毡	平板	0.5μm,95%～99.99%
	玻璃纤维复合毡	平板	0.5μm,95%～99.99%
	不锈钢纤维复合毡	平板	0.5μm,90%～99%
膜式过滤材料	聚偏氟乙烯微孔膜	平板	0.01μm,99.99995%
	涂氟玻纤微孔膜	平板	0.01μm,99.99995%
	聚四氟乙烯微孔膜	平板、管状	0.01μm,99.99999%
	镍质微孔膜	平板、管状	0.3μm,99.999%
	不锈钢微孔膜	平板、管状	0.3μm,99.999%
网式过滤材料	聚丙烯挤出网	平板	1 000μm
	聚四氟乙烯编织网	平板	300μm
	不锈钢编织网	平板	10μm

(二) 制药工厂空气洁净设备

1. 空气过滤器

空气过滤器是空气洁净技术的主要设备,也是创造空气洁净环境不可缺少的设备。

我国于1992年和1993年分别颁布了空气过滤器(GB 14295—1993)和高效空气过滤器(GB 13554—1992)两个国家标准,将此类过滤器分为5种类别,见表5－10。

表 5－10 我国空气过滤器分类

项目	额定风量下的效率/%	20%额定风量下的效率/%	额定风量下的初阻力/Pa	注
粗效	粒径≥5μm,80＞η≥20	—	≤50	效率为大气尘计数效率
中效	粒径≥1μm,70＞η≥20	—	≤80	
高中效	粒径≥1μm,99＞η≥70	—	≤100	
亚高效	粒径≥0.5μm,99.9＞η≥95	—	≤120	
高效				A、B、C三类效率为钠焰法效率;D类效率为计数效率;C、D类出厂要检测
A	η≥99.9	—	≤190	
B	η≥99.99	η≥99.99	≤220	
C	η≥99.999	η≥99.999	≤250	
D	粒径≥0.1μm,η≥99.999	粒径≥0.1μm,η≥99.999	≤280	

根据过滤器的过滤效率分类,通常可分为粗效、中效、高中效、亚高效和高效空气过滤器等,按过滤效率的分类方法是人们比较熟悉和常用的方法,现简述如下。

(1) 粗效过滤器　从主要用于首道过滤器考虑,应该截留大微粒,主要是5μm以上的悬浮性微粒和10μm以上的沉降性微粒以及各种异物,防止其进入系统,所以粗效过滤器的效率以过滤5μm为准。

(2) 中效过滤器　由于其前面已有预过滤器截留了大微粒,它又可作为一般空调系统的最后过滤器和高效过滤器的预过滤器,所以主要用以截留1～10μm的悬浮性微粒,它的效率即以过滤1μm为准。

（3）高中效过滤器　可以用作一般净化程度的系统的末端过滤器，也可以为了提高系统净化效果，更好地保护高效过滤器，而用作中间过滤器所以主要用以截留 1～5μm 的悬浮性微粒，它的效率也以过滤 1μm 为准。

（4）亚高效过滤器　既可以作为洁净室末端过滤器使用，达到一定的空气洁净度级别，也可以作为高效过滤器的预过滤器，进一步确保送风洁净度，还可以作为新风的末级过滤，提高新风品质。所以，和高效过滤器一样，它主要用以截留 1μm 以下的亚微米级的微粒，其效率即以过滤 0 5μm 为准。

（5）高效过滤器　它是洁净室的最主要的末级过滤器，以实现 0.5μm 的各洁净度级别为目的，但其效率习惯以过滤 0.3μm 为准。如果进一步细分，若以实现 0.1μm 的洁净度级别为目的，则效率就以过滤 0.1μm 为准，这习惯称为超高效过滤器。

2. 洁净工作台

洁净工作台是一种设置在洁净室内或一般室内，可根据产品生产要求或其他用途的要求，在操作台上保持高洁净度的局部净化设备。主要由预过滤器、高效过滤器、风机机组静压箱、外壳、台面和配套的电器元器件组成，如图 5－6 所示。

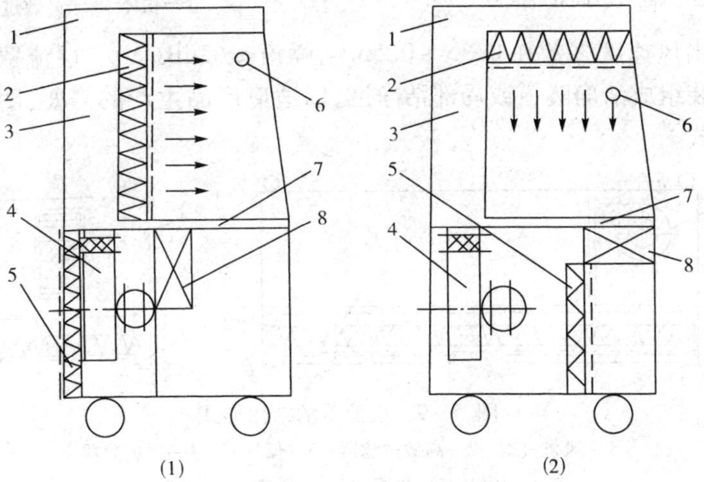

图 5－6　普通型超净工作台

（1）水平单向流净化工作台　（2）垂直单向流净化工作台

1—外壳　2—高效过滤器　3—静压箱　4—风机机组

5—预过滤器　6—日光灯　7—台面板　8—电器元件

在实际使用中，根据用途的不同，可按使用单位的要求设计制作各种类型的专用洁净工作台，如化学处理用洁净工作台、实验室用洁净工作台，此类工作台通常采用垂直单向流方式，工作台内设有给水（纯水或自来水）、排风装置等；贮存保管用洁净工作台，通常应根据贮存物品性质、隔板形式等分别采用垂直单向流或水平单向流以及是否需设排风装置等；还有灭菌操作洁净工作台，带温度控制的洁净工作台等。

3. 层流罩

层流罩是垂直单向流的局部洁净送风装置，局部区域的空气洁净度可达 100 级或更高级别的洁净环境，洁净度的高低取决于高效过滤器的性能。层流罩按结构分为有风机和无风机、前回风型和后回风型；按安装方式分为立(柱)式和吊装式。其基本组成有外壳、预过滤器、风机(有风机的)、高效过滤器、静压箱和配套电器、自控装置等。图5-7所示为有风机层流(单向流)罩示意图，它的进风一般取自洁净厂房内，亦可取自技术夹层，但其构造将会有所不同，设计时应予注意。图5-8所示为无风机层流罩，主要由高效过滤器和箱体组成，其进风取自净化空调系统。

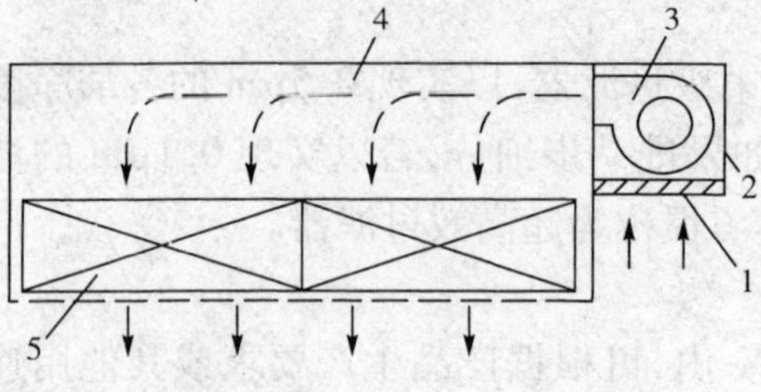

图 5-7 有风机层流(单向流)罩示意图
1—预过滤器 2—负压箱 3—风机
4—静压箱 5—高效过滤器

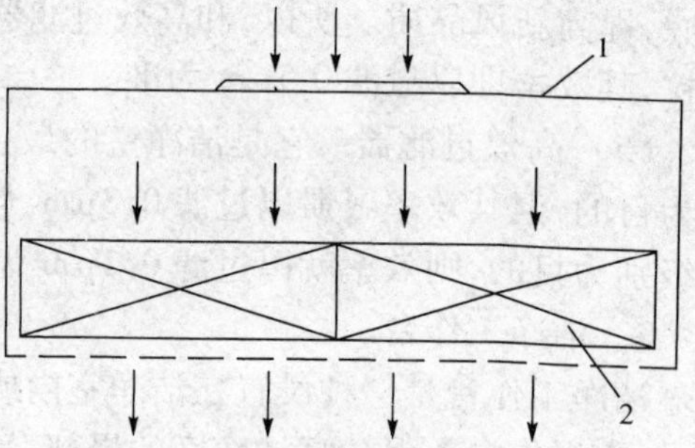

图 5-8 无风机层流罩示意图
1—箱体 2—高效过滤器

层流罩的出风速度多数在0.35~0.5m/s，噪声≤62dB(A)。层流罩可单体使用，也可多个单体拼装组成洁净隧道或局部洁净区，以适应产品生产的需要，图5-9所示为层流罩的结构形式。

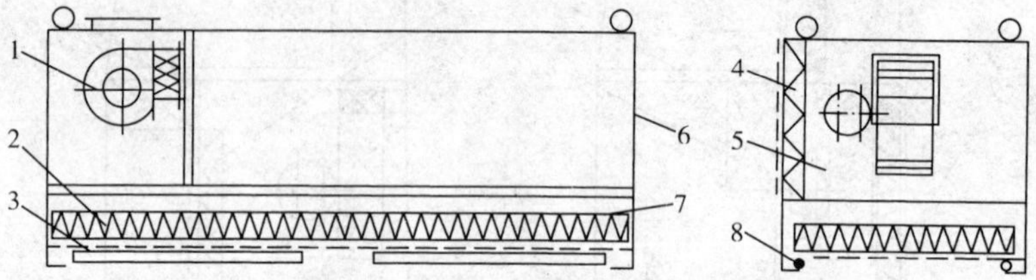

图 5-9 层流罩的结构形式
1—风机机组 2—高效过滤器 3—保护网 4—预过滤器
5—负压箱 6—外壳 7—正压箱 8—日光灯

五、通用设备选型注意事项

1. 液体输送设备

关于泵的选型，前面已有详细叙述，在此针对生物工程工厂的特殊性，提出几点要注意的问题。

(1) 泵的选型，首先应根据输送物料的特性和输送要求考虑，然后再根据输送流量、总扬程，并考虑泵的效率，选择具体型号。

生物工程工厂产品门类多，所输送物料的性质及输送要求各不相同，在选择泵型时，应区别对待。例如酒精厂连续蒸煮用泵所输送的粉浆固形物含量高，黏度大，输送压头高，流量要求稳定，应选择双缸双动往复泵或三缸往复泵，可保证不堵塞、高压头和稳流量。同样，输送蒸煮醪，输送发酵醪均应选择电动往复泵(酒精厂称泥浆泵)，流量用调速电机调节。

啤酒厂糖化车间选择醪泵时，应选择全开叶或半开叶，低转速(850~960r/min)，大流量，低扬程离心泵。选择煮沸麦汁输送泵时，因麦汁中含有已经絮凝的蛋白质，为了防止絮凝蛋白质被打破，应选择低转速（850r/min）的涡轮泵，用大流量，变形（变直径）来达到高扬程。如果认为麦汁是清液，选用高转速的清水泵，达到高扬程，在工艺上是欠妥的。

（2）对于间歇操作的泵选择时，注意在满足压头、耐腐蚀、防爆等方面要求的前提下，可把生产能力选得大些，尽可能快地将物料输送完，尽快腾出设备，节约人力。

（3）对于连续操作的泵，在考虑输送物料特性、压头、安全等方面要求的同时，则应选择流量略高于工艺要求的泵，以便留有调节余地，保证生产均衡进行。如用于连消和蒸煮时，多使用容积式泵，如往复泵、螺杆泵、TS 连消泵等。为保证生产连续进行，设备宜备用泵一台。

2. 气体输送设备选型注意事项

生物工程工厂用于深层发酵的，如机械搅拌罐和各种新型生化反应器等的送风设备，主要是往复式空压机、涡轮压缩机。用于酵母培养和麦汁生产的设备主要是罗茨式和高压鼓风机；用于固体厚层通风培养、气流输送、气流干燥、气体输送的则是离心通风机。车间通风换气，一般使用轴流式风机。连续操作的多有备用设备。

3. 固体输送设备选型注意事项

（1）如无特殊需要，应尽量选用机械提升设备，因其能耗，视不同类型，比气流输送要低 3～10 倍。

（2）皮带输送机、螺旋输送机，以水平输送为主，也可以有些升扬，但倾角不应大于 20°，否则效率大大下降，甚至造成失误。

4. 原国家经委、原机械工业部等有关部门，自 1983 年以来先后淘汰了许多耗能高的机电产品，如 JO 系列电机、8－18 系列风机、1－10/8 空压机、BA 系列清水泵等，代之以节能型新产品。在通用设备选型时应注意，不要选择已淘汰的老产品。

第四节　非标准设备的设计

生物工程工厂非标准设备，是指生产车间中除专业设备和通用设备之外的、用于与生产配套的贮罐、中间料池、计量罐等设备和设施。非标准设备按其作用特点大体上可分为三类。现分别介绍如下。

一、起贮存作用的罐、池（槽）设计

属这类设备的如酒精生产的中间醪池，味精生产的尿素贮罐、贮油罐以及啤酒麦汁的暂贮罐等。设计时，主要考虑选择合适的材质，相应的容量，以保证生产的正常运行。在此前提下，尽量选用比表面积小的几何形状，以节省材料、降低投资费用。球形容器当然是最省料的，但加工较困难。因此多采用正方形和直径与高度相近的筒形容器。

这类设备的设计步骤大体如下：

（1）材质的选择；

（2）容量的确定；

（3）设备数量的确定；

（4）几何尺寸的确定；

(5) 强度计算；

(6) 支座选择。

如有的物料易沉淀，还应加搅拌装置；需要换热的，还要设换热装置，并进行必要的设计。

二、起混合调量灭菌作用的非标准设备设计

属这类设备的有：酒精生产的拌料罐、味精生产的调浆池等。为了使混合或沉降效果好，选择这类设备的高径（或高宽）比小于等于1，是有利的。其设计步骤与上述基本相同。

三、起计量作用的非标准设备设计

属于这类设备的如味精生产的油计量罐，尿素溶液计量罐等。为使计量结果尽量准确，通常这类设备的高径比（或高宽比）都选得比较大（如取 $H/D=3\sim4$）。这样，当变化相同容量时，在高度上的变化较灵敏。而把节省材料放在次要地位。设计步骤大体同前述。所不同的是要有更明显的液位指示或配置可靠的液位显示仪表。

四、应用举例

现以120 000t/a味精发酵车间的泡敌贮罐、消泡敌罐（泡敌计量罐）的计算为例，介绍非标设备的设计方法。

（一）设备容量的确定

1. 泡敌消耗量

由第四章第一节表4-9，每生产1吨味精需6.55kg泡敌，每天产味精400t，则泡敌消耗量约为：

$$6.55\times400=2\,620(\text{kg/d})$$

每小时消耗泡敌：

$$\frac{6.55\times400}{24}=\frac{2\,620}{24}=109.2(\text{kg/h})$$

每月消耗泡敌：

$$2.6\times30=78(\text{t/月})$$

2. 泡敌贮罐总容积的计算

设每一个泡敌贮罐可供正常生产使用一个月，取填充系数 $\varphi=80\%$，则每个贮罐总体积为：$V_0=\dfrac{78}{80\%}=97.5(\text{m}^3)$，圆整为 100m^3。

3. 泡敌杀菌（计量）罐容积的计算

若每班杀菌1次，两个泡敌罐交替使用，泡敌的相对密度为 $0.985\sim0.995\approx1$，取填充系数 $\varphi=80\%$，则每个泡敌灭菌罐的体积为：$\dfrac{0.1092\times8}{80\%}=1.1(\text{m}^3)$。

（二）泡敌贮罐的设计

1. 材质选择

泡敌无腐蚀性，可使用碳钢制作贮罐，以节约投资。

2. 几何尺寸的确定

贮存罐可取 $H/D=2.0$，取平底，锥形封头结构；

$$V_0=0.785D^2\times2.0D=100(\text{m}^3)$$

解方程：

$$罐径\ D=\sqrt{\frac{100}{0.785\times2.0}}=3.99(\mathrm{m})，取4(\mathrm{m})$$

$$罐高\ H=2.0D=8(\mathrm{m})$$

3. 泡敌贮罐壁厚确定

泡敌贮罐为常压容器，筒体壁厚为 S：

$$S=\frac{pD}{(2[\sigma]\varphi)+c}$$

$$=\frac{0.1\times400}{(2\times1\,270\times0.9)+0.3}=0.47(\mathrm{cm})\quad 取6\mathrm{mm}$$

4. 主要管径的确定

(1) 人孔：上、下人孔取标准图号 JB583－64－4，$D_g=400$。

(2) 出料管取 $\phi80\times4$ 无缝钢管。

(3) 设液位计：D_g15。

(三) 泡敌灭菌(计量)罐的设计

由于消泡剂添加总量不大，取消泡剂灭菌罐作计量罐两用，用无菌空气将灭过菌的泡敌压入发酵罐。进罐管上设一视镜，以便观察进料情况。

1. 材质选择

虽然消泡剂无腐蚀，但考虑到在杀菌时碳钢会生锈，内筒仍使用不锈钢，外筒用碳钢制作。

2. 几何尺寸的确定

考虑到作为计量之用，取 $H/D=2.5:1$；锥底，椭圆封头，夹套加热冷却。

主要尺寸计算结果：

罐径 $D=0.8(\mathrm{m})$

罐高 $H=2.0(\mathrm{m})$

可装容积 $V=1.15(\mathrm{m}^3)$

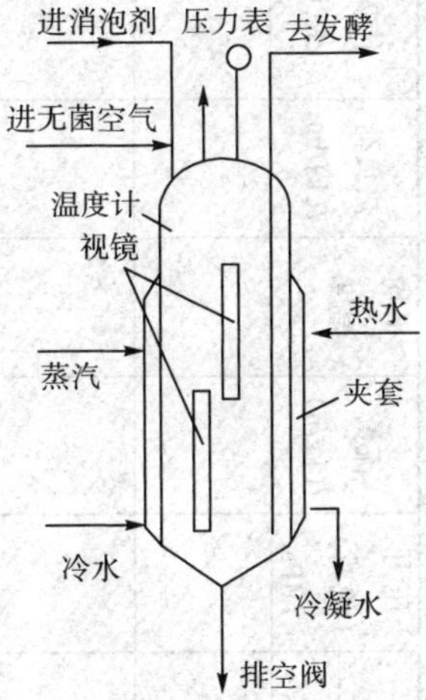

图 5－10　泡敌灭菌(计量)罐示意图

第五节　设备一览表

一、主要设备明细表

通过设备的工艺设计计算，除了定型的通用设备以外，对于生化反应器(发酵罐、种子罐)、换热器、塔器等主要设备都应列设备明细表。其主要格式分别见表5－11、表5－12、表5－13。

二、设备一览表

在所有设备选型与设计完成以后，按流程图序号，将所有设备逐一汇总编成设备一览表，作为设计说明书的组成部分，并为下一步施工设计以及其他非工艺设计和设备订货提供必要的条件。

表 5－11

换热器(H)

序号	流程编号	名称	介质	程数	温度		压力(绝对)/MPa	流量/(kg/h)	平均温度/℃	热负荷/(kJ/h)	传热系数/[kJ/(h·℃)]	传热面积		型式	挡板间距/mm	备注
					进	出						计算	采用			

表 5－12

生化反应器(F)

序号	流程编号	名称	只数	型式	操作条件			体积流量/(m^3/h)	空速/(m^2/m^3)	容量/m^3	装料系数	线速度/(m/s)	停留时间/min	规格		备注
					介质	温度	压力(绝对)/MPa							内径×长度/mm	容积/m^3	

表 5－13

塔器(T)

序号	流程编号	名称	介质	操作温度		塔顶压力(绝对)/MPa	回流比	气相负荷/(m^3/h)	液相负荷/(m^3/h)	允许空塔线速/(m/s)	降液管停留时间/s	塔径/mm		塔板型式	塔板间距或填料高度/mm		塔板块数		塔高/mm	备注
				塔顶	塔底							计算	实际		计算	实际	计算	实际		

表 5－14

设备一览表

××设计单位名称	工程名称		综合设备一览表	编制		年　月　日	工程号	
	设计项目			校对		年　月　日	库　号	
	设计阶段			审校		年　月　日	第　页	共　页

序号	设备分类	流程图位号	设备名称	主要规格型号材料	面积/m^2 或容积/m^3	附件	数量	单重/kg	单价/元	图纸图号或标准图号	设计或复用	保温		安装图号	制造厂	备注
												材料	厚度			

表5－14为供参考的设备一览表。在填写设备一览表时，通常按生产工艺流程顺序排列各车间的设备。也可把各车间的设备按专业设备、通用设备、非标准设备进行分类填写设备一览表。以便于将各类设备汇总，分别交给各部门进行加工和采购。

第六节　化工设备图

一、概　　述

（一）化工设备图的基本内容

生物工程工业的生产过程，大都可以归纳为化工过程的一些基本单元操作，如蒸发、干燥、吸收、蒸馏、过滤、冷凝等。因此，发酵设备实际上属于化工设备类型。我们对化工设备图的表达特点讨论清楚以后，生物工程设备图的表达特点也就掌握了。为了使内容更具广泛性，本节以化工设备图进行讨论。

化工设备图的内容包括：一组视图、尺寸标注、零部件编号及明细栏、管口符号与管口表、技术特性表、技术要求、标题栏等内容。

（二）化工设备结构的基本特点

首先必须认识化工设备结构的基本特点，才能认识化工设备图的表达特点。

1. 化工设备的种类

化工设备的种类很多，按照它们的结构特点，可分以下四种类型。

（1）容器　主要用来贮存原料、中间产品和成品。按形状有圆柱形、球形、矩形容器等。以圆柱形容器应用最广，生物工程工厂广泛使用，例贮酒罐、糖液罐、清酒罐、曲乳罐等。

（2）换热器　主要用来使两种不同温度的物料进行热量交换。换热器种类很多，如列管式换热器、喷淋式换热器、螺旋板换热器、蛇管换热器等。

（3）反应器　主要用来使物料在其中进行化学（生化）反应，生成新的物质；或者使物料进行搅拌、沉降等单元操作。生物工程工厂使用的发酵罐、糖化罐、液化锅、结晶锅、拌和罐等都属于此类型。

（4）塔器　主要用于吸收、蒸馏、萃取等化工单元操作。酒精工厂的蒸馏塔应用最广泛。

2. 化工设备的结构特点

从上述四类典型化工设备的分析中，结构上的共同特点有：

（1）壳体以回转形体为主　化工设备的壳体，主要有筒体和封头两部分组成，其中筒体以回转形体为主，尤以圆柱形为多。图5－11中的筒体和封头都是回转体。

（2）尺寸相差悬殊　化工设备总体尺寸与某些局部结构（例壁厚、管口等）的尺寸，往往相差悬殊。如图5－11中筒体高为1 438mm、直径为1 000mm、筒体的壁厚只有5mm。

（3）有较多的开孔和管口　根据化工工艺的需要，在设备壳体（包括筒体和封头）的轴向和周向各种位置上，有较多的开孔和管口，用以安装各种零部件和连接管路。如图5－11中，容器顶封头上有手孔和三个管口，筒身有两个液面计接管口。

（4）大量采用焊接结构　化工设备各部分结构的连接和零部件的安装连接，大量采用焊接结构。如图5－11中不仅筒体由钢板卷焊而成，封头、管口、手孔、支座与筒体的连接，均采用焊接方法。

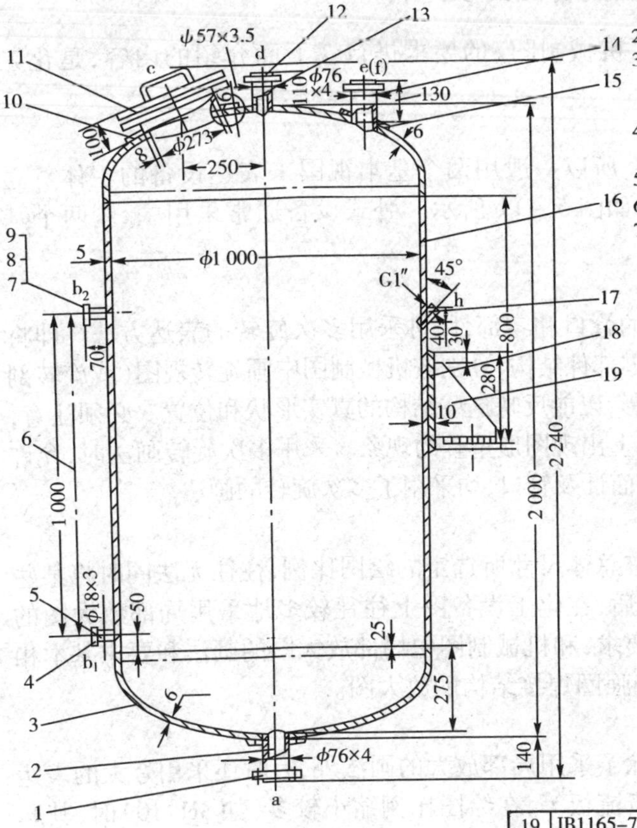

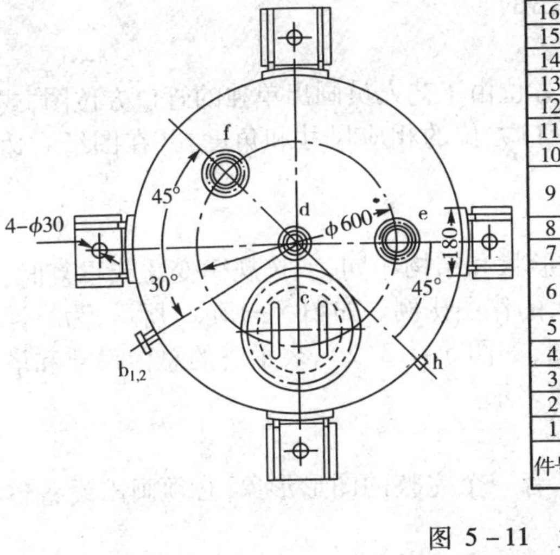

技术要求

1. 本设备按JB 741-73《钢制焊接容器技术条件》进行制造、试验和验收。
2. 焊接采用电焊，焊条型号 T422。
3. 焊接接头型式按GB 985-67中规定。除图中注明外，对接头采用DV_2,T 字型接头采用T_1,搭接接头采用Dal连续焊。法兰的焊接按相当法兰标准中的规定。
4. 连接液面计的上下接管法兰面，应在同一垂直平面，其垂直中心线偏差 <1mm。
5. 设备制造完毕后，以0.368MPa(表压)进行水压试验。
6. 设备制造完毕后，外表面应涂红丹二度。
7. 管口及支座方位见本图。

技术特性表

名　称	指　标
设计压力	0.245MPa
设计温度	0~200℃
计算容积	1.4m^3
允许腐蚀裕度	1.5mm

管　口　表

符号	公称尺寸	连接尺寸，标准	连接面形式	用途
a	65	P_g10D_g65HG5010-58	平面	
$b_{1,2}$	15	P_g10D_g15HG5010-58	平面	液面计口
c	250	P_g10D_g250JB589-64		手孔
d	50	P_g10D_g50HG5010-58	平面	
e	65	P_g10D_g65HG5010-58	平面	
f	65	P_g10D_g65HG5010-58	平面	
h	25	G1″	螺纹	测温孔

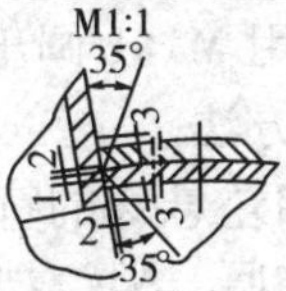

设备总重~412.3kg

件号	图号或标准号	名　称	数量	材料	单质量(kg)	总质量(kg)	备注
19	JB1165-73	支座A4.0,JB1165-73	4	A_3F	7.35	29.4	
18		垫板280×180, δ=10	4	A_3F	4	16	
17		接头G1″	1	A_3		0.2	L=40
16		筒体ϕ1 000δ=5	1	A_3F		173.6	H=1 438
15	JB1207-73	补强圈$D_g65\times6$	2	A_3F	0.49	0.98	
14		接管ϕ76×4	2	20	1.2	2.4	L=130
13		接管ϕ57×3.5	1	20		0.6	L=110
12	HG5010-58	法兰P_g10D_g50	1	A_3		2.1	
11	JB589-64	手孔P_g10D_g50	1	组合件		41.1	
10	JB1207-73	补强圈$D_g250\times6$	1	A_3F		5.68	
9	JG125-66	垫片 50/ϕ20 δ=1.5	2	石棉橡胶板			×B200
8	GB41-76	螺母AM12	8	A_3		0.15	
7	GB5-76	螺栓M12×4.5	8	A_3		0.5	
6	HG5-226-65	液面计AⅢW P_g6L=1 000	1	组合件		8	
5		接管ϕ18×3	2	20	0.1	0.2	L=70
4	HG5010-58	法兰 P_g10D_g15	2	A_3	0.5	1.0	
3	JB1154-73	封头$D_g1\ 000\times6$	2	A_3F	55.5	111	
2		接管ϕ76×4	1	20		11	L=140
1	HG5010-58	法兰 P_g10D_g65	3	A_3	2.8	8.4	

图 5-11　立式容器装配图

（5）广泛采用标准化、通用化、系列化的零部件，如图 5-11 中的手孔、液面计、管法兰、封头等均为标准化零部件。

二、化工设备图的表达特点

化工设备图的绘制，按国家标准《机械制图》的要求进行。下面介绍的内容，是化工设备图与机械图样不同的表达特点。

1. 基本视图的配置

化工设备的形体以回转形体居多，所以一般用两个基本视图来表达设备的主体。立式设备通常采用主、俯两个基本视图，如图 5－11 所示。卧式设备通常采用主、左两个基本视图。主视图一般采用全剖视。

2. 多次旋转的表达方法

为了在主视图上清楚地表达设备的管口和零部件，可采用多次旋转的表达方法。即将分布在设备周向方位上的一些管口或零部件结构，分别按机械制图中画旋转视图（或旋转剖视）的方法，在主视图上画出它们的投影，以能反映这些结构的真实形状和位置。必须注意，在应用多次旋转的画法时，不能使视图上出现图形重叠的现象。采用多次旋转画法时，允许不作任何标注。图 5－11 中的手孔、液面计及管口，均采用了多次旋转的画法。

3. 局部结构的表达方法

由于化工设备的尺寸相差悬殊，按总体尺寸所选定的绘图比例，往往无法同时将某些局部形状表达清楚。为了解决这个矛盾，在化工设备图上往往较多地采用局部放大图的表达方法，常称节点图。它的画法和要求，和机械制图中局部放大图的画法和要求基本相同。如图 5－11 中，用 M1∶1 画出了补强圈焊接结构的放大图。

4. 夸大的表达方法

化工设备尺寸相差悬殊的特点，除了采用局部放大的画法外，有时还采用夸大的表达方法。例如设备的壁厚、垫片、挡板、折流板等，在绘图比例缩小较多（如 M1∶10）时，其厚度一般无法画出，这就必须用夸大的方法，即不按比例，适当夸大地（用双线）画出它们的厚度。如图 5－11 中的壁厚，是用夸大方法画出的。

5. 管口方位的表达方法

化工设备上的管口较多，一般设备的管口方位由工艺人员画出单独的管口方位图，或在设备的俯（左）视图上表示管口方位，注出管口方位的相应尺寸和角度，并在图纸右边编写设备管口表，如图 5－11 所示。

6. 断开和分段（层）的表达方法

当设备的总体尺寸很大，又有相当部分的形状和结构相同，或按规律变化或重复时，可采用断开的画法，以简化作图，便于选用较大的作图比例。如图 5－12（1）所示，为一浮阀塔的断开画法。但这种情况必须附有整体图，如图 5－12（2），表示塔的总体尺寸和塔盘总数情况。断开符号用两条平行的双点划线表示。

7. 设备整体的表达方法

设备采用断开或分段（层）的画法后，为了有一个完整的图形形象，必须画出设备整体图形。

一般用较大的缩小比例，用单线画出整个设备的主要形状和结构（设备的内件，如塔板等，一般画成虚线。若全剖，可画成实线）。图上一般应表示：设备总高，各管口的定位尺寸和标高，人（手）孔的位置，塔板（或其他主要内件）的总数，顺序号及间距，塔节的总数和标高，以及操作平台、塔箍等附件的标高位置等，如图 5－13 所示。

各部门根据多年实践，在化工设备图中，补充规定了一些简化画法，如管法兰、螺栓、螺栓孔、多孔板孔眼、填充物、液面计、衬里、外购零部件（减速机、电动机、人孔、搅拌桨叶等）等的简化画法，请参阅有关化工制图资料。

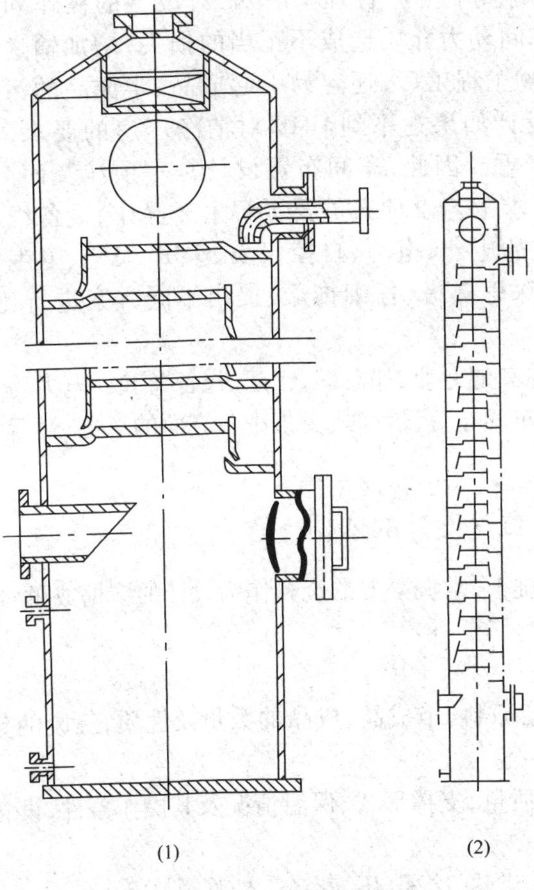

(1)　　(2)

图 5－12　断开和分段的表达方法

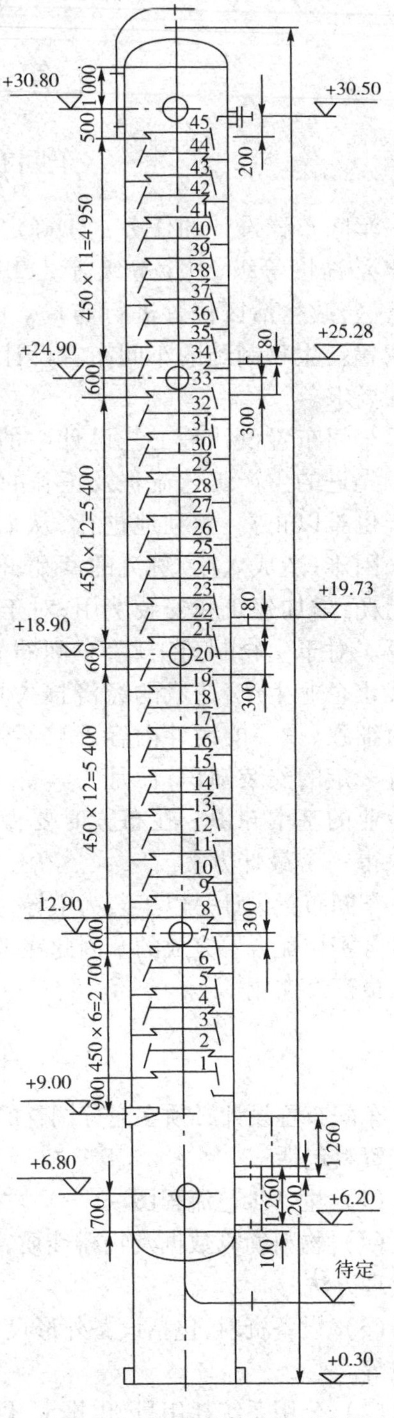

图 5－13　设备整体的表达方法

第六章　车间布置设计

第一节　概　　述

一、车间布置设计的任务和重要性

车间布置设计的任务：①确定车间火灾危险类别、爆炸和火灾危险性场所等级、GMP 洁净度等级、卫生等级等。②确定车间的结构型式及主要尺寸，并对生产区、辅助区、行政生活区位置进行布局。③确定车间所有设备在车间建筑平面和空间的相对位置。生物制药的车间布置设计必须达到药品生产质量管理规范（GMP）对洁净厂房的要求。

车间布置设计是工艺设计中的重要组成部分，它关系着整个车间的命运。即使有了先进的生产工艺流程及正确的设备选型和设计，而没有合理的车间布置相配合，生产也难以正常、顺利地进行，从而影响整个生产管理。诸如：对设备的操作和维修带来困难；造成人流、货流的紊乱；使车间动力介质造成不正当的损失；增加输送物料的能耗；增加建筑和安装费用；对于生物工程工厂，还容易引起成品、半成品的污染损失等。对于生物制药工厂，车间布置设计如果达不到 GMP 对洁净厂房的要求，国家将禁止企业生产，造成的经济损失更严重。因此，车间布置设计是一项涉及面广，复杂而细致、重要的设计内容。它不仅要求工艺设计人员要了解生产操作、设备维修和具有一定的安装知识，而且要具备一定的土建、电力、自控仪表、GMP、安全、卫生等其他专业的基本知识。在布置时要做到深思熟虑、仔细推敲，提出不同方案进行比较，以取得一个最佳方案。

车间布置设计是以工艺为主导，并在其他专业，如总图、土建、设备、安装、电力、暖风、外管等密切配合下完成的。因此在进行车间布置设计时，要集中各方面的意见，最后由工艺人员汇总完成。

二、车间布置设计的依据

车间布置设计必须在充分调查的基础上，掌握必要的资料作为设计的依据或供参考。这些资料包括：

（1）生产工艺流程图。

（2）物料衡算数据及物料性质，包括原料、半成品、成品的数量及性质，三废的数量及处理方法。

（3）设备资料，包括设备外形尺寸、质量、支撑形式、保温情况及其操作条件，设备一览表等。

（4）公用系统耗用量，供排水、供电、供热、冷冻、压缩空气、外管资料等。

（5）土建资料和劳动安全、防火、防爆、卫生等标准和药品生产质量管理规范（GMP）。

（6）车间生产对通风、空调、空气净化的要求。

（7）车间组织及定员资料。

（8）厂区总平面布置，包括本车间与其他生产车间、辅助车间、生活设施的相互联系，厂内人流物流的情况与数量。

（9）有关布置方面的一些规范资料。

三、生物工程工厂生产车间组成

生物工程工厂生产车间一般由以下几部分组成：

（1）生产部分，包括原料工段、生产工段、成品工段、回收工段、控制室等。

（2）辅助部分，包括通风空调室、变配电室、化验室等。

（3）生活行政部分，包括车间办公室、会议室、更衣室、休息室、浴室以及卫生间等。

辅助部分和生活行政部分，也可称车间附属工程。

例如大型啤酒工厂的主要生产车间有麦芽车间、糖化车间、发酵车间和包装车间。小型啤酒厂的主要生产车间为麦芽车间和啤酒车间（包括糖化工段、发酵工段、包装工段）。

味精工厂的主要生产车间有糖化车间、发酵车间、提取车间、精制车间、包装车间。

生物制药工厂的主要生产车间有发酵车间、提取车间、精制车间、制剂车间等。

工艺设计人员主要完成生产车间的设计。辅助车间、动力车间（例变电所、锅炉房、冷冻站、水泵房等）由相对应的配套专业人员承担设计。

在进行生产车间布置设计时，首先要了解和确定生产车间的基本组成部分及其具体内容和要求。只有全面了解和明确了车间的组成部分后，才能进行平面布置，才能防止遗漏和不全。

四、车间布置设计的内容

车间布置设计分初步设计和施工图设计两个阶段，这两个阶段进行的内容和深度是不相同的。在初步设计阶段，由于处于设计的初始阶段，能为车间布置设计提供的资料有限，并且也不准确。在这个阶段，工艺设计人员根据工艺流程图、设备一览表、工厂总平面布置图，配电、控制室、生活行政福利设施的要求以及物料贮存和运输情况等资料画出车间的布置草图，提供给建筑设计专业人员做厂房建筑的初步设计。在工艺设计人员取得建筑设计图后，再对车间布置草图进行修改，然后画出初步设计阶段的车间平面、立面布置图。

初步设计阶段的车间布置设计应包括以下内容：①确定车间火灾危险类别、爆炸和火灾危险性场所等级、GMP 洁净度等级、卫生等级等；②生产工序、生产辅助设施、生活行政福利设施的平面、立面布置；③车间场地和建筑物、构筑物的位置和尺寸；④设备的平面、立面布置；⑤通道系统、物料运输设计；⑥安装、操作、维修的平面和空间设计。

初步设计阶段车间布置设计的成品是一组平、立面布置图，列入初步设计的设计文件中。

施工图设计阶段的车间布置设计是在初步设计车间布置图的基础上进行的，初步设计批准后，各专业要进一步对车间布置进行研究并进行空间布置的配合，全面考虑土建、仪表、电气、暖通、供排水等专业与机修、安装操作等各方面的需要，最后得到一个能满足各方面要求的车间布置。在这一阶段，由于设备设计、管路设计均已进行，因而设备尺寸、管口方位、管路走向、仪表安装位置等均可由各专业设计人员协商提供，电气、仪表、暖通、供排水、外管等设计工作的进行也为最后落实车间布置提供了十分全面、详尽的资料，经多方协商研究、修改和增删，最后得到施工图设计阶段的车间布置图。

施工图设计阶段布置设计的内容如下：①落实初步设计车间布置的内容；②确定设备管口和仪表接口的方位和标高；③物料与设备移动、运输设计；④确定与设备安装有关的建筑物尺寸；⑤确定设备安装方案；⑥安排管路、仪表、电气管线的走向，确定管廊位置。

施工图阶段的布置设计，必须有所订设备制造厂返回的设备图（列出地脚螺栓，外形尺寸，主要管口方位、质量等）作依据，才能成为最后成品。

施工图设计阶段车间布置的成品是最终的车间布置平面、立面图，列入施工图阶段的设计文件中。

车间布置设计的具体内容一般有如下几方面。

1. 厂房的整体布置和轮廓设计

（1）车间建筑的轮廓、跨度、柱距和编号、楼层层高。划分并确定生产、辅助、生活设施的分隔及位置。生物制药工厂还需确定厂房内各分区的洁净度等级。

（2）门、窗、楼梯位置。

（3）吊装孔、预留孔、地坑等位置尺寸。

（4）标高。

2. 设备的排列和布置

（1）设备外形的几何轮廓，顺序编号（流程号）。

（2）设备的定位尺寸（水平及垂直定位尺寸），设备离墙纵横间距，定出设备中心位置。一般定位标准是以建筑物中心作为定位基准线的。设备标高。

（3）操作台位置及标高。

3. 车间附属工程设计

车间附属工程设计是指分布在车间总体建筑内的非生产性或非直接工艺生产性用房。包括：

（1）辅助生产房间的配置　如车间变电所或配电室、配汽室、空调机室、空气压缩机室、通风机室、除尘用室等。

（2）工艺辅助房间的配置　如质量检验室、分析化验室、保全及检修室、车间贮藏室等。

（3）生活用房配置　如设在车间内的办公室、会议室、更衣室、休息室、卫生间（厕所浴室）等。

4. 车间布置设计说明

说明车间设备布置的特点和优点。

5. 车间布置设计的图纸

（1）各层平面布置图。

（2）正立面图（包括正立面图和侧立面图）。

（3）各部分剖面图。

第二节　车间布置设计的原则

一个优良的车间布置设计应该是，技术先进、经济合理、节省投资、操作维修方便、设备排列简洁、紧凑、整齐、美观。对于生物制药洁净厂房的车间布置设计，必须符合GMP规范。要达到这样的要求，在进行具体的车间布置设计时，必须从工艺、操作、安全、维修、施工、经济、美观及扩建上考虑。本节主要介绍生物工程车间布置设计的一般常用原则，对于生物制药洁净厂房的布置设计，除需遵循车间布置设计的一般常用原则外，还需遵循医药工业洁净厂房设计规范和药品生产质量管理规范。生物制药洁净厂房的布置设计原则，将在本章第三节介绍。

生物工程车间布置设计应遵循以下一般常用原则。

1. 满足生产工艺的要求

车间设备布置必须按流程的流向顺序依次进行设备的排列，以保持物料顺畅地向前输送，按顺序进行加工处理，保证水平方向和垂直方向的连续性。不使物料和产品有交叉和往复的运动。尽可能利用工艺位差、对于有位差的设备，应充分利用高位差布置，以节省动力设备及费用。

一般来说，凡计量设备、高位槽等布置在最高层，主要设备如啤酒厂糖化锅、煮沸锅，布置在中层，贮槽、发酵罐等布置在底层。这样既可利用位差进出物料，又可减少楼面的荷重，降低造价。

2. 满足生产操作的要求

（1）每一个设备都要考虑一定地位，包括设备本身所占地位，设备附属装置所占地位，操作地位，设备检修拆卸地位以及设备与设备、设备与建筑物间的安全距离等。

（2）设备布置应考虑为操作工人能管理多台设备或多种设备创造条件。凡属相同的几套设备或同类型的设备或操作性质相似的有关设备，应尽可能集中布置，使之彼此靠近，以便统一管理，集中操作，方便维修及部件的互换。例如塔设备、热交换器、泵成组布置在一处等。

（3）设备布置不宜过挤或过松，宜尽量对称紧凑，排列整齐，充分利用空间。设备间的距离要充分考虑工厂操作的要求和交通的便利。车间内要留有堆放原料、成品及排出物和包装材料的空地（能堆放一批或一天的量）以及必要的运输通道。具有运动机械的设备，还要考虑设置安全防护装置的地位。

（4）要考虑相同设备或相似设备互换使用的可能性和方便性。这样，可充分发挥设备的潜在力量。

（5）设备的自动测量仪表要集中控制，阀门控制尽量集中，便于工人操作。

3. 满足设备安装、检修的要求

(1) 根据设备大小及结构,考虑设备安装、检修及拆卸所需要的空间和面积。

(2) 满足设备能顺利进出车间的要求。经常搬动的设备应在设备附近设置大门或安装孔,大门宽度比最大设备宽0.5m,当设备运入厂房后,很少再需整体搬出时,则可设置安装洞,即在外墙留预留洞口,待设备运入后,再行砌封。

(3) 通过楼层的设备,楼面上要设置吊装孔。吊装孔可设计为有盖板或无盖板两种。如无盖板,在孔周围应设置可拆的栏杆。一般比较固定的设备也可在楼层外墙上设置安装洞,设备可在室外吊上,由安装洞口运入。另外,生物发酵工厂设备通过楼层安装者为数较多。例如抗菌素厂、氨基酸厂、味精厂、柠檬酸厂、酶制剂厂、酒精厂的发酵罐,糖化设备等,都是一半在楼下,一半在楼上。凡属此种类型设备安装时,也可直接从设备本身在楼层上的安装孔中吊上,这样安装是比较方便的。

(4) 必须考虑设备的检修和拆卸以及运送物料所需要的起重运输设备。起重设备的形式,可根据使用要求决定。如果不设计永久起重运输装置时,也应该考虑有安装临时起重运输设备的场地及预埋吊钩,以便悬挂起重葫芦。当厂房内没有永久性起重运输设备时,要考虑物料的起吊和运输设备本身的高度,设备的起重运输高度,应大于运输途中最高设备的高度。

4. 满足厂房建筑的要求

(1) 凡是笨重设备或运转时会产生很大振动的设备,如压缩机、粉碎机、大型通风机、离心机等,应该尽可能布置在厂房的底层,以减少厂房楼面的荷载和振动。

(2) 有剧烈振动的设备,其操作台和基础不得与建筑物的柱、墙连在一起,以免影响建筑物的安全。

(3) 设备布置时,要避开建筑的柱子及主梁。如设备吊装在柱子或梁上,其荷重及吊装方式需事先告知土建专业人员,并与其协商。

(4) 厂房内所有操作台必须统一考虑,避免平台支柱零乱重复,影响车间美观、生产操作及检修。

(5) 设备不应该布置在建筑物的沉降缝或伸缩缝处。

(6) 在厂房的大门或楼梯旁布置设备时,要求不影响开门和行人出入。

(7) 在不严重影响工艺流程顺序的原则下,将较高设备尽量集中布置,这样可以简化厂房体形,节约厂房体积,另外还可利用建筑上的有利条件,如利用天窗的空间安装较高设备。

5. 满足节约建设投资的要求

(1) 凡是可以露天或半露天布置的设备,如酒精厂、啤酒厂的发酵罐,无菌空气设备,贮槽等,可根据使用和操作的特点,与设备设计配合采取露天或半露天布置,减少建筑面积,节约厂房建筑费。

(2) 厂房非高层化是近代工厂的设计特点。采用低层建筑,具有设计容易,施工和安装设备简单,建筑费用较低,动力消耗少,操作维修方便等优点。目前制药工业参考国内外新建的符合GMP厂房的设计,制剂车间以建造单层大框架、大面积的厂房最为合适。除非在场地特别紧张的地方,不得已仍用高层建筑。一般以采用低层建筑为好。

(3) 工艺管道应集中布置,要尽可能地缩短设备间管线,供汽、供无菌空气、供电的设备位置应尽量靠近负荷中心,使管线最短,热损最少,减少管线投资和节约能耗。

(4) 尽量采用一般的土建结构,非必要时,尽可能少用或不用特殊的土建结构。

(5) 设备的操作面尽可能与通道安排在同一侧。

6. 满足安全、卫生和防腐蚀的要求

(1) 生物工程工厂车间卫生是正常生产的首要环节。因此,在车间布置设计时,必须考虑到车间卫生条件,必须符合《工业企业设计卫生标准》、《洁净厂房设计规范》等规定。发酵车间要建在上风区,远离污染源。车间内通风、排废水、废气要合理布置,防止杂菌污染和交叉污染。例如味精厂对噬菌体的防治,在车间布置设计时应予以足够重视。

(2) 要为工人操作创造良好的安全卫生条件。设备布置时尽可能做到工人背光操作,高大设备避免靠窗布置,以免影响采光。对运转时噪声大、粉尘多、有毒气、腐蚀气体的设备,应考虑采取隔断(离)、加强通风除尘等措施,以保证操作人员健康。

(3) 易燃易爆车间要考虑方便工人疏散和防火灭火措施。例如酒精工厂的粉碎车间、蒸馏车间,抗菌素厂提取、精制车间,在设计中必须保证符合我国政府有关部门制定的《建筑设计防火规范》、《爆炸和火灾危险环境电力装置设计规范》等文件规定。

(4) 凡产生腐蚀性介质的设备,其基础、设备周围地面、墙、柱都要采取防护措施。

7. 满足生产发展的要求

根据生产发展的需要与可能,考虑留有增加产量、增添设备的余地,在设计中应尽可能采用使原有建筑物变动量少,不妨碍生产正常进行,且施工的工作量少的方案。

第三节　生物制药洁净厂房布置设计

一、药品生产质量管理规范(GMP)

药品生产质量管理规范(good manufacturing practice,简称 GMP)。GMP 是药品生产质量管理的基本准则,适用于药品制剂生产的全过程和原料药生产中影响成品质量的关键工序(精烘包工序)①。所有药品生产企业,只有通过国家 GMP 认证,才准许药品生产。GMP 要求硬件设施,即厂房、设施、设备以及与产品相适应的洁净环境达到国家规定的要求。也就是说,医药洁净厂房的设计,必须围绕工艺流程规定,综合土建、供排水、供电、通风、空调净化、自控等专业的要求,遵循 GMP 规定的原则,建造一个清洁、卫生的生产环境,生产出质量合格的医药产品。

生产洁净厂房的空气洁净度和温湿度对产品质量有极其重要的影响。空气的洁净含义,其一是指洁净空气,其二是指空气净化。空气净化对象的洁净程度称“洁净度”,通常用一定面积或一定体积空气中所含污染物质的大小和数量来表示。空气洁净是实现 GMP 的一个重要因素和必要条件,必须符合 GMP 标准。

GMP 定义的空气洁净度级别和各种制剂过程对洁净度的要求见附录二。

---

① 指制药过程中的精制、烘干和包装工序,简称“精烘包”。

二、生产环境区的划分

1. 生产环境区的划分

根据原国家医药监督管理局发布的《药品生产质量管理规范》(1998 年修订)附录,按照生产工艺和产品质量的要求,生产车间的环境可划分为一般生产区、控制区和洁净区。

一般生产区系指无洁净度要求的生产车间及辅助车间等;控制区(100 000 级及大于 100 000 级)系指对洁净度或菌落数有一定要求的生产车间及辅助车间;洁净区(10 000 级、局部 100 级)系指有较高洁净度或菌落数要求的生产车间。

对各生产环境区的要求如表 6-1 所示。

表 6-1 环境控制区分类

生产区分类	洁净度级别/级	尘埃		菌落数	分类举例
		粒径/μm	浓度/(个/L)		
一般区					无洁净度要求的生产车间及辅助车间
控制区	>100 000	≥0.5	≤35 000	暂缺	能热压灭菌的注射剂配制室粉针剂的轧盖工序
	100 000	≥0.5	≤3 500	平均≤10	能热压灭菌的注射剂瓶子的烘干、贮存;大输液、水针剂、滴眼剂的灌封;不能热压灭菌的注射剂调配室;注射剂瓶子的清洗工序;滤膜过滤设备的装配等
洁净区	10 000	≥0.5	≤350	平均≤3	不能热压灭菌的注射剂瓶子的烘干、贮存;粉针剂原料的过筛、混合、分装、加塞、灌封、冻干;无菌原料药的结晶、干燥工序等
	局部 100	≥0.5	≤3.5	平均≤1	菌种接种工作台

注:洁净度以动态测定为准;9cm 双碟露置 30min。

生物工程工厂中,凡是生产原料药的精烘包车间,例如抗生素厂、氨基酸厂的原料药生产精烘包车间及药厂生产各类制剂的车间,车间布置设计必须符合 GMP 的洁净厂房要求。

2. 环境区域划分举例

(1) 原料药"精烘包"环境洁净级别 "精烘包"是原料药生产的最后工序,也是直接影响成品质量的关键步骤。它包括:粗品溶解、脱色过滤、重结晶、过滤、干燥、粉碎、筛分、包装或浓缩液无菌过滤、喷雾干燥、筛分、包装等步骤。《药品生产质量管理规范》规定，除粗品溶解、脱色过滤按一般生产区处理外，其他过程均有洁净等级的要求.洁净等级的高低视产品性质有所不同。

GMP 规定，口服原料药成品的结晶、干燥、过滤、包装等工序的洁净级别为 300 000 级至 100 000 级，采用初、中效二级过滤的洁净空气；无菌原料药的结晶、干燥、过筛、包装等工序则采用 10 000 级的洁净空气。

（2）片剂生产工艺流程框图及环境区域划分（图 6－1）　片剂生产工艺流程中粉碎、配料、混合、制粒、压片、包衣、分装等工序为洁净生产区域，其他工序为一般生产区域，洁净区洁净度要求 300 000 级。

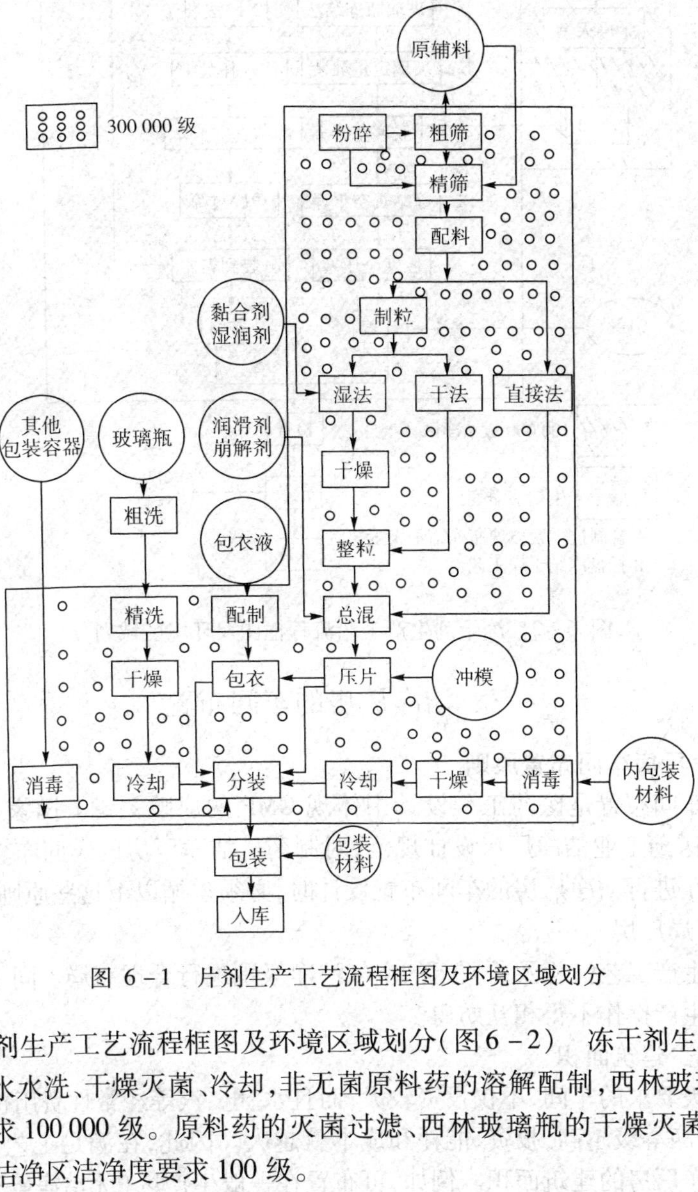

图 6－1　片剂生产工艺流程框图及环境区域划分

（3）冻干剂生产工艺流程框图及环境区域划分（图 6－2）　冻干剂生产工艺流程中，胶塞的注射用水水洗、干燥灭菌、冷却，非无菌原料药的溶解配制，西林玻璃瓶的洗瓶，洁净区洁净度要求 100 000 级。原料药的灭菌过滤、西林玻璃瓶的干燥灭菌、药液灌装、冻干、压塞轧盖，洁净区洁净度要求 100 级。

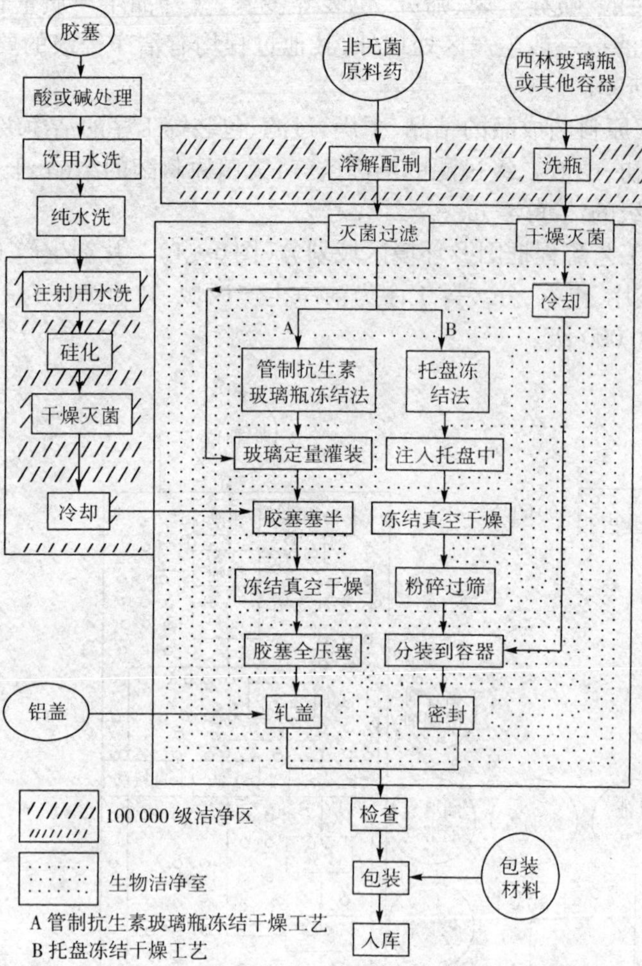

图 6－2　冻干剂生产工艺流程框图及环境区域划分

三、洁净厂房的车间布置

（一）洁净厂房车间布置原则

洁净厂房车间布置是医药工程设计中体现 GMP 的成败关键。国家《药品生产质量管理规范》和《医药工业洁净厂房设计规范》对制药厂洁净厂房的车间布置原则和要求都有明确规定。在进行洁净厂房的车间布置设计时，必须遵循以下这些原则。

1. 合理布局厂房

厂房应按生产工艺流程及所要求的空气洁净级别进行合理布局。同一厂房内以及相邻厂房之间的生产操作不得相互妨碍。

2. 尽量减少建筑面积

有洁净等级要求的车间，不仅投资较大，而且水、电、汽等经常性费用也较高。一般情况下，厂房的洁净等级越高，投资、能耗和成本就越大。因此，在满足工艺要求的前提下，应尽量减少洁净厂房的建筑面积。例如，可布置在一般生产区（无洁净等级要求）进行的操作不要布置在洁净区内进行，可布置在低等级洁净区内进行的操作不要布置到高等级洁净区内进行，以最大限度地减少洁净厂房尤其是高等级洁净厂房的建筑面积。

3. 防止污染或交叉污染

(1) 在满足生产工艺要求的前提下，要合理布置人员和物料的进出通道。其出入口应分别独立设置，并避免交叉、往返。

(2) 应尽量减少洁净车间的人员和物料出入口，以利于全车间洁净度的控制。

(3) 进入洁净室（区）的人员和物料应有各自的净化用室和设施，其设置要求应与洁净室（区）的洁净等级相适应。

(4) 洁净等级不同的洁净室之间的人员和物料进出，应设置防止交叉污染的设施。

(5) 若物料或产品会产生气体、蒸汽或喷雾物，则应设置防止交叉污染的设施。

(6) 进入洁净厂房的空气、压缩空气和惰性气体等均应按工艺要求进行净化。

(7) 输送人员和物料的电梯应分开设置，且电梯不宜设在洁净区内，必须设置时，电梯前应设气闸室或其他防污染设施。

(8) 根据生产规模的大小，洁净区内应分别设置原料存放区、半成品区、待验品区、合格品区和不合格品区，以最大限度地减少差错和交叉污染。

(9) 不同药品、规格的生产操作不能布置在同一生产操作间内。当有多条包装线同时进行包装时，相互之间应分隔开来或设置有效的防止混淆及交叉污染的设施。

(10) 更衣室、浴室和厕所的设置不能对洁净室产生不良影响。

(11) 厂房应有防止昆虫和其他动物进入的设施。

(12) 洁净室（区）与非洁净室（区）之间必须设置缓冲设施，人、物流走向合理。

(13) 洁净室（区）内安装的水池、地漏的位置应适宜，不得对药品产生污染。100 级洁净区内不得设地漏。

4. 合理布置有洁净等级要求的房间

(1) 洁净等级要求相同的房间应尽可能集中布置在一起，以利于通风和空调的布置。

(2) 洁净等级要求不同的房间之间的联系要设置防污染设施，如气闸、风淋室、缓冲间及传递窗等。

(3) 不同空气洁净度级别的房间或区域宜按空气洁净度级别高低由里及外布置。

(4) 在有窗的洁净厂房中，一般应将洁净等级要求较高的房间布置在内侧或中心部位。若窗户的密闭性较差，且将无菌洁净室布置在外侧时，应设一封闭式的外走廊作为缓冲区。

(5) 洁净等级要求较高的房间宜靠近空调室，并布置在上风向。

(6) 洁净室（区）的窗户、天棚及进入室内的管道、风口、灯具与墙壁或天棚的连接部位均应密封。空气洁净度级别不同的相邻房间之间的静压差应大于 5Pa，洁净室（区）与室外大气的静压差应大于 10Pa，并应有指示压差的装置。

(7) 洁净室（区）的温度和相对湿度应与药品生产工艺相适应。无特殊要求时，温度应控制在 18～26℃，相对湿度控制在 45%～65%。

5. 对生产品种的特殊规定

(1) 生产青霉素类等高致敏性药品必须使用独立的厂房和设施，分装室应保持相对负压，排至室外的废气应经净化处理并符合要求，排风口应远离其他空气净化系统的进风口;生产 β - 内酰胺结构类药品必须使用专用设备和独立的空气净化系统,并与其他药品生产区域严格分开。

(2) 生产用菌毒种与非生产用菌毒种、生产用细胞与非生产用细胞、强毒与弱毒、死毒与活毒、脱毒前与脱毒后的制品和活疫苗与灭活疫苗、人血液制品、预防制品等的加工或灌装不得同时在同一生产厂房内进行,其贮存要严格分开。不同种类的活疫苗的处理及灌装应彼此分开。强毒微生物与芽孢菌制品的区域与相邻区域应保持相对负压,并有独立的空气净化系统。

6. 生产辅助用室的布置要求

(1) 称量室 宜靠近原辅料室,其空气洁净度级别宜同配料室。

(2) 设备及容器具清洗室 需要在洁净区内清洗的设备及容器具,其清洗室的空气洁净度级别应与本区域相同。100 级、10 000 级洁净区的设备及容器具宜在本区域外清洗,其清洗室的空气洁净度不应低于 100 000 级。

(3) 清洁工具洗涤、存放室 宜设在洁净区域外。如需设在洁净区内,其空气洁净度级别应与本区域相同。

(4) 洁净工作服的洗涤、干燥室 其空气洁净度级别可低于生产区一个级别。无菌工作服的整理、灭菌室的空气洁净度级别宜与生产区相同。

7. 室内装修应有利于清洁

洁净室内的装修应便于进行清洁工作。洁净室内的地面、墙壁和顶层表面均应平整光滑、无裂缝、不积聚静电,接口应严密、无颗粒物脱落,并能经受清洗和消毒。墙壁与地面、墙壁与墙壁、墙壁与顶棚等的交界连接处宜做成弧形或采取其他措施,以减少灰尘的积聚,并有利于清洁工作。

8. 设置安全出入口

工作人员需要经过曲折的卫生通道才能进入洁净室内部,因此,必须考虑发生火灾或其他事故时工作人员的疏散通道。

洁净厂房的耐火等级不能低于二级,洁净厂房每一生产层或洁净区域的安全出口数量均不应少于两个。无窗的厂房应在适当位置设置门或窗,以备消防人员出入和车间工作人员疏散。

安全出入口仅作应急使用,平时不能作为人员或物料的通道,以免产生交叉污染。

9. 卫生通道

(1) 卫生通道与洁净室分层设置。通常将换鞋、存外衣、沐浴、更内衣置于底层,通过洁净楼梯至有关各层,再经二次更衣(即穿无菌衣、鞋和手消毒室),最后通过风淋进洁净区。

(2) 卫生通道与洁净室设在同一楼层布置。

10. 物流路线

由车间外来的原、辅料等的外包装不宜进入洁净区,只能将拆除包装后的物料容器经处理后方能进入。进入 300 000 级和 100 000 级区域的容器具工具需对外表面进行擦洗。进入 10 000 级区域的需在缓冲间内用消毒水擦洗,然后通过传递窗或气闸,并用紫外线照射杀菌。灌装用的瓶子经过洗涤后通过双门烘箱或隧道烘箱经消毒后进入洁净区。

(二) 洁净厂房车间布置举例

固体制剂洁净厂房车间布置如图 6-3。

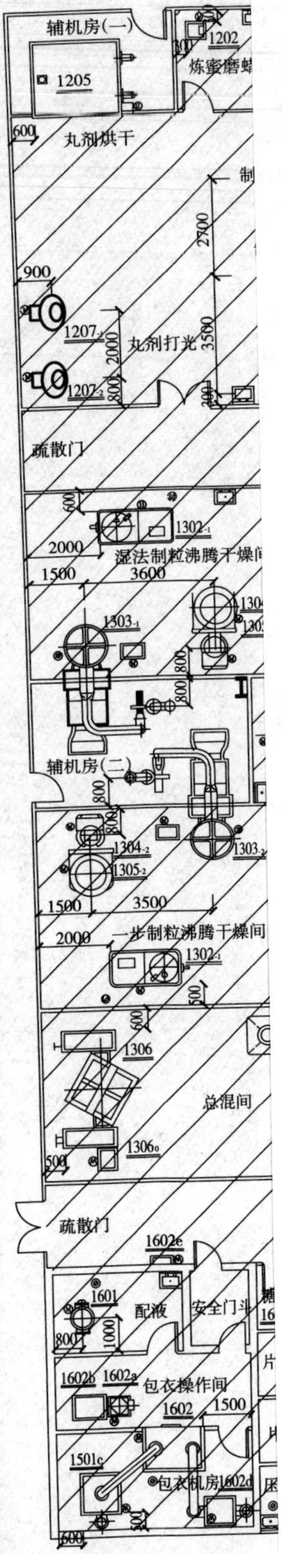
辅机房(一)
1202
1205
丸剂烘干
600
2700
900
1207
丸剂打光
2000
3500
800
疏散门
1302
湿法制粒沸腾干燥间
1500
3600
1303
辅机房(二)
1304
1305
1303
1500
3500
2000
一步制粒沸腾干燥间
1302
500
600
1306
总混间
500
疏散门
1602e
1601
配液
安全门斗
800
1000
1602b
1602a
包衣操作间
1602
1500
1501c
包衣机房
1602d
600

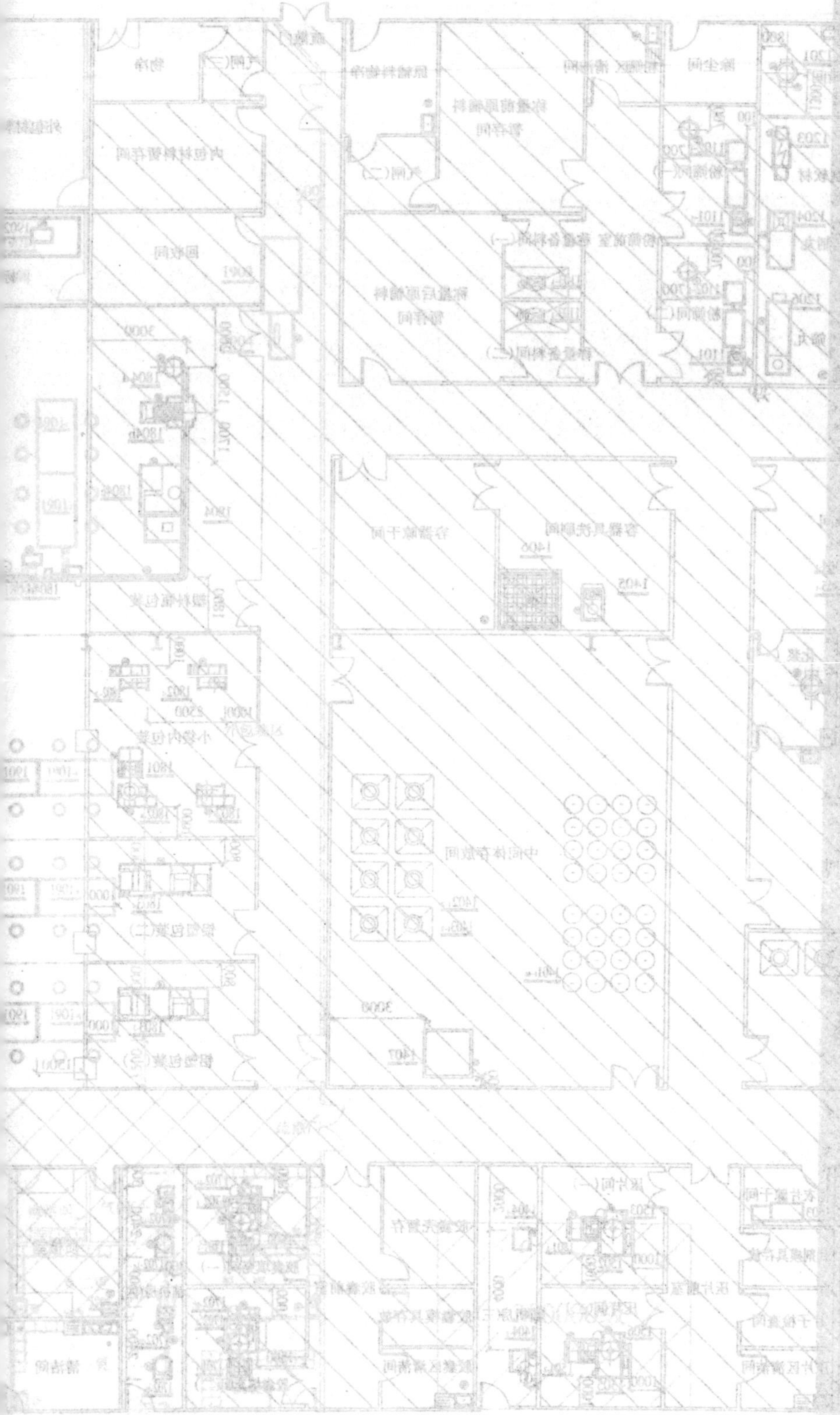

图 6-3 固体制剂洁净厂房车间布置

图 6－3 是固体制剂中片剂、胶囊剂、丸剂的洁净厂房车间布置图。其洁净度等级是 300 000 级。

胶囊、片剂、丸剂三条生产线均按工艺流程顺序分别布置在同一洁净度车间内三个不同位置，中间均用内走廊分隔开，既节省厂房面积，又防止交叉污染。每个通道两端都设有疏散门，门外开，便于紧急情况下人员疏散。

人员与物料进口分别布置在车间的南、北两个方向。人员和物料进洁净室均需经气闸室，以防污染。

辅机房（一）、（二）、（三）、（四）、除尘间、原辅料物净、内包装材料物净、外包装区、标签间、清洁间、工作人员一更室均为无洁净度要求的房间。

工作人员二更室、质检室、内包装生产线（不同材料内包装均分隔在不同房间）、容器具洗刷间、容器晾干间、称量室布置在洁净区内，洁净度级别与生产区相同。

第四节　车间布置设计的有关技术与参数

一、车间布置设计的有关技术

（一）厂房的整体布置和轮廓设计

1．厂房的整体布置

厂房的整体布置主要根据生产规模、生产特点、厂区面积以及厂区地形、地质等条件而定。一般采用集中式或分离式。集中式是指将车间各工段及辅助房间集中合并在一个厂房内。凡生产规模较小，车间各工段联系频繁，生产特点无显著差异，厂区面积较小，厂区地势较平坦，在符合建筑防火规范、《药品生产质量管理规范》及工业企业卫生标准的前提下，可适当采用集中式。例如酒精工厂，可将蒸煮工段、酒母发酵工段，集中安排在一个厂房内，不同工段用墙分隔。白酒厂白酒车间的酿造工段、蒸馏工段可集中在一个厂房内。药厂制剂车间一般采用集中式厂房。分离式是指将车间各工段及辅助房间分散在单独的厂房内。凡生产规模较大，车间内各工段的生产特点有显著差异（如防火等级等），厂区面积较大，地处山区等情况下，可适当考虑分离式。例如酒精工厂的蒸馏车间（防火要求）、味精厂、酶制剂厂的发酵车间（卫生要求），一般独立设置，分离为单位。

厂房整体布置的另一个重要问题是设备露天化问题。目前，采用大罐发酵工艺的啤酒厂，其发酵罐均布置在露天。原酒精厂的发酵罐一般为半露天布置，现大型燃料酒精厂的发酵罐、蒸馏塔均为露天布置。设备布置露天化或半露天化，对建筑来说，有很多好处：①可以节约大量建筑面积，从而节约大量基本建设投资；②节约土建施工工程量，从而加快基本建设进度；③将有毒物质的设备、具有火灾、爆炸危险的设备露天化或半露天化，可节约厂房通风设备及动力，降低厂房防火、防爆等级，降低生产费用和厂房造价；④对厂房的改建、扩建，增加灵活性。

凡属下列几种情形者，可适当考虑使设备露天布置：

（1）生产中不需要经常看管的设备，辅助设备，受气候影响较小的设备。如吸收塔（酒精厂回收酒精用）、气柜（酒精厂 CO_2 气柜）、不冻液体贮罐、大型贮罐、高位水槽等。

（2）需要大气来调节温度、湿度的设备，如凉水塔、冷却塔等。

（3）不需要人工操作，高度自动化的设备。

（4）气候温暖，无酷暑或严寒的地区。

厂房的整体布置，必须根据车间外部和车间内部条件，全面考虑车间各厂房、露天场地和各建筑物的相对位置和布局。

2. 厂房立面布置

生物工程工厂建筑物按厂房的层数分类.可分为单层厂房、多层厂房和层次混合的厂房三类，主要由生产工艺特点和工艺设备布置要求所决定。同时，也要满足建筑上采光、通风等各方面的要求。

单层厂房在工业建筑中应用较广，其特点是便于水平方向组织生产工艺流程，对运输量大、设备加工件及产品笨重的生产有较大的适应性。但它有占地面积大、围护结构面积多、道路和管网较长等缺点。生物工程工厂使用单层厂房的例子很多，例如生物制药的制剂车间。制剂厂房一般以单层大跨度大面积厂房为主，其优点是：大跨度厂房，柱子减少，房间分隔灵活、紧凑，节省面积，亦便于车间总体布局；外墙面积最少，能耗少，受外界污染少；方便物料运输；设备安装方便；投资省，建设速度快（尤其对于大距度轻钢结构）。制剂厂房高度要考虑技术夹层及其设备管线的安装，单层厂房不宜低于5.1m。白酒厂酿造车间、酒精厂发酵车间、啤酒厂包装车间等一般采用单层厂房。

二层以上的厂房为多层厂房。多层厂房在生物工程工厂应用很广。例如原料药厂房一般以多层厂房为主，但一般不超过四层。啤酒厂糖化车间、味精厂、抗生素厂、核黄素厂发酵车间等，其层高根据实际设备尺寸确定，一般不低于4.5m。

层次混合的厂房，是指由单层及多层混合构成的厂房。

厂房立面布置应力求简单，要充分利用建筑物的空间，遵循经济合理及便于施工的原则，每层高度取决于设备的高低，安装的位置，检修要求及安全卫生等条件。

（1）单层厂房的剖面高度　厂房的剖面空间高度尺小及标高，主要是指厂房的地坪标高、柱顶和吊车梁上钢轨顶部等处的标高。

① 厂房地面标高：一般选用室内地面高出室外地面150mm，这样可以防止雨水流入车间。如果室内地面过高，则不但增加土方工作量，而且将造成车间内外地面运输的困难。

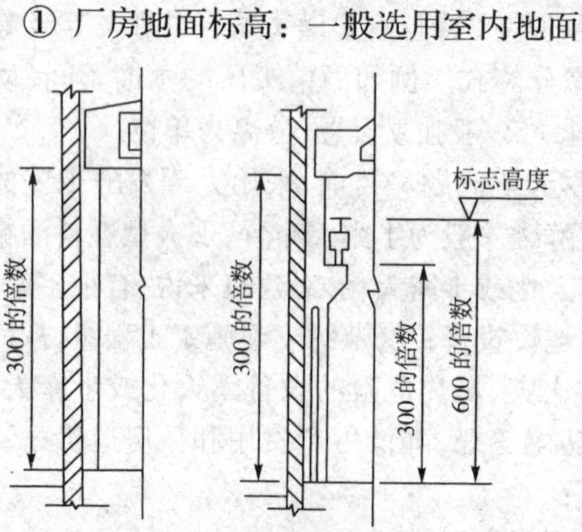

图 6-4　单层厂房高度示意图（单位：mm）

② 柱顶标高和吊车轨顶标高（图6-4）：室内高度系指地面到屋架下弦的距离，但标高并不注在屋架下弦的底面，而是注在柱的顶部。在没有吊车时，柱顶的标高一般是按最高的生产设备及安装检修时所需的净空高度来确定的，同时还需考虑通风和采光的需要。

当有吊车时，吊车轨顶标高的确定，需考虑到被吊物件与生产设备之间保持一定的距离。柱顶标高的确定，还需考虑到吊车上端和屋架下弦之间保持一定的距离。

按《厂房建筑统一化基本规则》的规定，柱顶标高应为300mm的倍数，吊车轨顶的标高应为600mm的倍数。

（2）多层厂房的剖面高度（图6－5）　多层厂房的层高，是按每层所安装设备的外形高度，并考虑到装卸和维修的需要而确定的。

多层厂房各层楼板、地板表面之间的层高应采用300mm的倍数。除地下室外，一幢厂房内的层高不宜超过两种规格。但当构造需要时，可按楼板、地板的结构表面确定各层之间的层高。

一般框架或混合结构的多层厂房，层高多采用5.1m、6m，最低不得低于4.5m。每层高度尽量相同，不宜变化过多。

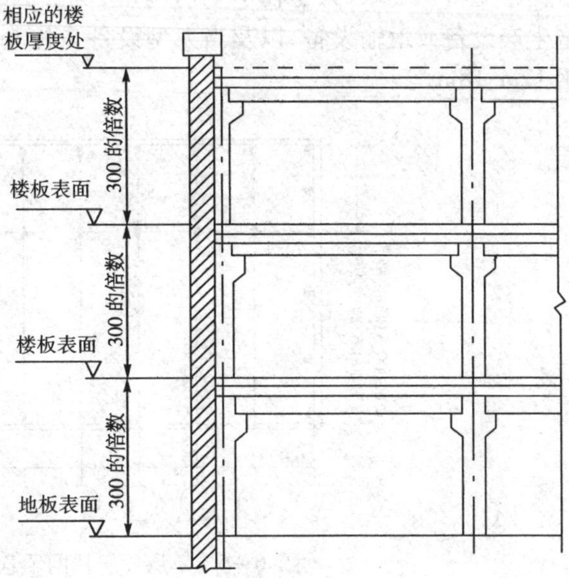

图6－5　多层厂房高度示意图

3. 厂房平面布置

厂房的平面布置型式，需按生产车间的组成和工艺要求以及建筑本身的可能性和合理性综合考虑。

厂房的平面设计，同样应力求简单，为设备布置的可变性、灵活性和建筑的定型化创造有利条件。

生物工程工厂厂房外形一般有长方形、L型、T型、E型和Π型等数种。其中以长方形最常采用。长方形便于总平面图的布置，车间的布置，节约用地，有利于设备排列，缩短管线，便于安排进出口和交通，有较多可供自然采光和通风的墙面，而且采用结构的统一模数，造价低、施工快。如厂房采用长方形，总长度较长，在总图布置有困难时，为了适应地形或者生产的需要，也可采用L型、T型、E型或Π型，但需充分考虑采光、通风、交通和立面等各方面的因素。

厂房的柱网布置，根据设备布置要求确定，同时要尽可能符合建筑模数制的要求，以充分利用建筑结构上的标准预制构件，节约建筑设计与施工力量，加速基建进度。

（1）单层厂房平面柱网的选择（图6－6）　柱子的纵向和横向定位轴线垂直相交，在平面上排列所构成的网络线，称为柱网。柱网是用来表示厂房跨度和柱距的。柱网的大小，是根据生产所需要的面积和技术经济比较等因素来确定的。

① 跨度：在柱网中，确定厂房的跨度是主要的。跨度是由纵向定位轴线间的尺寸表示的。跨度是根据设备的尺寸、布置情况以及运输和生产操作所需要的空间等来决定的。

在确定跨度的具体尺寸时，应该符合《厂房建筑统一化基本规则》中的有关规定。该规则中规定：对单层厂房来说，跨度在18m和18m以下时，应采用3m的倍数；跨度在18m以上时，应采用6m的倍数。目前最常用的跨度是：9m、12m、15m、18m、24m、30m、36m等几个尺寸，其他尺寸用得很少。

② 柱距：柱距是由横向定位轴线间的尺寸表示的。厂房的柱距尺寸是表示纵向柱列每柱间的尺寸。按《厂房建筑统一化基本规则》规定，柱距应采用6m或6m的倍数，如6m或12m（必要时也可用9m）。目前采用6m柱距的比较广泛。在一般情况下，生产工艺对柱距无特殊要求，只是在个别厂房中，例如因有越跨（即越过两个相邻的跨间）的较大型生产设备或运输设备，以及当大型设备与柱基础发生冲突时，才要求扩大柱距，可以采用12m、18m等。

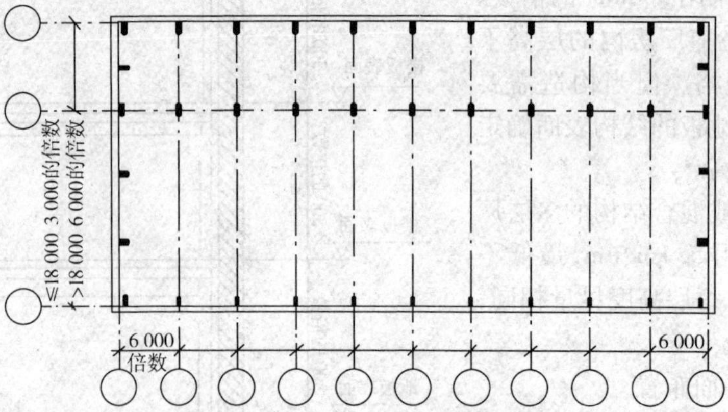

图 6-6 单层厂房柱网示意图（单位：mm）

（2）多层厂房平面柱网的选择（图6-7） 多层厂房柱网尺寸的选择，应考虑生产工艺的需要，结构形式是否经济合理等因素来决定。

① 跨度 多层厂房的总宽度，由于受到自然采光和通风的限制，一般不宜超过24m。若跨度为9m，厂房中间如不立柱子，所用的梁要很大，不经济。一般较经济厂房的常用跨度，控制在6m左右。例如12m、14.4m、15m、18m宽度的厂房，常分别布置成6-6，6-2.4-6，6-3-6，6-6-6形式[6-2.4-6表示三跨，跨度为6m、2.4m、6m，中间的2.4m是内走廊的宽度，如图6-7(2)]。采用内廊式多层厂房，房间的进深一般采用6.0m、6.6m和6.9m，走廊的宽度一般采用2.4m和3m。

② 柱距 多层厂房的柱距应采用6m，当采用方格式柱网时，一般由6m×6m组成。目前有一些工厂为满足工艺布置和设计的需要而采用较大的柱网尺寸，如9m×9m，9m×12m，6m×15m等。

4. 厂房建筑结构

工业厂房有单层和多层。常用结构的形式有两种，即排架结构和框架结构。

钢筋混凝土排架结构是由屋面梁或屋架、柱和基础所组成，柱与屋架铰接，而与基础刚接。这种结构是目前单层厂房结构的基本形式。跨度可超过30m，高度可达20~30m或更大，吊车吨位可达150t或更大。

框架结构是由横梁和立柱所组成。在多层房屋中，它们形成多层多跨框架。框架可以是等跨的或不等跨的，层高相等或不相等的。框架可分为现浇式、装配式及装配整体式三种。所谓装配整体式框架，即是将预制构件就位后再连成整体的框架。由于它兼有现浇式与装配式框架的一些优点，所以应用最为广泛。

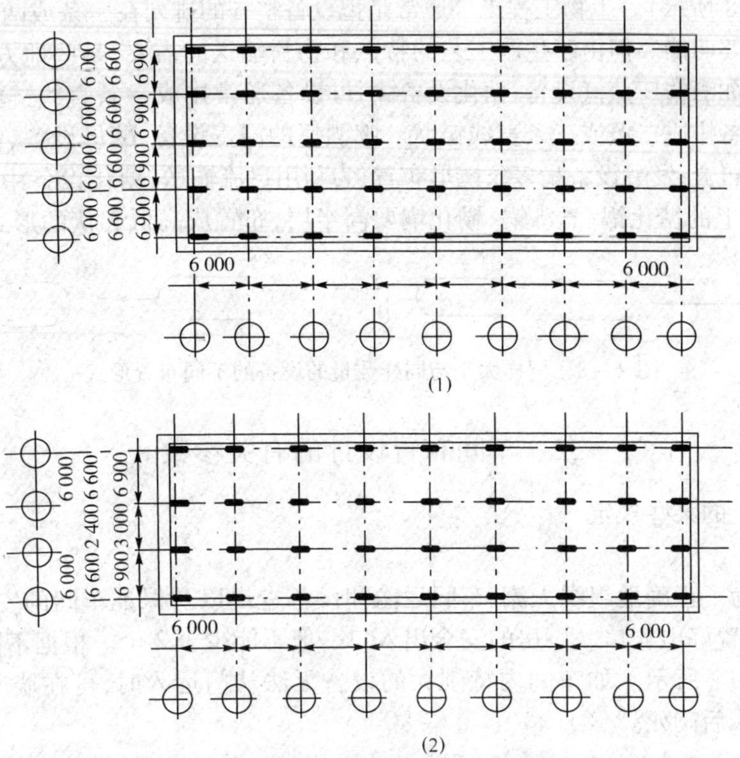

图 6－7　多层厂房柱网示意图(单位:mm)
(1) 方格式柱网　(2) 内廊式柱网

按承重结构的材料,厂房结构可分为如下几种:

(1) 混合结构　用砖柱承重,钢筋混凝土屋架或木屋架或轻钢屋架。砖混结构一般用于小厂的厂房建筑或一般的贮藏、运输等建筑中。生物工程工厂采用砖混结构的建筑有:啤酒厂的麦芽仓库、干燥间、冷冻、空压、变电站、干燥棚、清水泵房、污水处理站、汽车库、生活福利和办公楼等建筑;白酒厂无吊车设备的发酵车间、仓库等;酒精厂的发酵车间、粮仓等。

(2) 钢筋混凝土结构　全部承重构件都用钢筋混凝土制成构件。这种结构生物工程工厂应用十分普遍,一般主要车间都采用这类结构。例啤酒厂的糖化车间、发酵车间、麦芽车间、包装车间等;味精厂、抗生素厂的糖化车间、发酵车间、精制车间等;酒精厂的蒸煮糖化车间、蒸馏车间等。

(3) 钢结构　厂房的柱、梁和屋架都由各种形状的型钢组合连接而成的结构物,主要用于大跨度建筑和高层建筑。轻钢结构适用于大面积单层制剂类厂房,经济柱距 8m 左右,跨度 9～60m,工厂化制作,现场安装,施工速度快,造价相对便宜。缺点是防火防爆方面尚存不足。

(二) 设备布置形式

车间内设备布置要与主要生产流程(原料或半成品流程)顺序相一致,使生产线路呈链状排列而无交叉迂回现象,并尽可能利用自流输送,力求管线最短。然而,在实际设计中,不同的设计人员,对同样大小与同样数量的设备在同一车间内布置,可以得出多种不同的布置结果(如图6-8所示)。生物工程工厂通常是把设备整齐的排列在一条或两条链状轴线上,且按工序分区要明确。但由于生产工艺的特点和物料输送的需要,某些地方可以有高低起伏或曲折。例如酒精厂蒸煮设备、糖化设备、酒母设备通常排成一条直线链状。抗生素厂、味精厂发酵设备排成二条或三条直线链状。啤酒厂的浸麦设备、酵母设备、包装设备,常用一条直线链状布置;发酵设备呈多条链形布置;为利用自流输送,糖化设备中的过滤槽位置比在另一平面上的糖化锅、煮沸锅、糊化锅要高半层,布置成高低起伏的形式。

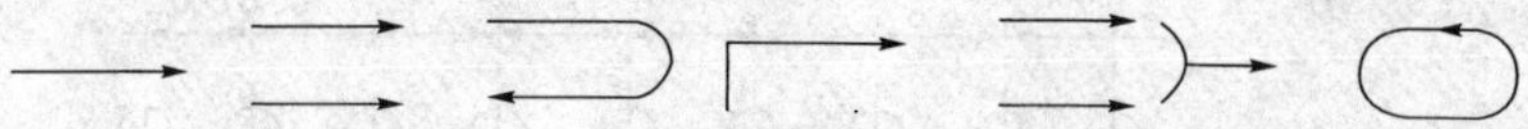

图 6-8 同样大小与同样数量的设备的不同布置形式

二、车间布置设计的有关参数

1. 建筑上的某些规定

(1) 门窗

① 门:为了正确地组织人流、车间运输和设备进出以及保证车间的安全疏散,在厂房设计中要布置好出入口。厂房的安全出入口一般不能少于2个。根据不同要求常用门的尺寸如表6-2所示。如车间内特别大的设备无法从门运入时,可在墙上预留吊装孔洞,待设备装入后砌死。

表 6-2 厂房常用门的类型及尺寸

形式及要求	宽度/mm	高度/mm	备 注
单扇平开门	700~1 000	1 800~2 700	
双扇平开门	1 200~1 500	2 100~3 000	
双扇平开式(通行小推车)	1 500~1 800	2 100~2 700	大木门
双扇平开式(通行小车)	2 100~2 400	2 100~2 700	钢木大门
双扇平开式或拉门(可通行载重汽车)	2 800~3 000	2 700~3 000	钢木大门

② 窗:窗是用于室内采光和通风的主要构件之一。工业厂房常用钢窗或塑钢窗。目前我国所用的钢窗规格是按照厂房结构统一模数制的基本规定设计的,且可由基本窗组合成各种窗口类型。窗宽以300mm为扩大模数进位,于是就有1 200mm、1 500mm、1 800mm、2 400mm直至6 000mm等8种;窗高以600mm为扩大模数进位,有1 200mm、1 800mm、2 400mm、3 000mm直至4 800mm等7种。

③ 天窗:在大跨或多跨的厂房中,为获得较均匀的采光,厂房顶部常常需要设天窗。有的车间为通风和排除高温余热也要设置天窗。一般天窗都同时具有采光和通风作用。白酒厂蒸馏间一般都设有通风排湿热的天窗。

(2) 楼梯 楼梯是多层建筑中各层上下交通联系的设施,一般布置在建筑物的出入口附近。为保证车间内交通方便和安全疏散,对于大型厂房应设置2个楼梯。根据楼梯使用情况,分主楼梯、辅助楼梯和消防楼梯。主楼梯布置于人流集中的厂房入门附近;辅助楼梯位于厂房两侧。主楼梯宽度一般为1 500~1 650mm,坡度为30°。辅助楼梯宽度为1 000 ~1 200mm，坡度为45°。安全出入口，楼梯的个数、宽度、坡度、结构形式都需符合安全防火疏散和使用的要求。

楼梯形式有：单跑、双跑、三跑及双分、双合式楼梯。如图6-9所示。

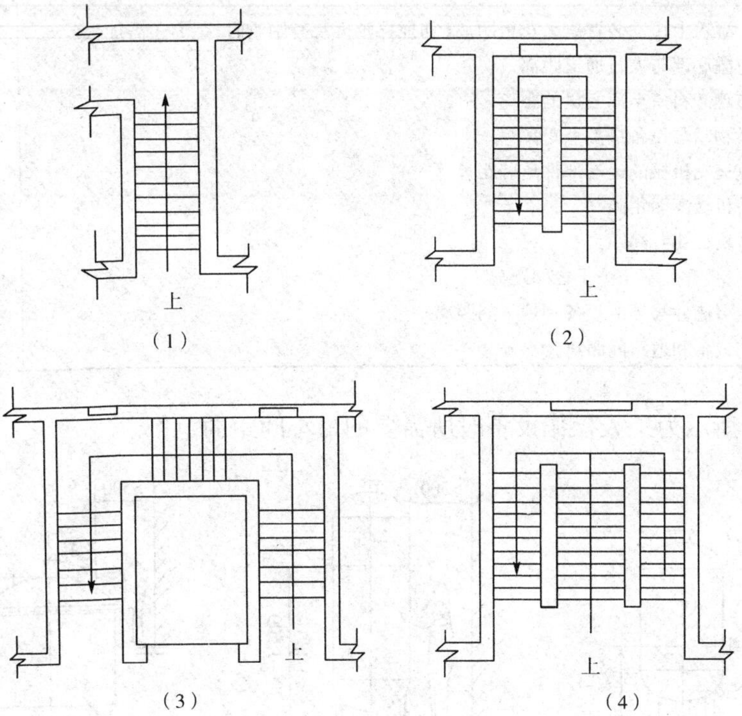

图 6-9　楼梯结构形式示意图

（1）单跑楼梯　（2）双跑楼梯　（3）三跑楼梯　（4）双分楼梯

2. 设备的安全距离

设备之间或设备与墙之间的净间距大小，无统一规定，设计者应根据设备大小，车间布置要求，设备上连接管线多少，管径粗细，检修的频繁程度等各种因素，再根据生产经验，决定安全间距。

表6-3介绍的一些数字供一般设备布置时参考。

表 6-3　设备的安全距离

序号	项　　目	净安全距离/m
1	泵与泵的间距	不小于0.7
2	泵离墙的距离	至少1.2
3	泵列与泵列间的距离（双排泵间）	不小于2.0
4	计量罐与计量罐间的距离	0.4 ~0.6
5	贮罐与贮槽间的距离	0.4 ~0.6
6	换热器与换热器间距离	至少1.0
7	塔与塔的间距	1.0 ~2.0

续表

序号	项目	净安全距离/m
8	离心机周围通道	不小于1.5
9	过滤机周围通道	1.0~1.8
10	反应罐盖上传动装置离天花板距离（如搅拌轴拆装有困难时，距离还需加大）	不小于0.8
11	反应罐底部与人行通道距离	不小于1.8~2.0
12	反应罐卸料口至离心机的距离	不小于1.0~1.5
13	起吊物品与设备最高点距离	不小于0.4
14	往复运动机械的运动部件离墙距离	不小于1.5
15	回转机械离墙距离	不小于0.8~1.0
16	回转机械相互间距	不小于0.8~1.2
17	控制室、开关室与炉子之间距离	15
18	产生可燃性气体的设备和炉子间距离	不小于8.0
19	工艺设备和道路间距离	不小于1.0

图6-10所示为工人操作设备时所需要的最小间距的范例。

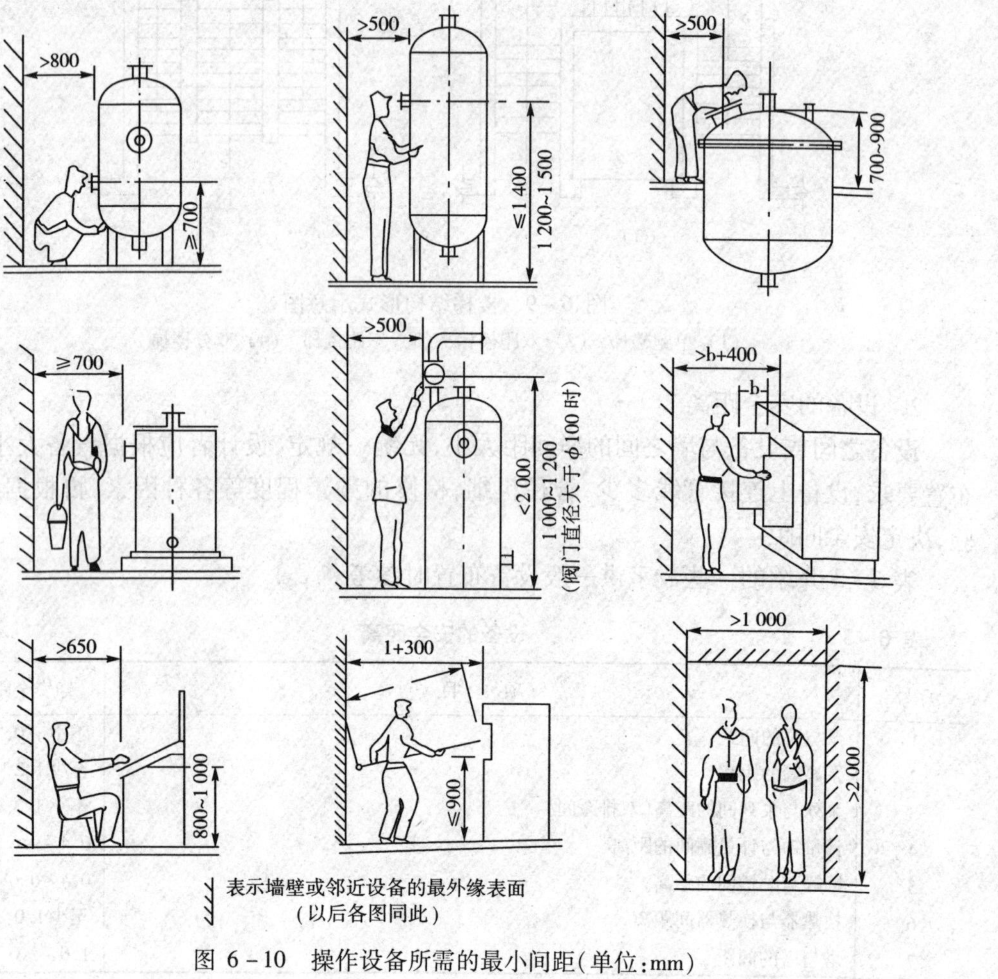

图 6-10 操作设备所需的最小间距（单位：mm）

3. 通道的宽度与净空高度

通道是指车间内人、货物的通行之道。通道的布置与设备布置同样重要，是车间布置设计的重要内容。通道的要求，见表6　4。

表 6-4　通道的宽度与净空高度

项　目		尺寸/m
人行道、狭窄通道、楼梯、人孔周围的宽度		0.75
走道、楼梯、操作台、管架的净空高度		2.2~2.5
不常通行的地方，净空高度不小于		1.9
主要检修道，厂房间道路		宽6~7，净空4.2~4.8
次要道路		宽4.8，净空3.3
车间主要通道		宽2.4，净空2.7
平台到水平人孔		0.6~1.5
管束楼出距离		管束长+(0.6~0.9)
操作台梯子的斜度	一般情况	不大于45°
	特殊情况	60°

4. 车间行政、福利、质量检验室的设计标准

(1) 办公室按车间值班的最大班的管理和技术人员数每人4m² 使用面积计算，建筑平面系数采用65%。

(2) 会议室可兼作休息室，供交接班和工间吸烟、用餐之用，面积按最大班人数每人使用面积1.2m² 计算，平面系数65%。

(3) 质量检验室根据检测分析试验工作的需要，设置安放检验仪器桌和分析桌、药品柜和上下水具以及检测监控人员制表、统计用办公桌和资料柜。一般可根据实际布置决定用房面积。也可以两人合用一台分析桌，按每台分析桌14m²(其他桌柜占地计内)计算使用面积，平面系数采用65%。

(4) 更衣室应设在靠车间进门处为宜，供上下班工人更衣使用，按岗位工人总人数设置每人一格的闭锁保管橱柜，使用面积可按每人0.25m² 计算，平面系数65%。

(5) 车间浴室按最大班人数每10人设一个淋浴器，每个淋浴器按使用面积5m² 计算，平面系数65%。

(6) 生物工程工厂清洁卫生很重要，生产车间内可设洗手设备，可按最大班人数每20人设一个水龙头，每个水龙头按使用面积1m² 计算。

5. 洁净厂房设计有关参数

(1) 防火分区　根据《建筑设计防火规范》和《洁净厂房设计规范》，洁净厂房的耐火等级不应低于二级，一般钢筋混凝土框架结构均满足二级耐火等级的要求。

根据火灾危险性，生产分为甲、乙、丙、丁4类，制药行业的原料药生产中大量使用汽油、乙醇等有机溶媒的厂房，如青霉素提炼厂房、强力霉素提炼厂房等都属于甲类，按火灾危险类别，在平面布置上可确定防火墙间最大允许占地面积(防火分区面积)，见表6-5。

表 6-5 防火墙间最大允许占地面积

		单层厂房/m^2	多层厂房/m^2
二级耐火	甲 类 乙 类	3 000	2 000
	丙 类	8 000	4 000

（2）疏散距离　厂房内由最远工作地点至安全出口的最大间距即疏散距离，见表 6-6。

表 6-6 疏散距离

生产类别	耐火等级	单层厂房/m^2	多层厂房/m^2
甲	一、二级	30	25
乙	一、二级	75	50
丙	一、二级	80	60

火灾发生后，半小时内温升极快，不燃结构的火灾初起阶段持续时间约在 5～20min 之内，起火点尚在局部燃烧，火势不稳，有中断的可能。因而这段时间对于人员疏散、抢救物资极为重要。考虑人群在平地行走速度约为 16m/min，楼梯上为 10m/min，附加途中的障碍，若控制疏散距离为 50m，约可在 4min 内疏散完毕。当然这还需要有明显的引导标志和紧急照明。疏散距离就是确定安全出口位置的根据。

（3）安全出口　当建筑面积超过 $50m^2$，人数又超过 5 人时，洁净厂房每一生产层、每一防火分区或每一洁净区的安全出口，均不应少于两个。

安全出口应分散并在不同方向、最好是相对方向上布置，从生产地点至安全出口不得经过曲折的人员净化路线。人净入口不应作安全出口。

安全出口的门不能锁，应从里面能开启。

（4）消防口　无窗厂房应在适当位置设门或窗，作为供消防人员进入的消防口。当门窗间距大于 80m 时，则也应在这段外墙的适当位置设消防口，其宽度不小于 750mm，高度不小于 1 800mm，并有明显标志。

（5）门的开启方向　按《洁净厂房设计规范》规定，除去洁净区内洁净室的门应向洁净度高或压力高的一侧开启即一般均向内开启外，洁净区与非洁净区的门或通向室外的门（含安全门）均应向外即向疏散方向开启。安全疏散门不应采用吊门、转门、侧拉门、卷帘门及电控自动门。

（6）净化用室和生活用室　净化用室和生活用室应符合下列要求：

① 100 级、10 000 级洁净区的人员净化用室中，存外衣室和洁净工作服应分别设置，按最大班人数每人各设一外衣存放柜和洁净工作服柜。

② 盥洗室应设洗手和消毒设施，宜装烘干器。水龙头按最大班人数每 10 人设一个。单人空气吹淋室宜按最大班人数每 30 人设一台。洁净区工作人员超过 5 人时，吹淋室一侧应设旁通门。

人员净化用室和生活用室的建筑面积应合理确定。一般可按洁净区设计人数平均每人 4～$6m^2$ 计算。

（7）GMP 厂房装修材料应用举例（目前广泛使用）　墙板：岩棉或石膏夹心彩钢板。

顶棚：岩棉或石膏夹心彩钢板。地面：环氧洁净自流坪或水磨石。门窗：专用洁净门窗（整体成型且带密封胶片）一般为钢涂塑材料，门窗框常用塑钢或不锈钢。

（8）防爆设计　防爆设计应符合下列要求：

① 防爆区与非防爆区隔离（缓冲门窗），隔墙需用防爆墙（墙内配筋）。

② 对有火灾或防爆危险的车间，需考虑足够的泄压面积（外窗），一般泄压面积为有爆炸危险房间体积与泄压面积之比5%～22%。

第五节　设备布置图

一、概　述

（一）设备布置设计的图样

设备布置设计是在确定生产流程、厂房洁净度等级和设备的型号、规格、数量的基础上进行的。其任务是将工艺流程所确定的全部设备，在厂房建筑内合理布置，安装固定，以保证生产的顺利进行。设备布置设计的最终成果，是设备布置图第一系列图样，它包括：

（1）设备布置图　表示一个车间或一个工段的生产和辅助设备在厂房建筑内外安装布置的图样。

（2）首页图　车间内设备布置图需分区绘制时，提供分区概况的图样。

（3）设备安装详图　表示用以固定设备的支架、吊架、挂架及设备的操作平台、附属的栈桥、钢梯等结构的图样（施工图设计内容之一）。

（4）管口方位图　表示设备上各管口以及支座、地脚螺栓等周向安装方位的图样（施工图设计内容之一）。

本节主要介绍设备布置图的有关内容。

（二）设备布置图的作用

设备布置图是表现车间或工段的设备布置情况的图纸，它既反映出了生产设备的相互位置及对生产流程的关系，又表现出了车间的面积与空间，生产管理与操作条件，空气洁净度等级以及各工段间的相互关系。在初步设计阶段，设备布置图主要反映设备相互位置和总体布置情况，作为施工图设计的基础和依据，供主管部门审查设计方案用。在施工图设计阶段，设备布置图要准确表达全部设备在平面和空间定位尺寸，供施工安装时定位用，并作为管道设计的重要依据。另外，设备布置图是提供设计部门各专业作条件联系用，是辅助专业开展设计的依据。

（三）设备布置图与建筑图的关系

设备布置图与建筑图之间存在着相互依赖的关系：设备布置图是建筑图的前提，建筑图又是设备布置图定稿的依据。工艺专业人员首先绘制设备布置图的初稿（或初步设计），对厂房建筑大小、内部分隔、跨度、层数、门窗位置以及与设备安装有关的操作平台，预留孔洞等方面，向土建设计部门提出工艺要求，作为厂房建筑设计的依据。待厂房建筑设计完成后，工艺人员再根据厂房建筑图进行修改、补充，使其更趋合理，最后定稿的设备布置图（施工图），就作为设备安装和管道布置的依据。

设备布置图是采用若干平面图（即水平剖视图）和必要的立面剖视图，画出厂房建筑基本结构以及与设备安装定位有关的建筑物、构筑物（如墙、柱、设备安装孔洞、地沟、地坑及操作平台等)，再添加设备在厂房内外布置情况的图样。

设备布置图中的平面图，是假想掀去了屋顶或上层楼板的水平剖视图。立面剖视图是沿垂直方向剖切建筑物而画出的立面正投影图。

二、设备布置图的绘制

（一）设备布置图的视图内容

设备布置图是设备布置设计中的主要图样，在初步设计阶段和施工图设计阶段中都要进行绘制。图 6－11 为初步设计阶段的蒸馏车间设备布置图。

设备布置图是按正投影原理绘制的，其视图内容包括：

（1）一组视图　表示厂房建筑的基本结构和设备在厂房内外的布置情况。平、立面图，剖面图的数量以表示清楚为原则。

（2）尺寸及标注　在图形中注写与设备布置有关的尺寸和建筑轴线的编号、设备的位号、名称等。

（3）安装方位标　指示安装方位基准的图标。

（4）说明与附注　对设备安装布置有特殊要求的说明。

（5）设备一览表　列表填写设备位号、名称等。

（6）标题栏　注写图名、图号、比例、设计阶段等。

（二）设备布置图的表示方法

1．分区原则

当车间范围较大，以车间为单位绘制图样不能清晰和详细表达时，则应绘制该车间的首页图，首页图上分区范围可以用粗双点划线（约 1.2b）表示，然后按首页图上所划分的区域再分绘其设备布置图。如图 6－12 所示，图中“N”为北向，“E”为东向，“BJ”为边界的汉语拼音首位字母，“BJ”后面的数字为长度，单位为 mm，例 70 000 即为 70m。当车间范围不很大，各工段（工序）的设备可以联合布置，表达清楚时，可统一出图，以车间为单位绘制设备布置图，如图 6－11。

2．比例与图幅

绘图比例通常采用 1∶50 和 1∶100，个别情况下，如设备或仓库太大时，可考虑采用 1∶200和 1∶500。首页图可采用 1∶400、1∶500 的比例。必要时，可以在一张图纸上的各视图采用不同的比例，此时可将主要采用的比例注明在标题栏内，个别视图的不同比例则在视图名称的下方或右方予以注明。

图幅一般采用一号幅面，如需绘制在几张图纸上，各张图纸的幅面规格尺量相同。图幅需要加长时，可按国家标准《机构制图》规定加以确定。

3．视图的配置

（1）平面图　设备布置图一般以平面图为主，表明各设备在平面内的布置状况。当厂房为多层时，应分别绘出各层的平面布置图，即每层厂房绘制一个平面图，例如图 6－11，画出每层厂房的平面图。在平面图上，要表示厂房的方位、占地大小、内部分隔情况，空气洁净度等级，以及与设备安装定位有关的建筑物、构筑物的结构形状和相对位置。

一张图纸内绘制几层平面图时，应以 0.00 平面开始画起，由下而上，从左至右顺序排

C
B
9 000
A
A
C
B
A
A

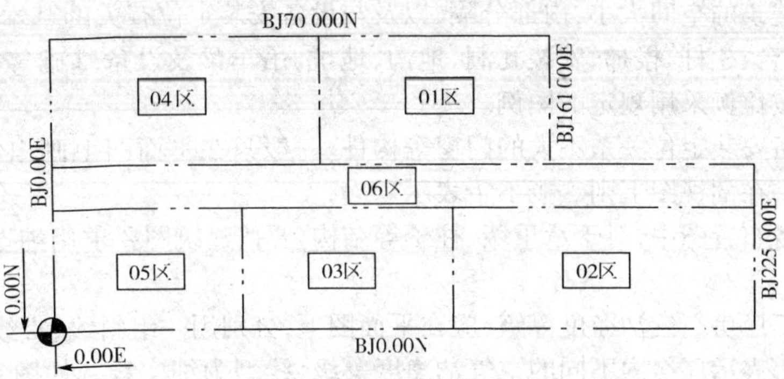

图 6-12　设备布置图

列。在平面图下方各注明其相应标高,并在图名下画一粗线。如图6-11各个平面图所示,各视图下方注明平面图名称为:“±0.00平面”、“5.10平面”,“10.20平面”等。

(2) 剖视图　剖视图是在厂房建筑的适当位置上,垂直剖切后绘出的立面剖视图,以表达在高度方向设备安装布置的情况。在保证充分表达清楚的前提下,剖视图的数量应尽可能少,但最少要有一张。

在剖视图中要根据剖切位置和剖视方向,表达出厂房建筑的墙、柱、地面、屋面、平台、栏杆、楼梯以及设备基础、操作平台支架等高度方向的结构和相对位置。

剖视图的剖切位置需在平面图上加以标记。标记方法与机械制图国家标准规定相同,如图6-13(1)所示,也可采用接近建筑制图标准的方法,如图6-13(2)所示。

在剖视图的下方应注明相应的剖视名称,如“A—A(剖视)”、“B—B(剖视)”或“Ⅰ—Ⅰ(剖视)”、“Ⅱ—Ⅱ(剖视)”等,在剖视名称下加画一粗线。剖视的名称在同一套图内不得重复。剖切位置需要转折时,一般以一次为限。

剖视图与平面图可以画在同一张图纸上,按剖视顺序,从左至右,由下而上顺序排列。当剖视图与平面图分别画在不同图纸上时,有时就在平面图上剖切符号下方,用括号注明该剖视图所在图纸的图号,如图6-13所示。

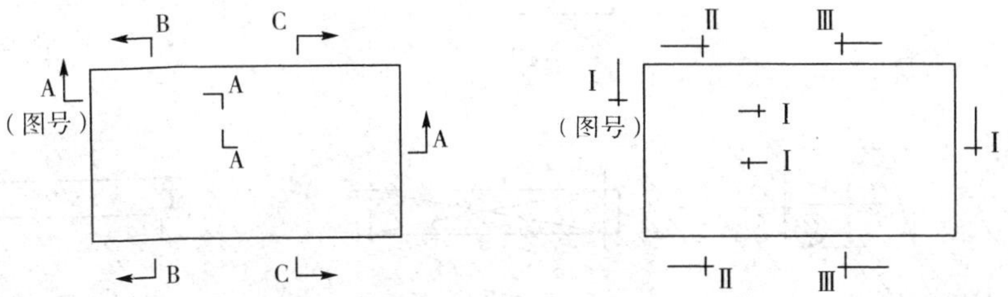

图 6-13　剖视图剖切位置的标记方法

4. 视图表示方法

设备、建筑物及构件,是设备布置图中的主要表达内容。

(1) 建筑物及其构件　在设备布置图中,建筑物及其构件均用中实线画出。绘图的一些具体要求如下:

① 厂房建筑的空间大小,内部分隔,以及与设备安装定位有关的基本结构,如墙、柱、地面、楼板、平台、栏杆、楼梯、安装孔洞、地沟、地坑、吊车梁及设备基础等,在平面图和剖面图上,均应按比例采用规定的图例。

② 与设备安装定位关系不大的门窗等构件,一般只在平面图上画出它们的位置、门的开启方向等,在剖视图上则一概不予表示。

③ 在设备布置图中,对于承重墙、柱子等结构,要按建筑图要求用细点划线画出其建筑定位轴线。

④ 制药厂厂房空气洁净度等级,应在平面图上,分别用一组斜线、直线、斜网格线、小圆点或小圆圈,表示厂房内不同的空气洁净度等级,线型为细实线。如图 6-1、图 6-2、图6-3所示。表示空气洁净度等级的图型符号需用图例表示。

常用建筑结构构件图例画法如图 6-14 所示。

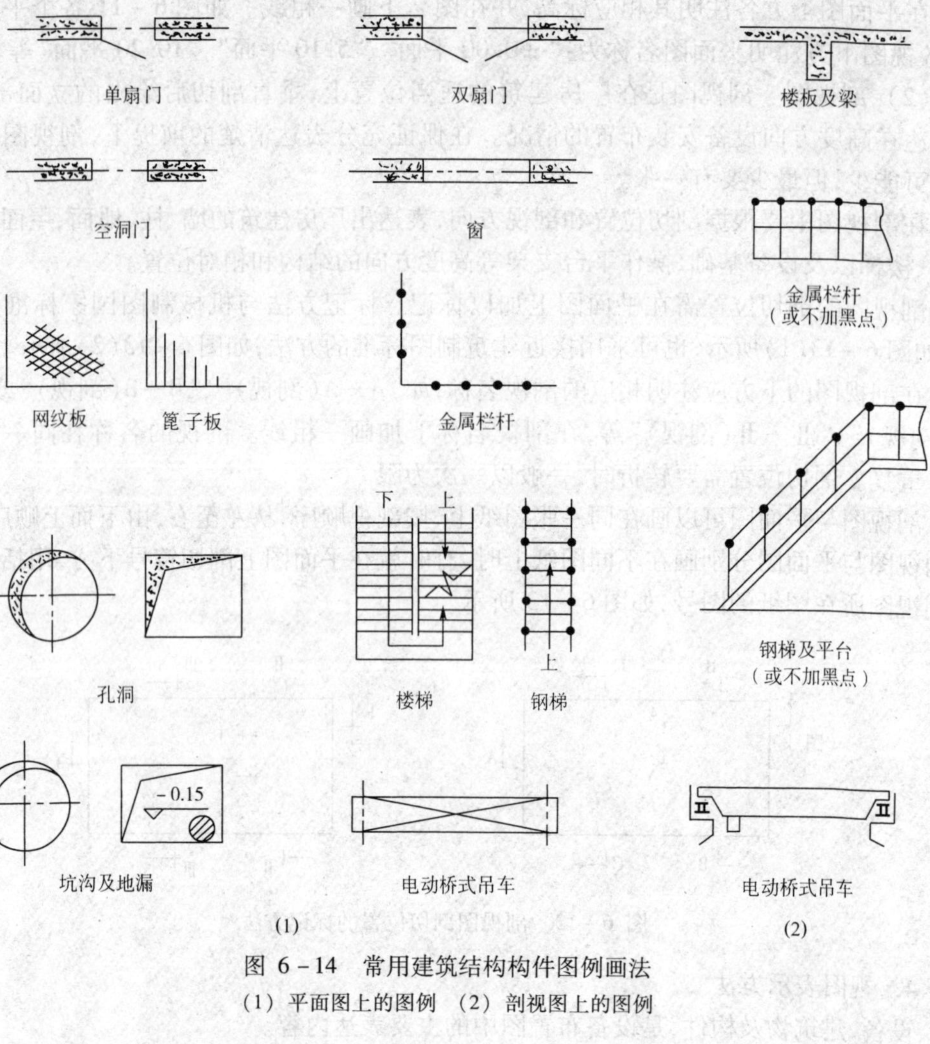

图 6-14 常用建筑结构构件图例画法

(1) 平面图上的图例 (2) 剖视图上的图例

(2) 设备 设备布置情况是图样的主要表达内容,因此图上的设备、设备的金属支架、电机及其传动装置等,都应用粗实线或粗虚线(有些图样采用 *b*/2 的虚线)画出。

图样绘有两个以上剖视图时,设备在各剖视图上一般只应出现一次,无特殊必要不予重复画出。位于室外而又与厂房不连接的设备及其支架等,一般只在底层平面图上给以表示。剖视图中设备的钢筋混凝土基础与设备外形轮廓组合在一起时,往往将其与设备一起画成粗线,如图 6-15 主视图所示。

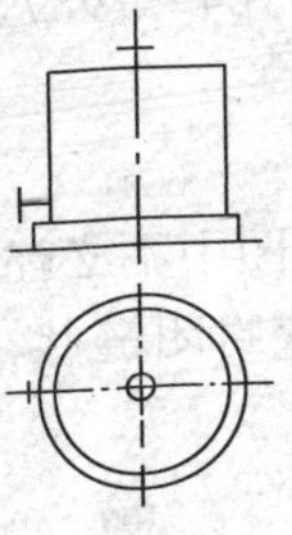

图 6-15　设备的钢筋混凝土基础与设备外形轮廓组合在一起时视图的表示方法

穿过楼层的设备,在相应的平面图上,可按图 6-16 所示的剖视形式表示。图中楼板孔洞不必画出阴影部分。

设备定型与否的规定画法:

① 定型设备:一般用粗实线按比例画出其外形轮廓。对于小型通用设备,如泵、压缩机、风机等,若有多台,且其位号、管口方位与支撑方位完全相同时,可只画出一台,其余只用粗实线简化画出其基础的矩形轮廓。也可在矩形中相应部位上,用交叉粗实线示意地表达电机的安装位置,如图6-17 所示。车间中的起重运输设备,如吊车等,也需按规定图例示意画出。

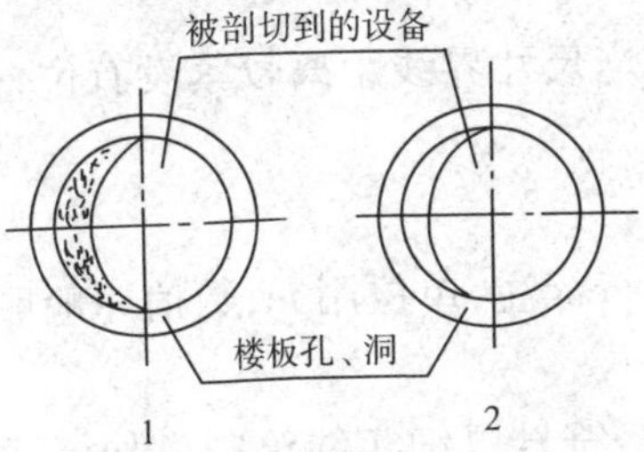

图 6-16　穿过楼层设备的剖视形式

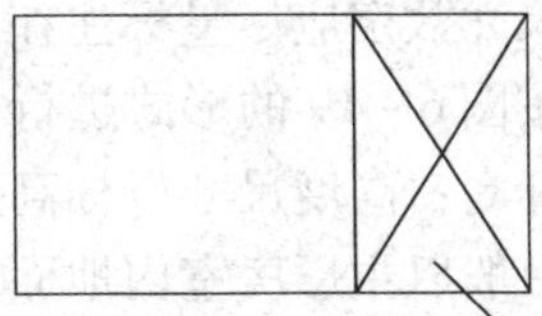

图 6-17　电机安装位置的画法

② 非定型设备:用粗实线按比例画出能表示设备外形特征的轮廓。被遮盖的设备轮廓一般不予画出,如需表示可用粗虚线(或虚线)表示。在施工图设计中,应在图上画出足以表示设备安装方位特征的管口,管口可用单线表示,以中实线绘制,如图 6-15 所示。另绘管口方位图的设备,管口方位在设备外形图上可省略不画。

(三) 设备布置图的标准

设备布置图是供设备布置定位用的,所以图面上与设备布置定位有关的建筑物、构筑物、设备与设备之间、设备与建构筑物之间,都必须具有充分的定位尺寸,即具有水平面内的纵横双向尺寸和高度尺寸,并标注设备的位号、名称、定位轴线的编号,以及注写必要的说明。

1. 厂房建(构)筑物

(1) 尺寸内容

① 厂房建筑物的长度、宽度总尺寸。

② 柱、墙定位轴线的间距尺寸,必须注意和土建专业图纸完全一致,以免给施工安装造成困难。

③ 为设备安装预留的孔、洞以及沟、坑等定位尺寸。

④ 地面、楼板、平台、屋面的主要高度尺寸及其他与设备安装定位有关的建筑结构构

件的高度尺寸。

(2) 尺寸的注法 尺寸的标注基本上要按《建筑制图标准》GBJ 104—1987 规定的方法,以与建筑图纸一致。

① 平面尺寸:

Ⅰ 厂房建筑的平面尺寸应以建筑定位轴线为基准,单位用 mm,图中不必注明。

Ⅱ 因总体尺寸数值较大,精度要求并不很高,因此尺寸允许注成封闭链状,如图 6－18 和图 6－19 中所示。

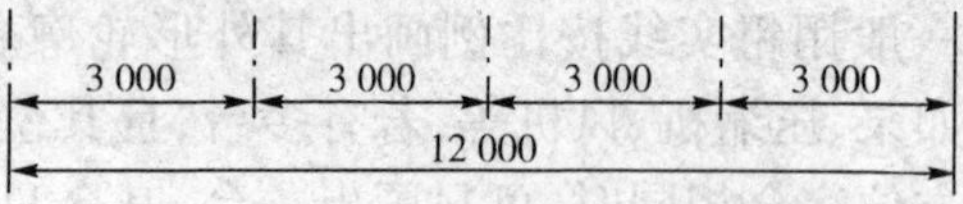

图 6－18 平面尺寸的注法(一)

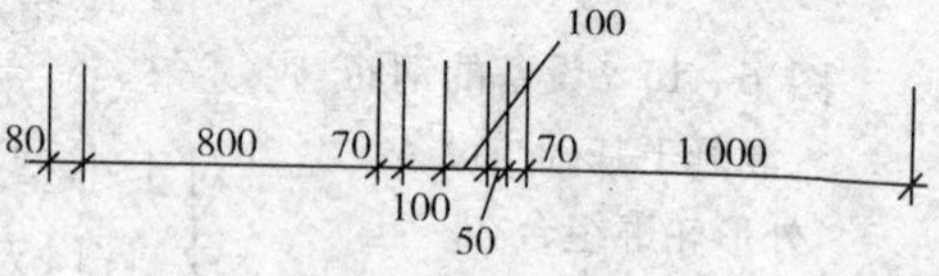

图 6－19 平面尺寸的注法(二)

Ⅲ 尺寸界线一般是建筑定位轴线和设备中心线的延长部分。

Ⅳ 尺寸线的起止点可不用箭头而采用 45°的细斜短线表示,此时最外侧的尺寸线需延长至尺寸界线外一段距离,如图 6－19 中所示。

Ⅴ 尺寸数字应尽量标注在尺寸线上方的中间,当尺寸界线距离较紧没有位置注写数字时,可按图 6－19 的形式进行标注。

② 标高:高度尺寸以标高形式标注,方法如下:

Ⅰ 一般以主厂房室内地面为基准,作为零点进行标注,单位用 m,数值一般取小数点后两位,单位在图中不必注明。

Ⅱ 标高符号一般采用图 6－20(1)所示的形式,符号以细实线绘制。如标注部位狭窄,则可采用图 6－20(2)的形式,高度 h 根据实际要求决定,水平线长度 L 应以注写数字所占地位的长度为准。有时也可采用图 6－20(3)的形式。

Ⅲ 零点标高标成“±0.00”,高于零点的标高,其数字前一般不加注“+”号;低于零的标高,其数字前必须加注“－”号。如图 6－21 所示。

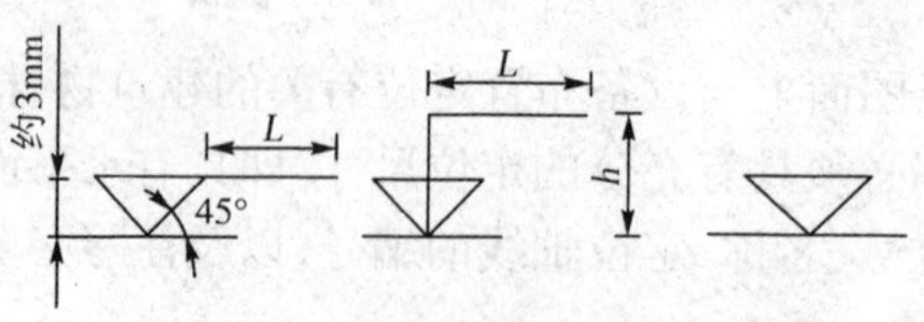

图 6－20

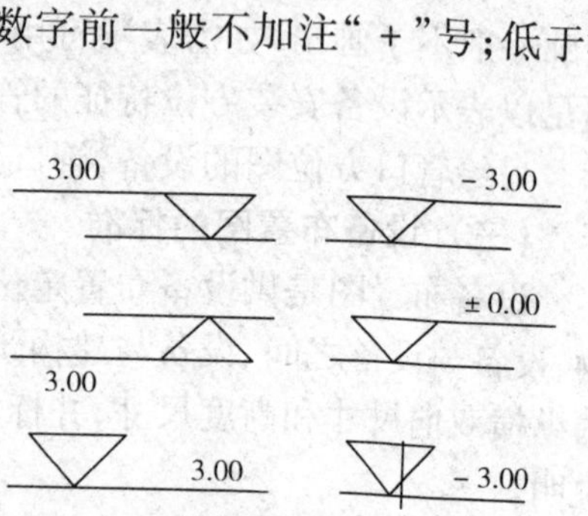

图 6－21

Ⅳ 平面图上出现不同于图形下方所注标高的平面时,如地沟、地坑、操作台等,应在相应部位上分别注明其标高。

(3) 建筑定位轴线的标注 设备布置图中的建筑定位轴线,应与建筑图中的定位轴线编号相应一致进行编号。标注方法是在图形与尺寸线之外的明显地位,于各轴线的端部画出直径为 8～10mm 的细线圆,使成水平或垂直方向排列。在水平方向则自左至右顺序注以1、2、3……相应编号，在垂直方向则自下而上顺序注以A、B、C……相应编号（I、O、Z三个字母不同，字母不够用时，可增加A_A、A_B……，B_A，B_B……，如图6-11中所示）。两轴线间需附加轴线时，编号可用分数表示。分母表示前一轴线的编号，分子表示附加轴线，用阿拉伯数字顺序编号。如"1/3"表示3号轴线以后附加的第一根轴线，"1/B"表示B号轴线以后附加的第一根轴线。

2．设备

（1）尺寸标注　图上一般不注出设备定形尺寸而只标注其安装定位尺寸。

① 平面定位尺寸：应标注设备与建（构）筑物、设备与设备之间的定位尺寸。设备在平面图上的定位尺寸一般应以建筑定位轴线为基准，注出其与设备中心线或设备支座中心线的距离。悬挂于墙上或柱子上的设备，应以墙的内壁或外壁、柱子的边为基准，标注定位尺寸。

当某一设备已采用建筑定位轴线为基准标注定位尺寸后，邻近设备可依次用已标出定位尺寸的设备中心线为基准来标注定位尺寸。

② 高度方向定位尺寸：设备在高度方向的位置，一般是以标注设备的基础面或设备中心线（卧式设备）的标高来确定。必要时也可标注设备的支架、挂架、吊架、法兰面或主要管口中心线、设备最高点（塔器）等的标高。

（2）名称与位号的标注　设备名称和位号在平面图和剖视图上都需标注，而且应与工艺流程图相一致。一般标注在相应图形的上方或下方，不用指引线，名称在下、位号在上，中间画一粗实线（b或大于b）。也有只注位号不标名称的，或标注在设备图形内不用指引线，标注在图形之外用指引线。

3．安装方位标

设备布置图应在图纸的右上方绘制一个设备安装方位基准的符号——安装方位标。符号以粗实线画出两个直径分别为14mm与8mm的圆圈和水平、垂直两直线，并分别注以0°、90°、180°、270°等字样。安装方位标可由各主项（车间或工段）设计自行规定一个方位基准，一般均采用北向或接近北向的建筑轴线为零度方位基准（即所谓建筑北向）。该方位基准一经确定，设计项目中所有必须表示方位的图样，如：管口方位图、管段图等，均应统一。如图6-22所示。

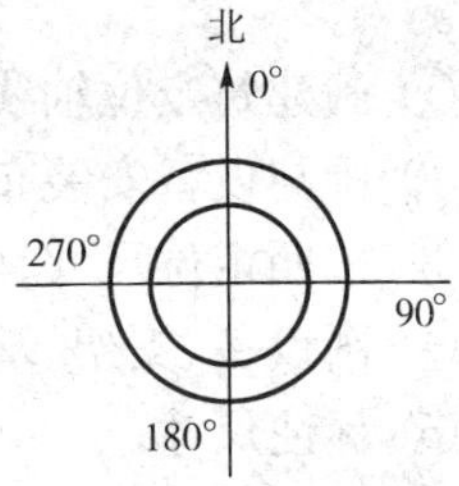

图6-22　安装方位标

4．设备一览表

设备布置图可以将设备的位号、名称、规格及设备图号（或标准号）等，在图纸上列表注明。也可不在图上列表，而在设计文件中附出设备一览表。

（四）不同设计阶段中的设备布置图

在初步设计和施工图设计阶段中，都要绘制设备布置图。但两者的设计深度和表达要求有所不同。

1．初步设计设备布置图

初步设计阶段的设备布置图，主要是反映车间布置的总体情况，供有关部门讨论审查用，并作为进一步设计的依据。它与施工图设计设备布置图的主要区别是设备外形表达可以较简单,设备的安装方位不表示(未确定),设备管口等一律不予画出。例如图6-11中,蒸馏塔、冷凝器等设备的管口方位,安装方位均未表示。因此,不能用作施工安装指导。它一般是以平面图和立面图表达设备的大致布置情况,说明设备布置对厂房建筑的要求。图面上的表达方式也可以在一定程度上从简。例如厂房建筑一般只表示对基本结构的要求,设备安装孔洞、操作平台等有待进一步设计,因此可以不画,或者简单地表示一下。

2. 施工设计设备布置图

施工设计设备布置图是设备安装就位的依据,要求准确表达全部设备、构筑物和平面和空间定位尺寸。它与初步设计设备布置图的主要区别是,清楚表达设备的安装方位和管口方位。图纸内容更详细、完善、准确,能完全用于指导车间设备的施工安装。因此,需要采用一组平、立面剖视图来表达施工图设计时所确定的设备,构筑物的施工安装位置。对所有设备和构筑物,都要清楚准确地绘出其外形及特征。有些设备的主要管口需要画出,再配合必要的管口方位图,从而就完全确定了设备的安装方位。厂房建筑则进一步画出了与设备安装定位有关的孔、洞、操作平台等建筑物、构筑物以及厂房建筑的基本结构。平面图上需绘制安装方位标。

(五)设备布置图的绘制方法步骤

(1)考虑设备布置图的视图配置。

(2)选定绘图比例。施工图设计阶段的设备布置图采用的比例一般都大于初步设计阶段的设备布置图。

(3)确定图纸幅面。

(4)绘制平面图。在设备布置图中,平面图是主要的,因此要先绘制平面图。从底层平面起逐个绘制。由于设备定位的参照系主要取自建筑物,所以在平面图上,首先画建筑物。

① 画建筑定位轴线。

② 画与设备安装布置有关的厂房建筑基本结构。

③ 按照定位尺寸,画设备中心线。

④ 画设备、支架、基础、操作平台等的轮廓形状。

⑤ 标注尺寸。

⑥ 标注定位轴线编号及设备位号、名称。

⑦ 图上如果分区,还需要画分区界限线并作标注。

(5)绘制剖视图 绘制步骤与平面图大致相同,逐个画出各剖视图。

(6)绘制方位标。

(7)编制设备一览表,注写有关说明,填写标题栏。

(8)检查、校核、完成图样。

第七章　管道设计与布置

第一节　概　述

一、管道布置设计的意义

生物工程工厂是属于有多种化工单元操作过程的工业企业，管道是生产过程中不可缺少的部分，各种物料、蒸汽、水及气体都要用管道来输送，设备与设备间的相互连接也要依靠管道。管道对于生物工程工厂，正如血管对于人体生命一样重要。可见，管道布置设计是生物工程工厂设计中的一个组成部分和一项重要内容。管道布置设计是否合理，不仅直接关系到建设指标是否先进合理，而且也关系到生产操作能否正常进行以及厂房各车间布置的整齐美观和通风采光良好等问题。生物工程工厂的工艺设计，在施工图阶段，工作量最大、花时间最多的是管道的布置设计。因此，搞好管道布置设计具有十分重要的意义。

二、管道设计与布置的内容和步骤

(一) 管道设计与布置的内容

管道设计与布置的内容主要包括管道的设计计算和管道的布置两部分内容，本章主要讲述这两部分内容。

(二) 管道设计与布置的步骤

(1) 选择管道材料　根据输送介质的化学性质、流动状态、温度、压力等因素，经济合理地选择管道的材料。

(2) 选择介质的流速　根据介质的性质、输送的状态、黏度、成分，以及与之相连接的设备、流量等，参照有关表格数据，选择合理经济的介质流速。

(3) 确定管径　根据输送介质的流量和流速，通过计算、查图或查表，确定合适的管径。

(4) 确定管壁厚度　根据输送介质的压力及所选择的管道材料，确定管壁厚度。实际上在给出的管材表中，可供选择的管壁厚度有限，按照公称压力所选择的管壁厚度一般都可以满足管材的强度要求。在进行管道设计时，往往要选择几段介质压力较大，或管壁较薄的管道，进行管道强度的校核，以检查所确定的管壁厚度是否符合要求。

(5) 确定管道连接方式　管道与管道间，管道与设备间，管道与阀门间，设备与阀门间都存在着一个连接的方法问题，有等径连接，也有不等径连接。可根据管材、管径、介质的压力、性质、用途、设备或管道的使用检修状态，确定连接方式。

(6) 选阀门和管件　介质在管内输送过程中，有分、有合、转弯、变速等情况。为了保证工艺的要求及安全，还需要各种类型的阀门和管件。根据设备布置情况及工艺、安全的要求，选择合适的弯头、三通、异径管、法兰等管件和各种阀门。

(7) 选管道的热补偿器　管道在安装和使用时往往存在有温差，冬季和夏季使用往往也有很大温差。为了消除热应力，首先要计算管道的受热膨胀长度，然后考虑消除热应力的方法：当热膨胀长度较小时可通过管道的转弯、支管、固定等方式自然补偿；当热膨胀长度较大时，应从波形、方形、弧形、套筒型等各种热补偿中选择合适的热补偿形式。

(8) 绝热形式、绝热层厚度及保温材料的选择　根据管道输送介质的特性及工艺要求，选定绝热的方式：保温、加热保护或保冷。然后根据介质温度及周围环境状况，通过计算或查表确定管壁温度，进而由计算、查表或查图确定绝热层厚度。根据管道所处环境(振动、温度、腐蚀性)，管道的使用寿命，取材的方便及成本等因素，选择合适的保温材料及辅助材料。

需要提及的是，应当计算出热力管道的热损失，以为其他设计组提供资料。

(9) 管道布置　首先根据生产流程，介质的性质和流向，相关设备的位置、环境、操作、安装、检修等情况，确定管道的敷设方式——明装或暗设。其次在管道布置时，在垂直面的排布和水平面的排布，管间距离，管与墙的距离，管道坡度，管道穿墙，穿楼板，管道与设备相接等各种情况，要符合有关规定。

(10) 计算管道的阻力损失　根据管道的实际长度，管道相连设备的相对标高，管壁状态，管内介质的实际流速以及介质所流经的管件、阀门等来计算管道的阻力损失，以便校核检查选泵、选设备、选管道等前述各步骤是否正确合理。当然计算管道的阻力损失，不必所有的管道全都计算，要选择几段典型管道进行计算。当出现问题时，或改变管径，或改变管件、阀门，或重选泵等输送设备或其他设备的能力。

(11) 选择管架及固定方式　根据管道本身的强度、刚度、介质温度、工作压力、线膨胀系数，投入运行后的受力状态，以及管道的根数、车间的梁柱墙壁楼板等土木建筑结构，选择合适的管架及固定方式。

(12) 确定管架跨度　根据管道材质、输送的介质、管道的固定情况及所配管件等因素，计算管道的垂直荷重和所受的水平推力，然后根据强度条件确定管架的跨度。也可通过查表来确定管架的跨度。

(13) 选定管道固定用具　根据管架类型，管道固定方式，选择管架附件，即管道固定用具。所选管架附件是标准件，可列出图号。是非标准件，需绘出制作图。

(14) 绘制管道图　管道图包括平、剖面配管图、透视图、管架图和工艺管道支吊点预埋件布置图等。

(15) 编制材料汇总表　编制管材、管件、阀门、管架及绝热材料综合汇总表。

(16) 确定防腐措施等　选择管道的防腐蚀措施，选择合适的表面处理方法和涂料及涂层顺序，编制材料及工程量表。

第二节　工艺管道的设计计算

一、管子、管件和阀门的选择

在管道设计中，根据使用要求需要正确选择管子、管件和阀门的类型、规格和材料等，这是管道设计中一项细致而重要的工作。现将管子、管件和阀门选择的有关知识介绍如下。

（一）公称直径、公称压力

为了便于设计选用，有利于成批生产，降低生产成本和便于互换，国家有关部门制定了管子、法兰和阀门等管道用零部件标准。对于管子、法兰和阀门等标准化的最基本参数就是公称直径和公称压力。

1. 公称直径

所谓管子、法兰和阀门等的公称直径，就是为了使管子、法兰和阀门等的连接尺寸统一。将管子和管道用的零部件的直径加以标准化以后的标准直径，称公称直径，并以 D_g 表示，其后附加公称直径的尺寸。例如：公称直径为100mm，用 D_g100 表示。

管子的公称直径是指管子的名义直径，既不是管子内径，也不是它的外径，而是与管子的外径相近又小于外径的一个数值。只要管子的公称直径一定，管子的外径也就确定了，而管子的内径则根据壁厚不同而不同。如 D_g150 的无缝钢管，其外径都是 159mm，但常用壁厚有 4.5mm 和 6.0mm，则内径分别为 150mm 和 147mm。

设计管路时应将初步计算的管子直径调整到相近的标准管子直径，以便按标准管选择。

对于法兰或阀门来说，它们的公称直径是指与它们相配的管子的公称直径。例如公称直径为 200mm 的管法兰，或公称直径为 200mm 的阀门，指的是连接公称直径为 200mm 的管子用的管法兰或阀门。管路的各种附件和阀门的公称直径，一般都等于管件和阀门的实际内径。

2. 公称压力

公称压力，就是通称压力，一般应大于或等于实际工作的最大压力。

在制定管道及管道用零、部件标准时，只有公称直径这样一个参数是不够的，公称直径相同的管道、法兰或阀门，它们能承受的工作压力是不同的，它们的连接尺寸也不一样。所以要把管道及所用法兰、阀门等零部件所承受的压力，也分成若干个规定的压力等级，这种规定的标准压力等级就是公称压力，以 p_g 表示，其后附加公称压力的数值。例如：公称压力为 25×10^5Pa，用 p_g25 表示。公称压力的数值，一般指的是管内工作介质温度在 0 ~ 120℃范围内的最高允许工作压力。一旦介质温度超出上述范围，则由于材料的机械强度要随温度的升高而下降，因而在相同的公称压力下，其允许的最大工作压力应适当降低。

在选择管道及管道用的法兰或阀门时，应把管道的工作压力调整到与其接近的标准公称压力等级，然后根据 D_g 和 p_g 就可以选择标准管道及法兰或阀门等管件，同时，可以选择合适的密封结构和密封材料等。

按照现行规定，低压管道的公称压力分为 2.5、6、10、16（$\times10^5$Pa）四个压力等级，中压管道的公称压力分为 25、40、64、100（$\times10^5$Pa）四个压力等级，高压管道的公称压力分为 160、200、250、300（$\times10^5$Pa）四个压力等级。

（二）管材选择

根据输送介质的温度、压力以及腐蚀情况等选择所用管子材料。常用管子材料有普通碳钢、合金钢、不锈钢、铜、铝、铸铁以及非金属材料制成的管子。

生物工程工厂常用的管材有以下几种。

1. 钢管

(1) 无缝钢管　材料为碳钢,用于输送有压力的物料、蒸汽、压缩空气等管路,如果温度超过435℃,则须用合金钢管,按照压力的不同可选用不同壁厚的钢管。无缝钢管分热轧和冷拉两种。热轧无缝钢管的外径为32~600mm,壁厚25~50mm。冷拉钢管外径为4~150mm,壁厚为1~12mm。标注方法是"外径×壁厚"。例ϕ45×3.5表示钢管外径为45mm,壁厚3.5mm。

(2) 电焊钢管

① 螺旋电焊钢管:材料是用碳钢板条卷制,连续螺旋焊接,壁厚6~8mm。用于大口径(>ϕ200)低温低压的管道,按公称通径标注。

② 钢板卷管:材料为碳钢板卷制,直缝焊接,壁厚8~12mm,用于大口径(>ϕ600)低温低压管道,按公称通径标注,一般由安装单位在现场制作。

(3) 水煤气钢管　材料是碳钢,有普通和加厚两种,根据镀锌与否,分镀锌和不镀锌两种(白铁管和黑铁管),用于低温低压的水管。普通管壁厚为2.75~4.5mm,加厚的为3.25~5.5mm。可按普通或加厚管壁厚和公称直径标注。

(4) 不锈钢管　对于输送有腐蚀性介质、氨水、酸、碱等,且有温压的或食品卫生要求高的管道,可用不锈钢管(含镍、铬、钼),可耐800~950℃高温。例如酸法糖化管道、啤酒大罐发酵的管道等。对于有腐蚀性、但压力不太高的,也有用衬橡胶的钢管和铸铁管。

2. 铸铁管

用于室外给水和室内排水管线,也可用来输送碱液或浓硫酸,埋于地下或管沟。用砂型离心浇铸的普压管,工作压力<735kPa(7.5kg/cm^2),高压管工作压力<980kPa(10kg/cm^2)。接口为承插式的内径ϕ75~500mm,壁厚7.5~200mm。用砂型立式浇铸的铸铁管也有低压[工作压力<441kPa(4.5kg/cm^2)]、普压和高压三种。壁厚9.0~30.0mm,用公称内径标注。

高硅铸铁管、衬铅铸铁管系输送腐蚀介质用管道,公称直径D_g10~400mm。

3. 有色金属管

(1) 铜管与黄铜管　多用于制造换热设备,也用作低温管道、仪表的测压管线或传送有压力的流体(如油压系统、润滑系统)。当温度大于250℃时不宜在压力下使用。

(2) 铝管　系拉制而成的无缝管。常用于输送浓硝酸、醋酸等物料,或用作换热器,但铝管不能抗碱。在温度大于160℃时不宜在压力下操作,极限工作温度为200℃。

铜管、黄铜管和铝管的规格均为ϕ外径×壁厚。

4. 非金属管

非金属材料的管道种类很多,常见的有塑料、硅酸盐材料、石墨、工业橡胶以及其他非金属衬里材料等。

(1) 硅酸盐材料管　有陶瓷管、玻璃管,它们耐腐蚀性能强,缺点是耐压低,性脆易碎。

钢筋混凝土管、石棉水泥管用于室外排水管道,管内试验压力:混凝土管0.3×10^{5}Pa

($0.3kg/cm^2$)；轻型钢筋混凝土管 0.5×10^5Pa($0.5kg/cm^2$)；重型钢筋混凝土管 1×10^5Pa($1.0kg/cm^2$)。公称内径：混凝土管 $\phi75\sim450mm$，厚度 25～67mm；轻型钢筋混凝土管 $\phi100\sim1\ 800mm$，厚度 25～140mm；重型钢筋混凝土管 $\phi300\sim1\ 550mm$，厚度 58～175mm，按公称内径标注。近年来，给水管道用内径 $\phi500\sim1\ 000mm$ 的预应力钢筋混凝土管日益增多，工作压力可达 6×10^5Pa($6kg/cm^2$)。

(2) 塑料管　输送温度在60℃以下的腐蚀性介质可用硬聚氯乙烯管或用聚氯乙烯管或用聚氯乙烯卷管(用板料卷制焊接)。市购硬聚氯乙烯管的公称直径有 D_g 6～400mm。壁厚为6～12mm，按外径×壁厚标注。常温下轻型管材的工作压力不超过 2.5×10^5Pa，重型管材(管壁较厚)工作压力不超过 6×10^5Pa。

除硬聚氯乙烯管以外，塑料管还用软聚氯乙烯塑料、酚醛塑料、聚甲基丙烯酸甲酯(有机玻璃)，增强塑料(玻璃钢)与聚乙烯、尼龙1010管、聚四氟乙烯管等制成的管材。

(3) 橡胶管　能耐酸碱，抗蚀性好，且有弹性可任意弯曲。橡胶管一般用作临时管道及某些管道的挠性件，不作为永久管道。

(三) 管件与阀门

管道中除管子以外，为满足工艺生产和安装检修等需要，还有许多其他构件，如短管、弯头、三通、异径管、法兰、盲板、阀门等，我们通常称这些构件为管路附件，简称管件。管件是组成管道不可缺少的部分。

1. 弯头

弯头的作用主要用来改变管路的走向，常见的有90°、45°、180°弯头。

2. 三通

当一条管道与另一条管道相连通时，或管道需要有旁路分流时，其接头处的管件称为三通。根据接入管的角度不同或口径大小差异，可定名为正接三通，斜接三通，或等径三通、异径三通。如需要更多接口，可用四通、五通等管件。

3. 短接管和异径管

当管道装配中短缺一小段，或因检修需要在管路中设置一小段可拆的管道时，经常采用短接管。它是一段短直管，有的带连接头(如法兰、丝扣等)。

将两个不等管径的管口连通起来的管件称为异径管，通常叫大小头。

4. 法兰、活络管接头、盲板

为便于安装和检修，管路中采用可拆连接，法兰、活络管接头是常用的连接零件。活络管接头大多用于管径不大($\phi100$)的水煤气钢管。绝大多数钢管管道采用法兰连接。

在有的管路上，为清理和检修需要设置手孔盲板，也有的直接在管端装盲板，或在管道中的某一段中断管道与系统联系。

5. 阀门

阀门在管道中用来调节流量，切断或切换管道，或对管道起安全、控制作用。阀门的选择是根据工作压力、介质温度、介质性质(含有固体颗粒、黏度大小、腐蚀性)和操作要求(启闭或调节等)进行的。生物工程工厂常用的阀门有以下几种。

(1) 旋塞　旋塞只有结构简单，外形尺寸小，启闭迅速，操作方便，管道阻力损失小的特点。但不适于控制流量，不宜使用在压力较高、温度较高的流体管道和蒸汽管道中。

旋塞可用于压力和温度较低的流体管道中，也适用于介质中含有晶体和悬浮物的流体管道中。使用介质：水、煤气、油品、黏度低的介质。

（2）截止阀　具有操作可靠，容易密封，容易调节流量和压力。耐最高温达300℃的特点。缺点是阻力大，杀菌蒸汽不易排掉，灭菌不完全，不得用于输送含晶体和悬浮物的管道中。常用于水、蒸汽、压缩空气、真空、油品介质。

（3）闸阀　阻力小，没有方向性，不易堵塞，适用于不沉淀物料管线安装用。一般用于大管道中作启闭阀。使用介质：水、蒸汽、压缩空气等。

（4）隔膜阀　结构简单，密封可靠，便于检修，流体阻力小，通用于输送酸性介质和带悬浮物质流体的管道，特别适用于发酵工业，但所采用的橡皮隔膜应耐高温。

（5）球阀　结构简单，体积小，开关迅速，阻力小，常用于发酵罐的配管中。

（6）针形阀　能精确地控制流体流量，在生物工程工厂中主要用于取样管道上。

（7）止回阀　止回阀靠流体自身的力量开闭，不需要人工操作，其作用是阻止流体倒流。也称止逆阀、单向阀。

（8）安全阀　在锅炉、管道和各种压力容器中，为了控制压力不超过允许数值，需要安装安全阀。安全阀能根据介质工作压力自动启闭。

（9）减压阀　减压阀的作用是自动地把外来较高压力的介质降低到需要压力。减压阀适用于蒸汽、水、空气等非腐蚀性流体介质，在蒸汽管道中应用最广。

（10）疏水器　作用是排除加热设备或蒸汽管线中的蒸汽凝结水，同时能阻止蒸汽的泄漏。

（11）蝶阀　蝶阀又称翻板阀。它的结构简单，外形尺寸小，是用一个可以在管内转动的圆盘（或椭圆盘）来控制管道启闭的。由于蝶阀不易和管壁严密配合，密封性差，只适用于调节流量，不能用于切断管路。在输送水、空气和煤气等介质的管道中较常见，用于调节流量。

二、管径、壁厚计算

（一）管径计算

1. 管径的计算与选择

由物料衡算和热量衡算，可得知工艺过程所需的各类流体介质的流量，根据流体在管内的流量、流速与管径之间的关系即可计算出管道的内径：

$$d = 18.8\sqrt{\frac{q_v}{w}} \tag{7-1}$$

式中　d——管道内径（mm）

q_v——流体流量（m^3/h）

w——流体的流速（m/s）

也可应用有关流速、流量、管径算图求取管径。

通过计算或查图所求取的管径，未必符合管径系列，这时可以选用距求取的管径值最接近的数值略大些的管径。然后按采用的管径复核流体速度，流速应符合选取流速规定的范围。

2. 管道介质流速选择

计算管径时,关键是流速的选用。流速大、管径小,可以节省材料,但是增加了流体输送过程的能量消耗,即增大了生产费用。反之流速小,管径大,设备材料耗用多,投资大。因此要根据输送介质的种类、性质和输送条件选择合适的流速。表 7-1 为管内流体常用流速范围,可供管径计算时选用。确定流体流速的原则,除特殊情况外,液体流速一般不超过 3m/s,气体流速一般不超过 100m/s。允许压力降较小的管线,如常压自流管线,应选用较低的流速,允许压力降较大的管线可选用较高流速。

表 7-1　管内流体常用流速范围

流体类别及情况	速度范围/(m/s)	流体类别及情况	速度范围/(m/s)
液体：自来水　主管,3×10^5Pa(表压)	1.5~3.5	喷淋冷却器(糖化醪)	0.8~1.0
支管,3×10^5Pa(表压)	1.0~1.5	精馏塔：	
工业供水 $<8\times10^5$Pa(表压)	1.5~3.5	塔底废水	0.5~0.7
锅炉给水 $>8\times10^5$Pa(表压)	>3.0	成品酒精	0.3~0.5
蛇管、螺旋管内冷却水	<1.0	杂醇油	0.1~0.2
在换热器管内水	0.2~1.5	酒精回流液	0.2~0.5
自流回水	0.5~1.0	糖化麦芽汁	0.8~1.5
黏度和水相仿的液体(常压)	和水相同	味精发酵罐进出料、补料	0.5~1.0
油及黏度较大的液体	0.5~2	制冷设备中盐水	0.6~0.8
稀酸(碱)溶液　吸入	1.0~1.5	废糖蜜　吸入	0.3~0.4
(盐水)　排出	1.5~2.0	排出	0.5~0.6
自流	0.8~1.0	稀糖蜜　吸入	0.4~0.5
蒸汽冷凝水	0.5~1.5	排出	0.6~0.7
凝结水(自流)	0.2~0.5	往复泵(吸入管：水一类液体)	0.7~1.0
过热水	2.0	(排出管：水一类液体)	1.0~2.0
淀粉粉浆、预煮醪	0.6~0.8	乙醇	0.8~1.0
淀粉糊化醪	0.5~0.7	离心泵(吸入管：水一类液体)	1.5~2.0
曲乳	0.4~0.6	(排出管：水一类液体)	2.5~3.0
淀粉糖化醪　吸入	0.5~0.7	齿轮泵　吸入管	<1.0
压出	0.8~0.9	排出管	1.0~2.0
酒母醪	0.5~0.8	气体：一般气体(常压)	10~20
淀粉发酵醪	0.5~0.8	化工设备上的排气管	20~25
酒糟醪(淀粉原料)	0.5~0.8	粗馏塔顶酒精蒸气	8~12
真空蒸发器糖化醪(降液管)	0.05~0.08	精馏塔顶酒精蒸气	15~20

续表

流体类别及情况	速度范围/(m/s)	流体类别及情况	速度范围/(m/s)
进各冷凝器酒精蒸气	5~20	蒸汽：饱和水蒸气 <3×10^5Pa(表压)	20~40
CO_2	5	干管	30~40
压缩空气 1~2×10^5Pa(表压)	10~15	支管	20~30
1~6×10^5Pa(表压)	10~20	分配管	20~25
空气压缩机 吸入管	<10~25	<8×10^5Pa(表压)	40~60
排出管	20~25	过热蒸汽 主管	40~60
送风机 吸入管	10~15	支管	35~40
排出管	15~20	排汽	25~50
真空管道	<10	二次蒸汽 利用时	15~30
烟道气 烟道内	3~6	不利用时	60
管道内	3~4		

(二) 管子壁厚计算

根据公称压力 p_g，公称直径 D_g，可以查表确定管壁厚度。因此，在一般情况下，很少计算管壁厚度。如果工作压力和温度过高，则应进行验算，其计算公式为：

$$S=\frac{pd}{2[\sigma]\phi-p}+C \tag{7-2}$$

式中 S——钢管允许最小壁厚(mm)

p——试验压力(kPa)

$$p=Kp_g$$

式中 p_g——工作压力(表压力，kPa)

K——压力系数，当 $p_g \leqslant 98$kPa 时，$K=2$，$p_g \geqslant 245$kPa 时，$K=1.5$

d——管子内径(mm)

$[\sigma]$——许用应力(kPa)

ϕ——焊缝系数，无缝钢管 $\phi=1$，直缝焊钢管 $\phi=0.8$，螺旋缝焊接钢管 $\phi=0.6$

C——壁厚附加量(mm)

$$C=C_1+C_2+C_3$$

式中 C_1——壁厚负偏差，通常为壁厚的 10%~15%(mm)

C_2——腐蚀裕度，当介质对管子的腐蚀速度 ≤0.05mm/a，单面腐蚀取 1~1.5mm，双面腐蚀取 2~2.5mm

C_3——加工减薄量，螺纹管子 C_3 为螺纹的深度，没各螺纹的管 $C_3=0$，常见的 55°圆锥状管螺纹 $C_3=1.2$~1.5mm

三、管道压力降计算

流体在管道中流动时，遇到各种不同的阻力，造成压力损失，以致流体总压头减小。

流体在管道中流动时的总阻力 H，可分为直管阻力 H_1 和局部阻力 H_2。直管阻力是流体流经一定管径的直管时，由于摩擦而产生的阻力。它是伴随着流体流动同时出现的，又可称为沿程阻力。局部阻力是流体在流动中，由于管道的某些局部障碍（如管道中的管件、阀门、弯头、流量计及管子出入口等）所引起的。

由于流体在管道内流动会产生阻力，消耗一定的能量，造成压力的降低。尤其长距离输送时，压力的损失是较大的。由于在初步设计阶段不需进行管道设计，所以管道的阻力不能准确地计算，这样在设备（主要是泵类）的选型和车间布置（依靠介质自流的设备的竖向布置）时带有一定的盲目性。

在管道设计阶段，应当对某些重要管道或长管道进行压力降计算，目的是为了校核各类泵的选型、介质自流输送设备的标高确定或用以选择管径。

（一）直管阻力 H_1 计算

$$\Delta p = \lambda \frac{l}{d} \cdot \frac{\gamma w^2}{2g} \tag{7-3}$$

或

$$H_1 = \lambda \frac{l}{d} \cdot \frac{w^2}{2g} \tag{7-4}$$

式中　Δp——直管压力降（kPa）

H_1——直管阻力（m 流体柱）

λ——摩擦系数，是雷诺数 Re 与管壁粗糙度的函数，查《化工过程与设备》有关书籍

l——管道总长度（m）

d——管道内径（m）

γ——流体密度（kg/m^3）

w——流体流速（m/s）

g——重力加速度，$9.81m/s^2$

式（7－3）或式（7－4）为直管阻力计算的一般式，对于滞留与湍流两种流动形态下的直管阻力计算都是适用的。

（二）局部阻力 H_2 计算

局部阻力的计算，通常采用两种方法，一种是当量长度法；另一种是阻力系数法。

1. 当量长度法

流体通过某一管件或阀门时，因局部阻力而造成的压力损失，相当于流体通过与其具有相同管径的若干米长度的直管的压力损失，这个直管长度称为当量长度，用符号 l_e 表示。这样计算局部阻力可转化为计算直管阻力，可将管路中的直管段长度与管件及阀门等的当量长度合并在一起计算。如管路中直管长度为 l，各种局部阻力的当量长度之和为 $\sum l_e$，设流体的速度为 w，管径为 d，摩擦系数为 λ，则流体在管路中流动时的总阻力或总压力损失 H 为：

$$H = H_1 + H_2$$

$$= \lambda \frac{l}{d} \cdot \frac{w^2}{2g} + \lambda \frac{\Sigma l_e}{d} \cdot \frac{w^2}{2g}$$

$$= \lambda \left(\frac{l + \Sigma l_e}{d} \right) \frac{w^2}{2g} \quad (\text{m 流体柱}) \qquad (7-5)$$

各种管件、阀门及流量计的当量长度 l_e 的数值是由实验测定的，通常以管径的倍数表示（表 7－2）。

表 7－2　**各种管件阀门及流量计等以管径计的当量长度**

名　　称	l_e/d	名　　称	l_e/d
45°标准弯头	15	闸阀（全开）	7
90°标准弯头	30～40	$\left(\frac{3}{4}\text{开}\right)$	40
90°方形弯头	60		
180°回弯头	50～75	$\left(\frac{1}{2}\text{开}\right)$	200
三通管，流向为（标准）		$\left(\frac{1}{4}\text{开}\right)$	800
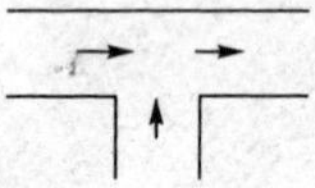	40	单向阀（摇板式）（全开）	135
		带有滤水器的底阀（全开）	420
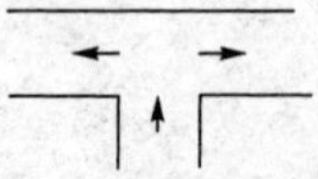	60	螺阀（6″以上）（全开）	20
		吸入阀或盘形阀	70
		盘式流量计（水表）	400
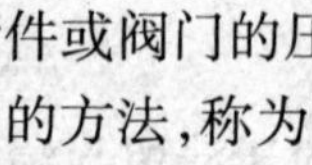	90	文氏流量计	12
截止阀（即球心阀）（标准式）（全开）	300	转子流量计	200～300
角阀（标准式）（全开）	145	由容器入管口	20

2．阻力系数法

流体通过某一管件或阀门的压头损失用流体在管路中的速度头（动压头）倍数来表示这种计算局部阻力的方法，称为阻力系数法，如：

$$h_1 = \xi \frac{w^2}{2g} \quad (\text{m 流体柱}) \qquad (7-6)$$

式中　h_1——因局部阻力而损失的压头（m 流体柱）

w——管路中流体速度（m/s）

g——重力加速度（m/s^2）

ξ——比例系数，称为阻力系数，由实验测定

流体在管路中流动时克服各种局部阻力所引起的能量损失之和为：

$$H_2 = \Sigma\xi \frac{w^2}{2g} \quad (\text{m 流体柱}) \qquad (7-7)$$

式中　$\Sigma\xi$——局部阻力系数之和

流体通过各种管件及阀门的阻力系数，请参考表 7－3。

如将式(7－6)和式(7－4)进行比较,可得

$$\xi=\lambda\frac{l_e}{d} \tag{7-8}$$

式(7－8)说明当量长度法与阻力系数法的关系。

表 7－3　湍流时流体通过各种管件及阀门的阻力系数

<table>
<tr><th>名　称</th><th colspan="12">阻力系数 ξ</th></tr>
<tr><td>标准弯头</td><td colspan="12">45° ξ = 0.35
90° ξ = 0.75</td></tr>
<tr><td>90°方形弯头</td><td colspan="12">ξ = 1.3</td></tr>
<tr><td>180°回弯头</td><td colspan="12">ξ = 1.5</td></tr>
<tr><td rowspan="3">标准三通管</td><td colspan="3"></td><td colspan="3">当弯头用</td><td colspan="3">当弯头用</td><td colspan="3"></td></tr>
<tr><td colspan="3">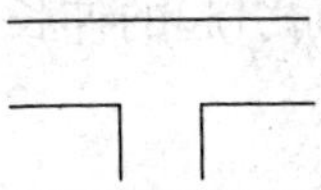</td><td colspan="3">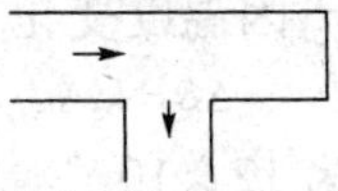</td><td colspan="3">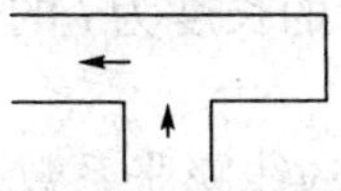</td><td colspan="3">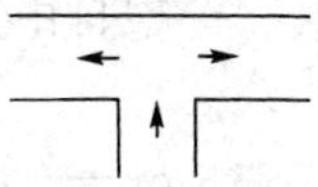</td></tr>
<tr><td colspan="3">ξ = 0.4</td><td colspan="3">ξ = 1.3</td><td colspan="3">ξ = 1.5</td><td colspan="3">ξ = 1.0</td></tr>
<tr><td>活管接</td><td colspan="12">ξ = 0.4</td></tr>
<tr><td rowspan="2">闸　阀</td><td colspan="3">全开</td><td colspan="3">3/4 开</td><td colspan="3">1/2 开</td><td colspan="3">1/4 开</td></tr>
<tr><td colspan="3">0.17</td><td colspan="3">0.9</td><td colspan="3">4.5</td><td colspan="3">24</td></tr>
<tr><td rowspan="2">隔膜阀</td><td colspan="3">全开</td><td colspan="3">3/4 开</td><td colspan="3">1/2 开</td><td colspan="3">1/2 开</td></tr>
<tr><td colspan="3">2.3</td><td colspan="3">2.6</td><td colspan="3">4.3</td><td colspan="3">21</td></tr>
<tr><td rowspan="2">截止阀(标准式)
(球心阀)</td><td colspan="6">全开</td><td colspan="6">1/2 开</td></tr>
<tr><td colspan="6">6.4</td><td colspan="6">9.5</td></tr>
<tr><td rowspan="2">旋　塞</td><td colspan="2">θ</td><td colspan="2">5°</td><td colspan="2">10°</td><td colspan="2">20°</td><td colspan="2">40°</td><td colspan="2">60°</td></tr>
<tr><td colspan="2">ξ</td><td colspan="2">0.05</td><td colspan="2">0.29</td><td colspan="2">1.56</td><td colspan="2">17.3</td><td colspan="2">206</td></tr>
<tr><td rowspan="2">碟　阀</td><td colspan="2">θ</td><td colspan="2">5°</td><td colspan="2">10°</td><td colspan="2">20°</td><td colspan="2">40°</td><td colspan="2">60°</td></tr>
<tr><td colspan="2">ξ</td><td colspan="2">0.24</td><td colspan="2">0.52</td><td colspan="2">1.54</td><td colspan="2">10.8</td><td colspan="2">118</td></tr>
<tr><td rowspan="2">单向阀(止逆阀)</td><td colspan="6">摇板式</td><td colspan="6">球形式</td></tr>
<tr><td colspan="6">ξ = 2</td><td colspan="6">ξ = 70</td></tr>
<tr><td>水表(盘形)</td><td colspan="12">ξ = 7</td></tr>
<tr><td>角阀 90°</td><td colspan="12">ξ = 5</td></tr>
<tr><td>底　阀</td><td colspan="12">ξ = 1.5</td></tr>
<tr><td>滤水器(或滤水网)</td><td colspan="12">ξ = 2</td></tr>
</table>

局部阻力计算时,所采用的当量长度或阻力系数的数据,由于管件及阀门的加工情况及压力损失的测量装置不同,甚至同一管件或阀门也不一致,因此各方面所发表的数值,用两种方法表示,往往对不起来。加上工业生产上所用管件及阀门的数据不齐全,给计算带来许多困难。

在实际设计计算过程中,往往不采取将管路中一个个的管件或阀门的数据查齐全,然后加起来计算,而是根据多次实践中累积起来的经验来计算流体阻力。这里介绍一种估算阻力的方法,作为设计计算的参考。在实际设计中,通常采用当量长度法为主,例如,某

一个输送系统的管路中，如直管的长度为 l(m)，则在计算该系统的流体总阻力 H 时，取 $(l+\sum l_e)$ 为 l 的 1.3 至 2 倍，即：

$$l+\sum l_e=(1.3\sim2.0)l$$

在选取这个倍数时，须考虑到管路的长短、形状（直的或弯的）、管径的大小和管路中管件及阀门等的数目多少。一般管件数目较少，管路形状较直，即局部阻力所占比重较小，所取的倍数可偏低些。

在计算管道阻力或压力降时，应当考虑有 15% 的富余量。

四、管道热补偿计算

（一）管道的热变形与热应力计算

管道一般是在常温下安装的，当操作温度与安装时的温度不同时，管子的长度就有伸缩。一根自由放置的长度为 l 的管子，因温度变化 Δt 而引起的伸长为：

$$\Delta L=l\alpha\Delta t \qquad (7-9)$$

式中 α——管材的线膨胀系数，钢为 12×10^{-6}

若管道两端固定，管道受到拉伸或压缩时，由温度变化而引起热应力，热应力产生的轴向推力 p 为：

$$p=\sigma A=E\alpha\Delta tA \qquad (7-10)$$

式中 E——材料的弹性模数，钢为 2.1×10^{11} Pa

A——带子截面积(m^2)

由上述公式可知，热应力和轴向推力与管道长度无关，所以不能因为管道短而忽视这个问题。

一般使用温度低于 100℃ 和直径小于 D_g50 的管道可不进行热应力计算。直径大，直管段长，管壁厚的管道，要进行热应力计算。如生物工程工厂锅炉蒸汽管道等就需要进行热变形计算，并采取相应措施将它限定在许可值之内，这就是管道热补偿的任务。

（二）管道热补偿设计

1. 自然补偿

利用管道敷设时自然形成的转弯吸收热伸长量的称自然补偿。这个弯管段就称自然补偿器。管道设计时，尽量利用自然补偿，仅当其不足补偿热膨胀时，才采取其他补偿器。

热力管道（直管道）可不装补偿器的最大尺寸，见表 7－4。

（1）L 形补偿　当管道有 90°转弯时，称 L 形补偿，见图 7－1。近年来使用的计算公式为：

表 7－4　热力管道可不装补偿器的最大尺寸

热水/℃	60	70	80	90	95	100	110	120	130	140	143	151	158	161	170	175	179	183
蒸汽/kPa	—	—	—	—	—	—	50	100	180	270	300	400	500	600	700	800	900	1 000
管长/m	65	57	50	45	42	40	37	32	30	27	27	27	25	25	21	21	21	21

$$L_1 = 1.1\sqrt{\frac{\Delta L_2 D_w}{300}} \tag{7-11}$$

式中　L_1——短臂长度(m)

ΔL_2——长臂 L_2 的膨胀长度(mm)

D_w——管子外径(mm)

在 L 形补偿器中,短臂 L 固定支架的应力最大,长臂 L 与短臂 L 的长度越接近,其弹性越差,补偿能力也越差。

(2) Z 形补偿　Z 形补偿见图 7－2。Z 形补偿器有一个基本计算公式:

$$\sigma = \frac{6\Delta LED_w}{L^2(1+12K)} \tag{7-12}$$

式中　σ——管子弯曲许用应力,一般取 700×10^5Pa

ΔL——热膨胀长度, $\Delta L=\Delta L_1+\Delta L_2$

E——材料的弹性模数,钢材 $E=2\times10^{11}$Pa

D_w——管子外径(cm)

L——垂直臂长度(cm)

K——短臂与垂直臂之比,$K=L_1/L$

根据上式,可导出垂直臂长的计算公式:

$$L = \sqrt{\frac{6\Delta LED_w}{\sigma(1+12K)}} \tag{7-13}$$

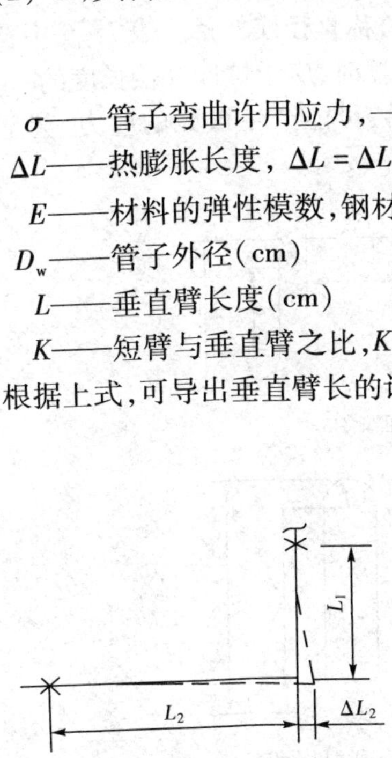

图 7－1　L 形补偿

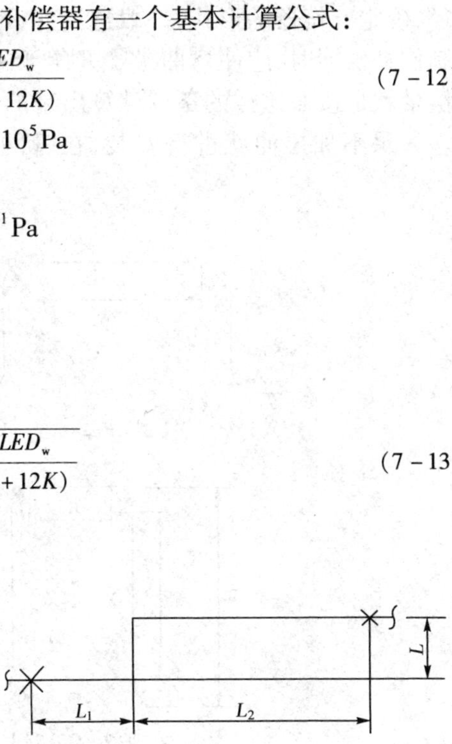

图 7－2　Z 形补偿

在实际施工过程中,Z 形弯管的垂直臂长 L,往往根据实际情况确定,很少根据管道自然补偿的需要设计。因此当 L 值一定时,计算 K 值的公式为:

$$K = \frac{\Delta LED_w}{2\sigma L^2} - \frac{1}{12} \tag{7-14}$$

计算过程中,先假设 L_1 和 L_2 之和,以便计算出膨胀量 ΔL。当得出 K 值后,再计算短臂长度,即 $L_1=KL$。从假设的 L_1 与 L_2 之和中减去 L_1,便得出 L_2。

L 形与 Z 形补偿也可以查有关算图设计。

2. 补偿器补偿

当自然补偿还达不到要求时,可采用补偿器补偿。补偿器有方形(彀形)补偿器、波形补偿器、填料函补偿器。其中以方形补偿器最为常用,制造方便,补偿能力大。波形补偿器补偿能力小,一般为 3～6 个波节,每个波节只能补偿 10～15mm,适用于低压(真空至 2×10^5Pa),管径大于 100mm,管长度不大于 20m 的气体或蒸汽管道。波形补偿器的补偿能力远不如方形补偿器。填料函补偿器可用于公称直径 80 ~ 300mm 的管道，补偿量为 50 ~ 300mm。优点是：结构简单，补偿量大；缺点是填料处易损坏而致泄漏，在管道发生弯曲时，会卡住而失去作用，故一般管道上很少采用。下面主要介绍方形补偿器的设计。

方形补偿器一般由管子煨制而成，或由冲压弯头组对而成。方形补偿器有 4 种型式，其差别在于臂长 A 和边长 B 的比值不同。参见图 7－3。

图中 4 种型式补偿器的尺寸和补偿能力见表 7－5。

选择方形补偿器前，首先要计算管道的热膨胀长度（即补偿量 ΔL），根据热膨胀长度和管径，确定补偿器的形式，一般选用Ⅱ、Ⅲ型。

制作补偿器时，应使弯曲半径 R 等于 4 倍的管子公称直径或外径。表 7－5 中补偿器的补偿量就是按照这样的条件计算出来的。安装补偿器时，应予拉伸补偿长度的一半，即 $\Delta L/2$。如果不加拉伸就进行安装，在管网投入运行后，可能产生很大的应力，甚至造成事故。

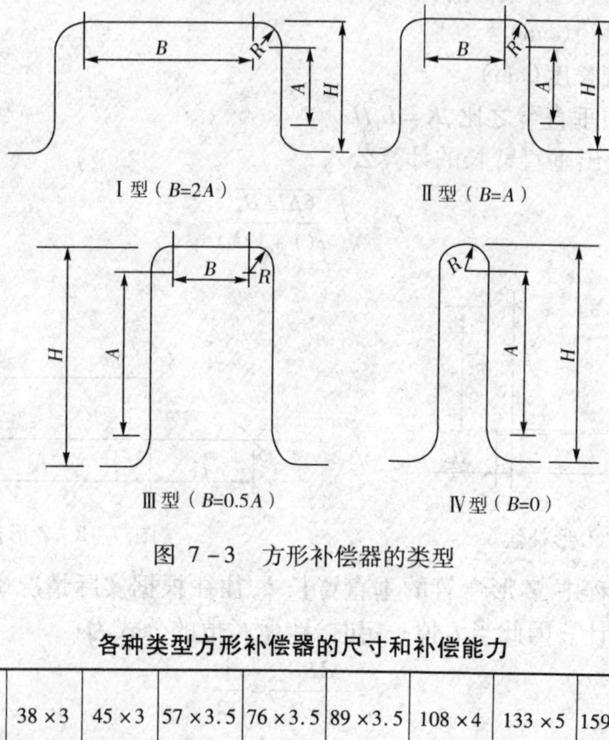

图 7－3　方形补偿器的类型

表 7－5　　各种类型方形补偿器的尺寸和补偿能力

管径（外径×壁厚）/mm		32×3	38×3	45×3	57×3.5	76×3.5	89×3.5	108×4	133×5	159×4.5	219×6	276×7
补偿量 ΔL/mm	型号	臂长 $H=A+2R$（mm）										
50	Ⅰ	570	720	760	790	860	930	1 000				
	Ⅱ	750	830	870	880	910	930	1 000				
	Ⅲ	850	930	970	970	980	980					
	Ⅳ	1 060	1 120	1 110	1 050	1 240	1 240					

续表

管径(外径×壁厚)/mm		32×3	38×3	45×3	57×3.5	76×3.5	89×3.5	108×4	133×5	159×4.5	219×6	276×7
补偿量 ΔL/mm	型号	臂　长　$H=A+2R$(mm)										
75	Ⅰ	790	860	920	950	1 050	1 100	1 220	1 380	1 530	1 800	
	Ⅱ	930	1 020	1 070	1 080	1 150	1 200	1 300	1 380	1 530	1 800	
	Ⅲ	1 060	1 150	1 220	1 180	1 220	1 250	1 350	1 450	1 600		
	Ⅳ	1 350	1 410	1 430	1 150	1 450	1 350	1 450	1 530	1 650		
100	Ⅰ	910	980	1 050	1 100	1 200	1 270	1 400	1 590	1 730	2 050	2 300
	Ⅱ	1 070	1 170	1 240	1 250	1 330	1 400	1 530	1 670	1 830	2 100	2 300
	Ⅲ	1 250	1 360	1 430	1 450	1 470	1 500	1 600	1 750	1 830	2 100	2 300
	Ⅳ	1 600	1 700	1 780	1 700	1 710	1 720	1 730	1 830	1 980	2 190	
150	Ⅰ	1 100	1 260	1 270	1 310	1 400	1 570	1 730	1 920	2 120	2 500	
	Ⅱ	1 330	1 450	1 540	1 550	1 660	1 760	1 920	2 100	2 280	2 630	2 800
	Ⅲ	1 560	1 700	1 800	1 830	1 870	1 900	2 050	2 230	2 400	2 700	2 900
	Ⅳ			2 070	2 170	2 200	2 200	2 260	2 400	2 570	2 800	3 100

注：(1) 弯曲半径 $R=4D_g$。

(2) 表中的补偿能力 ΔL 系按补偿器安装时冷拉 $\Delta L/2$ 得出的。

第三节　管道布置设计

管道布置设计又称配管设计，是施工图设计阶段的主要内容之一。生物工程工厂工艺设计是以车间工艺设计为主，因此，本节以车间管道布置设计为中心内容。

一、车间管道布置设计的任务和原则

（一）车间管道布置设计的任务

车间管道布置设计的任务是用管道把由车间布置固定下来的设备连接起来，使之形成一条完整连贯的生产工艺流程。因此要求确定各个设备的管口方位和各个管段（包括阀件、管件和仪表）在空间的具体位置以及它们的安装、连接和支撑方式等。车间内布置的设备是单独、孤立的单体设备，只有通过工业管道的联结，才能满足生产设备对物料的供需要求，组成完整连贯的生产工艺流程。因此，工业管道是生产工艺流程中不可分割的组成部分，也是车间设计中的重要内容之一。在进行车间设备布置设计时，要考虑管道安装的要求和原则。在进行车间管道布置设计时，为了满足管道安装的要求，对设备布置有时需要进行适当的调整，特别是要确定设备安装的管口方位。

车间管道布置合理、正确，管道运转就顺利通畅，设备运转也就顺畅，就能使整个车间或工段，甚至整个工厂的生产操作卓有成效。因此，在车间布置设计时，设备布置与管道布置是相辅相成，组成一个工艺流程的生产整体。

管道布置设计除了把设备与设备之间联结起来外，有些管道输送的介质有腐蚀性，有的容易沉积堵塞管道，有的含有有害气体，有的有冷凝液体产生。为了保证生产流程的通畅顺利，在管道的布置和安装设计中，要考虑和满足一定的特殊技术要求。因此，管道布置设计是一项比较繁杂的设计任务，有的设计单位专门设立管道工程设计室（组），简称配管专业。一般中小单位，由工艺设计人员完成。

管道布置设计的主要依据是带控制点的工艺流程图、设备布置图（施）、土建图和有关配管规范等。

（二）车间管道布置设计的原则

（1）管道布置设计不仅影响工厂（车间）整齐美观，而且直接影响工艺操作，产品质量，甚至导致杂菌或噬菌体污染，也影响安装检修和经济合理性。因此，管道布置首先应满足生产需要和工艺设备的要求，便于安装、检修和操作管理。

（2）尽可能使管线最短、阀件最少。必须避免管道在平面上迂回折返，立面上弯转扭曲等不合理布置。凡是高浓度介质尽可能采用重力自流转送，需要保持设备一定真空度的水腿等管线，尽可能保持垂直泻泄状态。

（3）车间内管道一般采用明线敷设（与住宅建筑不同），安装费用低，检修安装方便，操作人员容易掌握管道的排列和操作。

（4）车间内工艺管道布置普遍采用沿墙、楼板底或柱子的成排安装法，使管线成排成行平行直走，并协调各条管道的标高和平面坐标位置，力争共架敷设，使其占空间小。尽量减少拐弯，避免挡光和门窗启闭，适当照顾美观。

（5）管架标高应不影响车辆和人行交通，管底或管架梁底距行车道路面高度要大于4.5m，人行道要大于2.2m，车间次要通道最小净空高度为2m，管廊下通道的净空要大于3.2m，有泵时要大于4m。

（6）分层布置时，大管径管道、热介质管道、气体管道、保温管道和无腐蚀性管道在上；小管径、液体、不保温、冷介质和有腐蚀性介质管道在下。引支管时，气体管从上方引出，液体管从下方引出。

（7）管径大的、常温的、支管少的、不常检修的和无腐蚀性介质的管道靠墙；管径小的，热力管道、常检修的支管多的和有腐蚀性介质管道靠外。

（8）管道穿过楼板、墙壁时，应预先留孔，穿过楼板或墙壁的管道，其法兰和焊口均不得位于楼板或墙壁之中。

（9）易堵塞管道在阀门前接上水管或压缩空气管。

（10）管道应避免经过电动机或配电板的上空，以及两者的邻近。

（11）输送腐蚀性介质管道的法兰不得位于通道上空；与其他介质管道并列时，应保持一定距离，且略低。

（12）阀门和就地仪表的安装高度应满足操作和检查的方便。如果阀门位置过高，可接长阀杆，使开关手轮或手柄位于适合操作的位置。

(13) 室外架空管道的走向宜平行于厂区干道和建筑物。

(14) 不锈钢管道不得与碳钢支架或管托架长期直接接触,以免形成腐蚀核心。必须在管托上涂漆或衬以不锈钢板块予以隔离。

(15) 一般的上下水管及废水管适用于埋地敷设,埋地管的安装深度应在冰冻线以下。

二、车间管道布置设计的内容

车间管道布置设计主要通过管道布置图的设计来体现设计思想、设计原则,指导具体的管道安装工作。因此,车间管道布置设计的内容,也就是管道布置图的内容。详细内容请参阅本章第四节。这里仅作简单介绍。

(1) 管道布置图。根据生产流程、设备布置、厂房建筑和设备创造图纸,先在图纸上绘出工业厂房、设备和构筑物,用细实线画出它们的外形和接口于正确的定位尺寸上,然后用实线画出管道和阀门。每根管道都应标注介质代号、管径、立面标高和平面定位尺寸以及流向。

管道上的管件和阀门、仪表的传感装置和控制点、管道支(吊)架和管沟内管架均应按规定的图例和符号在图纸上表示。

(2) 特殊管件制造图。

(3) 施工说明书,管道材料表,包括管道的保温层、保温情况,油漆颜色及保温材料等。

三、生物工程车间管道布置的特点

生物工程工厂车间管道布置,除了必须遵守上述的设计原则外,还必须考虑到生物工程工厂对无菌要求的特殊性。如果对生物工程工厂的生产特点,对染菌的概念了解不够,按照一般化工厂管道的常规要求进行管道布置,将会给生产带来严重影响,造成重大损失。所以,对生物工程工厂车间管道布置的特殊要求,必须十分重视。尤其是发酵车间,更应考虑到车间管道布置必须符合防止微生物污染的特殊要求。

下面主要介绍发酵车间管道布置的特点。

1. 选择恰当的管材和阀门

由于发酵液具有一定的酸度和含有某些腐蚀性强的物质(如硫酸铵、亚硫酸盐等),管道和阀门容易受到腐蚀引起渗漏,造成染菌。因此,选择恰当的管材和阀门是防止污染,保证正常生产的重要环节。

在发酵罐配管中,除了上下水外,尽可能采用无缝钢管,输送腐蚀性较强的介质(如氨水、酸、碱等)时最好用不锈钢管。

据统计,因阀的渗漏引起的染菌所占的染菌比例较大,值得引起重视。与发酵罐直接连通的管道更应选用密封性较高的阀门。用于发酵罐的阀门一般有截止阀、闸阀、针形阀和橡皮隔膜阀等。截止阀主要用于上下水以及不直接与罐相连的蒸汽、空气和物料管道。大口径的空气及蒸汽管一般用闸阀。截止阀用在与罐直接相连的管道上时,必须采用高质量的,其阀芯最好改用聚四氟乙烯垫圈。安装时尽可能将阀座一侧与罐相连,而阀杆一侧不与罐相连,以免阀杆处渗漏,将异物带入罐内造成污染。

针形阀一般由不锈钢制成,适于小流量的调节,严密可靠,坚固耐用,一般用于取样、接种和补料门的管道上。

橡皮隔膜阀具有严密可靠,阀杆不与物料接触的优点,所以特别适用于发酵工业。但所采用的橡皮隔膜应耐高温,一般由氯丁橡胶与天然胶的混合物制成。隔膜阀需定期检查和更换隔膜。另有一种三通橡皮隔膜阀,主要用于接种(移种)站。

平旋止逆阀在发酵罐的管道中使用较广泛。当设备中某些部件发生故障时,能防止管道中的液体或气体发生倒流。

2. 选择正确的管道连接

除上下水管可以用螺纹连接外,其余管道以焊接和法兰连接为宜。因螺纹连接由于管道受冷、热、振动等的影响,活接头的接口易松动,使密封面不能严密而造成渗漏。如在接种、输液时,因液体快速流动造成局部真空,在渗漏处将外界空气吸入,空气中的菌就被带入发酵罐中造成染菌。焊接的连接方法简便,而且密封可靠,所以空气灭菌系统、培养液灭菌系统和其他物料管道以焊接连接为好。需要经常拆卸检修处应采用管法兰连接。

目前,对靠近发酵罐的管道、如移种管道、补料管道、空气管道、油管等,均用弯管、焊接、法兰连接取代弯头、管接头、活接头、三通、四通、大小头等化工管件连接的方法,这样可以减少接头处渗漏染菌。

3. 合理布置管道

发酵车间的管道布置,除满足生产工艺流程要求外,还要考虑满足清洗和灭菌彻底的要求。因此,除了管道和阀门本身不漏外,还要考虑以下各点:

(1) 尽量减少管道,一方面可节省投资,另一方面减少染菌机会。管道越短越好,安装要整齐美观。与发酵罐连接的管道有空气管、进料管、出料管、蒸汽管、水管、取样管、排气管等,其中有些管应尽可能合并后与发酵罐连接,例如有的工厂将空气管、进料管、出料管合为一条管与发酵罐连接,做到一管多用。

(2) 要保证发酵罐(种子罐)罐体和有关管道都可用蒸汽进行灭菌,即保证蒸汽能够达到所有需要灭菌的地方。对于某些蒸汽可能达不到的死角(如阀)要装设与大气相通的旁路(排气口)。在灭菌操作时,将旁路阀门打开,使蒸汽流畅通过。对于接种、取样、补料和加油等操作管路要配置单独的灭菌系统,使能在发酵罐灭菌后或发酵过程中可单独进行灭菌。其他油罐、补料罐的安装均可照此配置。

(3) 各发酵罐(种子罐)的排气管不能因要节约管材,而互相连接在一条总管道上。其罐底排污管(下水管)也不能相互连接在一条总管道上。否则在使用中会相互串通、相互干扰,引起污染的"连锁反应"。排气管道的串通连接尤其不利于污染的防治。一般以每台发酵罐具有独立的排气管、下水管道为宜。对于有噬菌体危害的发酵车间,为了防止活菌体排放,排气管中的废气必须通过灭菌设备(贮有灭菌药剂的容器,或通灭菌蒸汽的容器)后再排放,并将其引向下水道或远处。

(4) 要避免冷凝水排入已灭菌的发酵罐和空气过滤器中。冷凝水不是绝对无菌的。如进入发酵罐会导致污染,如进入空气过滤器会使空气过滤器失效。为此,蒸汽管道应尽可能包有保温层。此外，一些与无菌部分相连的蒸汽管道要有排冷凝水的阀门。

(5) 在空气过滤器和发酵罐之间应装有单向阀(止逆阀)，以免在压缩空气系统突然停气或发酵罐的压力高于过滤器时，将发酵液倒压至过滤器，引起生产事故。

(6) 蒸汽总管道应安装分水罐、减压阀和安全阀，以保证蒸汽的干燥及避免过高压力的蒸汽在灭菌时造成设备压损或爆炸事故。

4. 消灭管道死角

所谓死角是指灭菌时因某些原因使灭菌温度达不到或不易达到的局部位置。管道中如有死角存在，必然会因死角内潜伏的杂菌没有杀死而引起连续染菌，影响正常生产。管道中常发现的死角有下列几种。

(1) 管道连接的死角　管道连接有螺纹连接，法兰连接和焊接等，如果对染菌的概念了解不够，按照一般化工管道的常规加工方法来连接和安装管道，就会造成死角。发酵车间的有关管道的法兰加工、焊接和安装要保持连接处管道内壁畅通、光滑、密封性好，以避免和减少管道染菌的机会。例如法兰和管子焊接时受热不匀，使法兰翘曲密封面发生凹凸不平现象而造成漏渗与死角。垫片的孔径要和管内径一致，过大或过小均易积存物料，形成死角。法兰安装时没有对准中心，也会造成死角。螺纹连接容易产生松动而有缝隙，是微生物隐藏的死角，所以一般不采用螺纹连接。目前消灭管道死角的较好方法是采用焊缝连接法，但是焊缝必须光滑，焊缝有凹凸现象也会产生死角。

(2) 种子罐放料管的死角　种子罐放料管的死角及改进如图 7-4 所示。图 7-4(1)表示有一小段管道因灭菌时罐内有种子，阀 3 不能打开，存在蒸汽不流通的死角(与阀 3 连接的短管)。所以应在阀 3 上装设旁通，焊上一个小的放气阀 4，如图 7-4(2)所示。此段管道即可得到蒸汽的充分灭菌。类似这种管的死角还有其他，解决的办法是在阀腔的一边或另一边装上一个小阀，以便使蒸汽通过管道而进行灭菌。阀门死角往往出现于球心阀阀座两面的端角，可以在接种管、尿素管、消泡油管与发酵罐连接的阀门两面均装有小排气阀，以利灭菌。在需要分段灭菌的管道中，可在管道中安装一个带有旋塞的球心阀，如图 7-5(1)；或在两方向相反的球心阀之间安装支管和阀，如图 7-5(2)。

(3) 排气管的死角　罐顶排气管弯头处如有堆积物，其中隐藏的杂菌不容易彻底消灭，而当发酵时受搅拌的振动和排气的冲击就会一点点地剥落下来造成污染。另外排气管的直径太大，灭菌时蒸汽流速太小，也会使管中耐热菌不能全部杀死。所以排气管要与罐的尺寸有一定比例，不宜过大或过小。

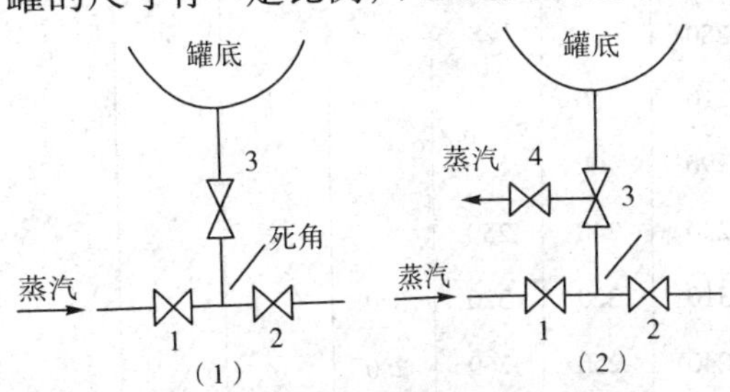

图 7-4　种子罐放料管的死角及改进

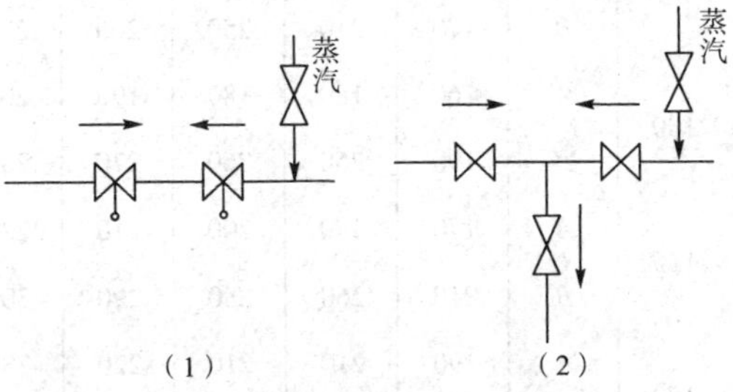

图 7-5　管道灭菌装置图

四、车间管道布置设计的有关参数

（1）管道间距应考虑安装检修方便。平行管道间最突出物间的距离不能小于50～80mm，管道最突出部分距墙、管架边和柱边不能小于100mm。为了减少管间距，阀门、法兰，应尽量错开排列。法兰和阀对齐时管道间距参考表7－6。法兰相错时的管道间距参考表7－7。两管间中心距和管中心到墙边的距离参考表7－8。

表 7－6　　法兰和阀对齐时管道间距　　单位：mm

D_g	25	40	50	80	100	150	200	250
25	250							
40	270	280						
50	280	290	300					
80	300	320	330	350				
100	320	330	340	360	375			
150	350	370	380	400	410	450		
200	400	420	430	450	460	500	550	
250	430	440	450	480	480	530	580	600

表 7－7　　法兰相错时的管道间距　　单位：mm

D_g		C	25	40	50	70	80	100	125	150	200	250	300
25	*A*	110	120										
	B	130	200										
40	*A*	120	140	150									
	B	140	210	230									
50	*A*	130	150	150	160								
	B	150	220	230	240								
70	*A*	140	160	160	170	180							
	B	170	230	240	250	260							
80	*A*	150	170	170	180	190	200						
	B	170	210	250	260	270	280						
100	*A*	160	180	180	190	200	210	220					
	B	190	250	260	270	280	290	300					
125	*A*	170	190	200	210	220	230	240	250				
	B	210	260	280	290	300	310	320	320	330			
150	*A*	190	210	210	220	230	240	250	260	280			
	B	230	280	300	300	300	320	330	340	360			

续表

D_g		C	25	40	50	70	80	100	125	150	200	250	300
200	A	220	230	240	250	260	270	280	290	300	300		
	B	260	310	320	330	340	350	360	370	390	420		
250	A	250	270	270	280	290	300	310	320	340	360	390	
	B	290	340	350	360	370	380	390	410	420	450	480	
300	A	280	290	300	310	320	330	340	350	360	390	410	440
	B	320	370	380	390	400	410	420	440	450	480	510	540

注：（1） A、B 分别为不保温管间和保温管间的间距。

（2） C 为管中心到墙面或管价边缘的距离。

（3） 保温管与不保温管间的间距 = $(A+B)/2$。

（4） 螺纹连接管道间的间距，按表中数值减 20mm。

表 7－8　**两管间中心距和管中心到墙边的距离**

管道直径 D_g/mm	25	40	50	65	80	100	125	150
1. 两管中心距/mm								
保温管	280	280	290	310	310	340	340	360
不保温管	180	180	200	200	220	250	260	300
2. 管中心至墙壁/mm								
保温管	150	150	150	170	190	190	210	230
不保温管	80	90	110	120	130	150	160	180

（2） 管道支架分布的距离。视管径、质量、作用力等因素，通过计算确定。表 7－9 为支架间距的参考数字。室内管道支架，因多数利用建筑物墙或柱等固定，考虑建筑模数，一般可按下列数值选取：

	管径/mm	间距/m
保温管道：	$D_g \leqslant 32$	2.0
	$D_g = 40 \sim 100$	3.0
	$D_g \geqslant 125$	6.0
不保温管道：	$D_g \leqslant 40$	3.0
	$D_g \geqslant 50$	6.0

（3） 阀件及仪表的安装高度主要考虑操作的方位和安全。下列数据可供参考：

阀门（截止阀、闸阀及旋塞等）	1.2m
安全阀	2.2m
温度计	1.5m
压力阀	1.6m

（4）管道布置安装原则上对不间断运行并没有沉积可能的管道可以没有坡度外，一般都应有坡度。

对于生物工程工厂中的重力自流管道的坡度要求：

料浆管：3%～5%，顺流向，拐弯处应设清洗弯头；

污水管：1%，顺流向，拐弯处应设清洗弯头。

对于压力管道的坡度要求：

表 7-9　管道支架间距离参考数

管径 D_g/mm	间距/m		管径 D_g/mm	间距/m	
	保温管	不保温管		保温管	不保温管
15	1.5	3.5	80	4.0	6.0
20	2.0	4.0	100	4.5	6.5
25	2.5	4.5	125	5.0	7.0
40	3.0	5.0	150	6.0	8.0
50	3.0	5.5	200	7.0	9.0
65	4.0	6.0	250	8.0	10.0

清水管：0.1%～0.2%，反流向；

蒸汽管：0.2%，反流向，最低处或积水处安装放（疏）水阀；

凝结水管：0.2%，反流向，最高处安装放汽阀；

压缩空气管：0.2%，顺流向，最低处安装排油水阀；

料浆管；0.5%～1.0%，反流向。

（5）管道的涂色列于表 7-10。

表 7-10　管道的涂色

介质	水	蒸汽	压缩空气	真气	排气	物料	酸类	碱类	油类	阴沟管
颜色	绿	色	深蓝	灰	黄	红	红白圈	粉红	棕	黑

五、药厂 GMP 洁净车间管道布置的要求及规定

1. 管道及管件材质要求

（1）管道材料根据所输送的物料理化性质和使用工况选用，采用的管材应保证工艺要求，使用可靠、不吸附和污染介质，施工和维护方便，采用的阀门、管件除满足工艺要求外，应选用拆卸、清洗、检修均方便的卡箍连接形式的管配件。

（2）输送纯水、注射用水、无菌介质和半成品、成品的管材宜采用低碳优质不锈钢或其他不污染介质材料。引入洁净室的各支管应采用不锈钢管。

（3）对法兰、螺纹连接，其密封用的垫片或垫圈宜采用聚四氟乙烯垫片和聚四氟乙烯包覆垫或食品橡胶密封圈。

(4) 保温材料应选用整体性能好、不易脱落、不散发颗粒、保温性能好、易施工的材料,洁净室内的保温层应加金属外壳保护。

2. 药厂洁净车间内管道布置的规定

洁净厂房内的管路布置除应遵守一般化工车间管路布置的有关规定外,还应遵守如下布置原则。

(1) 洁净厂房的管路应布置整齐,引入非无菌室的支管可明敷,引入无菌室的支管不能明敷。应尽量缩短洁净室内的管路长度,并减少阀门、管件及支架数量。

(2) 洁净室内公用系统主管应敷设在技术夹层、技术夹道或技术竖井中,但主管上的阀门、法兰和螺纹接头以及吹扫口、放净口和取样口则不宜设在技术夹层、技术夹道或技术竖井内。

(3) 从洁净室的墙、楼板或硬吊顶穿过的管路,应敷设在预埋的金属套管中,套管内管路不得有焊缝、螺纹或法兰。管路与套管之间的密封应可靠。

(4) 排水主管不应穿过有洁净要求的房间,洁净区的排水总管顶部应设排气罩,设备排水口应设水封装置,以防室外窨井污气倒灌至洁净区。

(5) 穿越软吊顶的管道,应于管道设计时与有关专业密切配合,定出管道穿软吊顶的方位和坐标,防止管道穿龙骨,影响吊顶的结构强度。

(6) 洁净室内的管道应根据其表面温度、发热或吸热量及环境的温度和湿度确定保温形式(保热、保冷、防结露、防烫等形式)。防烫、保热管道管外壁温度不超过40℃,保冷管道的外壁温度不得低于环境露点温度。

(7) 有洁净要求的房间应尽量少设地漏,100级洁净室内不宜设地漏。有洁净要求的房间所设置的地漏,应采用带水封、格栅和塞子的全不锈钢内抛光的洁净室地漏。

(8) 输送无菌介质的管路应有可靠的灭菌措施,且不能出现无法灭菌的“盲区”。输送纯水、注射用水的主管宜布置成环形,以避免出现“盲管”等死角。

第四节 管道布置图

一、概 述

(一) 管道布置设计的图样

管道布置设计是施工图设计阶段中工艺设计的主要内容之一。它通常以带控制点的工艺流程图、设备布置图、有关的设备图以及土建、自控、电气专业等有关图样和资料为依据,对管道作出适合工艺操作要求的合理布置设计,绘制出下列图样:

(1) 管道布置图 表达车间内管道空间位置等的平、立面布置情况的图样。

(2) 蒸汽伴管系统布置图 表达车间内各蒸汽分配管与冷凝液收集系统平、立面布置的图样。

(3) 管段图 表达一个设备至另一设备(或另一管道)间的一段管道的立体图样。

(4) 管架图 表达管架的零部件图样。

(5) 管件图 表达管件的零部件图样。

（二）管道布置图的内容

管道布置图是车间安装、施工中的重要依据，是应用较多的一种图样，图 7 - 6 为管道布置图的图例。图样一般有如下内容：

（1）一组视图　按正投影原理，画一组平、立面剖视图，表达整个车间的设备、建（构）筑物简单轮廓以及管道、管件、阀门、控制点等的布置情况。

（2）尺寸和标注　注出管道及有些管件、阀门、控制点等的平面位置尺寸和标高，对建筑物轴线编号、设备位号、管段序号、控制点代号等进行标注。

（3）分区简图　表明车间分区的简单情况。

（4）方位标　表示管道安装的方位基准。

（5）标题栏　注写图名、图号、设计阶段等。

二、管道布置图的绘制

（一）比例、图幅及分区原则

管道布置图的比例一般采用 1∶50 和 1∶100，如管道复杂也可采用 1∶20 或 1∶25 等。图幅一般以一号图纸或二号图纸为宜，有时也用 0 号图纸，过大，则管理和绘读不便。

如果车间较小，管道比较简单，可以车间为单位绘制车间管道布置图。如果车间范围较大，为了清楚表达各工段的管道布置情况，需要进行分区绘制管送行置图，它可与设备布置图样，先画首页图，划分区域，然后分区绘图。但也有按工段（工序）为单位分区绘制的，这样，可以内墙或建筑定位轴线作为分区界线，不必用粗双点划线绘制和标注界线坐标，而是用细双点划线画出分区简图，用细斜线表示该区所在位置，注明各分区图号，画在管道布置图底层平面图的图纸右上方，如图 7 - 6 所示。

（二）视图的配置

管道布置图，根据表达需要，可采用平面图、剖面图、向视图和局部放大图等。

平面图的配置，管道布置图一般以平面图为主，对多层建筑应按楼层标高平面分层绘制，且与设备布置图的平面图相一致。各层平面图是假想将上层楼板揭去，将楼板以下的建（构）筑物、设备、管道等全部画出。若平面上还有局部平面或操作台，应单独绘制局部管道平面布置图。如果当某一层的管道上下重叠过多，一张平面图上不易表示清楚时，最好分上、下两层分别绘制。

立面剖视图的配置，当管道布置在平面图上不能全面表达管道的走向和分布时，可采用立面剖视图或向视图补充表示。剖视图应尽可能与剖切平面所在的管道布置平面图画在一张图纸上，也可集中在另一张图纸上画出。

管道布置图的平、立面剖（向）视图，应与设备布置图一样，在图形下方注写如：“ ±0.00平面”、“A—A 剖面”等字样。

（三）视图的表示方法

1．建（构）筑物

用细实线画出建（构）筑物的外形，有关内容与设备布置图相同，如图 7 - 6 所示。与管道安装无关内容，可以简化。

2．设备

在管道布置图中，由于设备不是表达的主要内容，因此在图上用细实线画出所有设备的简单外形，设备图形可与设备布置图一样，有些可适当简化。但设备上接管管口及方位均需按实际情况全部画出。有预留安装位置的设备，用双点划线画出，设备中心线需一律画出。

3．管道

(1) 管子连接　一般在管道布置图中不表示管道连接型式，如图 7－7(2) 所示。如需要表示管子的连接型式时，可采用如图7－7(1) 的表示方法，在管子中断处，应画上断裂符号。

(2) 管子转折　管子转折的表示方法，如图7－8 所示。向下 90°角转折的管子画法，如图 7－8(1) 表示，单线绘制的管道，在投影有重影处画一细线圆(有些图样则画成带缺口的细线圆)，在另一视图上画出转折的小圆角(也有画成直角者)。向上转折 90°角的管子画法，如图 7－8(2) 表示，也可用图 7－8(3) 表示。大于 90°角转折的管子，表示方法如图 7－8(4) 所示。

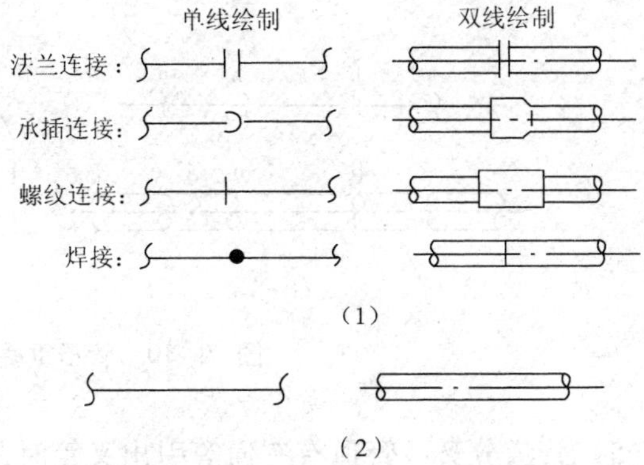

图 7－7　管子连接的表示方法

(3) 管子交叉　当管子交叉，投影相重时，其画法可将下面被遮盖部分的投影断开，如图 7－9(1) 所示，也可将上面管道的投影断裂表示，如图 7－9(2) 所示。

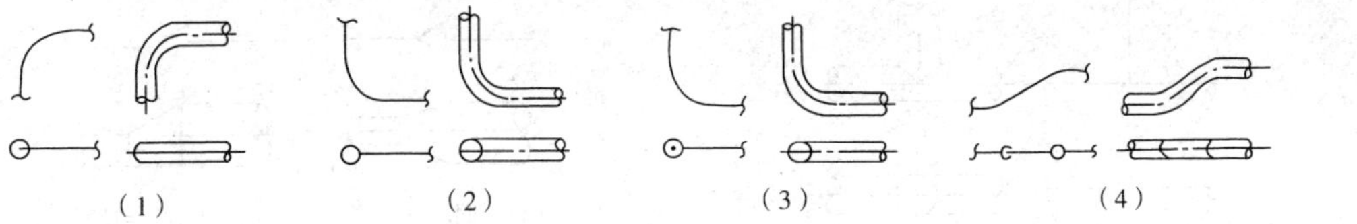

图 7－8　管子转折的表示方法

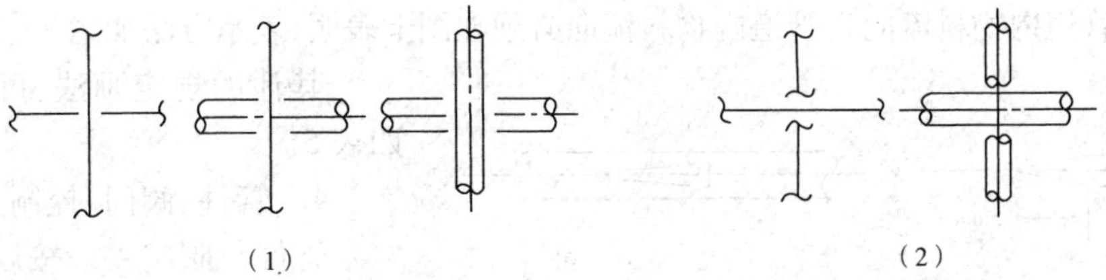

图 7－9　管子交叉的表示方法

(4) 管子重叠　管道投影重叠时，将上面(或前面)管道的投影断裂表示，下面(或后面)管道的投影则画至重影处稍留间隙断开，如图 7－10(1) 所示。当多根管道的投影重叠时，可如图 7－10(2)表示，图中单线绘制的最上一条管道画以“双重断裂”符号。但有时可在管道投影断开处注上 a. a 和 b. b 等小写字母，或者分别注出管道代号以便辨认。有些图样则不一定画出“双重断裂”等符号，如图 7－10(3)所示。管道转折后投影发生重叠时，则下面管子画至重影处稍予间断表示，如图 7－10(4)。

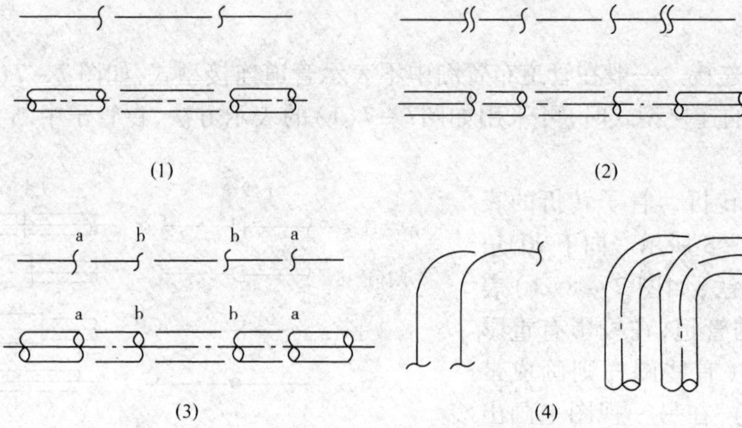

图 7－10　管子重叠的表示方法

(5) 管道分叉　管道有三通等引出叉管时，画法如图 7－11 所示。

(6) 异径管　同心异径管连接的表示方法如图 7－12(1)，偏心异径管连接的表示方法如图 7－12(2)所示。

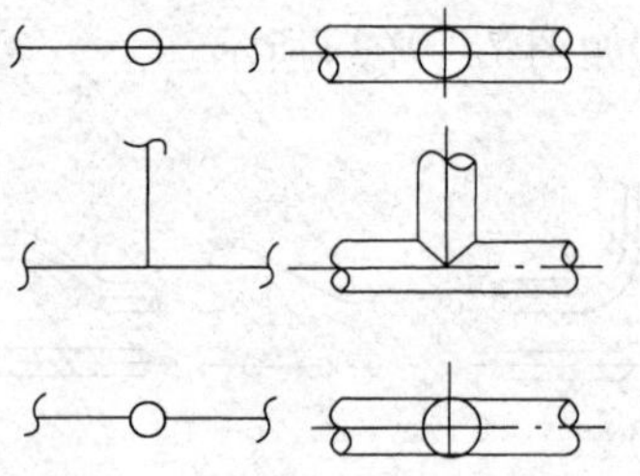

图 7－11　管道分叉的表示方法

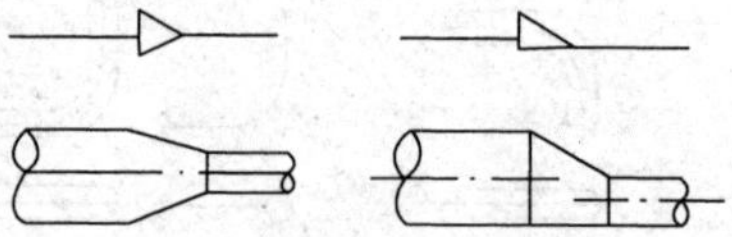

(1) 同心异径管　(2) 偏心异径管

图 7－12　异径管连接的表示方法

(7) 管道内物料流向　管道内物料流向必须在图上表明，表示方法如图 7－13 所示。

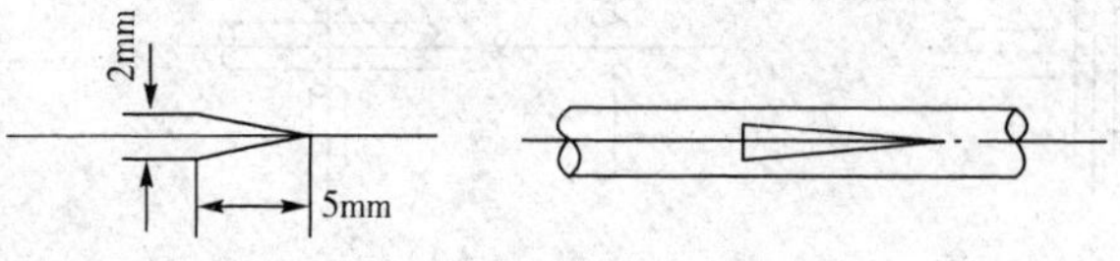

图 7－13　管道内物料流向的表示方法

其他的规定画法，可参阅附录四表 5。

4. 管件、阀门、控制点

管件与阀门一般按规定符号用细线画出。规定符号可参阅附录四表 5。阀的手轮安装方位一般在有关视图给予表示，如图 7－14 所示。其中图 7－14(4)是图 7－14(3)的另一种表示方法，也很常用。当手轮在正上方、其俯视图上不画出手轮图形也可以，如图 7－14(5)所示。

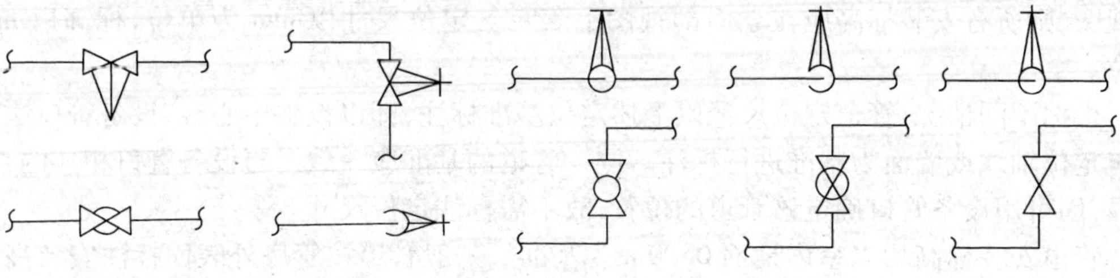

图 7－14　管件与阀门的表示方法

仪表控制点符号用细线画出，符号与带控制点工艺流程图上相同。每个控制点一般仅在能清楚地表达其安装位置的一个视图上画出。

主阀所带旁路阀一般均应画出，如图 7－15 所示。

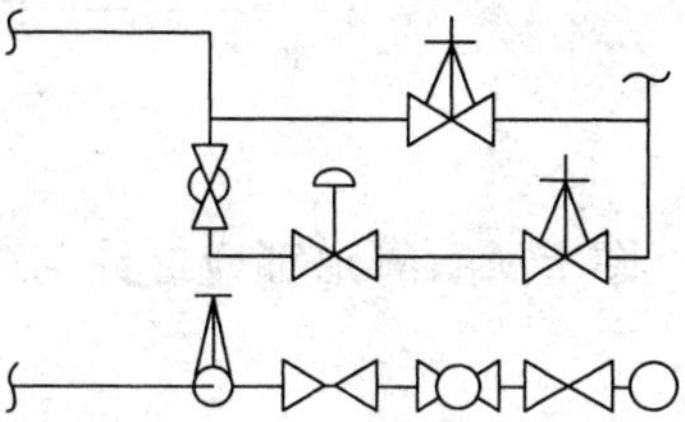

图 7－15　主阀所带旁路阀的表示方法

5. 管架

管道是用各种型式的管架安装并固定在建（构）筑物上的，这些管架的位置，在管道布置图上应按实际位置表示出来。管架位置一般在平面图上用符号表示。固定与非固定的管架符号，如图 7－16 所示。非标准管架应另提供管架图。

6. 仪表盘、电气盘

用细实线在管道布置图上画出仪表盘、电气盘的位置及简单外形。

7. 方位标

在底层平面图图纸的右上角或图形右上方，画出与设备布置图方位基准一致的方位标。

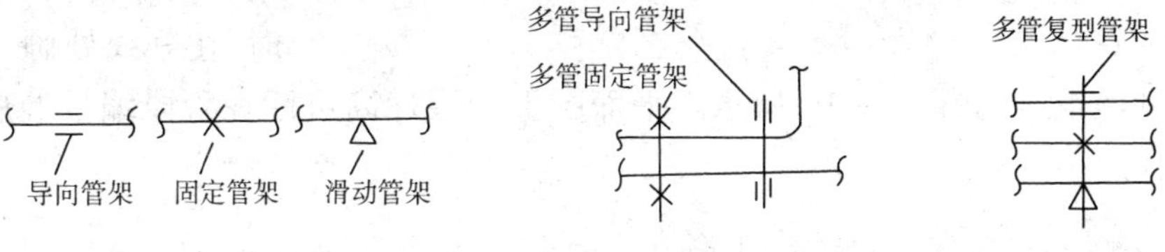

图 7－16　管架的表示方法

（四）管道布置图的标注

管道布置图的标注内容有：管径、物料代号、定位尺寸、安装标高、物料流向、管道坡度及管架代号等。

1. 定位基准

在管道布置图中，常以建（构）筑物的定位轴线或墙面、地面等作为管道的定位尺寸基准。另外，设备中心线和接管口法兰也常作为管道定位尺寸基准。因此，在管道布置图中，要标注建筑物的定位轴线编号和设备位号，标注方式同设备布置图。

2. 管道

管道布置图应以平面图为主，标注出所有管道的定位尺寸及安装标高。如绘制立面剖视图,则所有安装标高应在立面剖视图上表示。定位尺寸以 mm 为单位,标高以 m 为单位。

根据不同情况,管道定位尺寸以上述定位基准标注,即以设备中心线、设备管口法兰、建筑定位轴线或墙面为基准进行标注。同一管道的基准应一致。与设备管口相连的直线管段,因可用设备管口确定该管道的位置,故不需标注定位尺寸。

管道安装标高均以室内地面 0.00m 为基准。一般管道按管底外表面标注安装高度,如"0.60"。按管中心标注时,标注方式为"5.00(Z)"。也有加注标高符号者,如"▽4.50(Z)"等,如图 7-17 所示。

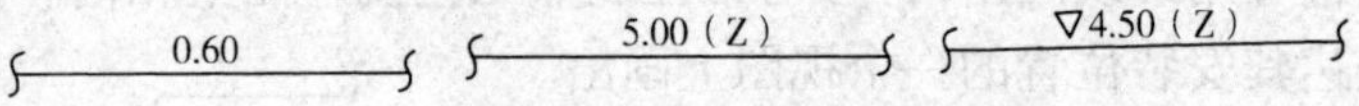

图 7-17 管道安装标高

图上所有管道都应标注与带控制点工艺流程图一致的管段编号中的前三项内容即:公称直径、物料代号、管段序号。管段编号一般注在管线上方或左方,如图 7-18(1)所示。写不下时,可用引线引至图纸空白处标注,也可几条管线一起引出标注。管道与相应标注都要用数字分别进行编号,如图 7-18(2)所示。

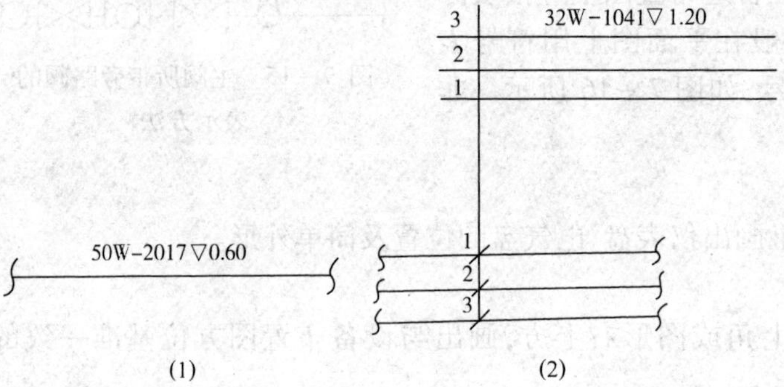

图 7-18 管道标注(一)

指引线如需转折或有分线时,在分线处画一小圆点,以免与尺寸线混淆,如图 7-19 所示。平面图上管道标高可注在管段编号的后面,如图 7-19 所示。

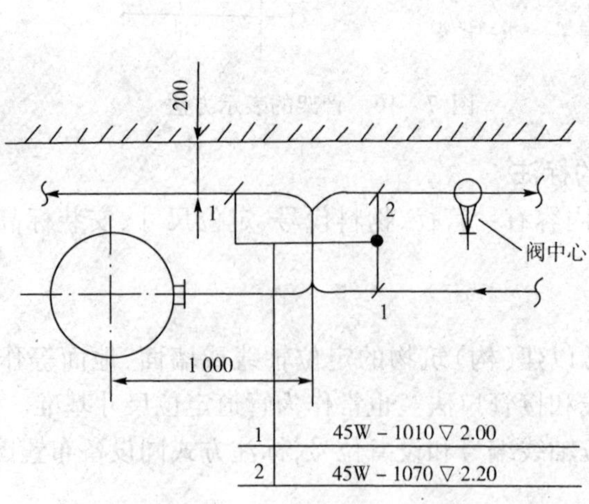

图 7-19 管道标注(二)

管道上的伴管成套管，其直径可以标注在主管直径后面，并加斜线隔开。如主管直径为100mm，伴管直径为50，则其标注形式为：D_g100/50。

对安装坡度有严格要求的管道，应在管道上方画出细线箭头，指出坡向，并写上坡度数字，如图7－20所示。

3. 管件、阀门、仪表控制点

图中的管件、阀门、仪表控制点所在位置按规定符号画出后，除须按严格规定尺寸安装外，一般不再标注定位尺寸，竖管上的阀门有时在立面剖视图中标注安装标高。

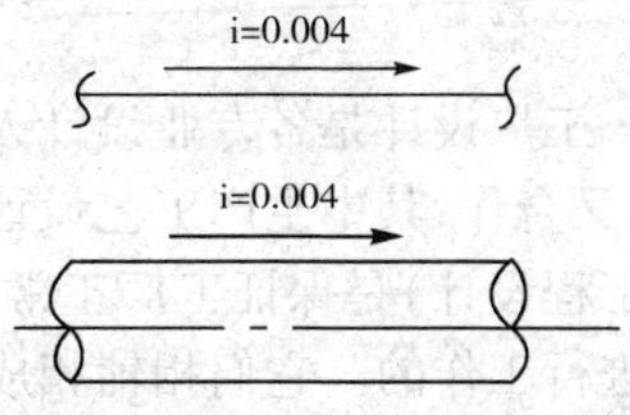

图 7－20　有安装坡度的管道的标注

4. 管架

图上应在管架符号的边上注以管架代号，如 J_A，J_B，J_C 等。J 为“架”字的汉语拼音首位字母，脚注 A、B、C……表示管架编号。不同结构管架编号如表7－11所示。

表 7－11　　管架代号表

序号	管架类型	代号	序号	管架类型	代号
1	管　托	J_A	6	平管支架	J_F
2	管　吊	J_B	7	弯管支架	J_G
3	钢型管带	J_C	8	主管支架	J_H
4	柱架及预制块墙架	J_D	9	大管支承支架	J_N
5	墙　架	J_E	10	非标准管支架	J_T

（五）管道布置图的绘制方法步骤

（1）确定表达方案、视图的数量和各视图的比例（以工艺流程图和设备布置图为依据）。

（2）确定图纸幅面的安排和图纸张数。

（3）绘制视图

① 先在平面图上画出楼面简形、柱子、操作平台及设备外形，再按投影关系画出剖视图上的楼板、柱子、操作平台及设备外形等。

② 按流程次序和布置原则，逐条画出管道在平、立面剖视图上的布置位置。

③ 在设计所要的部位画出管道上的管件、阀门、控制点、管架等符号。

（4）标注尺寸、编号及代号等。

（5）绘制方位标、附表及注写说明。

（6）校核与审定。

第八章　公 用 工 程

工厂设计是各专业设计人员通力合作,集体创造的过程。在设计过程中,各专业既分工,又合作,其中生产工艺设计是工厂设计的核心,起主导作用,而公用工程设计(辅助生产工程设计)是保证工厂正常生产不可缺少的重要组成部分,是根据工艺专业的设计要求进行工作的。它们相辅相成组成工厂的各部分,形成一个有机的整体。为了更好地发挥工艺专业的主导作用,工艺设计人员必须熟悉和了解各辅助专业的工作任务,明确设计过程中应向不同的辅助专业提供必要的工艺设计资料和提出不同的要求,作为辅助专业设计的依据。同时又要利用辅助专业的设计成果,为工艺设计服务。有矛盾时,协商解决,确定出合理的方案。这对保证设计质量,加快工程进度,并保证工厂投产后的良好运行效果,是十分重要的。另外,在一些工厂,特别是中、小厂的建设、扩建中,由于技术力量的不足,往往也需要工艺技术人员统筹考虑公用工程中的有关问题。因此,本章主要向工艺专业设计人员介绍有关公用工程的设计内容和要求,以熟悉和了解公用工程。公用工程的设计程序和步骤,以及设计阶段的划分都和工艺设计一样,必须在工厂总体设计中开展平行作业,同时完成,这里不再赘述。

第一节　给排水工程

水在生物工程工厂中的地位,就某种意义来说,与所用生产原料(淀粉、糖蜜、纤维素等)占有同样重要的地位。用水量大,用水质量较高,排水量大,排出的废水对环境污染较严重,是生物工程工厂的特点之一。因此,给排水工程的设计,在生物工程工厂的设计中占有重要的地位。给排水工程设计的质量,还将直接影响到生物工程工厂的基建投资、生产经营管理、产品质量、成本核算等方面。因此,对给排水工程设计应予以足够的重视。

一、设 计 依 据

(1) 根据建厂地区所属省地质局水文工程地质队提供的建厂地点水源勘察报告。

(2) 生物工程工厂工艺生产及附属生产对给排水的要求,其中包括:

① 各车间最大、最小和平均用水量。

② 各车间最大、最小和平均排水量及污水的性质。

③ 生产、生活和消防用水质要求,以及废水排放标准。

(3) 厂区的总体布置,各建筑物卫生设施及防火等级。

(4) 住宅区人口、建筑面积、卫生设施等情况。

(5) 根据我国目前公布的有关给排水设计标准和规范。

二、给排水设计的目的、任务和主要内容

给水和排水工程，在工业生产和人民生活的各个方面，都是十分重要和必不可少的。为了保证生产的正常进行和职工的身体健康，需要使用不同质量的水资源。生物工程工厂与给排水的关系更紧密，在生产过程中除需要大量用水外，还对水的质量、温度、数量有较严格的要求。例如，啤酒生产的工艺用水，直接参与到产品中去，要求水的硬度较低，偏酸性或中性，并符合饮用水标准。生物制药生产过程用水有些产品要求使用纯水作为工艺用水或原料，必须符合 GMP 要求。而冷却用水一般要求水温低、硬度低。对洗涤用水，要求清洁卫生等。生物工程工厂的废水量较大，有些是清洁（没有污染的）废水，如冷却水，应考虑循环使用和回收热量后再排除；有些废水是严重污染的，应进行处理后排放。

因此，给水、排水设计的目的和任务，一是供给符合生物工程生产工艺要求的生产用水，符合生活饮用水水质的生活用水和消防用水；二是排除工业废水、生活污水以及厂区、福利区的雨水。

给排水设计可分为给水工程和排水工程两大内容。

给水工程一般包括下列三部分：

取水——水源选择，取水泵房设备选择与布置设计。

水处理——根据水质处理的质量要求，设计水处理工艺流程，选择设备和主要构筑物，并合理布置。

输配水——包括调节构筑物，泵房，室外管网。

排水工程：设计内容包括排水管网、污水处理和利用两部分。

（一）给水工程

1. 给水范围与质量标准

生物工程工厂的给水范围，包括生产用水、生活用水和消防用水。

（1）生产用水及质量标准　生产用水质量的好坏，对产品质量有直接影响。生产用水包括下述四部分，不同的生产用水，对其质量标准的要求也不同。

① 工艺用水：这些水直接参加到工艺过程中去，直接影响到半成品和成品的质量。不同的产品有不同的水质要求。一般要求达到饮用水的标准，且硬度较低或中等，偏酸性或中性。微生物含量越少越好。

② 冷却用水：要求水温低，硬度低（减少结垢）。水中不宜含有有机物或其他固体杂物，以免堵塞设备及管道。

③ 洗涤用水：要求清洁卫生。

④ 锅炉用水：要求软水。

（2）生活用水及质量标准　一般按饮用水的质量标准进行设计。生活用水包括清洁用水、饮食用水和卫生（洗澡等）用水。

（3）消防用水　消防用水对水质没有特殊要求，可用任意水源，但水量必须充足。

2. 给水量的确定

给水量的确定，是工艺设计人员在给水工程设计中的一个任务。要根据工艺和生活

以及消防的要求，确定出单位产品的用水量和每天总用水量的最大值。

（1）生产用水量的确定　确定生产用水量，可以根据工艺计算中的物料衡算、热量衡算和水平衡计算介绍的方法计算出单位时间的用水量，也可以参照各生产厂的实际用水定额计算。例如酒精工厂每吨酒精产品用水量在80～120t（淀粉原料）；啤酒工厂每吨啤酒用水量在6～10t；味精工厂每吨味精产品用水量在1 000～1 500t。

（2）生活用水量标准　生活用水量是按最大班次的工人总数计算的，按我国的标准规定：

① 车间职工：高温车间（每小时放热量为83.6kJ/m^3 以上）每人每班饮用水量为35L，其他车间为25L。

② 淋浴用水：在易污染身体的生产车间（工段）或为了保证产品质量而要求特殊卫生条件的生产车间（工段），每人每次用水量为40L；在排除大量灰尘的生产岗位（如锅炉、备料等）以及处理有毒物质或易使身体污染的生产岗位（如接触酸、碱岗位），每人每次用水量为60L。

③ 盥洗用水：脏污的生产岗位每人每次5L，清洁的生产岗位每人每次3L。

计算生活用水总量时，要确定淋浴和盥洗的次数，乘以每班人数。

④ 家属宿舍以每人每日用水量30～250L计算；集体宿舍以每人每日用水量50～150L计算；办公室以每人每班10～25L计算；幼儿园、托儿所以每人每日25～50L计算；厂校以每人每日10～30L计算；食堂以每人每餐10～15L计算；医务室以每人每次15～25L计算。

（3）消防用水量的确定　消防用水，由于消防设备一般均附有加压装置，对水压的要求不太严格，但必须根据工厂面积、防火等级、厂房体积和厂房建筑消防标准而保证供水量的要求。一般消防用水的供水量，要保证在5～40L/s的流量。但在计算全厂总的用水量时，可以不计。消防用水量，当发生火警时，可调整生产和生活用水量加以解决。

3．生产用水水压的确定

工厂生产用水水压的确定，因车间不同，用途不同而有不同的要求。如果脱离实际，过分提高水压，不但增加动力消耗，而且要求提高管件的耐压强度，从而增加建设费用。如果水压太低，不能满足生产要求，将影响正常生产。确定水压的一般原则为：进车间的水压，一般应为0.2～0.25MPa；供水的水压应为使用水的最高点加0.1～0.15MPa；如果最高点的用水量不大时，车间内可另设加压泵。

4．给水工程设计水量、水质统计表

轻工业建设项目初步设计编制内容深度规定（QBJS 6—1991）见表8－1、表8－2。

表8－1　全厂生产、生活用水量表

序　号	用水种类	用水部门	用　水　量				备　注
			单耗/（m^3/t产品）	最大/（m^3/h）	平均/（m^3/h）	全天/m^3	

注：用水种类是指脱盐水、软化水、普通生产用水、消防用水、生活用水等。

表 8-2　水质、水压要求

用水种类 / 项目				
水质要求				
水温/℃				
水压(进车间处)/MPa				

注：水质要求是指化学成分、硬度、浊度等。

5. 水源选择

生物工程工厂由于用水量大,水质要求较高,所以水源的选择是确定厂址的关键因素之一。选择既经济又合理,水质符合要求,水量又能确保供应的水源,在生物工程工厂的设计工作中显得尤为重要。

在自然界中,水存在于地球表面的,称地表水;存在于地面下的,称地下水。地表水源有江(河)水、湖水、泉水等。地下水有滞层水(称无压水或潜水,较近地面,易污染)和深层地下水(水面上有不透水层的分隔,形成了压力,故称承压水或深井水)。

生物工程工厂选择水源时,如果地下水丰富,应优先考虑采用适当的地下水作主要水源较为经济合适。因为地下水比地面水不易受污染和干扰,含有机物、微生物、悬浮物较少,水温在 8 ~ 20℃之间,基本不受外界气温影响,水温较稳定。如硬度较大,采用时做普通处理即可。目前生物工程工厂大多取用深层地下水,一是水质、水温均较稳定,二是水量较大。当地下水源比较缺乏,则可采用地面水:江河、湖泊及泉水,可以设置取水构筑物(水泵房)直接吸水供给生产。有些地区,可以考虑地面水和地下水同时兼用,以两个水源供给不同的使用工段(如冷却用水可用地下水源)。有些在大城市或城镇的工厂,离地面水距离远,地面水水质又差,则可采用城市自来水作为生产用水水源或采用自来水和深井水相结合的给水系统。

6. 给水处理

给水处理的任务是根据原水水质和处理后水质要求,采用最适当的处理方法,使之符合生产和生活所要求的水质标准。如果使用自来水为水源就不需要给水处理。常用的处理方法有混凝、沉淀和澄清、过滤、软化和除盐等。生物工程工厂工艺用水处理主要是根据原水水质和生产要求,采用不同的处理方式。酿造用水,生活用水,除澄清过滤处理外,还须经消毒处理;锅炉用水还须软化处理。

7. 配水工程

配水工程一般包括清水泵房、调节水箱和水塔、室外给水管网等。如果采用城市自来水,上述的取水泵房和给水处理均可省去,建造一个自来水贮水池(相当于上述的清水池),以调节自来水的水量和水压(用泵)。因此,采用自来水水源,给水工程的主要内容即为配水工程。

(1) 清水泵房(也有称二级水泵房)是从清水池吸水,增压送到各车间,以完成输送水量和满足水压要求为目的。水泵的组合是配合生产设备用水规律而选定,并配置备用水泵,以保证不间断供水。

（2）水塔是为了稳定水压和调节用水量的变化而设立的。

（3）室外给水管网主要为输水干管、支管和配水管网、闸门及消防栓等。输水干管一般采用铸铁管或预应力钢筋混凝土管。生活饮用水的管网不得和非生活饮用水的管网直接连接，在以生活饮用水作为生产备用水源时，应在两种管道连接处设两个闸阀，并在中间加排水口等防止污染生活饮用水的措施。

在输水管道和配水管网间设置分段检修用阀门，并在必要位置上装设排气阀、进气阀或泄水阀。有消防给水任务的管道直径不小于100mm，消防栓间距不大于120m。

（二）排水工程

排水工程的设计内容包括排水管网、污水处理和利用两部分。

排水管网汇集了各车间排出的生产污水、冷却废水、卫生间污水和生活区排出的生活污水。借重力自流经预制混凝土管引流至厂外城市下水道总管或直接排入河流。雨水也为排水组分中的重要部分之一，统一由厂区道路边明沟集中后，排至厂外总下水道或附近河流。

部分冷却废水可回收循环使用，采用有盖明渠或管道自流至热水池循环使用。

生物工程工厂用水量大，排出的工业废水量也大。有许多废水含固体悬浮物多，BOD和COD含量很高，将废水（废糟）排入江河会污染水体。现在国家已颁布了《中华人民共和国环境保护法》和《基本建设项目环境保护管理办法》以及相应的环境标准。对于新建工厂必须贯彻把三废治理和综合利用工程与项目同时设计、同时施工、同时投入使用的“三同时”方针，所以废水处理在新建（扩建）生物工程工厂的设计中占有相当重要的地位。一定要在发展生产的同时保护环境，为子孙后代造福。目前处理废水的方法有：沉淀法、厌氧产沼气法、活性污泥法、生物接触氧化法以及氧化塘法等。不论采用何种处理方法，排出的工业废水都必须达到国家排放标准。

排水工程设计排水量统计表[轻工业建设项目初步设计编制内容深度规定（QBJS 6—1991）]见表8-3。

表8-3 全厂生产、生活排水量表

序 号	排水种类	排水部门	单耗/(m^3/t产品)	最大/(m^3/h)	平均/(m^3/h)	全天/m^3	备 注

注：排水种类是指生产污水、酸碱废水、清洁废水、生活污水等。

第二节 供电工程

供电工程在生物工程工厂的总体设计中是个辅助部分，但却是一个重要的、不可缺少的组成部分。对工业企业来说，没有电力供应就没有生产。

一、供电设计的内容和要求

（一）供电设计的内容

生物工程工厂主要是由城市电网供电，供电设计的主要内容有：

（1）供电系统：包括负荷、电源、电压、配电线路、变电所位置和变压器选择等。

（2）车间电力设备：主要包括电机的选型和电动机功率的确定，以及其他电力设施等。

（3）照明。

（4）弱电通讯。

（5）厂区外线及防雷接地。

（6）电气维修工段。

（二）供电设计的要求

（1）工厂的供电设计是电力系统的一个组成部分，必须符合电力系统的要求，如按电力负荷分级供电等。

（2）工厂的供电系统必须满足工厂生产的需要，保证高质量的用电。

（3）必须考虑电路的合理利用与节约，供电系统的安全与经济运行，施工与维修方便。

（三）供电设计资料

供电设计时、工艺专业应提供的资料有：

（1）用电设备名称、规格、容量和特殊要求。

（2）提出选择电源及变压器、电机等的型式、功率、电压的初步意见。

（3）弱电（包括照明、讯号、通讯等）的要求。

（4）设备、管道布置图，车间土建平、立面图。

（5）全厂总平面布置图。

二、生物工程工厂电力负荷及供电要求

（一）生物工程工厂电力负荷的分级

电力负荷的分级是按用电设备或用电部门对供电可靠性的要求来划分的。通常分为三级：

（1）一级负荷　是指突然中断供电时，将造成人身死亡、重大设备损坏，或给国家经济带来重大损失者。

（2）二级负荷　突然停电将产生大量废品，或停产造成经济上较大损失者。

（3）三级负荷　凡不属于一、二级负荷者。

（二）供电要求

（1）一级负荷　应由两个独立电源供电，当其中一个电源发生故障或停止供电时，并不影响另一电源的继续供电。

（2）二级负荷　应尽量做到当发生电力变压器故障或电力线路常见故障时，不致中断供电或中断后能迅速恢复（如设置备用电源，采用两回线路供电等）。有困难时，允许由一回专用线路供电。

（3）三级负荷　对供电电源无特殊要求。

生物工程工厂中的啤酒厂、味精厂、酒精厂、酶制剂厂、抗生素厂等，生产具有高度的连续性，对供电的可靠性有较高要求，电源中断时间过长。会造成产品质量下降、甚至报废。因此这些工厂的主要生产车间均为二级负荷。白酒厂及上述发酵厂的原料粉碎、输送等工序为三级负荷。一般动力车间的锅炉上水泵，停电后，锅炉缺水将造成事故，为一

级负荷。如果在设计中采取某些措施,如备用蒸汽往复泵,负荷等级可以降低。

第三节 供 热 工 程

供热工程设计的主要任务是锅炉房或/和热电站的设计。设计的主要内容是:决定供应全厂生产、采暖和生活用汽量;确定供汽的汽源;按蒸汽消耗量选择锅炉;按所选锅炉的型号和台数设计锅炉房;锅炉给水及水处理设计;配置全厂的蒸汽管网等。对于生物工程工厂,生产用蒸汽一般为饱和蒸汽,因此,主要是锅炉房设计。其他行业有些生产要求过热蒸汽,可以考虑热电站的设计,以汽定电,不足的电力则由地区电网供应,以合理利用能源和节约能源。有的则由地区热电站供汽,这些工厂可不考虑锅炉房的设计。

供热工程设计是由热力设计人员(或部门)完成的。但工艺人员要按工艺要求,提供小时用汽量和需要蒸汽的最高压力等数据资料,并对锅炉的选型和台数提出初步意见,作为供热工程设计的依据。

一、锅炉设备的选择

(一)锅炉型号的意义

工业锅炉的型号是由三个部分组成的,各部分之间用短横线隔开,各部分所表示的意义如下:

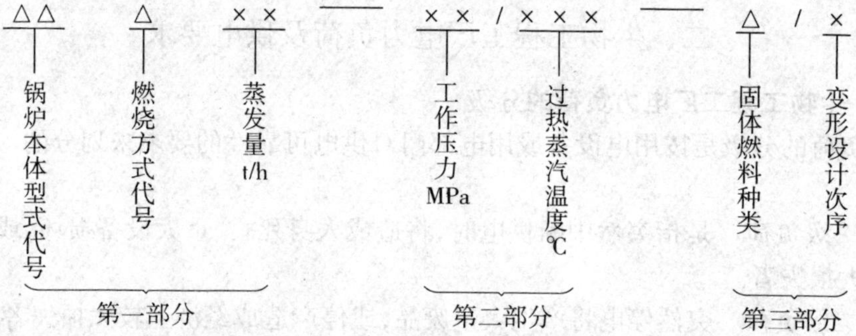

型号的第一部分分为三段:第一段以两个汉语拼音字母代表锅炉本体型式,第二段用一个字母表示燃烧方式;第三段用阿拉伯数字表示蒸发量为若干 t/h,或以阿拉伯数字表示废热锅炉的受热面积(m^2)。其第一段和第二段所用代号的意义如表 8-4 和表 8-5 所示。

表 8-4 锅炉型式的汉语拼音字母代号

锅炉本体型式	代 号	锅炉本体型式	代 号
立式水管	LS(立,水)	分联箱横汽包(CT)	FH(分,横)
立式横火管(考克兰)	LH(立,水)	双横汽包(K)	HH(横,横)
卧式双火筒(兰开夏)	WS(卧,双)	双汽包纵置(ДKB)	SZ(双,纵)
卧式内燃	WN(卧,内)	双汽包横置(Д)	SH(双,横)
卧式外燃	WW(卧,外)	单汽包纵置	DZ(单,纵)
卧式快装	KZ(快,纵)	热水锅炉	RS(热水)
强制循环	QZ(强制)	废热锅炉	FR(废热)

表 8-5　　燃烧方式的汉语拼音代号

燃烧方式	代　号	燃烧方式	代　号
固定炉排	G(固)	倒转炉排加抛煤机	D(倒)
活动手摇炉排	H(活)	煤　粉	F(粉)
链条炉排	L(链)	煤　气	Q(气)
抛煤机	P(抛)	燃　油	Y(油)
振动炉排	Z(振)	沸腾燃烧	T(腾)

型号的第二部分表示蒸汽参数,斜线上面表示额定工作压力(大气压),斜线下面表示过热蒸汽温度(℃)。若为饱和蒸汽时,则无斜线和斜线下面的数字。

型号的第三部分,斜线上面用汉语拼音字母(大写)表示所采用的固体燃料种类,如表 8-6 所示;斜线下面用阿拉伯数字表示变型设计次序。加固体燃料为烟煤,或同时可燃用几种燃料时,型号的第三部分无第一段及斜线。

表 8-6　　固体燃烧种类及代号

燃料种类	代　号	燃料种类	代　号
褐　煤	H(褐)	无烟煤	W(无)
劣质烟煤	L(劣)	甘蔗渣	Z(渣)
贫　煤	P(贫)		

例如: ①KZL4-13-W 表示:卧式快装链条炉排;蒸发量为 4t/h;额定压力为 13 个大气压(1.3MPa 表压);饱和蒸汽,适于烧无烟煤;按原设计制造的锅炉。②SHF6.5-13/350 表示:双汽包横置式粉煤锅炉;蒸发量为 6.5t/h;额定压力为 13 个大气压(1.3MPa 表压);过热蒸汽温度为 350℃,适用多种燃烧,按原设计制造的锅炉。

(二) 锅炉的基本规范

锅炉的基本规范一般是用锅炉的蒸发量,蒸汽参数(指锅炉主蒸汽阀出口处蒸汽的压力和温度)以及给水温度来表示。

锅炉的型式很多,用途很广,因此,规定必要的锅炉基本规范对生产标准化、通用化以及辅助设备的配套都是有利的。

表 8-7 为锅炉规范国家标准。

表 8-7　　工业蒸汽锅炉基本参数(GB 1921—1988)

额定蒸发量/(t/h)	额定出口蒸汽压力(表压)/MPa										
	0.4	0.7	1.0	1.25			1.6		2.5		
	额定出口蒸汽温度/℃										
	饱和	饱和	饱和	饱和	250	350	饱和	350	饱和	350	400
0.1	△										
0.2	△										
0.5	△	△									

续表

额定蒸发量/(t/h)	额定出口蒸汽压力(表压)/MPa										
	0.4	0.7	1.0	1.25			1.6		2.5		
	额定出口蒸汽温度/℃										
	饱和	饱和	饱和	饱和	250	350	饱和	350	饱和	350	400
1	△	△	△								
2		△	△	△			△				
4		△	△	△			△		△		
6			△	△	△	△	△	△	△		
8			△	△	△	△	△	△	△		
10			△	△	△	△	△	△	△	△	△
15				△	△	△	△	△	△	△	△
20				△		△	△	△	△	△	△
35				△			△	△	△	△	△
65										△	△

二、锅炉容量和台数的确定

(一) 选择锅炉容量的原则

生物工程工厂的生产用汽,对于连续式生产流程,用汽负荷波动范围较小。例酒精工厂采用连续蒸煮和连续蒸馏流程,这些车间或工段的用汽负荷较稳定。对于间歇式生产流程,用汽负荷波动范围较大,许多生物工程工厂具有这种特点。例如啤酒工厂糖化车间的煮沸锅、糊化锅为间歇操作,味精工厂发酵车间糖液灭菌、种子罐、发酵罐无菌操作,小型酒精厂原料间歇蒸煮操作,这些车间或工段的用汽负荷波动较大。在选择锅炉容量时,若高峰负荷持续时间很长,可按最高负荷时的用汽量选择。如果高峰负荷持续的时间很短,而按最高负荷的用汽量选择锅炉,则锅炉会有较多时间是在低负荷下运行。这样,不仅热效率低,煤耗增加,而且也增大了锅炉的投资。因此,在这种情况下,可按每天平均负荷的用汽量选择锅炉的容量。

在实际设计和生产中,应从工艺的安排上尽量避免最大负荷和最小负荷相差太大,尽量通过工艺的调节(如几台用汽设备的用汽时间可错开等),采用平均负荷的用汽量来选择锅炉的容量,这样是比较经济的。但是,一旦这样选了锅炉,如果生产调度不好,则将影响生产,故应全面考虑决定。

(二) 锅炉容量的确定

在上述原则的基础上,当锅炉同时供应生产、生活、采暖通风等用汽时,应根据各部门用汽量绘制全部供汽范围内的热负荷曲线,以求得锅炉房的最大热负荷和平均热负荷。但实际上多用公式计算之。

(1) 最大计算热负荷　根据生产、采暖通风、生活需要的热负荷,计算出锅炉的最大热负荷,作为确定锅炉房规模大小之用,称之为最大计算热负荷。

$$Q = K_0(K_1Q_1 + K_2Q_2 + K_3Q_3 + K_4Q_4) \tag{8-1}$$

式中 Q——最大计算热负荷(t/h)

K_0——管网热损失及锅炉房自用蒸汽系数

K_1——采暖热负荷同时使用系数

K_2——通风热负荷同时使用系效

K_3——生产热负荷同时使用系数

K_4——生活热负荷同时使用系数

Q_1——采暖最大热负荷(t/h)

Q_2——通风最大热负荷(t/h)

Q_3——生产最大热负荷(t/h)

Q_4——生活最大热负荷(t/h)

在计算时,应对全厂热负荷作具体分析,有时将几个车间的最大热负荷出现时间错开,则其中一项可不予计入。计算热负荷时,应根据全厂的热负荷资料,分析研究,切忌盲目层层加码、造成锅炉房容量过大。

锅炉房自用汽(包括汽泵、给水加热、排污、蒸汽吹灰等用汽)一般为全部最大用汽量的3% ~7%(不包括热力除氧)。

厂区热力网的散热及漏损,一般为全部最大用气量的5% ~10%。

(2) 平均计算热负荷

① 采暖平均热负荷:

$$Q_1^{Pi} = \varphi_1 Q_1 \tag{8-2}$$

式中 Q_1^{Pi}——采暖平均热负荷(t/h)

φ_1——采暖系数,采取0.5 ~0.7,或按下列公式计算:

$$\varphi_1 = \frac{t_n - t_{Pi}}{t_n - t_\omega}$$

式中 t_n——采暖室内计算温度(℃)

t_{Pi}——采暖期室外平均温度(℃)

t_ω——采暖期采暖(或通风)室外计算温度(℃)

② 通风平均热负荷:

$$Q_2^{Pi} = \varphi_2 Q_2 \tag{8-3}$$

式中 Q_2^{Pi}——通风平均热负荷(t/h)

φ_2——通风系数,采取0.5 ~0.8,或按下列公式计算:

$$\varphi_2 = \frac{t_n - t_{Pi}}{t_n - t_\omega}$$

t_ω 之值应以采暖期室外通风计算温度代入之。

③ 生产平均热负荷:全厂的生产平均热负荷 Q_3^{Pi} 是将各车间平均热负荷相加而得。

④ 生活平均热负荷:生活热负荷包括浴室、开水炉、厨房等用热。由有关专业如水道,暖通提交的生活热负荷,一般可视为最大小时热负荷,即最大班时集中在1h内的热负荷。全厂生活平均热负荷可近似地按下式计算:

$$Q_4^{Pi}=\frac{1}{8}Q_4 \tag{8-4}$$

式中 Q_4^{Pi}——生活平均热负荷(t/h)

⑤ 锅炉房平均热负荷:

$$Q^{Pi}=K_0(Q_1^{Pi}+Q_2^{Pi}+Q_3^{Pi}+Q_4^{Pi}) \tag{8-5}$$

式中 Q^{Pi}——锅炉房平均热负荷(t/h)

(3) 年热负荷

① 采暖年热负荷:

$$D_1=24n_1Q_1^{Pi} \tag{8-6}$$

式中 D_1——采暖年热负荷(t/a)

24——按三班制计算的每昼夜采暖小时数,当一或二班制时,则分别以8、16代入,但 D_1 内尚需增加一部分空班时的保温用热负荷

n_1——采暖天数

② 通风年热负荷:

$$D_2=8n_2SQ_2^{Pi} \tag{8-7}$$

式中 D_2——通风年热负荷(t/a)

8——每班工作小时数

n_2——通风天数,一般 $n_2=n_1$

S——每昼夜工作班次数

③ 生产年热负荷:

$$D_3=8n_3SQ_3^{Pi} \tag{8-8}$$

式中 D_3——生产年热负荷(t/a)

n_3——年工作天数(300~330天)

④ 生活年热负荷:

$$D_4=8n_3SQ_4^{Pi} \tag{8-9}$$

式中 D_4——生活年热负荷(t/a)

⑤ 锅炉房年热负荷:

$$D_0=K_0(D_1+D_2+D_3+D_4) \tag{8-10}$$

式中 D_0——锅炉房年热负荷(t/a)

(三) 锅炉工作压力的确定

锅炉蒸汽,可分饱和蒸汽和过热蒸汽。饱和蒸汽的压力和温度有对应的关系,而过热蒸汽则在同一压力下,由于过热量的不同,温度也不同。目前,我国绝大多数的生物工程工厂均采用饱和蒸汽,故在选择锅炉、确定锅炉容量之后,就要确定蒸汽压力。生物工程工厂用汽压力最高的一般是蒸煮工段,而且由于所用原料不同,所需的最高压力也不同。锅炉工作压力的确定,应根据使用部门的最大工作压力和用汽量,管线压力降及受压容器的安全来确定。目前一般按使用部门的最大工作压力高0.29~0.49MPa(3~5kg/cm^2)比较适合。根据这一原则,我国目前生物工程工厂一般使用低压锅炉,其蒸汽压力一般不超过1.27MPa(13kg/cm^2)。即使确定了锅炉的蒸汽压力,还应根据使用部门的用汽参数,供应经过调整温压的蒸汽。

（四）锅炉类型与台数的选定

生物工程工厂的工业锅炉目前都采用水管式锅炉，水管式锅炉热效率高，省燃料，火筒锅炉已被淘汰。水管锅炉的造型及台数确定，需综合考虑下列各点：

（1）锅炉类型的选择，除满足蒸汽用量和压力要求外，还要考虑工厂所在地供应的燃料种类，即根据工厂所用燃料的特点来选择锅炉的类型。

（2）同一锅炉房中，应尽量选择型号、容量、参数相同的锅炉。

（3）全部锅炉在额定蒸发量下运行时，应能满足全厂实际最大用汽量和热负荷的变化。

（4）新建锅炉房安装的锅炉台数应根据热负荷调度，锅炉的检修和扩建可能而定，采用机械加煤的锅炉，一般不超过 4 台，采用手工加煤的锅炉，一般不超过 3 台。对于连续生产的工厂，一般设置备用锅炉一台。

第四节　供 冷 工 程

供冷工程，是生物工程工业的啤酒厂、味精厂、果酒厂的一个重要组成部分。供冷设计的优劣将直接影响生产的正常进行和产品质量，影响工厂投资和产品成本，应受到足够的重视。供冷设计，是由冷冻设计人员负责的。但是，工艺设计人员要按工艺的要求，对供冷设计提出工艺上的具体要求，并为供冷设计人员提供用冷地点、冷负荷、要求温度等具体数字和资料，以作为供冷设计的依据。对中小厂的改建、扩建和技术改造来说，工艺设计人员有时要直接参与供冷设计工作。为此，本节对供冷设计问题作必要的介绍，以供学习或设计时参考。

一、制冷装置的几种类型

制冷的方法很多，以机械制冷方法应用最广。用于制冷的机器称为制冷机。常用的制冷机可分三种类型：压缩式制冷机、蒸汽喷射式制冷机和吸收式制冷机。

1．压缩式制冷机

压缩式制冷机按照工作特点，可分为三类：

（1）活塞式压缩制冷机　这类设备用电动机带动，常用制冷剂为氨（NH_3）、氟利昂（F－12、F－22）。其特点是：

① 压力范围广，不随排气量而变，能适应比较宽广的冷量要求。

② 热效率较高，有较高的单位功率制冷量，单位电耗相对较少。

③ 无需耗用特殊钢材，加工较容易，造价较低。

④ 制造较有经验。

⑤ 装置系统较简单，使用方便。

由于上述原因，活塞式压缩制冷机广泛地应用于各种制冷场合，特别是中小制冷量场合，成为目前国内压缩制冷机中使用面最广、已成系列、批量生产的一种机型。我国生物工程工厂普遍采用氨活塞式压缩制冷机。本节有关制冷设备的选择计算，均对氨活塞式压缩机而言。

（2）离心式压缩制冷机　一般用电动机或蒸汽轮机驱动。常用制冷剂为氟里昂或NH_3。离心式制冷机常与蒸发器、冷凝器组合为一体，设备紧凑，占地面积小，制冷量大（$3.8\times10^7\sim1\times10^9$kJ/h），在大型制冷装置中应用很广。如石油化工、大型建筑的大面积空调、大型冷库等。

（3）螺杆式压缩制冷机　一般用电动机拖动，常用氟里昂和氨作制冷剂。制冷量范围广、效率高。目前国内已有产品生产，并推广应用。

2. 蒸汽喷射式制冷机

蒸汽喷射式制冷机是由消耗热能（蒸汽）来工作的，并多以水为制冷剂，冷冻水温较高。蒸汽喷射泵由喷嘴、混合室、扩压器组成，起着压缩机的作用。蒸汽喷射泵的效率随冷冻水温度而变化，一般情况下，制取10℃以上的冷水较为经济。溴化锂－水型制冷机，以制取4℃以上的冷冻水为主。蒸汽喷射式制冷机主要用于空气调节作降温之用。酒精工厂常应用于蒸煮醪的降温。

3. 吸收式制冷机

吸收式制冷机也是由消耗热能（蒸汽、热水等）来工作的。在吸收式制冷机中，常使用两种工质：制冷剂和吸收剂，这是该机的特点。工业上常用氨的水溶液为吸收剂。其工作原理是利用吸收剂的吸收和脱吸作用将冷冻剂蒸汽由低压的蒸发器中取出，而传与高压的冷凝器。消耗的外功不是压缩机的机械功而是加入的热量。吸收式制冷机在生物工程工厂中尚未见使用。

二、制冷系统

工业上通常把冷冻分为两种，冷冻范围在－100℃以内的为一般冷冻，低于－100℃的为深度冷冻。生物工程工厂常用的制冷系统要求温度不很低，例如啤酒发酵的温度都在0℃以上，啤酒过冷却温度为－1℃，味精厂冷冻等电点法的发酵液降温要求也在0℃以上。因此，生物工程工厂多采用一般冷冻，温度范围多在－15℃以内，压缩机压缩比都小于8，多采用单级压缩式冷冻机制冷系统。下面主要介绍生物工程工厂常用的单级制冷系统。

（一）制冷系统的类型

制冷系统可分直接蒸发式（氨系统）和间接冷却式（盐水或乙醇—水系统）两种。

1. 直接蒸发制冷系统

氨的直接蒸发制冷系统是氨经压缩机压缩冷凝后，通过膨胀阀直接送至蒸发器或冷风机，使周围介质降温冷却。例如啤酒厂酵母间、酒花库；露天发酵罐操作室和滤酒间的室温调节，果酒贮酒间可采用直接蒸发式冷却。

直接蒸发式系统的优点为：降温效果快，可获得较低的温度，操作方便，耗电量小。缺点为：无缝钢管用量大，耗氨量较大。

氨的直接蒸发制冷系统，按供液的方法不同又分为直接膨胀系统、重力式供液制冷系统（简称重力系统）和氨泵强制氨液循环系统（简称氨泵系统）。

（1）直接膨胀系统是氨液通过膨胀阀直接向蒸发器供给低压冷冻剂，这种系统没有氨液分离器设备。优点是系统简单，适用于小型的冷冻间，如啤酒的发酵间等。缺点是操作困难，氨容易被吸入压缩机，造成湿冲程。

（2）重力系统是氨液经过膨胀阀后即进入位置高于蒸发器的氨液分离器，分离出来的氨气进压缩机，氨液在分离器底部借重力流至调节站，然后再送至冷却排管或冷风机，进行降温冷却。氨液在蒸发管内吸热蒸发为饱和氨气，氨气又回至氨液分离器，将夹带氨液分离后进入压缩机，如此反复借重力循环达到制冷目的。这种系统被广泛采用，啤酒厂采用较多。

（3）氨泵系统是氨液经调节阀流至低压循环筒。循环筒的作用与氨液分离器相似。氨液由氨泵从循环筒输送至蒸发排管，在排管内吸热蒸发，再回流至循环筒，这样，氨液由氨泵强制循环运行，以达到制冷目的。氨液的流量为实际蒸发量的5倍左右。氨泵系统适用于较大的制冷装置及大型冷库。

2．间接制冷系统

间接制冷系统是采用直接蒸发式先将盐水池（或冷水池）的盐水（或冷水）冷却，然后用盐水离心泵将冷冻盐水（或冷水）送至降温设备降温，例如啤酒厂麦芽车间空调系统冷冻水生产、酿酒车间露天发酵罐冷却（已逐渐被氨直接冷却所替代）、啤酒过冷却、麦汁冷却、包装前冷却；味精厂等电点桶发酵液降温；柠檬酸厂结晶液降温，都采用间接式冷却。

间接制冷系统的优点是：耗氨量较少，无缝钢管耗量少，可预先冷却较大量的盐水或冷水，供冷冻系统使用。盐水系统的安装较容易，发生事故的危险性小。缺点是：系统复杂，耗电量较大，盐水对管道的腐蚀性大（啤酒厂采用乙醇－水载冷剂），维修费用大。

生物工程工厂制冷系统举例：

啤酒厂冷冻站制冷系统包括三个部分：（1）冷风系统；（2）乙醇溶液冷却系统；（3）空调用冷水系统。

冷风系统：采用氨直接式蒸发的重力供液方式，由冷冻站总调节站出来的氨液（高压）送到空调室内，经节流至氨液分离器后，向立式空气冷却器供冷，吸热后的低压氨气被压缩机吸回。

乙醇溶液冷却系统：由蒸发器冷却后的乙醇溶液通过泵分两路向糖化工段麦汁冷却器和露天发酵罐等冷却设备供冷，乙醇溶液吸热升温后，回流入蒸发器内再冷却，循环使用。

空调冷水系统：总调节站出来的氨液、送至麦芽车间水泵间蒸发器内，由蒸发器冷却后的冷水用泵送至空调室喷淋空气，吸热后的低压氨气，由压缩机吸回。

啤酒厂冷冻站冷却系统详细内容见表8－8。

表8－8　　啤酒厂各系统冷却方式及冷却设备

设备名称	冷却方式	冷却设备名称
发酵罐	直接蒸发式，氨	蜂窝板夹套
发酵罐	间接式，乙醇－水，－8℃	半圆管
洗涤酵母无菌水罐	间接式，乙醇－水，－8℃	薄板换热器
酵母培养罐	间接式，乙醇－水，－8℃	冷却夹套
麦汁冷却器	间接式，乙醇－水，－8℃	薄板换热器
清酒罐	间接式，乙醇－水，－8℃	半圆管

(二) 制冷剂及冷媒的选择

1. 制冷剂的选择

生物工程工厂普遍使用的制冷剂为氨(NH_3),氟里昂也是一种优良的制冷剂,但价格昂贵,渗透力强,易泄漏,生物工程工厂采用较少。乙醇、乙二醇作为冷媒,可以避免腐蚀现象,其缺点是挥发损失多。

2. 冷媒的选择

冷媒必须具备以下几个条件:①冰点低;②热容量大;③对设备的腐蚀性小;④价格低廉。空气或水是最容易获得的冷媒,但很少利用空气作冷媒,因为它的热容量小。但采用空气冷却法时,空气作为冷媒却具有许多优点,如速冷间用空气作冷媒,啤酒厂的酒花库、滤酒间等也有采用空气冷风机降温的。

水的热容量大,但水的凝固点高,在0℃时结冰,这是它的缺点。所以水只能使用在0℃以上的冷却系统。

在0℃以下的冷冻系统,采用盐类的水溶液(盐水)作为冷媒。常采用的盐水有氯化钠、氯化钙、氯化镁等。氯化钠价廉,仅对金属的腐蚀性大。氯化钙对金属的腐蚀性较小,味精厂常采用$CaCl_2$作冷媒。选择盐类的条件是:蒸发温度在-50~5℃范围,采用NaCl或$CaCl_2$水溶液作冷媒,NaCl盐水用于-16~5℃的制冷系统中较适宜,$CaCl_2$盐水对用于-50~5℃的制冷系统中。盐水的浓度与使用温度直接有关,因此,应根据使用温度查表选择盐水浓度,例$CaCl_2$盐水,使用温度-10℃,浓度为20%;使用温度-20℃,浓度为25%。为了减轻和防止盐水的腐蚀性,可在盐水中加入一定量的防腐蚀剂,一般使用氢氧化钠和重铬酸钠。

氨直接作冷媒的优点如下:

(1) 除空气与水外,为最廉价的一种冷媒。

(2) 蒸发潜热值大(1 357kJ/kg,-30℃)。

(3) 热传导率高。

(4) 在一大气压力下,临界温度高132.45℃,凝固点低-77.8℃,沸点低-33.34℃。

(5) 运转压力低,致冷冻系统材料成本低。

(6) 泄漏时,极容易由其气味及测漏试纸、试药检测出。空气中含有5×10^{-5}mg/L的氨时,人通过嗅觉即可分辨;一般均利用溶液或SO_2试纸来进行辨识,如有氨泄漏很快会产生白色烟雾或试纸之化学反应而测知。

(7) 不溶于矿物油,在低温下与油容易分离,氨的相对密度比较油小,故冷冻油往往沉于氨液之下,方便冷冻系统回油。

(8) 极易溶于水,故为吸收式冷冻系统之主要冷媒,且在压缩冷冻系统中,稍含水分也不会阻碍其运转性能。

(9) 对钢铁金属无腐蚀性,对衬垫类材料无任何损毁性质及化学反应。

(10) 在常温及低温下化学性质稳定。

(11) 冷冻单位吨所需之冷媒循环量少。

(12) 液态相对密度小,可使用较小液泵及配管。

由于氨的单位容积产冷量比较大,价格低廉,啤酒厂现广泛采用液氨作为发酵罐冷却的冷媒。

第五节 计量检测仪表和自动控制工程

自控仪表设计一般是由自控专业设计人员(或部门)完成,但工艺设计人员必须将生产工艺过程需要计量、检测的参数和自动控制的要求,向自控设计人员提供必要的资料和条件。因此,工艺设计人员对自控仪表设计的有关知识应有所了解。

一、设计任务和内容

生物工程工厂自控仪表设计的任务是为了实现生产过程的计量、检测和自动控制,以使生产过程稳定,保证产品质量,节约原材料,降低消耗,增加产量并达到改善劳动条件的目的。生物工程生产的过程较复杂,要求严格,因此在生产中应尽可能采用有关检测及显示仪表,以指示或记录生产中的有关参数,并通过调节器或计算机和执行机构对生产中的有关参数进行自动控制或调节,使生产过程在规定条件或最适条件下进行。在生物工程工厂的总体设计中,自控仪表设计工作的内容有:

(1) 各种检测参数和自动化水平的确定;

(2) 主要参数调节系统的设计;

(3) 必要的信号和联锁保护系统;

(4) 选择各种仪表及计算机选型;

(5) 控制室、仪表盘、模拟盘的布置设计;

(6) 仪表修理室的设计。

二、生产过程参数自动调节系统

1. 自动调节系统的组成和选择

(1) 自动调节系统的组成　自动调节系统是人们设计、制造的一种自动化设备和装置,它能在没有人直接参与的情况下,对生产过程中的一些参数进行自动调节,使之保持定值或者按照预先确定的规律变化。

一个简单的自动调节系统由调节对象、测量变送元件、调节器和调节机构等四个相互联系的部分组成。它们构成一个闭环负反馈系统,能够有效地克服干扰的影响,保持被调参数的稳定。

(2) 自动调节系统的选择　在确定自动调节系统之前,首先要选择和确定被调参数,必须根据工艺条件要求和国内仪表生产现状及操作者的技术水平选择调节参数。一般对主要参数或人工调节难以满足要求的参数,进行自动调节。

确定被调参数后,根据调节对象的特性(放大系数,时间常数,滞后时间等)和调节质量要求,选择合理的调节系统,要遵循先进、可靠、经济、实用的原则,在满足控制要求的条件下尽可能选用简单调节系统。这不但可以节省投资,而且便于投运和维护。自动化水平的高低主要不在于选用仪表的型式、数量和系统的复杂程度,而在于生产过程控制的实际效果和工作的可靠性。对小型生物工程工厂,一般来说,应尽可能选用简单调节系统,对于大中型生物工程工厂,可考虑选用计算机控制。

2. 生物工程工厂自动调节系统举例

图 8－1 为自动调节罐温、罐压的调节系统方框图。其中的给定单元、变送单元、调节单元、计算单元等均选用 DDZ—Ⅲ型(或Ⅱ型)电动单元组合仪表,而调节机构则选用气动薄膜调节阀。选用气动调节阀是因为调节机构安装在环境条件较差的现场,气动调节阀具有抗干扰能力强、维护简单的优点,可提高系统的可靠性。调节器与调节阀之间的电－气阀门定位器则起到电－气转换器和气动阀门定位器两个作用,组成了电动、气动两类仪表的混合系统,以发挥各自的优势。

根据需要,可以在这些基本回路的基础上增加显示、记录、计算等辅助回路。

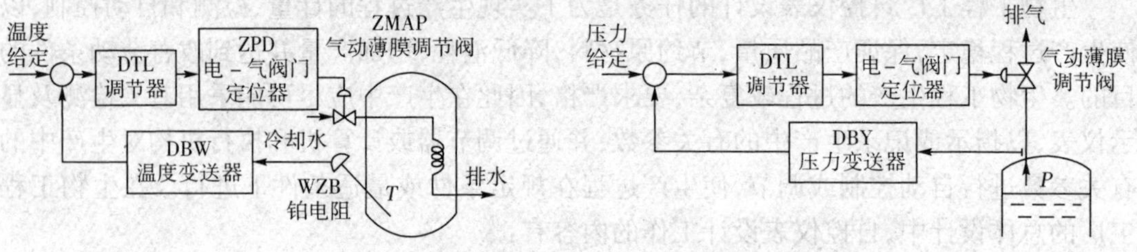

图 8－1 自动调节罐温、罐压的调节系统

三、电子计算机在生物工程生产中的应用

电子计算机具有运算速度快、精度高、信息存贮量大、逻辑判断能力强等特点,从而使它成为实现生产过程自动控制的强有力的工具。采用电子计算机控制发酵生产过程,不但可以在线检测和控制更多的过程参数,达到更高的控制精度,而且还能随时把所测得的参数加以归纳计算,连续提供更能反映生产过程本质的一系列新参数(二次参数),为实现最优化控制创造了条件。

目前,国外技术先进国家在生物工程工厂的生产过程控制中已普遍采用电子计算机。近年来,电子计算机在我国条件较好的大中型生物工程工厂中逐渐得到了推广应用。例如啤酒厂大罐发酵的计算机控制,味精厂发酵工段和结晶工段的计算机控制,酒精厂蒸馏工段的计算机控制,白酒厂计算机勾兑应用等。在稳定工艺条件,提高产品产量和质量等方面都取得了较好的效果。

电子计算机可以从下列六个方面为生物工程生产服务。

(1) 参数的巡回采集和综合;

(2) 顺序控制;

(3) 过程的操作指导;

(4) 直接数字控制;

(5) 最优化控制(监督控制);

(6) 生产管理和调度。

本节电子计算机自动控制主要介绍生物工程生产的直接数字控制。

1. 电子计算机控制系统的组成

用于生产过程控制的电子计算机控制系统一般包括：电子计算机主机，常规外部设备，过程输入输出通道，测量变送仪表，调节阀或执行机构，以及运行操作台等几个部分。它们通过主机的系统总线和接口电路相互联系，构成一个完整的系统，见图8－2。

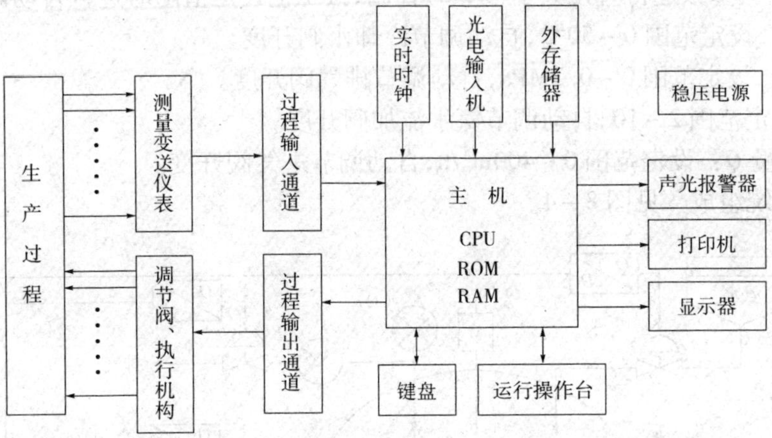

图 8－2　微型计算机控制系统框图

2. 直接数字控制

目前，电子计算机在生物工程生产中应用较多的为直接数字控制系统 DDC。DDC 是英文“直接数字控制”（Direct Digital Control）的缩写。DDC 系统由一台微型计算机配以相应的输入、输出设备及检测仪表和执行机构等组成，见图8－3。

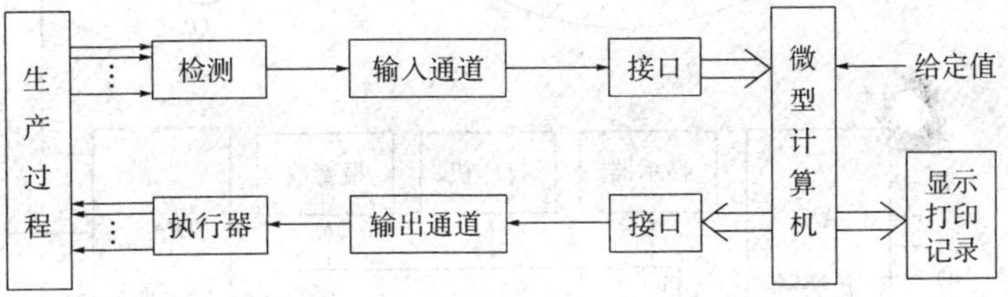

图 8－3　DDC 系统组成框图

系统中微型计算机直接参加闭环控制，它通过过程通道对多个过程参数进行巡回检测，并根据程序规定的调节规律进行调节运算，然后发出控制信号，通过输出通道直接控制调节阀等执行机构。

DDC 系统是在常规仪表调节系统的基础上发展起来的，它将常规调节系统中各回路中的模拟式调节器的作用集中由一台微型计算机来完成，对每一回路分时地（断续地）进行调节。微机不仅能完全替代模拟调节器，实现多回路的 PID（比例积分微分）调节，而且不需改变硬件，只通过改变顺序就能有效地实现较复杂的控制，如前馈控制、串级控制等。

下面以谷氨酸发酵过程微机控制系统 DDC 为例，说明系统的基本结构利控制功能。

（1）系统功能

① 对下列参数进行在线连续检测、显示和记录；罐温 T，施压 P，进罐空气流量 Q，发

酵液 pH，溶解氧浓度 D_0，排气中 CO_2，排气中 O_2，搅拌电机功率 W，光密度 OD 值等。

② 在线连续计算、显示和记录以下二次参数：耗氧速率，CO_2 生成速率，呼吸商，体积氧传递系数等。

③ 对下列参数进行直接数字（DDC）控制，按工艺设定值随时进行自动调节：

罐温 T：设定范围 0～50℃，自动调节冷却水阀开度。

罐压 P：设定范围 0～0.3MPa，自动调节排气阀开度。

pH：设定范围 2～10，自动调节氨水流加阀开度。

空气流量 Q：设定范围 0～400m³/h，自动调节进气阀开度。

（2）系统组成　见图 8－4。

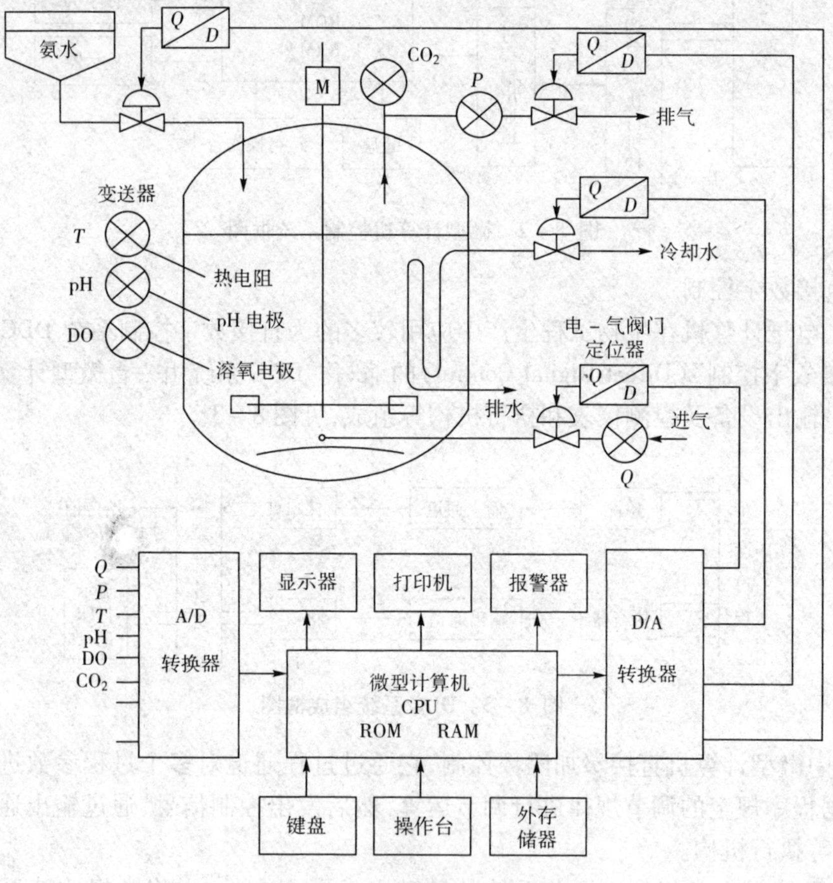

图 8－4　发酵罐微机控制系统

① 微型计算机：常采用单板机，一台微机控制一个罐。也有选用较高档微机（例如 ID－MPC 或 Apple Ⅱ）和专用工业控制机的，一台微机可同时控制几个罐。例如啤酒大罐发酵控制，一台微机需控制十几个至几十个发酵罐。

② 常规外部设备：根据主机型号和控制功能，配置相应的外部设备，主要有显示器（LED 或 CRT），打印机，磁盘守。

③ 模/数转换器 A/D 和数/模转换器 D/A：为保证控制精度，一般选用 12 位 A/D 和

D/A 转换器。

对于单板微型机,可通过专用接口(PIO)扩充配置满足需要的过程通道。对于较高档微机,可选用专用 A/D 和 D/A 标准功能模块构成系统,配置简单,开发方便,且可靠性较高。

④ 检测、调节仪表及执行机构:检测、变送部分统一选用 DDZ—Ⅲ型(或Ⅱ型)电动单元组合仪表,配用相应的传感器,需要时可配用一台多点自动记录仪。执行机构采用气动薄膜调节阀,D/A 转换器输出的模拟信号,经电-气阀门定位器驱动气动薄膜调节阀,实现调节作用。

为了提高系统的可靠性,在 DDC 系统的调节回路中通常都设置模拟调节器作为后备,当计算机出现故障,能自动地切换至备用模拟调节回路进行调节,也可以进行手动调节。

(3) 系统应用软件概述　DDC 控制是典型的在线实时控制,应用控制程序一般均以汇编语言编写,所占内存少,执行进度快。但在采用较高档微机和工业控制机时,其中的图形显示程序和较复杂的计算程序也常使用高级语言编写。程序结构多采用模块式结构。

3. 监督控制系统 SCC(最优化控制)

SCC 是"计算机监督控制"(Supervisory Computer Control)的缩写。在 SCC 系统中,计算机根据过程参数信息和其他数据,按照描述生产过程的数学模型进行计算,得出最优控制条件,并自动改变系统中模拟调节器或以 DDC 方式工作的微机的给定值,从而使生产过程始终处于最优工况(如保持高产量,高质量,低消耗等)。从这个角度上说,它的作用是改变给定值,所以又称设定值控制 SPC。

SCC 系统有两种不同的结构形式,一种是由 SCC 微机直接控制模拟调节器,如图 8-5(1)所示;另一种是 SCC 加上 DCC 的分级控制系统,如图 8-5(2)所示。这实际上是一个二级控制系统,SCC 级完成最优化控制的分析和计算,给出最优给定值,送给 DDC 级执行过程控制。SCC 级采用高档次的微机。

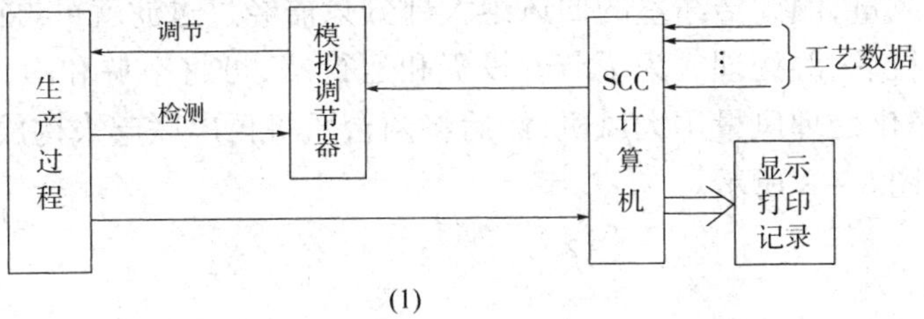

(1)

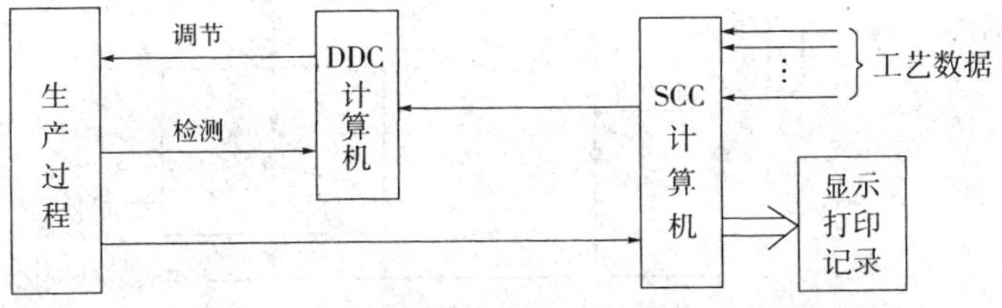

(2)

图 8-5　SCC 系统组成框图

(1) SCC + 模拟调节系统　(2) SCC + DCC 系统

为实现监督控制(最优化控制),必须要有一个可靠的能反映过程各种变化规律的动态数学模型。最优化控制的范围和程度则与数学模型的完善程度和使用范围有关。由于发酵过程的复杂性和随机性,因此,建立能正确反映发酵过程变化的动态数学模型,困难较大,这限制了目前监督控制系统在发酵生产上的应用。随着科学技术的进步,监督控制一定能在发酵生产上得到应用。

第六节 制药厂洁净车间净化空气系统

药品生产企业洁净车间的头等重要任务是要控制室内浮游微粒及细菌对生产的污染,使室内的生产环境的空气洁净度符合工艺要求。

一、净化空调系统的分类

净化空调系统一般可分为集中式和分散式两种类型。集中式净化空调系统是净化空调设备(如加热器、冷却器、加湿器、粗中效过滤器、风机等),集中设置在空调机房内,用风管将洁净空气送给各个洁净室。分散式净化空调系统是在一般的空调环境或低级别净化环境中,设置净化设备或净化空调设备,如净化单元、空气自净器、层流罩、洁净工作台等。

1. 集中式净化空调系统

(1) 单风机系统和双风机系统 单风机净化空调系统的基本形式如图 8-6 所示。单风机系统的最大优点是空调机房占用面积小。但相对双风机系统而言,其风机的压头大,噪声、振动大。采用双风机可分担系统的阻力,此外,在药厂等生物洁净室,洁净室需定期进行灭菌消毒,采用双风机系统在新风、排风管路设计合理时,调整相应的阀门,使系统按直流系统运行,便可迅速带走洁净室内残留的刺激性气体,图 8-7 所示为双风机净化空调系统示意图。

(2) 风机串联系统和风机并联系统 在净化空调系统中,通常空气调节所需风量远远小于净化所需风量,因此洁净室的回风绝大部分只需经过过滤就可再循环使用,而无需回至空调机组进行热、湿处理。为了节省投资和运行费,可将空调和净化分开,空调处理风量用小风机,净化处理风量用大风机,然后将两台风机再串联起来构成风机串联的送风系统。其示意如图 8-8 所示。

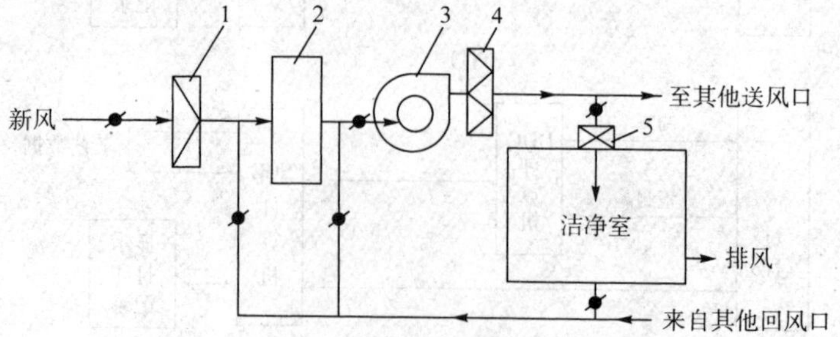

图 8-6 单风机净化空调系统示意图

(当仅采用一次回风时,空气处理室也可设在风机出口段)

1—粗效过滤器 2—温湿度处理室 3—风机 4—中效过滤器 5—高效过滤器

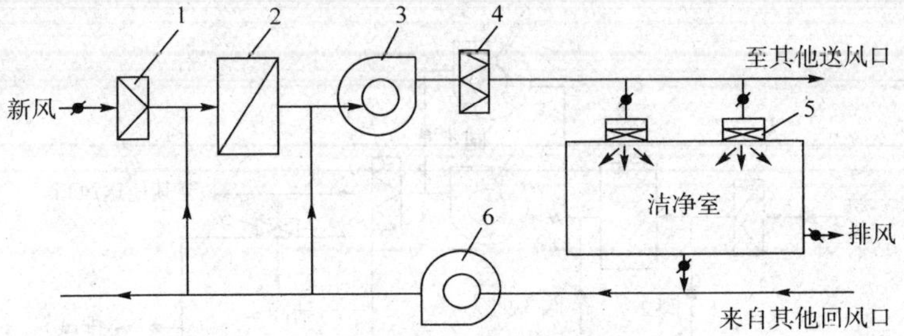

图 8-7　双风机净化空调系统示意图

1—粗效过滤器　2—温湿度处理室　3—送风机　4—中效过滤器　5—高效过滤器　6—回风机

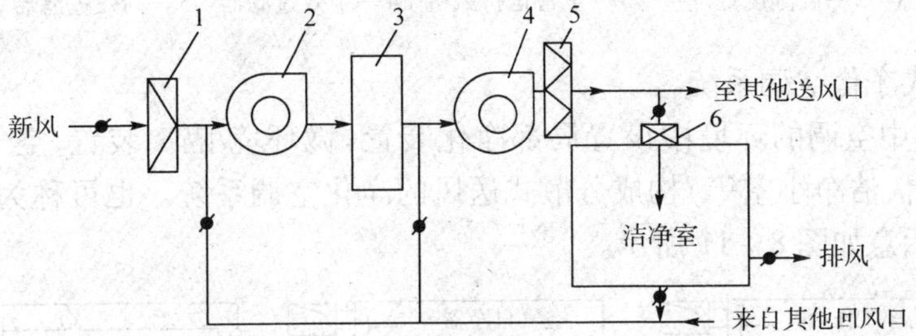

图 8-8　风机串联净化空调系统示意图

1—粗效过滤器　2—温湿处理风机　3—温湿度处理室　4—净化循环总风机　5—中效过滤器　6—高效过滤器

当一个空调机房内布置有多套净化空调系统时，可将几套系统并联，并联系统可公用一套新风机组，并联系统运行管理比较灵活，几台空调设备还可以互为备用以便检修。其示意如图 8-9 所示。

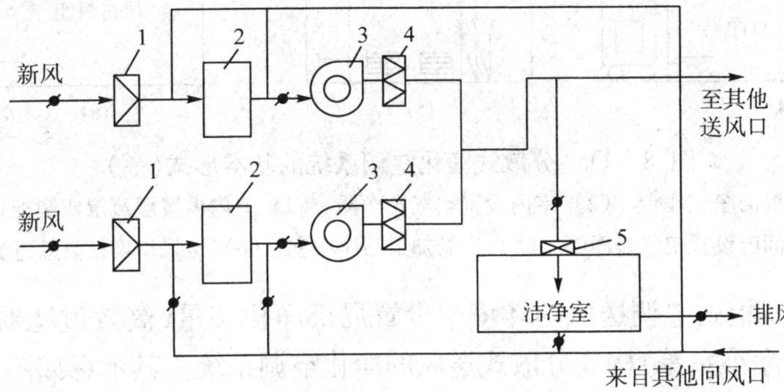

图 8-9　风机并联净化空调系统示意图

1—粗过滤器　2—温湿度处理室　3—风机　4—中效过滤器　5—高效过滤器

设有值班风机的净化空调系统也是风机并联的一种形式，所谓值班风机，就是系统主风机并联一个小风机。其风量一般按维持清净室正压和送风管路漏损所需空气量选取，风压按在此风量运行时送风管路的阻力确定。非工作时间，主风机停止运行而值班风机投入运行，使洁净室维持正压状态，室内洁净度不至于发生明显变化。设有值班风机的净化空调系统示意如图 8-10 所示，正常运行时，阀 1、阀 2、阀 3 打开，阀 4 关闭；下班后正常风机停止运行，值班风机运行，阀 4 打开，阀 1、阀 2、阀 3 关闭。

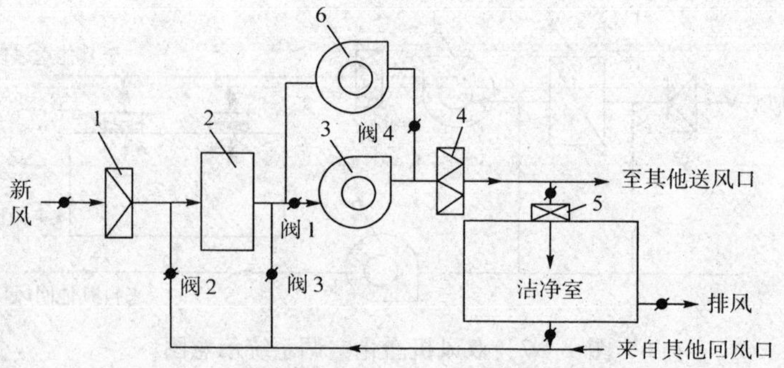

图 8－10 设有值班风机的净化空调系统示意图

1—粗效过滤器 2—温湿度处理室 3—正常运行风机 4—中效过滤器 5—高效过滤器 6—值班风机

2. 分散式净化空调系统

(1) 在集中空调的环境中设置局部净化装置(微环境/隔离装置、空气自净器、层流罩、洁净工作台、洁净小室等)构成分散式送风的净化空调系统。也可称为半集中式净化空调系统,其示意如图 8－11 所示。

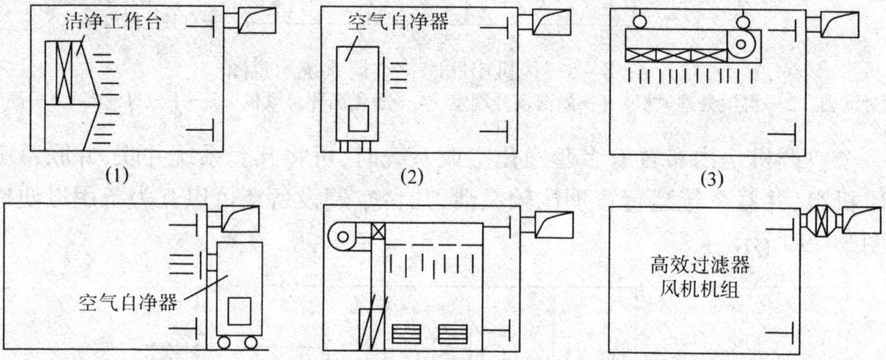

(1) (2) (3) (4) (5) (6)

图 8－11 分散式净化空调系统的基本形式(一)

(1) 室内设置洁净工作台 (2) 室内设置空气自净器 (3) 室内设置层流罩或装配式洁净小室
(4) 走廊或套间内设置空气自净器 (5) 现场加工洁净小室 (6) 送风口增设高效过滤器风机机组

(2) 在分散式柜式空调送风的环境中设置局部净化装量(高效过滤器送风口、高效过滤器风机机组、洁净小室等)构成分散式送风的净化空调系统。其示意如图 8－12 所示。

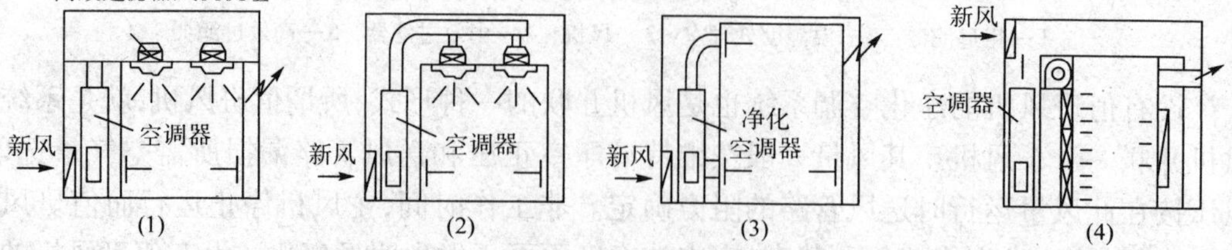

(1) (2) (3) (4)

图 8－12 分散式净化空调系统的基本形式(二)

(1) 小型空调器与高效过滤器风机机组 (2) 小型空调器与高效过滤器送风口
(3) 套间内设置净化空调器 (4) 小型空调器与装配式洁净室

二、洁净室内的气流组织方式

图 8－13 为洁净室内常用的气流组织形式。

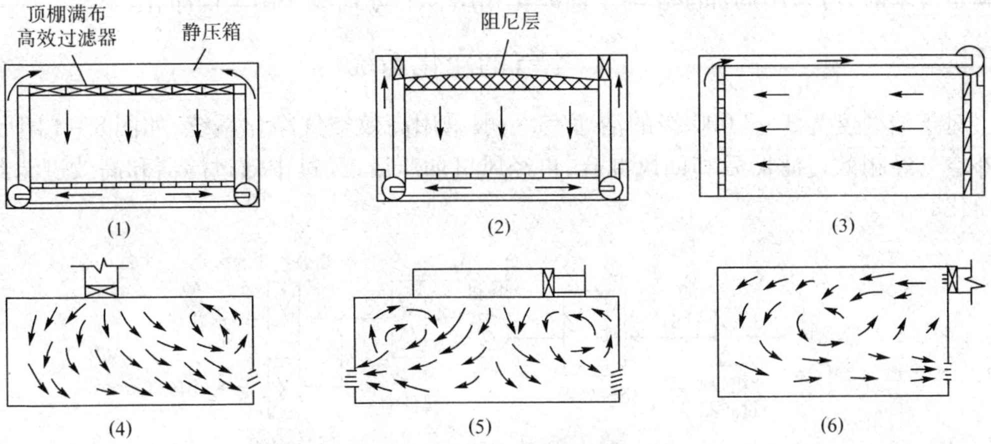

图 8－13 气流组织形式

（1）满布垂直平行流 （2）侧布垂直平行流 （3）水平平行流 （4）顶送下侧回风 （5）顶送双侧下回风 （6）上侧送同侧下回风

1．垂直平行流

这种气流方向是出房间顶棚垂直向下流向地板。为了实现这种气流组织方式，可采用顶棚满布高效过滤器（高效过滤器占顶棚的面积≥60%），回风采用栅格地板回风口或四周侧墙下部均匀布置回风口，这样可获得均匀的向下气流，工艺设备可布置在室内的任意处。其特点是自净能力强，可简化人身的净化设备；缺点是初投资高，且操作维护费都高，灯具布置困难。

垂直平行流也可采用侧布高效过滤器。气流的下送，采用在顶棚上布置全孔板或阻尼层，使气流下行，回风仍用栅格地板回风口或四周侧描下部均布回风口。特点是安装的高效过滤器较小，可节约初投资，但运转费用较高。

垂直平行流流过房间截面的风速不小于 0.25m/s，即换气次数大约为 300～500 次/h。

2．水平平行流

其气流流向为平行于地面。可采用送风墙满布或均布（大于 40%）高效过滤器水平送风，回风墙可满布或均布回风口。房间截面风速≥0.35m/s，换气次数约为 300～500 次/h。

水平平行流在第一工作区的洁净度可达 3 级，随着与送风墙的距离增加，洁净度下降。

水平平行流的造价比顶棚满布高效过滤器的垂直平行流低，但空气流动过程中含尘浓度逐渐增加。该气流组织方式适用于有多种洁净度要求的工艺过程。

3．乱流流型

适用于洁净度在 30 级以上的各种洁净室。

对于洁净度为 30 级的洁净室，可采用顶棚布高效过滤器或孔板顶送，在相对两侧墙下均布回风口等。

对于洁净度为 300 级或 3 000 级以上的洁净室，可采用上侧送风，同侧墙下回风方式;也可采用局部孔板顶送,在单侧墙下布置回风方式;也可采用带扩散板高校过滤器风口顶送,在单侧墙下布置回风等方式。

选择洁净室气流组织方式时,应从工艺要求出发,尽量采用局部净化。当局部净化不能满足要求时,可采用局部净化与全面净化相结合的方式或采用全面净化。

三、空气的净化系统

对于洁净度为3~3 000级的洁净室,一般采用高效空气净化系统,如图8-14所示。室外空气经粗效过滤器后和回风混合,再经风机加压后,经过中效过滤器和高效过滤器而被净化。

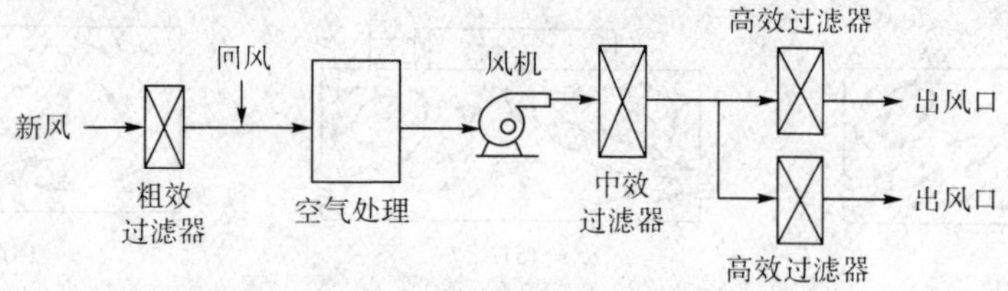

图 8-14 高效空气净化系统

对于洁净度为30 000级的洁净室,应采用中效空气净化系统,即室外空气经粗效过滤器后和回风混合,再经两级中效过滤器后送到洁净室内。

高效过滤器和亚高放过滤器应布置在送风口处。在净化系统停止运行时,室外空气有可能经回风管道渗入洁净室。为了防止污染,可在新风入口处装设密闭阀,或在粗效过滤器与回风管道之间加中效过滤器。

为了确保洁净均处于正压,应使净化系统的送风量大于回风量和排风量。为实现这一要求,可在回风口安装阻尼层或采用风量调节器,以控制回风和排风的办法来控制洁净室内的压强值。

在操作过程中,必须不断地向洁净室内补充新鲜空气。乱流洁净室的新鲜空气量不应小于总送风量的10%,平行流洁净室的新鲜空气量不应小于总送风量的20%,且不小于补偿排风和保持室内正压所需的新鲜空气量,并保证室内工作人员每人每小时不少于30m^3的新鲜空气量。

当人或物进出洁净室时,为避免污染空气进入洁净室,可设置气闸室和空气吹淋室。

气闸室就是防止污染空气进入洁净室的隔离装置。一般DJ采用无空气幕气间室。当洁净度较高时,可采用有空气幕气闸室。

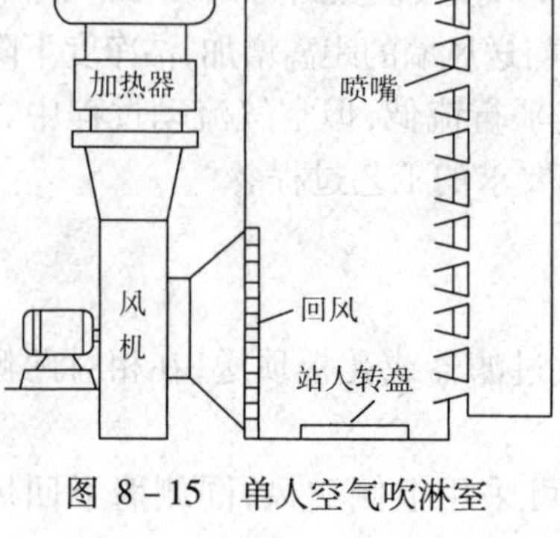

图 8-15 单人空气吹淋室

空气吹淋室是人身净化的装置,并能防止污染空气进入洁净室。上班人员不超过30人时,可采用单人空气吹淋室,如图8-15所示。吹淋室的中间部分为吹淋间，底部有站人转盘，转动周期为 14s，可保证人在吹淋过程中受到均匀的射流作用，使工作服抖动，除掉灰尘。左部为风机、电加热器、空气过滤器等的布置间；右部为静压箱、喷嘴及配电间。吹淋室的门有联锁和自动控制装置。

药厂车间可根据洁净室的洁净度级别，设置气闸室和空气吹淋室。

对于洁净度为 3 级的洁净室，应设置气闸室和空气吹淋室；洁净度为 30 ~ 300 级的洁净室，应设置空气吹淋室；洁净度为 3 000 ~ 30 000 级的洁净室，应设气闸室。

需要注意的是：①平行流与乱流洁净室的空气净化系统应分开设置；②高效空气净化系统与中效空气净化系统应分开设置；③运行班次相使用时间不同的房间，净化系统应分开设置。

四、制药厂空气洁净技术的应用

1. 片剂生产

片剂车间的空调系统除要满足厂房的净化要求和温湿度要求外，重要的一条就是要对生产区的粉尘进行有效控制，防止粉尘通过空气系统发生混药或交叉污染。

为实现上述目标，除在车间的工艺布局、工艺设备选型、厂房、操作和管理上采取一系列措施外，对空气净化系统要做到：在产尘点和产尘区设隔离罩和除尘设备；控制室内压力，产生粉尘的房间应保持相对负压；合理的气流组织；对产品换批生产的片剂车间，产生粉尘的房间不采用循环风。控制粉尘装置可用：沉流式除尘器、环境控制室、逆层流称量工作台等。

2. 粉针生产

粉针剂生产流程见图 8 – 16。

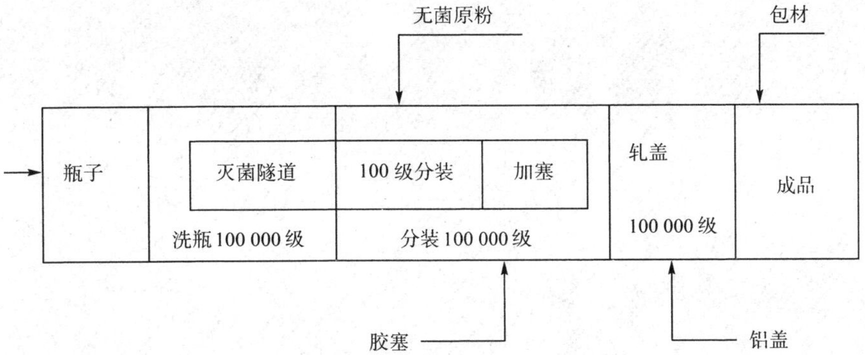

图 8 – 16　粉针工艺流程示意图

粉针生产的最终成品不做灭菌处理，主要工序需处于高级别洁净室中，瓶子灭菌、冷却、分装、加塞等产品暴露于空间的工序均须处于 100 级保护下。主要生产工序温度为 20 ~ 22℃，相对湿度 45% ~ 50%。在粉针流水线上，可采用灭菌隧道、分装机、加盖机的空气净化装置，也可应用粉针生产层流等技术。

3. 水针剂生产

水针剂生产工艺流程见图 8 – 17。

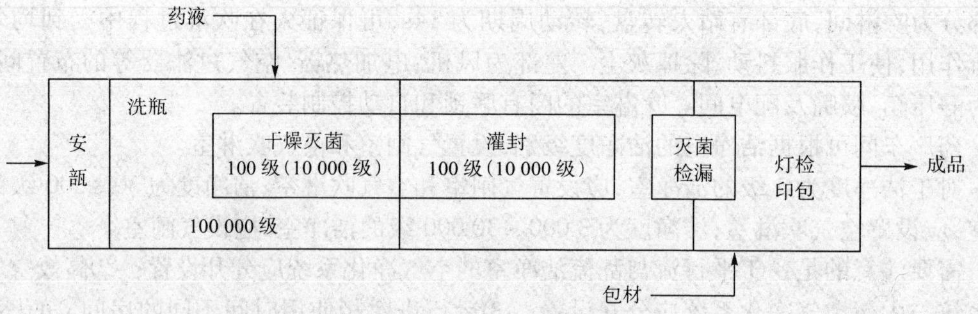

图 8－17 水针剂工艺流程示意图

注：括号内为可灭菌水针剂

水针剂生产不能在最后容器中灭菌的无菌产品与能灭菌的产品，其主要生产工序对洁净度有着不同的要求，前者的灌封及瓶处理要求 100 级，后者为 10 000 级；大针和小针（<50mL）对级别的要求也不同，能热压灭菌大针的过滤，罐封亦需处于 100 级环境下。一般规定：水针剂 100 级、10 000 级区：温度 20～23℃，相对湿度 55%～65%。

净化系统可使用水针剂洗、灌、封联动机的空气净化装置或选用 U 形布置的水针流水线。

第九章　清洁生产与末端治理

第一节　概　述

清洁生产(Cleaner production,缩写为CP)是实现可持续发展战略的需要,它彻底改变了过去被动的、滞后的污染控制手段,从根本上扬弃了末端治理的弊端,强调在污染产生之前就予以削减,即在产品及其生产过程并在服务中减少污染物的产生和对环境的不利影响。因而实行清洁生产是工业生产实现可持续发展的唯一途径。

为了区分三废处理与清洁生产,把三废处理称为末端治理,而把生产过程中的污染物削减称为清洁生产,把三废处理技术称为末端治理技术,把清洁生产中采用的技术称为清洁生产技术。

清洁生产技术与末端治理技术之间的最大区别在于其产生的结果。末端治理技术带来的主要是环境效益,而清洁生产技术带来的不仅是良好的环境效益,而且还有巨大的经济效益。

国家相关法规规定,新建、改扩建工厂在设计时,必须实施清洁生产和末端治理,这也是生产工艺设计人员的任务。

一、清洁生产的定义

《中华人民共和国清洁生产促进法》清洁生产的定义为:清洁生产是指不断采取改进设计,使用清洁的能源和原料,采用先进的工艺技术与设备,改善管理、综合利用,从源头消减污染,提高资源利用效率,减少或者避免生产、服务和使用过程中污染物的产生和排放,以减轻或者消除对人类健康和环境的危害。

清洁生产是从全方位、多角度的途径去实现"清洁的生产"的,与末端治理相比,它具有十分丰富的内涵,主要表现在:

① 用无污染、少污染的产品替代毒性大、污染重的产品;

② 用无污染、少污染的能源和原材料替代毒性大、污染重的能源和原材料;

③ 用消耗少、效率高、无污染、少污染的工艺、设备替代消耗高、效率低、产污量大、污染重的工艺、设备;

④ 最大限度地利用能源和原材料,实现物料最大限度的厂内循环;

⑤ 强化企业管理,减少跑、冒、滴、漏和物料流失;

⑥ 对必须排放的污染物,采用低费用、高效能的净化处理设备和"三废"综合利用的措施进行最终的处理和处置。

二、生物工程工厂污染的特点和现状

(一) 生物工程工厂污染的特点

生物工程工厂是以粮食和农副产品为主要原料的加工工业,它主要包括酒精、白酒、啤

酒、葡萄酒、味精、淀粉、柠檬酸、酵母、酶制剂、抗生素等行业，是国民经济的主要支柱产业。

一般地讲，生物工程工厂的主要废渣、废水来自于原料处理后剩下的废渣，分离与提取主要产品后的废母液、废糟，以及生产过程中各种冲洗水、冷却水。该类废水成分复杂，具有下述特点：

（1）COD（化学耗氧量）浓度高（5～80g/L） 其中主要为发酵残余基质及营养物、溶媒提取过程的萃余液，经溶媒回收后排出的蒸馏釜残液，离子交换过程排出的吸附废液，水中不溶性抗生素的发酵滤液，以及染菌倒罐废液等。这些成分浓度高，如青霉素发酵废水中COD为15 000～80 000mg/L，土霉素发酵废水中COD为8 000～35 000mg/L；味精废水COD高达60 000mg/L，为高浓度有机废水，生化处理难度大。

（2）废水中SS（固形物浓度）浓度高（0.5～25mg/L） 其中主要为发酵残余培养基质和发酵产生的微生物丝菌体，如青霉素为5～23g/L，味精为20g/L左右，玉米酒精糟达35g/L左右。

（3）存在难生物降解和有抑菌作用的抗生素等毒性物质 由于抗菌素得率较低，仅为0.1%～3%（质量分数），且分离提取率仅60%～70%（质量分数），因此废水中残留抗生素含量较高，一般条件下四环素残余浓度为100～1 000mg/L，土霉素为500～1 000mg/L。废水中青霉素、四环素、链霉素浓度都大于100mg/L时会抑制好氧污泥活性，降低处理效果。

（4）硫酸盐浓度高 如链霉素废水中硫酸盐含量为3 000mg/L左右，最高可达5 500mg/L，土霉素废水中为2 000mg/L左右，庆大霉素为4 000mg/L，青霉素为5 000mg/L。一般认为好氧条件下硫酸盐的存在对生物处理没有影响，但对厌氧生物处理有抑制。

（5）水质成分复杂 中间代谢产物、表面活性剂（破乳剂、消沫剂等）和提取分离中残留的高浓度酸、碱、有机溶剂等原料成分复杂，易引起pH波动大，影响生物反应活性。

（6）水量周期变化大，且间歇排放，冲击负荷较高 由于抗生素、氨基酸等企业采用分批发酵生产，废水间歇排放，所以其废水成分和水力负荷随时间也有很大变化，这种冲击给生物处理带来极大的困难。

部分抗生素生产废水水质特征和主要污染因子见表9－1

表9－1 部分抗生素生产废水水质特征和主要污染因子 单位：mg/L

抗生素品种	废水生产工段	COD	SS	SO_4^{2-}	残留抗生素	TN	其他
青霉素	提 取	15 000～80 000	5 000～23 000	5 000		500～1 000	
氨苄青霉素	回收溶媒后	5 000～70 000		<50 000	开环物54%	NH_3-N_2 0.34%	
链霉素	提 取	10 000～16 000	1 000～2 000	2 000～5 500		<800	甲醛100
卡那霉素	提 取	25 000～30 000	<250 000		80	<600	
庆大霉素	提 取	25 000～40 000	10 000～25 000	4 000	50～70	1 100	

（二）生物工程工厂污染的现状

生物工程工厂的污染物主要是废水、废渣。发酵工业主要行业1996年废渣水年排放量达到$27.5\times10^8m^3$，其中废渣量达到$1.6\times10^8m^3$。据不完全统计，全国药厂每年排放的废气量（标准状态）约$10\times10^8m^3$，其中含有害物质约10万吨；每天排放的废水量约50万吨；每年排放的废渣量约10万吨，对环境的危害十分严重。近年来，通过工艺改革、回收和综合利用等方法。在消除或减少危害性较大的污染物方面已做了大量的工作。用于治理污染的投资也逐年增加，各种治理污染的装置相继投入运行。然而，从总体上看，生物工程行业的污染仍然十分严重，治理的形势相当严峻。实施清洁生产有着积极、重要的意义。

第二节　清洁生产的实施

一、发酵工厂的清洁生产

近10年来，在我国政府相关清洁生产政策的指导下，生物工程发酵工厂的清洁生产取得了可喜的成绩，如酒精工业，确立了谷类原料生产酒精与DDGS生产技术；糖蜜酒精生产的废水全蒸发浓缩、焚烧生产钾肥技术；味精生产废水浓缩生产饲料和复合肥技术等。当然，清洁生产也有其时效性，受人们认识水平，科技发展以及技术设备条件发展的局限，不同时期的清洁生产水平是不同的。要紧跟时代的步伐，与时俱进地把清洁生产搞下去。

1. 味精厂的清洁生产

（1）味精厂传统生产工艺　传统生产工艺普遍采用等电点离子交换法，存在的问题主要有：①提取率低，仅为88%左右；②酸、氨消耗高，每吨味精耗硫酸140～150kg，尿素0.61～0.75t；③废水量大，每吨味精产生废水10t，其中含有1.2%～1.5%的谷氨酸、0.8%的其他氨基酸及1%的湿菌体等；④味精废水COD_{cr}高达60 000mg/L，为高浓度有机废水，生化处理难度大。

（2）味精清洁生产工艺　谷氨酸发酵液中除了有一定含量的谷氨酸外，还有大量的菌体、培养基残余物、蛋白质、多肽等杂质，其中菌体大小为0.7～3μm。并有很强的亲水性，分离很困难。由于传统的生产方法一般不先除去菌体和蛋白，直接采用等电点提取，这样不利于发酵产品的提取和分离，影响产品的质量和收率。更严重的是废液中的COD_{cr}含量高，严重污染环境。有研究使用超滤膜除去味精废水中的菌体和大分子蛋白等成分。虽然废水中的SS除去率可达99%以上，COD_{cr}去除率约为30%，减轻了生化法的负荷，但仍然有废水排放，而且必须治理。基于此原因，采用组合膜分离技术应用于味精的提取分离生产过程，以期达到清洁生产的目的。该工艺如图9－1所示。

先用微滤膜除去发酵液中的湿菌体，再用超滤膜系统截留微滤透过液中的溶解性蛋白。采用纳滤系统对超滤透过液中的有效成分进行浓缩，纳滤透过液回用，浓缩液等电点结晶，结晶母液用纳滤系统浓缩，透过液回用。浓缩液与前一纳滤进料液合并。

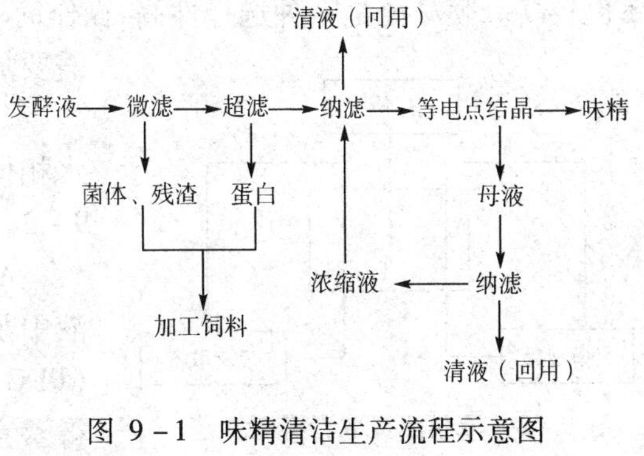

图9－1　味精清洁生产流程示意图

（3）本工艺的特点：①整个工艺的生产时间缩短了6～8h；②收率达95%，比传统工艺高7%；③回收了发酵体系中的菌体蛋白等成分，可以加工成优质饲料,节约了资源;④等电点结晶母液经纳滤浓缩后,浓缩液与超滤的透过液一起再进行纳滤浓缩,纳滤透过液作为清液可回用于发酵;⑤减少了调等电点时的用酸量,本工艺耗酸量为原工艺的1/3;⑥本工艺无污水产生,实现了清洁生产。

2. 酒精厂的清洁生产

酒精工厂的清洁生产和节能节水技术要点主要有以下几点:

(1) 使用谷类原料替代薯类原料,以确保酒精糟生产全干燥蛋白饲料(DDGS)有足够的营养(含蛋白质27%以上)。

(2) 原料粉碎用机械输送,推荐使用立式粉碎机,粉碎使用循环粉碎工艺。

(3) 粉碎水力除尘,使用循环水,以减少耗水量和拌料水降温。

(4) 采用浓醪、连续发酵。

(5) 蒸馏冷却水用凉水塔冷却,循环使用。

(6) 蒸馏塔采用差压蒸馏和闪蒸回收潜热节能技术等。

(7) 酒精糟滤液回用拌料,采用多效减压蒸发浓缩,使排放的废水仅有蒸发冷凝水(COD 1 000mg/L 左右)。

(8) CO_2 的洗涤和中压回收。

末端治理仅是冷凝水和精塔残液(COD_{cr} 1 000mg/L 左右)生化处理,基本实现了清洁生产。

二、抗生素制药的清洁生产

以青霉素清洁生产工艺为例作介绍。

青霉素是目前生产规模最大、应用最广的抗生素之一,具有抗菌作用强疗效高和毒性低的优点,是治疗敏感性细菌感染的首选药物。在提取过程中,应用最广泛的是溶媒萃取方法,而且多用醋酸丁酯为萃取剂,碳酸氢钠水溶液为反萃取剂。此工艺存在明显的缺点:①在酸性条件下萃取青霉素降解损失严重;②低温操作,生产能耗大;③醋酸丁酯水溶性大,溶剂损失大而且回收困难;④反复萃取次数很多,导致废酸和废水量大。为了降低成本、减少污染物排放、提高成品收率,进而增强企业竞争力,改革旧工艺实施清洁生产工艺迫在眉睫。下面几种提取新工艺能较好地克服上述弊端。

(1) 液膜法提取青霉素工艺　液膜法提取青霉素工艺见图9-2,是将溶于正癸醇的胺类试剂(LA-2)支撑在多孔的聚丙烯膜上,利用青霉素与胺类的化学反应,把青霉素从膜一侧的溶液中的选择性吸收转入另外一侧,而且母液中回收青霉素烷酸(6-APA)的收率也较高。膜分离是一种选择性高、操作简单和能耗低的分离方法,它在分离过程中不需要加入任何别的化学试剂,无新的污染源。

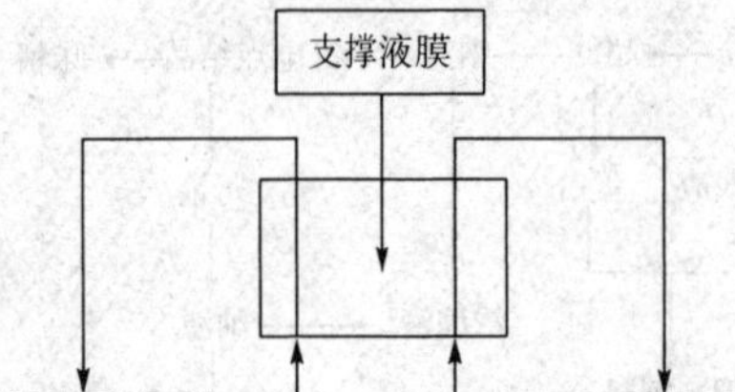

图 9-2　液膜法提取青霉素工艺

(2) 双水相萃取提取青霉素工艺　采用双水相体系(ATPS)从发酵液中提纯青霉素见图9-3。

ATPS萃取青霉素工艺过程为:首先在发酵液中加入8%(质量分数,下同)的聚乙二醇(PEG 2000)和20%的硫酸铵进行萃取分相,青霉素富集于轻相,再用醋酸丁酯从轻相中萃取青霉素。其操作工艺条件和结果如下：

①料液，1L，10.25g/L；②双水相体系富集，pH 5.0、$T=293K$、$Y_t=93.67\%$；③醋酸丁酯萃取，pH 1.7、$T=293K$、$Y_t=92,42\%$；④结晶，晶体质量7.228g、纯度为88.48%。双水相体系从发酵液中直接提取青霉素，工艺简单，收率高，避免了发酵液的过滤预处理和酸化操作，不会引起青霉素活性的降低；所需的有机溶剂量大大减少，更减少了废液和废渣的排放量。

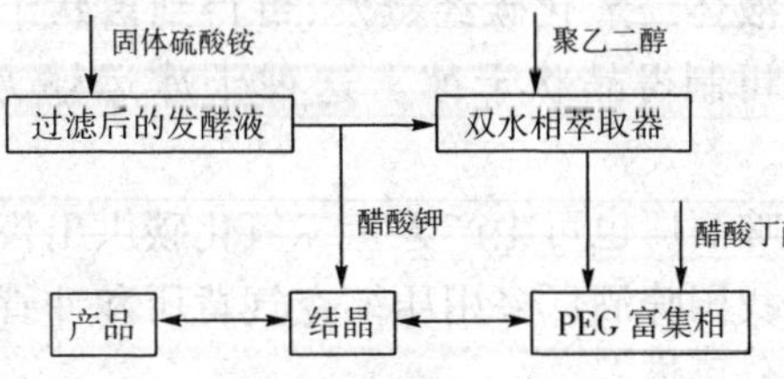

图 9-3　采用双水相体系(ATPS)从发酵液中提纯青霉素

第三节　末端治理技术

末端治理与清洁生产两者并非互不相容，也就是说推行清洁生产还需要末端治理，这是由于：工业生产无法完全避免污染的产生，最先进的生产工艺也不能避免产生污染物；用过的产品还必须进行最终处理、处置。因此清洁生产和末端治理永远长期并存。只有共同努力，实施生产全过程和治理污染过程的双控制，才能保证环境最终目标的实现。

一、废气处理技术

（一）二氧化碳的回收利用

1．二氧化碳的危害

二氧化碳虽然没有毒性，但是由于它的存在影响了人或动物体对氧的摄取，使肌体内氧合血红蛋白减少，造成窒息，严重时可引起死亡。

由于二氧化碳比空气重，一般弥散在车间下部，应注意通风，防止人身事故发生。

2．二氧化碳的用途

随着科学的进步，二氧化碳的用途日益广泛，通常用于食品工业制备碳酸饮料。而工业发达国家主要用于快速冷冻、食品保鲜、气体保护焊接、化学工业以及科研领域深度冷冻和超临界萃取等。也因此对二氧化碳的纯度提出越来越高的要求。

当前制约二氧化碳生产发展和更广泛应用的主要问题有两方面：一是二氧化碳生产工艺有待进一步改进，以便大幅度降低能耗和成本，为用户提供更多更好的廉价二氧化碳；二是要进一步开发二氧化碳利用的途径，以促进二氧化碳生产更健康地发展。两者是相辅相成的。

3．二氧化碳的生产

发酵生产排出的二氧化碳纯度可达99%以上，但由于含有少量的醇类、醛类、酯类以及有机酸等杂质，因此必须经水、高锰酸钾溶液洗涤，活性炭、硅胶或分子筛等吸附剂净化干燥后，再经造气压缩机压缩成液体二氧化碳装瓶使用或售出。国外已开始使用大型恒温贮罐和槽车装运低温二氧化碳，以提高致冷量和工作效率，降低成本，减轻劳动强度。

液体二氧化碳经蒸发,可得到雪状干冰,但雪状干冰升华较快,体积太大。而经压冰机可制得晶状干冰。这种干冰运输方便,致冷量大,因而扩大了二氧化碳的应用范围。

啤酒厂也可生产大量二氧化碳供出售和自用。每百升啤酒可回收3~5kg二氧化碳。当前我国啤酒厂多用压缩空气背压和冲管道,而将发酵生成的高纯度二氧化碳白白放掉,这十分可惜。

二氧化碳生产设备已有专业厂生产,可直接购买。二氧化碳生产的简要过程如下:

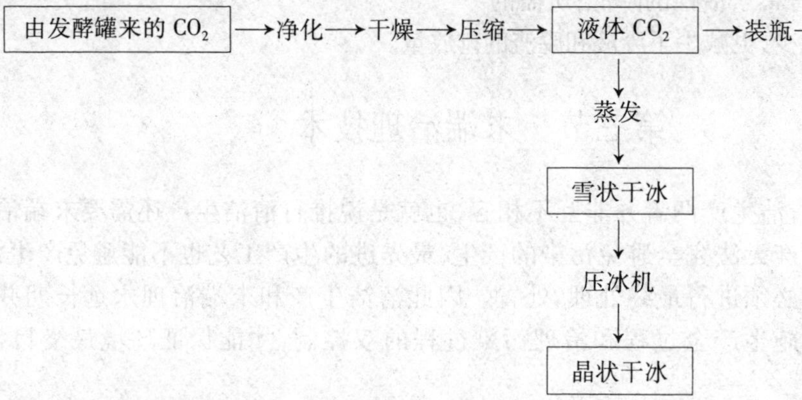

4. 二氧化碳不同生产工艺的比较

目前,国内 CO_2 生产工艺主要有以下三种:

(1) 低压法　CO_2 气体压力为0.6~0.8MPa,采用国产压缩机将 CO_2 压缩净化后,直接送到用气点。在这一压力下,CO_2 的液化温度为-50~-42℃,一般的冷冻机是无法将它们液化的。因此无法以液态方式贮存。当无发酵气体时便无法回收供气,这种方法和设备已基本淘汰。

(2) 中压法　CO_2 气体压力为1.6~2.5MPa,采用国产专用压缩机,将 CO_2 压缩净化后,在-25~-12℃冷冻液化,其时相对密度约为994~1 052kg/m^3。可低温贮存,CO_2 纯度可达99.98%以上。液态 CO_2 气化减压后,可直接输送到用气点,也可经增压泵将液体 CO_2 充装到高压钢瓶中。由于这种设备生产的 CO_2 纯度高,贮液效率高,使用方便,国内大多数厂家,特别是有冷冻设备的啤酒厂多采用此法。此法的缺点是需要冷冻设备,但也因此使液化压力大大降低。增加冷冻设备,使投资费用略高于其他方法。

(3) 高压法　CO_2 的压力为6.0~9.0MPa,它是最传统的方法,由于压力高,CO_2 可在常温下液化。将 CO_2 压缩至中压时进行净化,然后返回压缩机再压缩至6~9MPa;经冷却液化直接充装到高压钢瓶中。高压下 CO_2 不易气液分离,所以 CO_2 的纯度由气源质量决定。由于初投资费用低,这种工艺设备为大多数酒精厂选用。

以上三种方法中,低压法由于其局限性而被淘汰。中压法因其有许多优点,代表了发展的主流。高压法虽有许多不足,但由于操作简单,投资少,故在国内市场仍占一席之地。高压法与中压法相比能耗基本相同。三种 CO_2 生产方法的参数列于表9-2。

表 9-2 三种 CO_2 生产方法的参数比较

CO_2 参数	低压法	中压法	高压法
压力/MPa	0.6~0.8	1.6~2.5	6.0~9.0
液化温度/℃	-50~-42	-25~-12	22~30
密度/(kg/m^3)	气态 18~24	994~1 052	595~743
纯度/%	由气源决定	99.98	由气源决定
贮存方式	无法贮存	低温贮罐	高压钢瓶
供气方式	管道断续	管道连续	钢瓶搬运

(二) 好气发酵系统排放废气的利用和防范

大家知道,好气发酵系统中大量能量消耗在空气系统中。压缩空气经过滤除菌后通入发酵罐。但是由于氧气溶解度很小,通入的无菌空气实际上其中的氧消耗很少,因此进出发酵罐的气体中含氧量变化不大。

俄罗斯的学者提出,用特制的过滤除湿设备过滤排出的空气,使之与新鲜无菌空气混合再进入发酵罐使用,以节省用于通风的电耗。该项新技术已投入工业化生产并申请了专利。

对于排放气体中可能对环境和生产造成污染的发酵系统,则应在排气管处设置连续灭菌装置,以便将污染程度控制在最低限度。

二、废水处理技术

(一) 废水检测的项目与含意

通常的指标和检测项目如下。

1. 生物化学需氧量(简称生化需氧量)BOD

BOD 指在温度时间都一定的条件下,微生物在分解、氧化水中有机物过程中,所消耗的游离氧的数量,其单位为 mg/L 或 kg/m^3。

水温对反应速度有很大影响。一般以 20℃ 为标准。目前国际上都以 5 天为测定 BOD 的标准时间,一般记为 BOD_5。而以 20 天的 BOD 近似地作为完全生化需氧量,记为 BOD_u。

BOD 是确定废水处理系统规模的主要依据,也是确定工业废水排入市政系统时征收排污费的一个主要依据。

2. 化学需氧量 COD(或 COD_{cr})

COD 系指用强氧化剂,如重铬酸钾在酸性条件下将有机物氧化为 H_2O 和 CO_2,此时所测定的耗氧量即为化学需氧量。与生化需氧量相比较,COD 测定时间短,而且不受水质限制。

COD 在数值上一般高于 BOD。两者的差值可粗略地表示出不能被微生物所降解的有机物。

3. 总悬浮固体 TSS

TSS 系指漂浮在废水表面和悬浮在废水中的总固体。废水中大部分 TSS 可以采用过滤法去除。

TSS可以算出处理过程中所产生的废固形物的量,也可用作排放到市政系统时征收排污费的依据。

此外废水检测项目还包括酸、碱度,营养物,温度,有毒物等,在此不再多述。

《污水综合排放标准》(GB8978—1996)见附录。

(二)废水处理的一般方法

对废水进行人工操作而达到某种目的的行为称为废水处理。而每一种操作又称为废水处理的单元操作。通常这种单元操作很少是单独进行的,而是根据需要将几个单元操作合并组成一个废水处理系统。

废水处理的单元操作,按原理来分可分为物理处理法、化学处理法和生物处理法三大类,现将三大类处理法列简表如表9-3。其工艺设计可分别按连续式、间歇操作进行设计,不再多述。

表9-3 废水处理单元操作法简表

类别	处理方法
1. 物理处理法	(1) 稀释法 (2) 吸附法 (3) 固液分离 {自然沉降; 自然过滤; 强制分离 {压滤,抽滤; 离心分离; 卧螺等}} (4) 蒸　发 (5) 干　燥
2. 化学处理法	(1) 中和法 (2) 凝聚沉淀法 (3) 离子交换法 (4) 氧化法 {臭氧处理法; 氧化剂处理法}
3. 生物处理法 A(按需氧情况分)	(1) 厌氧法——沼气发酵法(或甲烷发酵法) 普通消化池 厌氧接触工艺 厌氧过滤器 上流式厌氧污泥床反应器(UASB) (2) 好氧法 氧化塘法 活性污泥法 生物滤池法 生物转盘法 接触氧化法 气浮法

续表

类　别	处　理　方　法
B(按微生物驯育情况分)	(1) 上述生物处理法都是利用自然微生物和生物群落进行处理的 (2) 特殊菌种处理 光合细菌处理法 酵母处理法(包括利用废水生产 SCP) 藻类处理法 其他各种细菌的处理法

(三) 生物工程工厂废水常用的处理方法

1. 啤酒厂废水处理

(1) 啤酒厂废水来源　2005 年我国啤酒厂年产量达到 2 500 万吨。按生产 1t 啤酒排放 20t 废水计算,再加上制麦废水(1t 麦芽约产生 30t 废水),约合生产 1t 啤酒产生 25t 废水。

啤酒厂各部门废水的水质水量如表 9－4 所示。

表 9－4　啤酒厂各部门废水的水质水量情况

废水种类	来　源	废水量 本部废水/总废水 %	COD /(mg/L)	高低浓度废水 COD 含量 /(mg/L)	总排放口 COD 含量 /(mg/L)
高浓度	糖化车间刷锅水,麦糟水,冲洗水等	1~2t/t 啤酒 5~10	20 000~40 000	4 000~6 000	1 000~1 500
	发酵车间发酵罐洗涤水,酵母洗水	3~4t/t 啤酒 15~20	2 000~3 000		
低浓度	制麦车间浸麦水,刷锅水,冲洗水等	4~5t/t 啤酒 20~25		300~700	
	灌装车间的酒桶、酒瓶洗涤水,洗棉水等	6~8t/t 啤酒 30~40			
冷却水及其他	各种冷却水、无菌水等	无污染物		<100	

注:本表摘自 1989 年 1 月《酿酒》。

(2) 啤酒厂废水处理　我国啤酒厂废水处理达到排放标准的技术途径有:

① 改进啤酒生产工艺,减少污染,综合利用。

Ⅰ 发酵车间应大力回收废酵母泥。一个年产万吨啤酒的工厂,投资 10 万元、回收酵母,制备药用酵母粉,年产量可达 10t,年获利 2.5 万元。

Ⅱ 灌装车间尽量降低破损率。啤酒厂由于啤酒瓶与灌装机不配套,造成破损率、漏酒率高。如能将破损率控制在较低范围,就能明显地降低废水污染程度。

Ⅲ 尽量减少废水排放量。目前各啤酒厂排放水量相差悬殊,根据"啤酒行业主要经济技术指标国家标准"中有关国家一、二级企业吨啤酒耗水,以及在对部分厂调查的基础上,制定了新排放标准中生产 1t 啤酒的排放量。各厂只要做到以下几点,即能达到指标:制冷用水——安装凉水塔,全部循环使用;麦汁冷却用水——全部回收供糖化、啤酒稀释使用;冷却水——安装回收装置,争取 50% 左右冷却水循环使用;尽量减少洗涤水,冲洗水用量;防止跑、冒、滴、漏水现象。

② 两段曝气(Z－A)法处理啤酒厂废水。

无锡啤酒厂选用国外先进的两段曝气(Z－A)法和氧化塘法结合,处理啤酒厂废水取得良好结果。经过一年多运行,处理综合啤酒废水共408 000t。进水COD_{cr} 1 000～1 100mg/L,出水多在60～80mg/L,氨、氮、溶解氧、pH经检测合格,二级氧化塘出水在20～40mg/L,符合太湖水质。

(Z－A)法污水处理工艺流程平面布置图和废水处理装置工艺流程、构筑物简图分别见图9－4和图9－5。

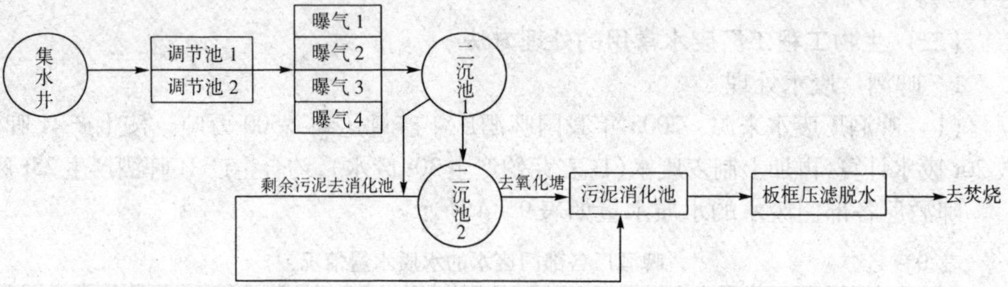

图 9－4 (Z－A)法工艺流程平面布置图

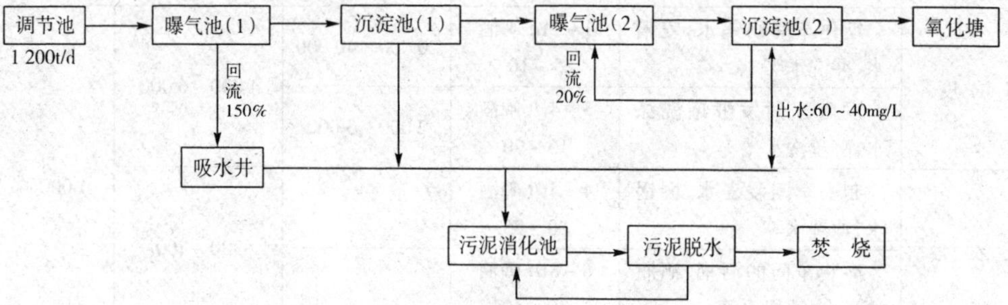

图 9－5 废水处理装置工艺流程和构筑物简图

2. 抗生素废水处理

早在20世纪40年代,随着抗生素大规模的生产,人们就开始对抗生素生产废水的处理进行研究。美国、日本等生物技术发达国家于20世纪50～60年代试验和建设的处理设施,几乎全部采用好氧生物处理技术。20世纪60～70年代后,人们对抗生素生产废水的处理研究更加深入细致。表9－5是国内、外关于抗生素生产废水处理试验和实际应用情况。

表 9－5 国内、外关于抗生素生产废水处理试验和实际应用情况

生产企业	废水类型	处理方法	BOD_5 进水/(mg/L)	BOD_5 出水/(mg/L)	BOD_5 去除率/%	去除BOD_5负荷/[kg/(m^3·d)]	停留时间/h
礼莱	抗生素	厌氧＋曝气等三级生物处理	1 000～2 500	37	90～95		
明治岐阜	发酵废水	鼓风曝气	600	42	93	1.2	
雅培	发酵废水	表面曝气	3 100	稀至16	95	3	
园田赖	青霉素	接触氧化	10 000	1 400	86	2.3	

续表

生产企业	废水类型	处理方法	BOD_5				停留时间/h
			进水/(mg/L)	出水/(mg/L)	去除率/%	去除 BOD_5 负荷/[kg/(m^3·d)]	
法门塔	发酵废水	鼓风曝气	4 000	100	97.5	1.95	
天台制药	洁霉素	缺氧+接触氧化	350	100	94.8		10.5
施贵宝	发酵废水	表面曝气	1 600	<25	98.0	0.69	21
天津制药	抗生素	气浮+好氧+气浮	3 349①	101①			
仙居制药	合成废水	接触氧化+气浮	2 000①	200	90		24
浦城生化	金霉素废水	厌氧消化	33 944①	5 016	85		200
上药三厂	四环素	接触氧化	847	41	95	1.9	10
	红霉素	流化床	950	30	97	2.6	14
济宁药厂	抗生素	流化床	2 000①	500	75		13.3
东北制药	黄连素	流化床	1 683①	249	85.2	4.41	10
上药四厂	氨苄青霉素	接触氧化	1 000①	约 200	80	1.5~2.0	10~14
镇江制药	红霉素、痢特灵	厌氧消化	20 178①	3 397	83		480
东北制药	抗生素	单级高效消化器	27 350~30 010①	约 2 000	90	2	300
上药四厂	核糖霉素	厌氧+好氧	10 000~40 000①	2 000~10 000	80	4~6	24~350

① 为 BOD_5 的数据。

抗生素生产废水中主要的污染物是发酵母液，为高浓度废有机废水，含有相当数量的有机物，其主要成分及含量随抗生素品种及提取方法不同而有显著的差别，但 COD 高达 5 000~20 000mg/L，总氮量为 600~1 000mg/L。对于不同的抗生素废水需选择适当的工艺组合方可满足排放标准要求。一般而言对于这一类废水采用图 9-6 所示的抗生素废水处理基本工艺流程。表 9-6 为部分抗生素废水采用厌氧-好氧工艺的情况。

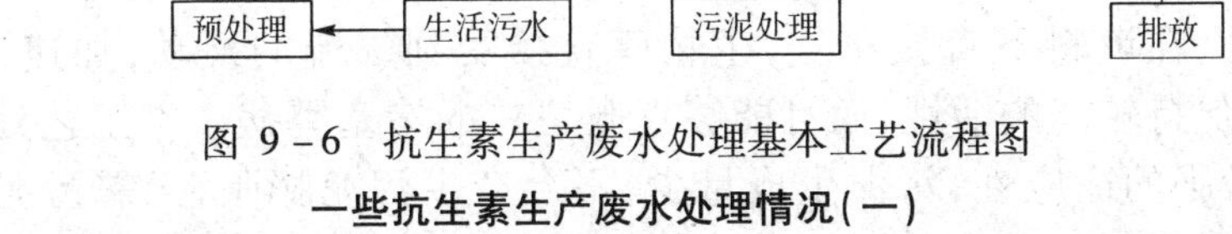

图 9-6　抗生素生产废水处理基本工艺流程图

表 9-6　一些抗生素生产废水处理情况(一)

抗生素种类	规模/(m^3/d)	处理工艺	进水 COD/(mg/L)	出水 COD/(mg/L)	去除率/%
洁霉丁醇提取	200	水解-厌氧-好氧-混凝吸附	21 575	83.5	99.6
利福平、氧氟沙星、环丙沙星	450	筛网-调节-气浮-缺氧-好氧-沉淀-气浮-过滤	15 000~32 000	80~230	99.3

续表

抗生素种类	规模 /(m^3/d)	处理工艺	进水 COD /(mg/L)	出水 COD /(mg/L)	去除率 /%
螺旋霉素	中试	调节－气浮－厌氧－好氧－沉淀－过滤	14 000	150	99
青霉素、土霉素、麦迪霉素、庆大霉素	小试、中试	调节－气浮－厌氧－好氧－沉淀－过滤	4 000～10 000	110～200	98
某原料及中间体药厂	1 500	调节－隔油－AB 法	1 600	120	92.5

一些抗生素生产废水处理情况(二)

种　类	进水 COD /(mg/L)	COD 负荷 /[kg/(m^3·d)]	COD 去除率/%	种　类	进水 COD /(mg/L)	COD 负荷 /[kg/(m^3·d)]	COD 去除率/%
卡那霉素及味精废水	5 000	10～13	80～90	抗生素提取废水	40 000～60 000	3	90
庆大、螺旋霉素及柠檬酸	23 450	11.75	90～93.5	链霉素废水	7 600～13 000	20～26	75～85
维生素 C	100 000	11.2	96	青霉素等抗生素废水	4 000	3～5	75～85

山东某大型抗生素厂废水处理工艺如下。

该厂采用水解－生物接触氧化法处理青霉素、庆大霉素、链霉素等 10 多种产品的废水,取得了良好的效果。

设计水质、水量:水量 Q = 2 700m^3/d;COD 4 200～6 000mg/L;BOD 1 600～2 200mg/L;SS 1 000～2 400mg/L;pH 6～8 废水处理工艺流程如图 9－7 所示。

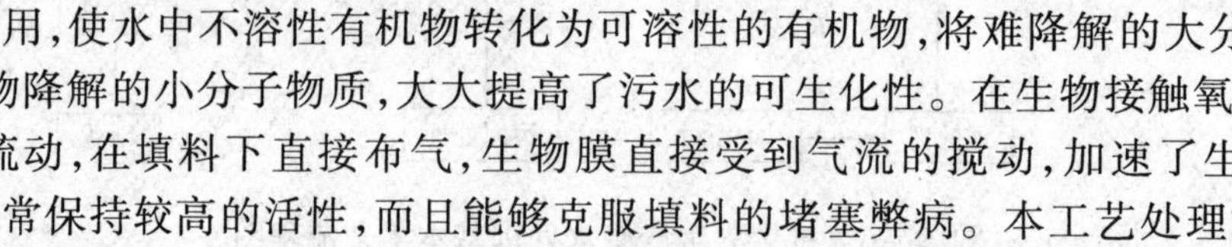

图 9－7　水解－生物接触氧化法处理抗生素生产废水流程图

抗生素混合污水流经粗格栅、初沉池后进入水解酸化池,利用厌氧发酵过程的水解、酸化作用,使水中不溶性有机物转化为可溶性的有机物,将难降解的大分子物质转化为易生物降解的小分子物质,大大提高了污水的可生化性。在生物接触氧化池,废水自下向上流动,在填料下直接布气,生物膜直接受到气流的搅动,加速了生物膜的更新,使其经常保持较高的活性,而且能够克服填料的堵塞弊病。本工艺处理能力大,对冲击负荷有较强的适应性,污泥生成量少,不会产生污泥膨胀,无需污泥回流,易于维护管理,便于操作。

三、废渣处理技术

(一) 抗生素废料的综合利用

抗生素生产的主要原料均为粮食和农副产品,因此,药渣及处理污水的活性污泥都含有较高含量的蛋白质,可以生产高效有机肥料或饲料添加剂。

(1) 污泥直接干燥和造粒生产　该工艺是将未经消化的污泥通过烘干进行杀灭病菌后,再混合造粒成为有机复合肥。

此工艺存在问题为污泥烘干过程中臭味较大;生产成本控制主要表现在燃料方面,燃料成本比较高。

(2) 污泥堆肥发酵　污泥经过堆肥发酵后,可使有机物腐化稳定,把寄生卵、病菌、有机化合物等消化,提高污泥肥效。

(3) 复合微生物肥料的生产　复合微生物肥料是一种很有应用前景的无污染生物肥料,此类肥料目前主要依赖进口,国内应用与生产也刚刚起步。

本工艺与普通工艺并无多大区别,仅在混合部分增加了一个掺混微生物的工序。本工艺以烘干工序为关键,控制不当对有机质及微生物均有一定影响。微生物复合肥由于技术含量较高,生产厂家较少,利润空间相对较大。

(4) 药渣生产饲料添加剂　江西某制药有限公司(年生产 1 000t 青霉素)为处理每年 3 500t 药渣,即筹建了年生产 500t 饲料添加剂生产线,取得了明显的经济效益、环境效益和社会效益。

生产工艺流程为:新鲜药渣经离心分离机及高速脱水后,滤渣经粉碎后经高温气流干燥器干燥,滤液仍含有丰富的营养成分,经减压浓缩后也进气流干燥器干燥,成品经粉碎后装袋即为产品。其生产工艺流程如图 9-8 所示。

青霉素药渣生产饲料添加剂的主要技术经济指标可见表 9-7。

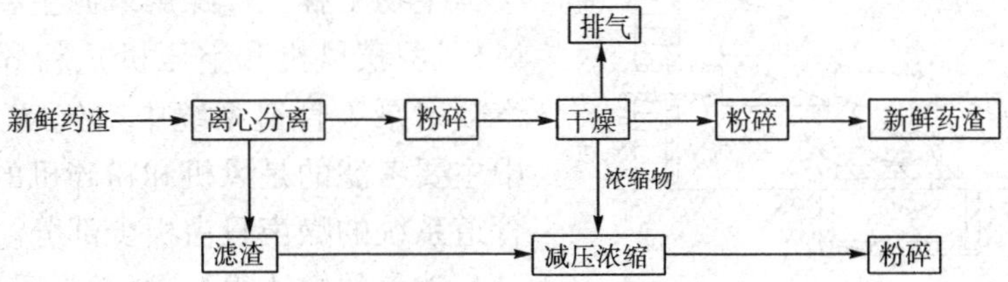

图 9-8　青霉素药渣生产饲料添加剂的工艺流程图

表 9-7　　青霉素药渣生产饲料添加剂的主要技术经济指标

生产规模 /(t/a)	药渣 /(t/a)	包装袋 /(只/a)	水 /(t/a)	电量 /(kW·h)	蒸汽 /(t/a)	定员 /人	占地面积 /m^2	设备投资 /万元	总投资 /万元
500	3 500	20 000	1 500	15 万	1 500	12	360	194	291.78

该项目可消除青霉素药渣污染环境,同时不产生二次污染。

(二) 粮食酒糟的处理和综合利用

白酒是我国人民的传统饮料,我国白酒的产量约 400 万吨以上,每生产 1t 粮食酒,约可产干酒糟 2t,这个数字相当可观。粮食酒糟营养丰富,适口性强,特别适于养猪。

(1) 水选法　河北承德酒厂最早采用此法。先将粮食酒糟用一定量水浸泡,然后进行分离。所得湿稻壳等大直径物可回用固体白酒生产。滤液经沉淀分层,弃去上清液,然后将沉淀的淀粉颗粒等物进一步分离(或干燥),可得到含蛋白质大于25%的精饲料。该工艺的主要问题是:大量洗水造成二次污染、能耗较高。

(2) 微生物方法 将含水分60%左右的粮食酒糟,调节营养盐,接种可利用纤维素的微生物,培养3~5天,蛋白质含量可以提高到25%。该法的缺点是占地面积大,使大规模生产成了问题。

(3) 干燥法 采用滚筒直接火干燥或振动干燥设备将酒糟干燥,然后经粗粉碎,装包后作为粗饲料出售,或用于配合饲料,或经筛分成稻壳和精饲料。碎稻壳可用作燃料,或小化工的原料。

第四节 噪声防治

噪声也是一种污染源,它会损害人体健康,引起工作人员疲劳、烦躁不安和各种精神疾病。因此,我国规定加工车间内的噪声应不大于90dB。

噪声产生的根源是振动,其中包括机械振动和气流振动。因此减少噪声的关键要控制振动。原则上讲振动噪声的防治可从以下5个方面考滤:①对振动源进行控制,如提高机器精度或进行最佳负荷设计等。②对振动源进行隔离,采用弹性支承或弹性联结,使振动局限在一定范围内。③采用动力消振装置,使系统的振动控制在合适的范围内。④采用阻尼材料,使振动迅速衰减。⑤加大基础的质量。

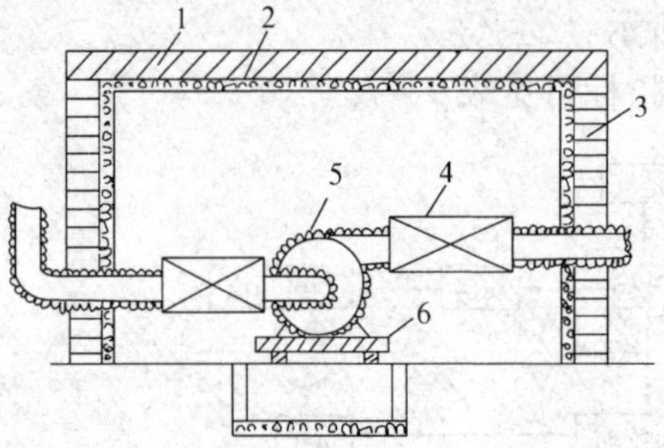

图 9-9 风机机械噪声综合防治示意图
1—隔声屋顶 2—吸声材料 3—隔声墙
4—消声器 5—阻尼材料 6—隔振器

生物工程工厂噪声来源主要是风机(离心风机、罗茨风机和空压机)、粉碎机的振动,蒸汽喷射泵等管道系统中空气动力性噪声。其中主要考滤的是风机和粉碎机的振动噪声,而管道系统的噪声只占极少部分。

消声的方法很多,通常是采取综合防治措施,即消声器、隔声、吸声、隔振和阻尼装置等措施同时使用。其示意图见图9-9。

一、吸声材料

松软多孔的物质不仅表面有细孔,而且孔与孔之间彼此相通,并深入到材料内层。因而当波以声能的形式入射于其上时,便可顺利透入。声波进入材料的孔隙,引起孔隙中的空气和材料细纤维的振动,由于摩擦和黏滞阻力,声能变为热能而被吸收掉。玻璃棉、矿渣棉、石棉绒、毛毡、棉絮、卡普隆纤维、海草、泡沫塑料、木丝板、甘蔗板、加气混凝土、吸声砖等等都是较好的吸声材料。

吸声材料的性能,通常用吸声系数 a 来表示。设射入吸声材料表面的声能为 E_i,其一部分被材料吸收,并以 E_a 表示。另一部分则透过多孔吸收材料进入空气或遇坚硬的壁被反射回来,称为反射声能,以 E_u 表示。反射声能 E_u 再经过吸收材料进入大气。吸声系数便是被吸收的声能与入射声能之比:

$$a=\frac{E_a}{E_i}=\frac{E_i-E_u}{E_i}$$

国产吸声材料的实测吸声系数的结果表明：

（1）吸声材料的吸声效果按下述次序递减：玻璃棉、矿渣棉、卡普隆纤维、海草、石棉、工业毛毡、加气微孔耐火砖、吸声砖、加气混凝土、木屑、木丝板、甘蔗板等。

（2）吸声材料的吸声系数，通常随噪声频率的增加而增大，每一频率有确定的吸声系数。

增加吸声材料的厚度，对高频吸声性能几乎没有影响，但是随着吸声材料厚度的增加，可以提高低、中频吸声效果。

（3）吸声材料的密度增加，可以提高低频吸声效果，而高频吸声效果却降低。

由上可知，合适地选择吸声材料及其厚度，可以提高吸声效果。

二、消　声　器

1. 消声器的类型

消声器是阻止声音传播而允许气流通过的器件，是阻止空气动力性噪声的有效措施。消声器的种类很多，可以分为三类：阻式消声器、抗式消声器、阻抗复合式消声器，如图9－10所示。

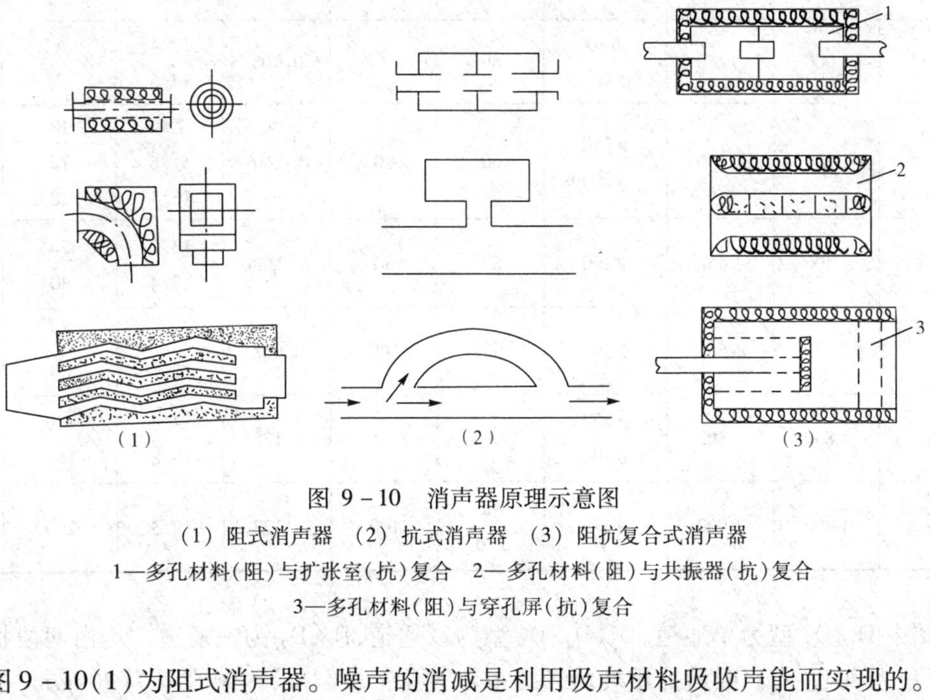

图 9－10　消声器原理示意图

（1）阻式消声器　（2）抗式消声器　（3）阻抗复合式消声器

1—多孔材料（阻）与扩张室（抗）复合　2—多孔材料（阻）与共振器（抗）复合

3—多孔材料（阻）与穿孔屏（抗）复合

图 9－10(1)为阻式消声器。噪声的消减是利用吸声材料吸收声能而实现的。这种消声器适用于较宽的中、高频范围内的消声，特别是对刺耳的高频声波有突出的消声作用，对于低频噪声的效果较差。

图 9－10(2)为抗式消声器，又称声学滤波器。它是根据声学滤波原理消声的，有扩张室式消声器，共振消声器和干涉消声器等几种。它与阻式消声器性能相反，对于低频噪

声具有良好的消声性能,而对于高频噪声效果较差,且消声的频带较窄。

图 9 -10(3)为阻抗复合式消声器,是吸收上述两类消声器的特点组合而成,可以消减在很宽的频带范围内的噪声。

高压离心风机、罗茨风机和空气压缩机等的噪声属于中、高频范围,一般采用阻式消声器。

2. 离心风机和罗茨风机的消声

由于叶轮的高速转动,强烈地扰动了空气,造成空气动力性噪声。根据对国产 S -18 型 12 和 14 号离心风机在机房里的测定,总噪声竟高达 110 ~140dB,大大超过了车间噪声规定的标准。要降低噪声,可采用阻式消声器。上海工业建筑设计院研制的 D 型消声器,不仅为罗茨式风机配套,也适用于高压离心风机。这种消声器已系列化,共分 7 个规格,其结构如图 9 -11 所示。分别适用于 1.25 ~200m^3/min 流量的罗茨风机和离心风机,其主要性能见表 9 -8。

表 9 -8 **D 型系列消声器主要性能**

消声器型号	有效长度/mm	外型直径/mm	空气管直径/mm	通道厚度/mm	吸声片厚/mm	通道面积/m^2	空气流速/(m/s)	处理空气量/(m^3/min)	质量/kg
D_1	800	ϕ200	ϕ50	60	—	0.0036	5.8 11.6	1.25 2.5	18
D_2	1 000	ϕ250	ϕ80 (ϕ100)	80	—	0.008	10.4 14.6	5 7	25
D_3	1 200	ϕ400	ϕ150 (ϕ200)	60	80	0.0216	7.8 11.6 15.5	10 15 20	69
D_4	1 400	ϕ450	ϕ200	80	80	0.0384	13.0 17.4	30 40	84
D_5	1 600	ϕ600	ϕ300	100	100	0.068	14.7 19.6	60 80	162
D_6	1 800	ϕ800	ϕ350 (ϕ400)	90	80	0.135	14.8 19.8	120 160	248
D_7	1 800	ϕ900	ϕ450	100 110	100	0.173	19.3	200	358

图中 D_1、D_2 型为单通道,D_3、D_4、D_5 型为双通道,D_6、D_7 为三通道。均由两段折板组成,折角为 20°左右。吸声片用玻璃纤维布和穿孔钢板制成,内装容量为 20kg/m^3 的超细玻璃棉。钢板厚 0.75 ~1mm,孔径 6mm,孔中心距为 11mm,穿孔率为 27%。D_7 型消声器的侧向吸声片采用了双层穿孔板,利用吸声材料后部的空腔来改善低频消声性能。

应用 D_4、D_5、D_7 型消声器前后,实际噪声测定结果如表 9 -9 所示,噪声差不多降低了 23 ~29dB。

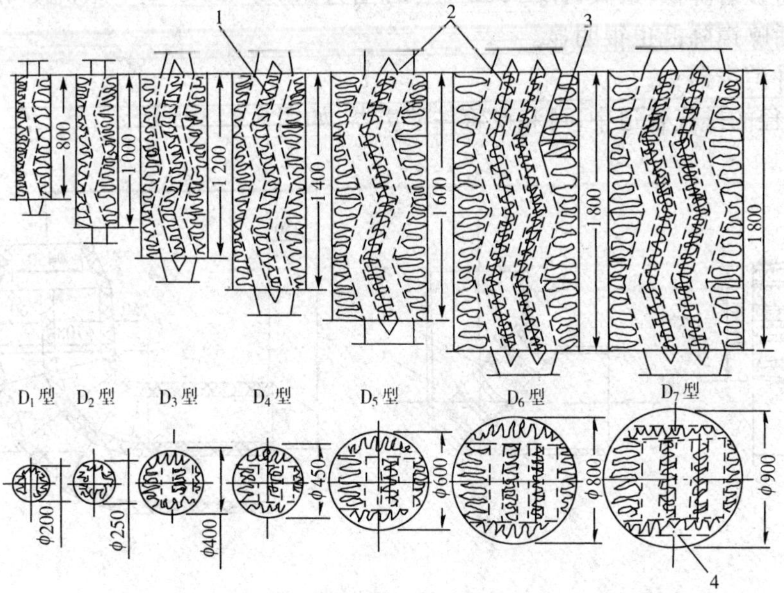

图 9－11　D 型消声器系列

1—吸声片　2—径向隔板　3—轴向隔板　4—侧向吸声片

表 9－9　**装设消声器前后实际噪声测定**

消声器	空气量 /(m^3/h)	测定条件			噪声降低值 /dB
		测定距离 /m	装置前噪声 /dB	装置后噪声 /dB	
D_4	1 800～2 400	1	115	90	25
D_5	3 600～4 800	1	122	93	29
D_7	12 000	1.5	115	92	23

3. 空压机用消声器

根据空压机不同的频率特性，选用不同型式的消声器。如图 9－12。

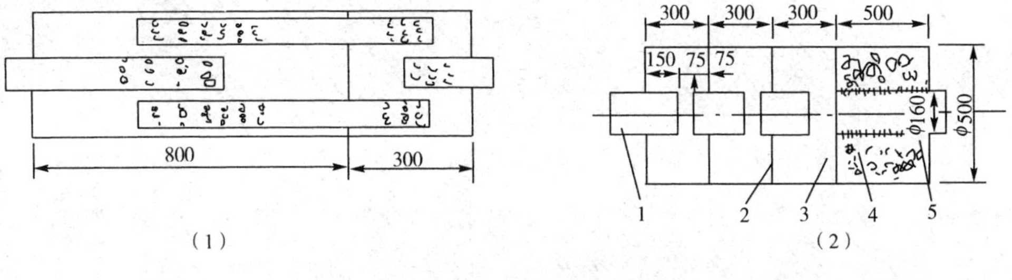

图 9－12　空压机消声器

(1) V－3/8－1 型空压机消声器　(2) 160B－20/8 型空压机消声器

1—进气管　2—隔板　3—扩张室　4—玻璃纤维棉阻式消声　5—微穿孔板

其中(1)图为 V－3/8－1 型空压机消声器示意图。当空压机的进出口装置这种消声器后,噪声将显著降低,最大可降 40dB 。(2)图为 160B －20/8 型空压机使用的消声器示意图,使用后噪声降低也很明显。

4. 管件消声器

在大直径的排气管道中,可装设管件消声器,如图 9－13 所示。

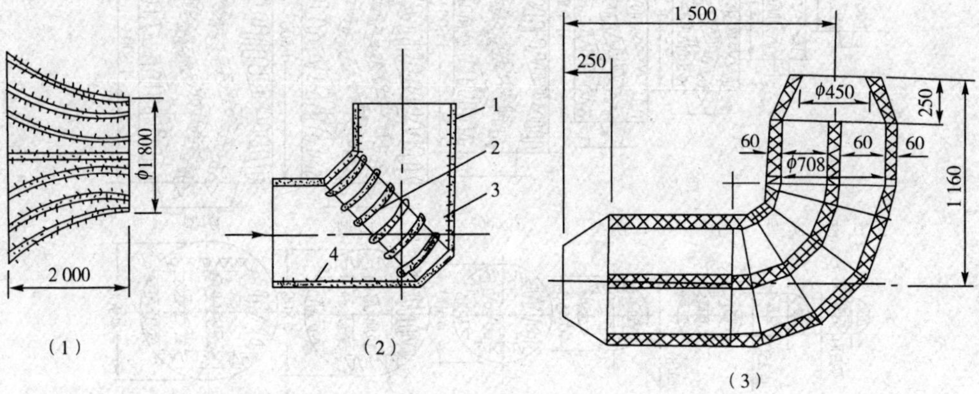

图 9－13 管件消声器

(1) 进气导流消声器 (2) 导流弯管消声器 (3) D700/3－2 型鼓风机出口消声器

1—外壳 2—导流片 3—吸声材料 4—穿孔板

三、设 备 减 振

为了减少振动产生的噪声,要注意将振动激烈的设备安装在坚固的基础上,设备和基础之间加装防振器。防止操作平台等大面积金属物与振动设备固定,以减少共鸣噪声等。

第十章　工程项目的设计概算与经济效益评价

第一节　工程项目的设计概算组成和内容编制

一、设计概算的作用

设计概算是指大概计算工程的建设投资，设计概算是初步设计文件的重要组成部分。根据统计计算项目的详细程度不同，相应内容在可行性研究及项目申请报告中称作为工程投资估算，在施工图设计阶段编制的称作为工程预算。设计概算文件必须完整地反映工程项目初步设计的内容，严格执行国家有关方针、政策和制度，实事求是地根据工程所在地的建设条件（包括自然条件、施工条件等影响造价的各种因素），按有关的依据性资料进行编制。在初步设计阶段，由于对每个车间的一些零星的费用不能详细地统计，所以该阶段编制出来设计概算，主要提供全部工程及有关车间建筑、设备及安装工程费用的基本情况。

在施工图阶段编制的工程预算，由于有了施工图，预算有条件编制得详细和完整，它应包括车间内部的全部费用，用以预算各车间及整个工程的投资，作为基本建设投资额的依据，同时也为项目建设单位与施工单位进行签订合同付款、工程竣工后结算的依据，也是项目建设单位编制年度基本建设投资计划的依据。

概（预）算不但可以促进设计的经济合理性，也是国家对基本建设工作进行财政监督的一项重要措施。为了体现技术上的先进性和经济上的合理性，估算、概算、预算均应由设计院技经专业的设计人员编制完成。

二、工程概算的文件组成

（1）概算编制说明。包括主要工程概况、编制依据、编制方法、投资分析、主要设备、材料的数量和有关问题的说明。

（2）建设项目总概算。包括基建项目从筹建到竣工验收的全部建设费用。由综合概算、其他工程费用概算组成。

（3）单项工程综合概算。包括单项工程的全部建设费用。

（4）单项工程概算。

（5）其他工程及费用的概算。

三、概算费用的分类

1．设备购置费

设备购置费包括工艺设备（主要生产、辅助生产、公用工程项目的设备）；电气设备（电动、变电配电、通讯设备）；自控设备（各种计量仪器仪表、控制设备和电子计算机等）；

生产工具、器具及家具等的购置费。

2. 设备安装工程费

设备安装工程费包括主要生产、辅助生产、公用工程项目的工艺设备的安装;电动、变配电、电讯等电气设备等安装;计量仪器、仪表等自控设备的安装费用。

设备内部填充、内衬、设备保温、防腐以及属于设备的平台、栏杆等金属结构的材料费及其安装费。

3. 建筑工程费

建筑工程费包括一般土建工程、给排水工程、采暖通风工程、特殊构筑物工程、电气照明工程、避雷工程及工艺管道工程的材料费及安装费。

4. 其他基本建设费用

其他费用包括前述费用以外的有关费用,如车间或工段内所必需的生产工具、家具、办公及生活用具等费用。

四、概算编制的依据

(1) 初步设计说明书和图纸　需按设计说明书和图纸逐项计算,做到详尽,不得遗漏。

(2) 设备价格资料　按最新出厂价计算。

(3) 概算定额(指标)　以原轻工业部规定为依据。不足部分可以有关专业部门和所在省、市、自治区规定的概算定额指标等为依据。

查不到的指标,可用结构相同的(或类似的),或参数相同(或类同)的设备或材料指标。

五、概算编制的方法

1. 单项工程概算

单项工程概算按生产车间(工段)分别编制如下:

(1) 工艺设备部分(定型、非定型设备及安装);

(2) 电气设备部分(电动、输配电、通讯设备及安装);

(3) 自控设备部分(各种计量仪表、控制设备及安装);

(4) 管道部分(车间内外部管道、阀门及保温、防腐、油漆等);

(5) 土建工程部分。

其中(1)、(2)、(3)、(4)采用表10-1的格式编制。(5)采用表10-2的格式编制。

有关几种费用计算方法说明如下:

① 设备费:

通用设备费 = 设备购置费 + 设备运杂费

非标准设备费 = 设备出厂价 + 设备运杂费

专业设备费 = 设备出厂价 + 设备运杂费

② 设备安装工程费:

设备安装工程费 = 安装设备总质量(t) × 概算指标或者设备安装工程费 = 安装设备费 × (3% ~5%)

③ 设备运杂费:

按国家规定：　　设备运杂费 = 设备原价 ×（5% ~10%）

④ 管道总费：

管道总费 = 管道材料费 + 管道安装费

⑤ 土建工程费：按"建筑工程核算定额"、"建筑安装工程施工管理费和独立费用定额"等文件规定计算：土建工程费 =（元/m^2）×（建筑面积 m^2），列出土建工程造价总表。

表 10－1　　单位工程概算表（一）

工程项目名称

序号	编制依据	设备及安装工程名称	单位	数量	质量/t		概算价值/元					
							单价			总价		
					单位质量	总质量	设备	安装工程		设备	安装工程	
								合计	其中工资		总计	其中工资
1	2	3	4	5	6	7	8	9	10	11	12	13

审核　　校对　　编制　　年　月　日

表 10－2　　单位工程概算表（二）

价格依据	名称及规格	单位	数量	单价/元		总价/元	
				合计	其中工资	合计	其中工资

审核　　校对　　编制　　年　月　日

2. 综合概算

将上述单项工程概算分项归类，汇总在综合概算表 10－3 内。

3. 总概算

（1）总概算编制内容　初步设计说明书中的概算书，是以总概算的形式表示的。总概算的编制说明甚为重要。不但要介绍工程规模、概况、设计内容、概算编制的依据，而且要做简要的投资分析，从而反映设计的经济合理性。一般在单项工程概算后，可不经综合概算，直接进行总概算。

（2）概算表的编制　一般先填写好主要设备、建筑和安装三大材料用量表 10－4、表 10－5，然后再填写总概算表 10－6。

表 10－3 **综合概算表**

主项号	工程项目名称	概算价值/万元	单位工程概算价值/万元												
			工艺			电气			自控			土建构筑物	室内给排水	照明避雷	采暖通风
			设备	安装	管路	设备	安装	管路	设备	安装	管路				
1	2	3	4	5	6	7	8	9	10	11	12	13	14	15	16
	一、主要生产项目														
	（一）××装置														
	（二）××装置														
	二、辅助生产项目														
	⋮														
	三、公用工程														
	（一）给排水														
	（二）供汽														
	（三）供电及电讯														
	（四）总图运输														
	四、服务性工程														
	五、生活福利工程														
	六、厂外工程														
	总计														

审核 校对 编制 年 月 日

表 10－4 **主要设备用量表** 单位：t

项目	总台数	总质量	定型设备		非定型设备					
			台数	质量	台数	质量	其中			
							碳钢	不锈钢	铝	其他

表 10－5 **主要建筑、安装三材用量表**

项目	木材用量/m^3	水泥用量/t	钢材用量/t					
			板材	其中不锈钢	管材	其中不锈钢	型材	其中不锈钢

注：可根据单项工程概算表中材料统计数字填写。

表 10-6 **总概算表**

序号	工程或费用名称	概算价值/万元					占总概算价值/%	技术经济指标		
		设备购置费	安装工程费	建筑工程费	其他建筑费	合 计		单位	数量	指标/元
1	2	3	4	5	6	7	8	9	10	11
	第一部分：工程费用									
	一、主要生产项目									
	（一）××装置									
	二、辅助生产项目									
	三、公用工程									
	（一）给排水									
	（二）供电及电讯									
	⋮									
	小 计									
	四、服务性工程									
	五、生活福利工程									
	六、厂外工程									
	合 计									
	第二部分：其他工程和费用									
	第一、二部分合计									
	未可预见的工程和费用									
	总概算价值									

审核　　　　校对　　　　编制　　　　年　月　日

第二节 工程项目经济效益评价

投资、收入、成本、利润和税金是工程项目经济评价的基本要素。投资回收期、投资收益率、净现值、净现值指数、将来值、净年值、费用现值、费用年值、内部收益率和外部收益率等是投资项目的评价指标。工程项目的经济效益评价就是利用调查研究和市场预测的方法，确定经济效益评价的基本要素，计算项目的评价指标，通过对指标的判断来选择投资方案。

一、投资、收入、成本、利润和税金的基本概念

1. 投资

广义的投资是指人们的一种有用的经济行为，即以一定的资源投入某项计划，以获取所期望的报酬的过程。狭义的投资是指人们在社会经济活动中为实现某种预定的生产、经营目标而预先垫付的资金。

投资按照工程项目的建设性质分为新建项目投资、改建项目投资、扩建项目投资、恢

复项目投资和迁建项目投资。

建设项目总投资包括固定资产投资、建设期贷款利息和流动资金投资。投资构成如图 10－1 所示。

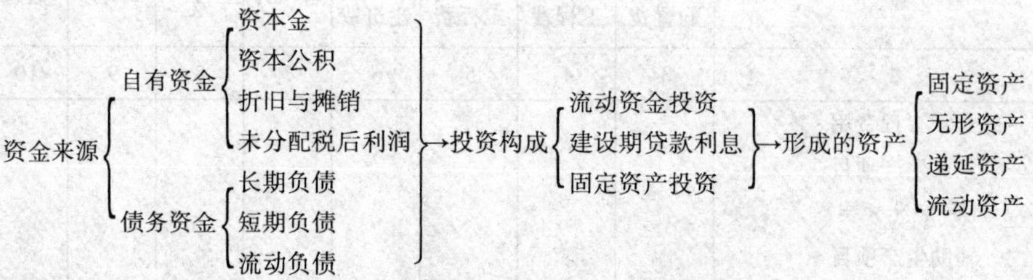

图 10－1 资金来源、投资构成与形成资产简图

2. 收入

广义的收入是指企业在生产经营活动与非生产经营活动中能够导致企业净资产增加的所得，包括营业收入、投资收入和营业外收入。狭义的收入是仅指企业在生产经营活动中所取得的营业收入。

根据企业会计准则，按照收入的性质，收入可分为商品销售收入、劳务收入和提供他人使用本企业资产而取得的收入。

对于销售产品的收入计算公式为：

收入＝产品销售数量×产品单价

对于提供劳务的计算比较复杂，如提供运输服务的计算公式为：

收入＝运输里程×运输单价×运输质量

3. 成本与费用

总成本费包括生产成本和期间费用两部分。生产成本包括直接工资费用、直接材料费用、制造费用以及其他费用，而期间费用包括管理费用、财务费用和销售费用。如图10－2 所示。

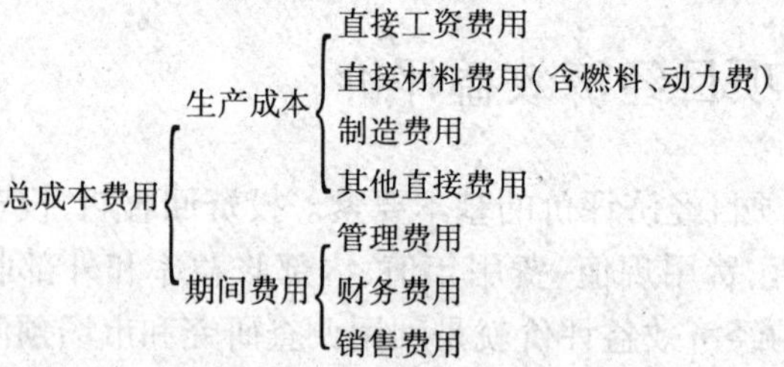

图 10－2 总成本费用构成

4. 利润

利润是企业在一定的期间生产经营活动中的最终成果，是收入与费用配比相抵后的余额。

企业的利润总额包括营业利润、投资净收益以及营业外收支净额。

用公式表述为：

利润总额＝营业利润＋投资净收益＋营业外收支净额

净利润＝利润总额－所得税

综上所述，我们可以得出收入、成本、费用和利润的关系，如图 10－3 所示。

5. 税金

税金是指企业或纳税人根据国家税收规定应该向国家交纳的各种税款。我国现行的税收法律中规定共有 24 个税种。按性质和作用大致分为 7 大类:流转税类、资源税类、所得税类、特定日的税类、财产和行为税类、农业税类、关税。

- 销售收入
  - 销售税金及附加
    - 增值税、消费税、营业税、资源税
    - 城市维护建设税及教育附加税
  - 总成本费用
    - 折旧费、摊销费、维简费
    - 利息支出
    - 外购原材料、燃料、动力费（经营成本）
    - 工资及福利费（经营成本）
    - 修理费（经营成本）
    - 其他费用（经营成本）
  - 利润总额
    - 所得税
    - 税后利润
      - 盈余公积金(含公益金)
      - 应付利润
      - 未分配利润

图 10-3 收入、成本、费用和利润的关系

二、工程项目的财务分析

对于经营性项目,可以通过财务分析指标,分析项目的盈利能力、偿债能力和生存能力,为项目决策提供依据。

1. 项目的盈利能力分析

(1) 财务内部收益率(FIRR) 财务内部收益率是指项目在整个计算期内各年净现金流量现值累计等于零时的折现率,它反映项目所占用资金的盈利率,是考察项目盈利能力的主要动态评价指标。

其表达式为:

$$\sum_{t=1}^{n}(\mathrm{CI}-\mathrm{CO})_t(1+\mathrm{FIRR})^{-t}=0 \qquad (10-1)$$

式中 CI——现金流入量

CO——现金流出量

$(\mathrm{CI}-\mathrm{CO})_t$——第 t 年的净现金流量

n——计算期

财务内部收益率可根据财务现金流量表中净现金流量用试差法计算求得。在财务评价中,将求出的全部投资或自有资金(投资者的实际出资)的财务内部收益率(FIRR)与行业的基准收益率(i_c)比较,当 FIRR $\geqslant i_c$ 时,即认为其盈利能力已满足最低要求,在财务上是可以考虑接受的。

(2) 财务净现值(FNPV) 财务净现值是指按行业设定的折现率(i_c),将项目计算期内各年净现金流量折现到建设期初的现值之和。它是考察项目在计算期内盈利能力的动态评价指标。

其表达式为:

$$\mathrm{FNPV}=\sum_{t=1}^{n}(\mathrm{CI}-\mathrm{CO})_t(1+i_c)^{-t} \qquad (10-2)$$

式中 i_c——设定的折现率(同基准收益率)

财务净现值可根据财务现金流量表计算求得。财务净现值大于或等于零的项目是可以考虑接受的。

(3) 投资回收期(P_t) 投资回收期是指以项目的净收益回收项目投资所需要的时间。一般以年为单位,投资回收期从建设开始年算起,如果从投产年算起时,应予注明。

其表达式为:

$$\sum_{t=1}^{P_t}(\mathrm{CI}-\mathrm{CO})_t=0 \tag{10-3}$$

项目投资回收期可借助项目投资现金流量表计算。项目投资现金流量表中累计净现金流量由负值变为零的时点,即为项目的投资回收期。

投资回收期应按下式计算:

$$P_t=T-1+\frac{\left|\sum_{i=1}^{T-1}(\mathrm{CI}-\mathrm{CO})_i\right|}{(\mathrm{CI}-\mathrm{CO})_T} \tag{10-4}$$

式中 T——各年累计净现金流量首次为正值或零的年数

投资回收期越短,表明项目投资回收快,抗风险能力强。

(4) 总投资收益率(ROI) 投资收益率表示总投资的盈利水平,是指项目达到设计生产能力后的一个正常生产年份的年息税前利润或运营期内年平均息税前利润(EBIT)与项目总投资(TI)的比率。

总投资收益率按下式计算:

$$\mathrm{ROI}=\frac{\mathrm{EBIT}}{\mathrm{TI}}\times 100\% \tag{10-5}$$

总投资收益率高于同行业的参考值,表明用总投资收益率表示的项目盈利能力满足要求。

(5) 项目资本金净利润率(ROE) 表示资本金的盈利能力,是指项目达到设计生产能力后的一个正常生产年份的年净利润或项目运营期内的年平均净利润化(NP)与资本金(EC)的比率。

其计算公式为:

$$\mathrm{ROE}=\frac{\mathrm{NP}}{\mathrm{EC}}\times 100\% \tag{10-6}$$

项目资本金净利润率高于同行业的参考值,表明用资本金净利润率表示的项目盈利能力满足要求。

2. 偿债能力分析

(1) 利息备付率(ICR) 系指在借款还期内的息税前利润(EBIT)与应付利息(PI)的比值,它从付息资金来源的充裕程度反映项目偿付债务利息的保障程度,应按下式计算:

$$\mathrm{ICR}=\frac{\mathrm{EBIT}}{\mathrm{PI}} \tag{10-7}$$

式中 EBIT——息税前利润

PI——计入总成本费用的应付利息

利息备付率应分年计算。利息备付率高,表明利息偿付的保障程度高。

利息备付率应当大于1,并结合债权人的要求确定。

(2) 偿债备付率(DSCR)　系指在借款偿还期内,用于计算还本付息的资金(EBITAD - T_{AX})与应还本付息金额(PD)的比值,他表示可用于还本付息的资金偿还借款本息的保障长度,应按下式计算:

$$DSCR = \frac{EBITAD - T_{AX}}{PD} \quad (10-8)$$

式中　EBITDA——息税前利润加折旧和摊销

T_{AX}——企业所得税

PD——应还本付息金额,包括还本金额和计入总成本费用的全部利息。融资租赁费用可视同借款偿还。运营期内的短期借款本息也应纳入计算

如果项目在运营期内有维持运营的投资,可用于还本付息的资金应扣除维持运营的投资。

利息备付率应分年计算。利息备付率高,表明可用于还本付息的资金保障程度高。

利息备付率应当大于1,并结合债权人的要求确定。

(3) 资产负债率(LOAR)　系指各期末负债总额(TL)同资产总额(TA)的比率,应按下式计算:

$$LOAR = \frac{TL}{TA} \times 100\% \quad (10-9)$$

式中　TL——期末负债总额

TA——期末资产总额

适度的资产负债率,表明企业经营安全、稳健,具有较强的筹资能力,也表明企业和债权人的分险较小。对该指标的分析,应结合国家宏观经济状况、行业发展趋势、企业所处竞争环境等具体条件判定。项目财务分析中,在长期债务还清后,可不再计算资产负债率。

3. 财务生存能力分析

应在财务分析辅助表和利润与利润分配表的基础上编制财务计划先进流量表,通过考察项目计算期内的投资、融资和经营活动所产生的各项现金流入和流出,计算净现金流量和累计盈余资金,分析项目是否有足够的净现金流量维持正常运营,以实现财务可持续性。

财务可持续性体现在有足够大的经营活动先进流量,其次各年累计盈余资金不应出现负值。若出现负值,应进行短期借款,同时用分析该短期借款的年份长短和数额大小,进一步判断项目的财务生存能力。短期借款应体现在财务计划现金流量表中,其利息应计入财务费用。为维持项目正常运营,还应分析短期借款的可靠性。

4. 经济费用效益分析

经济费用效益分析应从资源合理配置的角度,分析项目投资的经济效益和社会效益,评价项目的合理性。

5. 不确定分析与风险分析

项目经济评价所采用的数据大多来自预测和估算,具有一定的不确定性,项目可能承担一定的风险,因此应进行不确定分析和风险分析。不确定分析主要包括盈亏平衡分析和敏感性分析。

盈亏平衡分析系指通过计算项目达产年的盈亏平衡点,分析项目成本与收入的平衡关系,判断项目对产出品数量变化的适应能力和抗风险能力。

敏感性分析系指通过分析不确定因素发生增减变化时,对财务或经济评价指标的影响,并计算敏感度系数和临界点,找出敏感因素。通常只进行单因素敏感性分析。

附　录

一、有关数据表

表 1　　**饱和水蒸气表**

据乌卡洛维奇的测定

绝对压力 $/\times10^5$ Pa	饱和温度 /℃	水在饱和压力下的比体积 $/(m^3/kg)$	蒸汽比体积 $/(m^3/kg)$	蒸汽密度 $/(kg/m^3)$	热含量/(kJ/kg)		汽化热 /(kJ/kg)
					液体	蒸汽	
0.010	6.698	0.0010001	131.60	0.007599	28.17	2 512.44	2 484.4
0.015	12.737	0.0010006	89.63	0.01116	53.50	2 523.74	2 470.2
0.020	17.204	0.0010013	68.25	0.01465	72.21	2 532.11	2 459.7
0.025	20.776	0.0010020	55.27	0.01809	87.15	2 538.39	2 451.3
0.030	23.772	0.0010027	46.52	0.02150	99.67	2 544.25	2 444.6
0.035	26.359	0.0010034	40.22	0.02486	110.47	2 548.86	2 438.3
0.040	28.641	0.0010040	35.46	0.02820	120.01	2 552.62	2 432.5
0.045	30.69	0.0010046	31.71	0.03154	128.55	2 556.39	2 427.9
0.050	32.55	0.0010052	28.72	0.03482	136.34	2 559.74	2 423.3
0.055	34.25	0.0010058	26.26	0.03808	143.45	2 563.09	2 419.5
0.060	35.82	0.0010063	24.19	0.04134	149.98	2 565.60	2 415.7
0.065	37.29	0.0010069	22.43	0.04458	156.14	2 568.53	2 412.4
0.070	38.66	0.0010074	20.91	0.04782	161.87	2 570.62	2 408.6
0.075	39.95	0.0010079	19.59	0.05105	167.27	2 573.13	2 405.7
0.080	41.16	0.0010084	18.45	0.05420	172.30	2 575.23	2 402.8
0.085	42.32	0.0010088	17.41	0.05744	177.15	2 577.32	2 400.3
0.090	43.41	0.0010093	16.50	0.06061	181.71	2 578.99	2 397.3
0.095	44.46	0.0010097	15.68	0.06378	186.11	2 581.09	2 394.8
0.10	45.45	0.0010101	14.95	0.06689	190.25	2 582.76	2 392.7
0.11	47.33	0.0010109	13.66	0.07321	198.08	2 586.11	2 388.1
0.12	49.06	0.0010117	12.59	0.07943	205.32	2 589.46	2 383.9
0.13	50.67	0.0010124	11.67	0.08562	212.06	2 592.39	2 380.2
0.14	52.18	0.0010131	10.89	0.09183	218.38	2 594.90	2 376.4
0.15	53.60	0.0010138	10.20	0.09804	224.32	2 597.41	2 373
0.16	54.94	0.0010145	9.603	0.1041	229.93	2 599.92	2 370.1
0.17	56.21	0.0010151	9.073	0.1102	235.21	2 602.02	2 366.8
0.18	57.41	0.0010157	8.601	0.1163	240.23	2 604.11	2 363.8
0.19	58.57	0.0010163	8.172	0.1224	245.09	2 606.20	2 360.9
0.20	59.67	0.0010169	7.789	0.1284	249.69	2 608.30	2 358.4
0.21	60.72	0.0010175	7.442	0.1344	254.09	2 609.97	2 355.9
0.22	61.74	0.0010181	7.122	0.1404	258.36	2 611.65	2 352.4
0.23	62.71	0.0010186	6.833	0.1464	262.42	2 613.32	2 350.9

续表

绝对压力 /×10^5Pa	饱和温度 /℃	水在饱和压力下的比体积 /(m^3/kg)	蒸汽比体积 /(m^3/kg)	蒸汽密度 /(kg/m^3)	热含量/(kJ/kg)		汽化热 /(kJ/kg)
					液体	蒸汽	
0.24	63.65	0.0010191	6.565	0.1523	266.36	2 614.58	2 348.3
0.25	64.56	0.0010196	6.318	0.1583	270.16	2 616.25	2 346.3
0.26	65.44	0.0010202	6.088	0.1643	273.85	2 617.92	2 344.2
0.27	66.29	0.0010206	5.876	0.1702	277.41	2 619.18	2 341.6
0.28	67.11	0.0010211	5.679	0.1761	280.84	2 620.85	2 340
0.29	67.91	0.0010216	5.495	0.1820	284.19	2 622.11	2 337.9
0.30	68.68	0.0010220	5.324	0.1878	287.41	2 623.78	2 336.2
0.32	70.16	0.0010229	5.013	0.1995	293.61	2 626.30	2 332.9
0.34	71.57	0.0010237	4.736	0.2112	299.55	2 628.39	2 328.7
0.36	72.91	0.0010245	4.489	0.2228	305.16	2 630.90	2 325.7
0.38	74.19	0.0010253	4.267	0.2344	310.52	2 632.99	2 322.4
0.40	75.42	0.0010261	4.066	0.2459	315.67	2 635.09	2 319.5
0.45	78.27	0.0010279	3.641	0.2746	327.64	2 639.69	2 311.9
0.50	80.86	0.0010296	3.299	0.3031	338.48	2 643.88	2 305.2
0.55	83.25	0.0010312	3.017	0.3315	348.53	2 648.06	2 299.4
0.60	85.45	0.0010327	2.782	0.3595	357.78	2 651.83	2 293.9
0.65	87.51	0.0010341	2.581	0.3875	366.44	2 655.18	2 288.9
0.70	89.45	0.0010355	2.408	0.4153	374.61	2 658.53	2 283.9
0.75	91.27	0.0010368	2.257	0.4431	382.27	2 661.46	2 279.3
0.80	92.99	0.0010381	2.125	0.4706	389.51	2 663.97	2 274.25
0.85	94.62	0.0010393	2.003	0.4980	396.37	2 666.48	2 270.07
0.90	96.18	0.0010405	1.903	0.5255	402.94	2 668.99	2 265.88
0.95	97.66	0.0010417	1.810	0.5525	409.18	2 671.51	2 262.53
1.0	99.09	0.0010428	1.725	0.5797	415.21	2 674.02	2 258.77
1.1	101.76	0.0010448	1.578	0.6337	426.43	2 678.20	2 251.65
1.2	104.25	0.0010468	1.455	0.6873	436.93	2 681.97	2 244.95
1.3	106.56	0.0010487	1.350	0.7407	446.73	2 685.74	2 239.09
1.4	108.74	0.0010505	1.259	0.7943	455.94	2 688.67	2 232.81
1.5	110.79	0.0010522	1.1810	0.8467	464.604	2 692.62	2 227.37
1.6	112.73	0.0010538	1.1110	0.9001	472.81	2 694.95	2 221.33
1.7	114.57	0.0010554	1.0500	0.9524	480.59	2 697.88	2 217.32
1.8	116.33	0.0010570	0.9954	1.0046	488.09	2 760.39	2 212.30
1.9	118.01	0.0010585	0.9462	1.057	495.20	2 702.90	2 207.70
2.0	119.62	0.0010600	0.9018	1.109	502.07	2 705.41	2 203.51
2.1	121.16	0.0010614	0.8616	1.161	508.60	2 707.50	2 198.91
2.2	122.65	0.0010627	0.8248	1.212	514.88	2 709.60	2 194.72
2.3	124.08	0.0010640	0.7912	1.264	512.16	2 711.70	2 190.53

续表

绝对压力 /×10^5 Pa	饱和温度 /℃	水在饱和压力下的比体积 /(m^3/kg)	蒸汽比体积 /(m^3/kg)	蒸汽密度 /(kg/m^3)	热含量/(kJ/kg)		汽化热 /(kJ/kg)
					液体	蒸汽	
2.4	125.46	0.0010653	0.7603	1.315	527.02	2 713.78	2 186.77
2.5	126.79	0.0010666	0.7318	1.367	532.46	2 715.46	2 182.99
2.6	128.08	0.0010678	0.7055	1.417	537.90	2 717.55	2 179.65
2.7	129.34	0.0010691	0.6808	1.469	543.34	2 719.23	2 175.88
2.8	130.55	0.0010703	0.6581	1.520	548.78	2 720.90	2 172.12
2.9	131.73	0.0010714	0.6368	1.570	553.81	2 722.16	2 168.35
3.0	132.88	0.0010726	0.6169	1.621	558.41	2 723.83	2 165.42
3.1	134.00	0.0010737	0.5982	1.672	563.44	2 725.50	2 162.07
3.2	135.08	0.0010748	0.5807	1.722	568.04	2 726.76	2 158.72
3.3	136.14	0.0010758	0.5645	1.772	572.64	2 728.43	2 155.79
3.4	137.18	0.0010769	0.5486	1.823	576.83	2 729.69	2 152.86
3.5	138.19	0.0010779	0.5338	1.873	581.44	2 730.95	2 149.51
3.6	139.18	0.0010789	0.5199	1.923	585.62	2 732.62	2 146.99
3.7	140.15	0.0010800	0.5066	1.974	589.81	2 733.46	2 143.65
3.8	141.09	0.0010809	0.4942	2.024	593.57	2 734.71	2 141.14
3.9	142.02	0.0010819	0.4822	2.074	597.76	2 735.97	2 138.21
4.0	142.92	0.0010829	0.4709	2.124	601.53	2 737.23	2 135.70
4.1	143.81	0.0010838	0.4601	2.173	605.30	2 738.06	2 132.71
4.2	144.68	0.0010847	0.4498	2.223	609.66	2 739.32	2 130.26
4.3	145.54	0.0010857	0.4399	2.273	612.83	2 740.57	2 127.74
4.4	146.38	0.0010866	0.4305	2.323	616.60	2 741.41	2 124.81
4.5	147.20	0.0010875	0.4215	2.373	619.95	2 742.67	2 122.72
4.6	148.01	0.0010884	0.4129	2.422	623.71	2 743.50	2 120.21
4.7	148.81	0.0010893	0.4045	2.472	627.06	2 744.34	2 117.28
4.8	149.59	0.0010902	0.3966	2.521	630.41	2 745.60	2 115.19
4.9	150.36	0.0010910	0.3890	2.571	633.76	2 746.43	2 112.67
5.0	151.11	0.0010918	0.3817	2.620	636.69	2 747.27	2 110.58
5.2	152.59	0.0010935	0.3679	2.718	643.39	2 748.95	2 165.56
5.4	154.02	0.0010951	0.3550	2.817	649.25	2 750.62	2 101.37
5.6	155.41	0.0010967	0.3431	2.915	655.53	2 752.30	2 096.77
5.8	156.76	0.0010983	0.3319	3.013	661.39	2 753.97	2 092.58
6.0	158.08	0.0010998	0.3214	3.111	666.83	2 755.64	2 088.40
6.2	159.36	0.0011013	0.3116	3.209	672.69	2 756.90	2 084.21
6.4	160.61	0.0011028	0.3024	3.307	678.13	2 758.57	2 080.44
6.6	161.82	0.0011043	0.2938	3.404	683.16	2 759.83	2 076.67
6.8	163.01	0.0011057	0.2856	3.501	688.60	2 761.09	2 072.49
7.0	164.17	0.0011071	0.2778	3.600	693.62	2 762.34	2 068.72

续表

绝对压力 /×10^5 Pa	饱和温度 /℃	水在饱和压力下的比体积 /(m^3/kg)	蒸汽比体积 /(m^3/kg)	蒸汽密度 /(kg/m^3)	热含量/(kJ/kg)		汽化热 /(kJ/kg)
					液体	蒸汽	
7.2	165.31	0.0011085	0.2705	3.697	698.64	2 763.60	2 064.95
7.4	166.42	0.0011099	0.2636	3.794	703.25	2 764.43	2 061.19
7.6	167.51	0.0011113	0.2570	3.891	708.27	2 765.69	2 057.42
7.8	168.57	0.0011126	0.2507	3.989	712.88	2 766.95	2 054.07
8.0	169.61	0.0011139	0.2448	4.085	717.48	2 767.78	2 050.30
8.2	170.63	0.0011152	0.2391	4.182	721.67	2 768.62	2 046.95
8.4	171.63	0.0011165	0.2337	4.279	725.85	2 769.88	2 044.02
8.6	172.61	0.0011177	0.2286	4.375	730.46	2 770.71	2 040.26
8.8	173.58	0.0011189	0.2236	4.472	734.64	2 771.56	2 036.91
9.0	174.53	0.0011202	0.2189	4.568	738.83	2 772.39	2 033.56
9.2	175.46	0.0011214	0.2144	4.664	743.02	2 773.23	2 030.21
9.4	176.38	0.0011226	0.2100	4.762	747.20	2 774.06	2 026.86
9.6	177.28	0.0011238	0.2058	4.859	750.97	2 774.90	2 023.95
9.8	178.16	0.0011250	0.2019	4.953	754.74	2 775.74	2 021.00
10.0	179.04	0.0011262	0.1980	5.051	758.92	2 776.57	2 018.07
10.5	181.16	0.0011291	0.1890	5.291	768.13	2 778.25	2 010.12
11.0	183.20	0.0011319	0.1808	5.531	777.34	2 779.92	2 002.58
11.5	185.17	0.0011346	0.1733	5.770	785.71	2 781.60	1 995.88
12.0	187.08	0.0011373	0.1663	6.013	794.50	2 783.27	1 988.77
12.5	188.92	0.0011399	0.1599	6.254	802.46	2 784.95	1 982.49
13.0	190.71	0.0011426	0.1540	6.494	810.41	2 786.20	1 975.79
13.5	192.45	0.0011451	0.1485	6.734	818.36	2 787.46	1 969.09
14.0	194.13	0.0011476	0.1434	6.974	825.90	2 788.71	1 962.82
14.5	195.77	0.0011501	0.1387	7.210	833.43	2 789.56	1 956.54
15.0	197.36	0.0011525	0.1342	7.452	840.13	2 790.81	1 950.26
15.5	198.91	0.0011548	0.1300	7.692	847.25	2 791.64	1 944.40
16.0	200.43	0.0011572	0.1261	7.930	853.94	2 792.48	1 938.54
16.5	201.91	0.0011595	0.1224	8.170	860.64	2 793.31	1 932.68
17.0	203.35	0.0011618	0.1189	8.410	867.34	2 794.16	1 926.82
17.5	204.76	0.0011640	0.1156	8.651	873.64	2 794.99	1 921.37
18.0	206.14	0.0011662	0.1125	8.889	879.90	2 795.41	1 915.51
18.5	207.49	0.0011684	0.1095	9.132	886.18	2 796.25	1 910.07
19.0	208.81	0.0011706	0.1067	9.372	892.04	2 797.09	1 905.05
19.5	210.11	0.0011728	0.1040	9.615	897.90	2 797.50	1 899.61
20.0	211.38	0.0011749	0.1015	9.852	903.76	2 798.34	1 894.58
20.5	212.63	0.0011771	0.09907	10.090	909.62	2 798.76	1 889.14
21.0	213.85	0.0011792	0.09679	10.340	915.06	2 799.18	1 884.12

续表

绝对压力 /×10^5 Pa	饱和温度 /℃	水在饱和压力下的比体积 /(m³/kg)	蒸汽比体积 /(m³/kg)	蒸汽密度 /(kg/m³)	热含量/(kJ/kg)		汽化热 /(kJ/kg)
					液体	蒸汽	
21.5	215.05	0.0011813	0.09456	10.570	920.92	2 799.60	1 878.68
22.0	216.23	0.0011833	0.09245	10.820	925.94	2 800.02	1 874.07
22.5	217.39	0.0011854	0.09042	11.060	931.39	2 800.02	1 868.63
23.0	218.53	0.0011874	0.08849	11.300	936.83	2 800.43	1 863.61
23.5	219.65	0.0011894	0.08663	11.540	941.95	2 800.85	1 859.00
24.0	220.75	0.0011914	0.08486	11.780	946.87	2 801.27	1 854.40
24.5	221.83	0.0011933	0.08316	12.030	951.90	2 801.27	1 849.37
25.0	222.90	0.0011953	0.08150	12.270	958.92	2 801.69	1 844.77
25.5	223.95	0.0011973	0.07991	12.510	961.94	1 801.69	1 839.75

表 2　1 大气压(1.01×10^5 Pa)和沸点温度下，酒精水溶液及其蒸汽的热含量

蒸汽中的酒精含量 /%(质量分数)	沸点/℃	比热/(kJ/kg)	液相的热含量 /(kJ/kg)	蒸发潜热 /(kJ/kg)	蒸汽的热含量 /(kJ/kg)
0	100	4.18	418.0	2 253	2 671
5	99.4	4.26	423.9	2 182	2 606
10	98.8	4.43	425.5	2 111	2 536
15	98.2	4.43	422.6	2 040	2 462
20	97.6	4.43	420.1	1 969	2 389
25	97.0	4.33	419.7	1 900	2 319
30	96.0	4.35	417.2	1 831	2 247
35	95.3	4.26	406.3	1 760	2 166
40	94.0	4.22	396.7	1 689	2 084
45	93.2	4.10	381.6	1 622	2 003
50	91.9	4.01	368.7	1 551	1 919
55	90.6	3.93	356.1	1 481	1 838
60	87.9	3.85	342.3	1 413	1 755
65	87.0	3.72	322.3	1 344	1 666
70	85.1	3.59	306.0	1 275	1 581
75	82.3	3.43	283.8	1 208	1 492
80	80.8	3.22	263.8	1 141	1 401
85	79.6	3.13	249.5	1 070	1 320
90	78.7	3.01	237.0	995	1 232
95	78.2	2.84	222.4	924	1 146
100	78.3	2.66	209.4	853	1 062

表 3 酒精水溶液的比热容[kJ/(kg·K)]

浓度/%（体积分数）	温度/℃				
	0	30	50	70	90
5	4.30	4.22	4.26	4.26	4.26
10	4.39	4.26	4.26	4.26	4.31
20	4.35	4.31	4.31	4.31	4.31
30	4.18	4.26	4.39	4.47	4.56
40	4.93	4.10	4.18	4.35	4.43
50	3.64	3.85	4.01	4.22	4.39
60	3.34	3.59	3.85	4.09	4.35
70	3.14	3.34	3.68	3.93	4.26
80	2.80	3.09	3.22	3.64	4.05
90	2.55	2.80	2.93	3.34	3.76
100	2.26	2.51	2.72	2.97	3.26

表 4 酒精水溶液的摩尔分数和质量分数的关系

质量分数/%	摩尔分数	质量分数/%	摩尔分数	质量分数/%	摩尔分数	质量分数/%	摩尔分数
100	100	79	59.55	58	35.09	10	4.16
99	97.51	78	58.11	57	34.76	9	3.725
98	95.08	77	56.71	56	33.24	8	3.29
97	92.70	76	55.34	55	32.34	7	2.86
96	90.38	75	54.00	54	31.47	6	2.43
95	88.13	74	52.68	53	30.61	5	2.01
94	85.97	73	51.39	52	29.80	4	1.61
93	83.87	72	50.16	51	28.93	3	1.19
92	81.83	71	48.92	50	28.12	2	0.79
91	79.82	70	47.74	49	27.32		
90	77.88	69	46.55	48	26.53	1	0.39
89	75.99	68	45.41	47	25.75	0.9	0.35
88	74.17	67	44.27	46	25.00	0.8	0.31
87	72.36	66	43.17	45	24.25	0.7	0.27
86	70.63	65	42.09	44	23.95	0.6	0.23
85	68.92	64	41.02	40	20.68	0.5	0.19
84	67.27	63	40.00	35	17.41	0.4	0.16
83	65.64	62	38.95	30	14.35	0.3	0.12
82	64.05	61	37.97	25	11.53	0.2	0.08
81	62.52	60	36.98	20	8.93	0.1	0.04
80	61.02	59	36.02	15	6.46	0.05	0.02

表 5　常压下沸腾的水－酒精溶液和由它产生的气体组成及沸点

液体中酒精含量		沸点/℃	蒸气中酒精含量	
%（质量分数）	%（摩尔分数）		%（质量分数）	%（摩尔分数）
0.01	0.004	99.9	0.13	0.053
0.10	0.04	99.8	1.3	0.51
0.15	0.055	99.7	1.95	0.77
0.20	0.08	99.6	2.6	1.03
0.30	0.12	99.5	3.8	1.57
0.40	0.16	99.4	4.9	1.98
0.50	0.19	99.3	6.1	2.48
0.60	0.23	99.2	7.1	2.90
0.70	0.27	99.1	8.1	3.30
0.80	0.31	99.0	9.0	3.725
0.90	0.35	98.9	9.9	4.12
1.00	0.39	98.75	10.75	4.51
2.00	0.79	97.65	19.7	8.76
3.00	1.19	96.65	27.2	12.75
4.00	1.61	95.8	33.3	16.34
5.00	2.01	94.95	37.0	18.68
6.00	2.43	94.15	41.1	21.45
7.00	2.86	93.35	44.6	23.96
8.00	3.29	92.6	47.6	26.21
9.00	3.73	91.9	50.0	28.12
10.00	4.16	91.3	52.2	29.92
11.00	4.61	90.8	54.1	31.56
12.00	5.07	90.5	55.8	33.06
13.00	5.51	89.7	57.4	34.57
14.00	5.98	89.2	58.8	35.83
15.00	6.46	89.0	60.0	36.98
16.00	6.86	88.3	61.1	38.06
17.00	7.41	87.9	62.2	39.16
18.00	7.95	87.7	63.2	40.18
19.00	8.41	87.4	64.3	41.27
20.00	8.92	87.0	65.0	42.09
21.00	9.42	86.7	65.8	42.94
22.00	9.93	86.4	66.6	43.82
23.00	10.48	86.2	67.3	44.61
24.00	11.0	85.95	68.0	45.41
25.00	11.53	85.7	68.6	46.08
26.00	12.08	85.4	69.3	46.90
27.00	12.64	85.2	69.8	47.49

续表

液体中酒精含量		沸点/℃	蒸气中酒精含量	
%(质量分数)	%(摩尔分数)		%(质量分数)	%(摩尔分数)
28.00	13.19	85.0	70.3	48.08
29.00	13.77	84.8	70.8	48.68
30.00	14.35	84.7	71.3	49.30
31.00	14.95	84.5	71.7	49.77
32.00	15.55	84.3	72.1	50.27
33.00	16.15	84.2	72.5	50.78
34.00	16.77	83.85	72.9	51.27
35.00	17.41	83.75	73.2	51.67
36.00	18.03	83.7	73.5	52.04
37.00	18.68	83.5	73.8	52.43
38.00	19.34	83.4	74.0	52.68
39.00	20.00	83.3	74.3	53.09
40.00	20.68	83.1	74.6	53.46
41.00	21.38	82.95	74.8	53.76
42.00	22.07	82.78	75.1	54.12
43.00	22.79	82.65	75.4	54.54
44.00	23.51	82.5	75.6	54.80
45.00	24.25	82.45	75.9	55.22
46.00	25.00	82.35	76.1	55.48
47.00	25.75	82.3	76.3	55.74
48.00	26.53	82.15	76.5	56.03
49.00	27.32	82.0	76.8	56.44
50.00	28.12	81.9	77.0	56.71
51.00	28.93	81.8	77.3	57.12
52.00	29.80	81.7	77.5	57.41
53.00	30.61	81.6	77.7	57.70
54.00	31.47	81.5	78.0	58.11
55.00	32.34	81.4	78.2	58.39
56.00	33.24	81.3	78.5	58.78
57.00	34.16	81.25	78.7	59.10
58.00	35.09	81.2	79.0	59.55
59.00	36.02	81.1	79.2	59.84
60.00	36.98	81.0	79.5	60.29
61.00	37.91	80.95	79.7	60.58
62.00	38.95	80.85	80.0	61.02
63.00	40.00	80.75	80.3	61.44
64.00	41.02	80.65	80.5	61.76
65.00	42.09	80.6	80.8	62.22
66.00	43.17	80.5	81.0	62.52
67.00	44.27	80.45	81.3	62.99

续表

液体中酒精含量		沸点/℃	蒸气中酒精含量	
%（质量分数）	%（摩尔分数）		%（质量分数）	%（摩尔分数）
68.00	45.41	80.4	81.6	63.43
69.00	46.55	80.3	81.9	63.91
70.00	47.72	80.2	82.1	64.21
71.00	48.92	80.1	82.4	64.70
72.00	50.16	80.0	82.8	65.34
73.00	51.39	79.95	83.1	65.81
74.00	52.68	79.85	83.4	66.28
75.00	54.00	79.75	83.8	66.93
76.00	55.34	79.72	84.1	67.42
77.00	56.71	79.70	84.5	68.07
78.00	58.71	79.65	84.9	68.76
79.00	59.55	79.55	85.4	69.59
80.00	61.02	79.5	85.8	70.29
81.00	62.52	79.4	86.3	71.14
82.00	64.05	79.3	86.7	71.86
83.00	65.64	79.2	87.2	72.71
84.00	67.27	79.1	87.7	73.61
85.00	68.92	78.95	88.3	74.69
86.00	70.62	78.85	88.9	75.81
87.00	72.36	78.75	89.5	76.93
88.00	74.15	78.65	90.1	78.00
89.00	75.99	78.6	90.7	79.26
90.00	77.88	78.5	91.3	80.42
91.00	79.82	78.4	92.0	81.83
92.00	81.82	78.3	92.65	83.15
93.00	83.87	78.27	93.4	84.70
94.00	85.97	78.2	94.2	86.40
95.00	88.15	78.18	95.05	88.25
95.57	89.41	78.15	95.57	89.41

表 6　酒精水溶液的质量分数（%）、体积分数（%）和相对密度（$t_水$ =4℃）之间的关系

体积分数/%（20℃）	质量分数/%（20℃）	相对密度	体积分数/%（20℃）	质量分数/%（20℃）	相对密度
0	0.00	0.99823	8	6.40	0.98718
1	0.79	0.99675	9	7.20	0.98596
2	1.59	0.99529	10	8.01	0.98476
3	2.38	0.99385	11	8.83	0.98356
4	3.18	0.99244	12	9.64	0.98239
5	3.98	0.99106	13	10.46	0.98123
6	4.78	0.98974	14	11.27	0.98009
7	5.59	0.98845	15	12.09	0.97897

续表

体积分数/%（20℃）	质量分数/%（20℃）	相对密度	体积分数/%（20℃）	质量分数/%（20℃）	相对密度
16	12.91	0.97786	59	51.10	0.91138
17	13.74	0.97678	60	52.09	0.90916
18	14.56	0.97570	61	53.09	0.90691
19	15.39	0.97465	62	54.09	0.90462
20	16.21	0.97360	63	55.11	0.90231
21	17.04	0.97253	64	56.12	0.89999
22	17.88	0.97145	65	57.15	0.89769
23	18.71	0.97036	66	58.19	0.89526
24	19.54	0.96925	67	59.23	0.89286
25	20.38	0.96812	68	60.27	0.89044
26	21.22	0.96698	69	61.33	0.88799
27	22.06	0.96583	70	62.39	0.88551
28	22.91	0.96466	71	63.46	0.88302
29	23.76	0.96346	72	64.54	0.88051
30	24.61	0.96224	73	65.63	0.87796
31	25.46	0.96100	74	66.72	0.87538
32	26.32	0.95972	75	67.83	0.87277
33	27.18	0.95839	76	68.94	0.87015
34	28.04	0.95704	77	70.06	0.86749
35	28.71	0.95536	78	71.19	0.86480
36	29.78	0.95419	79	72.33	0.86207
37	30.65	0.95271	80	73.18	0.85932
38	31.51	0.95119	81	74.64	0.85652
39	32.41	0.94914	82	75.81	0.85369
40	33.30	0.94806	83	77.00	0.85082
41	34.19	0.94644	84	78.19	0.84791
42	35.09	0.94479	85	79.40	0.84495
43	35.99	0.94308	86	80.62	0.84193
44	36.89	0.94134	87	81.86	0.83888
45	37.80	0.93956	88	83.11	0.83574
46	38.72	0.93775	89	84.38	0.83254
47	39.69	0.93591	90	85.66	0.82926
48	40.56	0.93404	91	86.97	0.82590
49	41.49	0.93213	92	88.29	0.82247
50	42.43	0.93019	93	89.63	0.81893
51	43.37	0.92822	94	91.00	0.81526
52	44.31	0.92621	95	92.41	0.81144
53	45.26	0.92418	96	93.84	0.80748
54	46.22	0.92212	97	95.30	0.80334
55	47.18	0.92003	98	96.81	0.79897
56	48.15	0.91790	99	98.38	0.79431
57	49.13	0.91576	100	—	0.78927
58	50.11	0.91358			

表 7 **酒精蒸气的比体积和密度表**

酒精蒸气（质量分数）/%	压力 0.11MPa			压力 0.1MPa		
	沸点/℃	密度/(kg/m³)	比体积/(m³/kg)	沸点/℃	密度/(kg/m³)	比体积/(m³/kg)
0	100	0.638	1.567	100	0.589	1.697
5	99.5	0.670	1.492	95	0.620	1.513
10	99.0	0.693	1.443	91.5	0.643	1.555
15	98.6	0.715	1.398	89.0	0.667	1.499
20	98.3	0.742	1.347	87.1	0.694	1.441
25	98.0	0.768	1.302	85.8	0.722	1.335
30	97.2	0.799	1.251	84.6	0.750	1.333
35	96.3	0.833	1.200	83.8	0.785	1.273
40	95.0	0.870	1.149	83.1	0.817	1.224
45	93.8	0.909	1.100	82.5	0.854	1.171
50	92.4	0.950	1.052	81.9	0.887	1.127
55	90.9	0.999	1.001	81.5	0.933	1.107
60	89.5	1.050	0.952	81.0	0.976	1.025
65	87.8	1.109	0.900	80.5	1.020	0.971
70	86.5	1.176	0.850	80.1	1.085	0.922
75	84.3	1.247	0.820	79.7	1.145	0.872
80	82.7	1.326	0.753	79.3	1.224	0.816
85	80.5	1.418	0.704	78.9	1.309	0.763
90	79.0	1.520	0.657	78.5	1.396	0.717
95	78.7	1.632	0.613	78.2	1.498	0.667
100	78.4	1.750	0.571	78.3	1.592	0.622

表 8 **酒精－水溶液的黏度** 单位：$Pa \cdot s \times 10^{-3}$

质量分数/%	温度/℃					
	20	30	40	50	60	70
10	1.55	1.15	0.90	0.73	0.60	0.51
20	2.17	1.54	1.14	0.90	0.73	0.61
30	2.67	1.85	1.35	1.04	0.83	0.68
40	2.87	1.99	1.46	1.12	0.89	0.72
50	2.83	2.00	1.48	1.14	0.90	0.74
60	2.64	1.91	1.43	1.11	0.89	0.73
70	2.37	1.74	1.33	1.04	0.84	0.70
80	2.00	1.52	1.18	0.95	0.78	0.65
90	1.60	1.27	1.02	0.84	0.70	0.59
100	1.22	1.00	0.82	0.70	0.60	0.51

表 9 相对密度－干物质换算表

相对密度	干物质含量/%(Brix)	相对密度	干物质含量/%(Brix)	相对密度	干物质含量/%(Brix)
1.007	1.8	1.125	29.0	1.274	57.3
1.015	3.7	1.134	30.8	1.286	59.3
1.022	5.5	1.143	32.7	1.297	61.2
1.028	7.2	1.152	34.6	1.309	63.2
1.036	9.0	1.161	36.4	1.321	65.2
1.043	10.8	1.171	38.3	1.333	67.1
1.051	12.6	1.180	40.1	1.344	68.9
1.059	14.5	1.190	42.0	1.356	70.8
1.067	16.2	1.200	43.9	1.368	72.7
1.074	18.0	1.210	45.8	1.380	74.5
1.082	19.8	1.220	47.7	1.429	82.0
1.091	21.7	1.231	49.6	1.442	83.8
1.099	23.5	1.241	51.5	1.455	85.7
1.107	25.3	1.252	53.5		
1.116	27.2	1.263	55.4		

表 10 水在不同温度时的物理参数

温度 t/℃	密度 ρ /(kg/m³)	比热容 c_p /[kJ/(kg·℃)]	导热系数 λ /[W/(m²·℃)]	热扩散率 $10^4\alpha$ /(m²/h)	黏度 10^{-6} /(Pa·s)	运动黏度 10^6 /(m²/s)	Pr 数
0	999.9	4.225	0.558	4.7	1 790.3	1.790	13.57
5	1 000.0	4.206	0.568	4.8	—	—	11.35
10	999.7	4.194	0.577	4.9	1 304.7	1.300	9.42
15	999.1	4.186	0.587	5.0	—	—	8.10
20	998.2	4.181	0.597	5.1	1 000.6	1.000	6.97
25	997.1	4.178	0.606	5.2	—	—	6.08
30	995.7	4.176	0.615	5.3	801.5	0.805	5.38
35	994.1	4.175	0.625	5.4	—	—	4.81
40	992.2	4.175	0.633	5.5	653.3	0.659	4.34
45	990.2	4.176	0.640	5.55	—	—	3.94
50	998.1	4.177	0.647	5.6	549.4	0.556	3.58
55	985.7	4.178	0.652	5.7	—	—	3.27
60	983.2	4.177	0.658	5.8	470.9	0.479	2.99
65	980.6	4.175	0.663	5.8	—	—	2.74
70	977.8	4.186	0.668	5.8	406.1	0.415	2.53
75	974.9	4.189	0.671	5.85	—	—	2.35
80	971.8	4.193	0.673	5.9	356.1	0.366	2.19
85	968.7	0.011	0.676	5.95	—	—	2.04
90	965.3	0.015	0.678	6.0	314.9	0.326	1.91
95	961.9	4.205	0.680	6.05	—	—	1.80
100	958.4	4.210	0.682	6.1	282.5	0.295	1.72
120	943.5	4.231	0.685	6.2	230.5	0.244	1.46
140	926.3	4.256	0.684	6.2	196.2	0.212	1.248
160	907.6	4.284	0.680	6.2	173.6	0.191	1.080
180	886.6	4.395	0.673	6.2	153	0.173	0.975
200	862.8	4.500	0.665	6.1	138.3	0.160	0.940

表 11 蒸汽管径选择表

汽压（绝对压力）$/10^5$ Pa	蒸汽密度 $/(kg/m^3)$	管径 /mm															
		20	25	30	35	40	45	50	55	60	65	70	75	80	85	90	95
		流量 /(kg/h)															
1.5	0.855	24	37.6	54.1	73.6	96.1	122	150	182	216	254	294	338	385	434	487	542
1.8	1.0	28.3	44.2	63.6	86.6	113	143	177	214	255	299	346	398	452	511	573	638
2.0	1.11	31.4	49	70.6	96.1	126	159	196	237	283	332	385	441	502	567	636	708
2.5	1.36	38.5	60.1	86.5	118	154	195	240	291	346	406	471	541	615	695	779	868
2.7	1.47	41.6	65	93.5	127	166	210	260	314	374	439	509	585	665	751	842	938
3.0	1.62	45.8	71.6	103	140	183	232	286	346	412	484	561	644	733	827	928	1 030
3.5	1.877	53.0	83.2	119.1	162	212	268	331	400	476	558	649	744	849	955	1 071	1 191
4.0	2.104	60.06	93.5	135.1	183.2	240	304	375	453	540	632	737.7	842	961	1 082	1 215	1 351
4.5	2.372	67.07	104.5	150.9	204.9	268.3	339.5	419.2	506.3	603.6	705.9	821.6	940.6	1 073	120	1 358	1 509
5.0	2.62	74.1	116	167	227	296	375	463	560	667	783	908	1 040	1 185	1 340	1 500	1 670
6.0	3.11	88	137	198	269	352	445	550	665	791	929	1 080	1 240	1 410	1 590	1 780	1 985
7.0	3.6	102	159	229	312	407	515	636	770	916	1 075	1 250	1 430	1 630	1 840	2 060	2 300
8.0	4.085	115.5	179	259.9	352.9	462	548.7	721.9	872	1 039.5	1 215	1 415	1 620	1 848	2 080	2 339	2 599
9.0	4.567	129.1	207	290.5	392	516.5	653.7	807	9 749	1 162	1 359	1 582	1 811	2 066	2 326	2 615	2 905
10.0	5.050	142.8	222.1	321	434	571.2	722.9	892.4	1 078	1 285	1 503	1 749	2 002	2 284	2 572	2 891	3 213
11.0	5.531	156.2	243.6	352	475	625.5	791.7	977.4	1 181	1 407	1 646	1 916	2 193	2 502	2 817	3 167	3 519
12.0	6.013	173.5	265	381	519	680	860.6	1 062.6	1 284	1 530	1 789	2 083	2 384	2 720	3 062	3 443	3 825

续表

汽压（绝对压力）/10^5 Pa	蒸汽密度/(kg/m^3)	管径 /mm														
		100	110	120	130	150	160	170	180	200	250	300	350	400	450	500
		流量 /(kg/h)														
1.5	0.855	601	727	865	1 020	1 350	1 540	1 740	1 950	2 400	3 760	5 410	7 403	9 610	12 239	15 109
1.8	1.0	707	855	1 020	1 195	1 590	1 810	2 040	2 290	2 830	4 420	6 360	8 659	11 310	14 314	17 671
2.0	1.11	785	950	1 130	1 330	1 765	2 010	2 270	2 540	3 140	4 900	7 060	9 611	12 550	15 888	19 615
2.5	1.36	961	1 160	1 385	1 625	2 160	2 460	2 780	3 115	3 845	6 010	8 650	11 776	15 380	19 467	24 033
2.7	1.47	1 040	1 260	1 500	1 760	2 340	2 660	3 000	3 370	4 160	6 495	9 350	12 729	16 630	21 041	25 977
3.0	1.62	1 145	1 390	1 650	1 935	2 580	2 930	3 310	3 710	4 580	7 160	10 310	14 028	18 320	23 183	28 628
3.5	1.877	1 324	1 602	1 920	2 240	2 980	3 390	3 825	4 290	5 300	8 275	11 910	16 220	21 200	26 810	33 100
4.0	2.104	1 501	1 816	2 162	2 537	3 378	3 844	4 339	4 864	6 005	9 384	13 512	18 392	24 020	30 403	37 534
4.5	2.372	1 677	2 029	2 414	2 834	3 773	4 292	4 846	5 432	6 707	10 479	15 090	20 539	26 827	33 953	41 917
5.0	2.62	1 850	2 240	2 650	3 130	4 170	4 740	5 350	6 000	7 410	11 580	16 670	22 686	29 630	37 502	46 299
6.0	3.11	2 200	2 660	3 165	3 715	4 950	5 630	6 350	7 120	8 790	13 740	19 780	26 050	35 170	43 200	53 200
7.0	3.6	2 545	3 080	3 665	4 300	5 725	6 515	7 355	8 245	10 180	15 900	22 900	31 150	40 720	51 600	63 550
8.0	4.085	2 888	3 494	4 158	4 880	6 497	7 392	8 345	9 355	11 550	18 000	25 950	35 230	46 100	58 400	72 000
9.0	4.567	3 228	3 906	4 649	5 456	7 264	8 264	9 330	10 459	12 913	20 176	29 054	39 545	51 652	65 372	80 706
10.0	5.050	3 570	4 319	5 140	6 033	8 032	9 137	10 320	11 566	14 279	22 311	32 127	43 729	57 116	72 287	89 244
11.0	5.531	3 910	4 731	5 630	6 607	8 796	10 009	11 298	12 667	15 638	24 435	35 186	47 893	62 554	79 170	97 741
12.0	6.013	4 250	5 143	6 120	7 183	9 563	10 880	12 283	13 771	17 001	26 565	39 253	52 066	68 005	86 069	106 258

表 12　钢　管

1. 无缝钢管(YB231－70)　单位：mm

公称直径	外径	壁厚	内孔截面积 /cm^2	1m 管长质量 /kg	公称直径	外径	壁厚	内孔截面积 /cm^2	1m 管长质量 /kg
10	14	3	0.5	0.814	150	159	4.5	176.72	17.15
15	18	3	1.13	1.11	175	194	6	260.16	27.82
20	25	3	2.84	1.63	200	219	6	336.54	31.52
25	32	3.5	4.91	2.46	225	245	7	419.10	41.09
32	38	3.5	7.55	2.98	250	273	8	518.75	52.28
40	45	3.5	11.34	3.58	300	325	8	749.91	62.54
50	57	3.5	19.64	4.62	350	377	9	1 012.23	81.68
65	76	4	36.32	7.10	400	426	9	1 307.41	92.55
80	80	4	51.53	8.38	450	480	9	1 676.39	104.52
100	108	4	78.54	10.26	500	530	9	2 058.88	115.62
125	133	4	122.72	12.72					

注：(1) 本标准适用于热轧和冷拔(冷轧)普通碳素钢、优质碳素钢、低合金钢和普通合金结构钢,用作输送流体管道和制作各种结构零件的无缝钢管。特殊用途的无缝钢管除按本标准规定外,还应有专门的补充技术条件。

(2) 钢管通常长度：热轧钢管 3～12.5m；
冷拔(冷轧)钢管,壁厚≤1mm　1.5～7m；
壁厚＞1mm　1.5～9m。

2. 水、煤气输送钢管(YB234－63)

公称直径		外径/mm	钢管				管螺纹			
			普通管		加厚度		基面处外径 /mm	每英寸牙数	螺纹长度/mm	
mm	in		壁厚/mm	理论质量 /(kg/m)	壁厚/mm	理论质量 /(kg/m)			圆锥形管螺纹	圆柱形管螺纹
6	1/8	10	2.00	0.39	2.50	0.46				
8	1/4	13.5	2.25	0.62	2.75	0.73				
10	3/8	17	2.25	0.82	2.75	0.97				
15	1/2	21.25	2.75	1.25	3.25	1.44	20.956	14	12	14
20	3/4	26.75	2.75	1.63	3.50	2.01	26.442	14	14	16
25	1	33.50	3.25	2.42	4.00	2.91	33.250	11	15	18
32	1¼	42.25	3.35	3.13	4.00	3.77	41.912	11	17	20
40	1½	48	3.50	3.84	4.25	4.58	47.805	11	19	22
50	2	60	3.50	4.88	4.50	6.16	59.616	11	22	24
70	2½	75.5	3.75	6.64	4.50	7.88	75.187	11	23	27
80	3	88.5	4.00	8.34	4.75	9.81	87.887	11	32	30
100	4	114	4.00	10.85	5.00	13.44	113.034	11	38	36
125	5	140	4.50	15.04	5.50	18.24	138.435	11	41	38
150	6	165	4.50	17.81	5.50	21.63	163.836	11	45	42

注：(1) 钢管分：不镀锌钢管(黑管)和镀锌钢管；带螺纹管和不带螺纹管。

(2) 镀锌钢管比不镀锌钢管重 3%～6%。

(3) 钢管长度：不带螺纹的不镀锌钢管 4～12m；带螺纹的镀锌钢管和不镀锌钢管 4～9m。

(4) 钢管一般用材料：A_2,A_3,A_4。

表 13 碳钢与普低钢制内压圆筒壁厚 单位：mm

材料	工作压力 /(kg/cm^2)	公称直径 D_g 300	(350)	400	(450)	500	(550)	600	(650)	700	800	900	1 000	(1 100)	1 200	(1 300)	1 400	(1 500)	1 600	(1 700)	1 800	(1 900)	2 000	(2 100)	2 200	(2 300)	2 400	2 600	2 800	3 000
		筒体壁厚																												
A_3	≤3	3	3	3	3	3	3	3	4	4	4	4	5	5	5	5	5	5	5	5	6	6	6	6	6	7	7	7	8	8
	4	3	3	3	3	3	3	3	4	4	4	4	5	5	5	5	5	5	5	5	6	6	6	6	6	7	7	7	8	8
	6	3	3	3	3	3	4	4	4	4	4	4	5	5	5	6	6	6	6	8	7	7	8	8	8	9	9	9	10	11
	8	3	3	4	4	4	4	5	5	5	5	5	6	6	6	7	7	8	8	9	9	9	10	10	10	11	11	12	13	13
	10	3	4	4	4	5	5	6	6	6	6	6	7	7	8	8	9	9	10	10	11	11	11	12	12	13	13	14	15	16
	12	4	4	5	5	6	6	6	7	7	7	7	8	8	9	9	10	11	11	12	12	13	13	14	14	15	16	17	18	19
	16	5	5	6	6	7	7	8	8	9	8	9	10	10	11	12	13	13	14	15	16	17	17	18	18	19	20	21	23	24
	20	5	6	7	7	8	9	9	10	10	10	11	11	12	13	14	15	16	17	18	19	20	21	22	22	23	24	26	28	30
	25	6	7	8	8	10	10	11	12	12	12	13	14	15	16	17	18	20	21	22	23	24	25	26	28	29	30	32	34	37
16Mn	≤3	3	3	3	3	3	3	3	4	4	4	4	5	5	5	5	5	5	5	5	6	6	6	6	6	7	7	7	8	8
	4	3	3	3	3	3	3	3	4	4	4	4	5	5	5	5	5	5	5	5	6	6	6	6	6	7	7	7	8	8
	6	3	3	3	3	3	3	3	4	4	4	4	5	5	5	5	5	5	5	5	6	6	6	6	7	7	7	7	8	8
	8	3	3	3	3	3	4	4	4	4	4	4	5	5	5	5	6	6	6	7	7	7	7	8	8	8	9	9	10	10
	10	3	3	3	4	4	4	4	5	5	4	5	5	6	6	6	7	7	7	8	8	9	9	9	10	10	10	11	12	12
	12	3	4	4	4	4	5	5	5	6	5	6	6	7	7	7	8	8	9	9	10	10	11	11	11	12	12	13	14	14
	16	4	4	4	5	5	6	6	7	7	6	7	7	8	9	9	10	10	11	11	12	12	13	14	14	15	15	16	17	18
	20	4	5	5	6	6	7	7	8	8	7	8	9	11	11	11	12	12	13	14	14	15	16	16	17	18	18	20	21	22
	25	5	6	6	7	7	8	9	9	10	9	10	11	12	12	13	14	15	16	17	17	18	19	20	21	22	22	24	26	28

注：(1) $1kg/cm^2 = 9.80665 \times 10^4 Pa$。

(2) 本表按 $S = \frac{pD_{内}}{2[\sigma]\phi} + C$ 计算，并取 $p = 1.05$ 倍工作压力；许用应力：A_3 取 $[\sigma] = 1\,270 kg/cm^3$，16Mn 取 $[\sigma] = 1\,730 kg/cm^2$；焊缝系数：$D_g < 800mm$ 时，单面对接焊，无垫板，局部探伤，取 $\phi = 0.7$，$D_g \geq 800mm$ 时，双面对接焊，局部探伤，取 $\phi = 0.9$。壁厚附加量：C_1 按下表确定，$C_2 = 0.1cm$。

(3) 黑体线以上的壁厚，是考虑筒体刚度要求确定的，它大于按强度计算之值。

(4) 常用钢板厚度是，5，6，8，10，12，14，16，18，20，22，25，28，30，36，40。表中所列厚度必要时可向常用厚度递增。

钢板厚度/mm	2~2.2	2.5	2.8~3.0	3.2~3.5	3.8~4.0	4.5~5.5	6~7	8~25	26~30	32~34
C_1/mm	0.13~0.14	0.15	0.16	0.18	0.20	0.5	0.6	0.8	0.9	1

表 14　不锈耐酸钢(1Cr18Ni9Ti)制内压圆筒壁厚　单位：mm

工作压力 /(kg/cm^2)	公称直径 D_g																												
	300	(350)	400	(450)	500	(550)	600	(650)	700	800	900	1 000	(1 100)	1 200	(1 300)	1 400	(1 500)	1 600	(1 700)	1 800	(1 900)	2 000	(2 100)	2 200	(2 300)	2 400	2 600	2 800	3 000
	筒体壁厚																												
≤3	3	3	3	3	3	3	3	3	3	3	3	4	4	4	4	4	4	4	5	5	5	5	5	5	5	5	6	6	7
4	3	3	3	3	3	3	3	3	3	3	3	4	4	4	4	4	4	4	5	5	5	5	5	5	5	6	6	7	7
6	3	3	3	3	3	3	3	3	3	3	3	4	4	4	4	5	5	5	5	5	6	6	6	6	7	7	7	8	8
8	3	3	3	3	3	3	4	4	4	4	4	4	5	5	5	6	6	5	7	7	7	8	8	8	9	9	10	10	11
10	3	3	3	3	4	4	4	4	5	4	5	5	6	6	6	7	7	8	8	8	9	9	10	10	11	11	12	13	13
12	3	3	4	4	4	5	5	5	5	5	5	6	6	7	8	8	9	9	10	10	10	11	11	12	12	13	14	15	16
16	4	4	4	5	5	6	6	7	7	6	7	8	8	9	10	10	11	12	12	13	14	14	15	16	16	17	18	20	21
20	4	5	5	6	6	7	7	8	8	8	8	9	10	11	12	13	13	14	15	16	17	18	18	19	20	21	23	24	26
25	5	6	6	7	8	8	9	10	10	9	10	11	12	13	15	16	17	18	19	20	21	22	23	24	25	26	28	30	32

注：(1) 本表按 $S=\frac{pD_{内}}{2[\sigma]\phi}+C$ 计算。并取 $p=1.05$ 倍工作压力；$[\sigma]=1\,400kg/cm^2$；焊缝系数：$D_g<800mm$ 时，单面对接焊，无垫板，局部探伤，取 $\phi=0.7$，$D_g\geq800mm$ 时，双面对接焊，局部探伤取 $\phi=0.9$；壁厚附加量 $C_1=0.5mm$，$C_2=0$。

(2) 黑体线以上的壁厚，是考虑筒体刚度要求确定的，它大于按强度计算之值。

表 15　　以内径为公称直径的椭圆形封头的尺寸、内表面积、容积　　单位：mm

公称直径 D_g	曲面高度 h_1	直边高度 h_2	内表面积 F/m^2	容积 V/m^3
300	75	25	0.121	0.00530
(350)	88	25	0.160	0.00802
400	100	25	0.204	0.0115
		40	0.223	0.0134
(450)	112	25	0.254	0.0158
		40	0.275	0.0183
500	125	25	0.309	0.0213
		40	0.333	0.0242
		50	0.349	0.0262
(550)	137	25	0.370	0.0277
		40	0.396	0.0313
		50	0.413	0.0336
600	150	25	0.436	0.0352
		40	0.464	0.0396
		50	0.483	0.0425
(650)	162	25	0.507	0.0442
		40	0.538	0.0493
		50	0.558	0.0526
700	175	25	0.584	0.0545
		40	0.617	0.0603
		50	0.639	0.0642
800	200	25	0.754	0.0796
		40	0.792	0.0871
		50	0.817	0.0921
900	225	25	0.945	0.112
		40	0.880	0.121
		50	1.02	0.127
1 000	250	25	1.16	0.151
		40	1.21	0.162
		50	1.24	0.170
(1 100)	275	25	1.40	0.198
		40	1.45	0.212
		50	1.49	0.222
1 200	300	25	1.65	0.255
		40	1.71	0.272
		50	1.75	0.283
(1 300)	325	25	1.93	0.321
		40	1.99	0.341
		50	2.03	0.354
1 400	350	25	2.23	0.398
		40	2.29	0.421
		50	2.33	0.436
(1 500)	375	25	2.55	0.487
		40	2.62	0.513
		50	2.67	0.530
1 600	400	25	2.89	0.587
		40	2.97	0.617
		50	3.02	0.637
(1 700)	425	25	3.25	0.700
		40	3.34	0.734
		50	3.30	0.757
1 800	450	25	3.64	0.826
		40	3.73	0.866
		50	3.78	0.889
(1 900)	475	25	4.05	0.971
		40	4.14	1.01
2 000	500	25	4.48	1.31
		40	4.57	1.18
		50	4.63	1.20
(2 100)	525	40	5.03	1.36
2 200	550	25	5.40	1.40
		40	5.50	1.54
		50	5.57	1.58
(2 400)	575	40	6.00	1.76
2 400	600	25	6.41	1.93
		40	6.52	2.00
		50	6.60	2.05
2 600	650	25	7.50	2.43
		40	7.63	2.51
		50	7.71	2.56
2 800	700	40	8.82	3.12
		50	8.91	3.18
3 000	750	40	10.1	3.82
		50	10.2	3.89
3 200	800	40	11.5	4.61
		50	11.6	4.69
3 400	850	50	13.0	5.60
3 600	900	50	14.6	6.62
3 800	950	50	16.2	7.75
4 000	1 000	50	17.9	9.02

以内径为公称直径的椭圆形封头

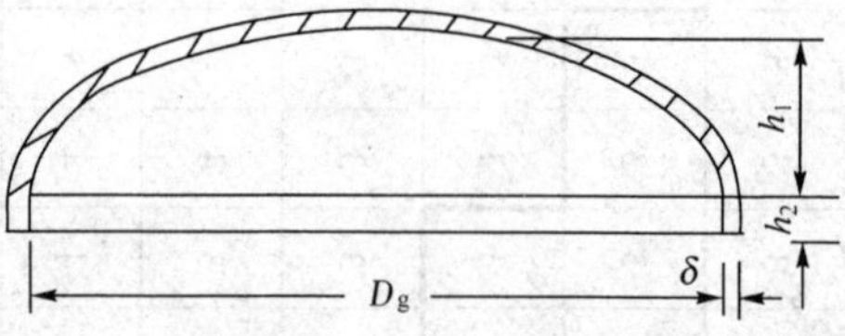

［标记示例］　公称直径 400mm，厚度 4mm 的椭圆形封头，其标记为：

封头 D_g400 ×4，JB1154 －73。

表 15　附图　椭圆形封头（JB 1154 －73）

表 16　碳钢椭圆形封头最大许用内部压力

公称直径 D_g	壁厚/mm												
	4	6	8	10	12	14	16	18	20	22	24	26	28
	最大许用内部压力/(kg/cm^2)												
400	10.2	20.2	30.2	40.1	50								
(450)	9.0	18.8											
500	8.1	16.2	24.2	32.2	40.2	48	56						
(550)	7.4	14.8	22.1										
600	6.7	13.5	20.3	26.8	33.6	40.2	46.6	58.3	60				
(650)	6.2	12.5	18.7										
700	5.8	11.6	17.4	23.1	29	34.6	40.2	45.7	51.3	59.6	65.5		
800	5.1	10.2	15.3	20.3	25.3	30.3	34.1	40.2	45.5	52.4	57.5	62.4	
900	4.5	9.0	13.4	18	22.5	27	31.4	35.8	40.2	46.8	51.7	55.7	56.6
1 000	4.0	8.1	12.2	16.3	20.3	24.3	28.3	32.8	36.2	42.3	46.1	50.5	54.9
(1 100)		7.43	11.1	14.8									
1 200		6.8	10.2	13.6	16.9	20.2	23.7	27	30.3	35.3	38.6	41.8	44.4
(1 300)		5.9	9.4	12.5									
1 400		5.5	8.7	11.6	14.5	17.4	20.3	23.2	26.1	30.3	33.2	35.4	38.9
(1 500)		5.2	7.7	10.9									
1 600		5.1	7.2	10.2	12.7	14.5	16.7	19.3	21.7	25.3	27.6	30	31.8
(1 700)			6.8	9.1	10.8								
1 800			6.4	8.6	10.7	12.9	14.8	17.1	19.3	22.5	24.6	26.7	28.8
(1 900)			6.2	8.1	10.2								
2 000			6.1	7.8	9.7	11.6	13.4	15.4	17.3	20.1	22.1	24.1	26
(2 100)				7.4	9.2	11							
2 200				7.1	8.9	10.6	12.1	14	15.8	18.2	20.2	21.5	23.7
(2 300)				6.7	8.5	10.2							
2 400				6.5	8.2	9.8	11.1	12.9	14.4	16.9	18.5	20.1	22.5
2 600					7.6	9.1	10.3	11.9	13.4	15.6	17.0	18.5	20
2 800					7.1	8.6	9.9	11	12.2	14.8	15.9	17.3	18.6
3 000					6.8	7.7	8.9	10.3	11.6	13.5	14.8	16.1	17.4
3 200						7.2	8.4	9.7	10.9	12.7	13.9	15.1	16.3
3 400									10.8		13.2		15.5
3 600									10.3		12.5		14.6
3 800									9.7		11.8		13.8
4 000									9.3		11.2		13.2

表 17　　筒体的容积、面积及质量　　单位：mm

公称直径 D_g	1m 高的容积 V/m^3	1m 高的内表面积 A_B/m^2	一米高筒节钢板质量/kg															
			壁厚															
			3	4	5	6	8	10	12	14	16	18	20	22	24	26	28	30
300	0.071	0.94	22	30	37	44	59											
(350)	0.096	1.10	26	35	44													
400	0.126	1.26	30	40	50	60	79	99	119									
(450)	0.159	1.41	34	45	56	67												
500	0.196	1.51	37	50	62	75	100	125	150	175								
(550)	0.238	1.74	41	55	68	82												
600	0.283	1.88	45	60	75	90	121	150	180	211								
(650)	0.332	2.04		65	81	97	130											
700	0.385	2.20		69	87	105	140	176	213	250								
800	0.503	2.51		79	99	119	159	200	240	280								
900	0.636	2.83		89	112	134	179	224	270	315	363	408						
1 000	0.785	3.14			124	149	199	249	296	348	399	450	503					
(1 100)	0.950	3.46			136	164	218	274										
1 200	1.131	3.77			149	178	238	298	358	418	479	540	602	662				
(1 300)	1.327	4.09			161	193	258	323										
1 400	1.539	4.40			173	208	278	348	418	487	567	630	700	770	840	914	986	1 058
(1 500)	1.767	4.71			186	223	297	372	446									
1 600	2.017	5.03			198	238	317	397	476	556	636	720	800	880	960	1 040	1 124	1 206
1 800	2.545	5.66				267	356	446	536	627	716	806	897	987	1 080	1 170	1 263	1 353
2 000	3.142	6.28				296	397	495	596	695	795	895	995	1 095	1 200	1 300	1 400	1 501
2 200	3.801	6.81				322	436	545	655	714	874	984	1 093	1 204	1 318	1 429	1 540	1 650
2 400	4.524	7.55				356	475	596	714	834	960	1 080	1 194	1 314	1 435	1 556	1 677	1 798
2 600	5.309	8.17					514	644	774	903	1 030	1 160	1 290	1 422	1 553	1 684	1 815	1 946
2 800	6.158	8.80					554	693	831	970	1 110	1 250	1 390	1 531	1 671	1 812	1 953	2 094
3 000	7.030	9.43					593	743	881	1 040	1 190	1 338	1 490	1 640	1 790	1 940	2 091	2 242
3 200	8.050	10.05					632	791	950	1 108	1 267	1 425	1 587	1 745	1 908	2 069	2 229	2 390
3 400	9.075	10.68					672	841	1 008	1 177	1 346	1 517	1 687	1 857	2 027	2 197	2 367	2 538
3 600	10.180	11.32					711	890	1 070	1 246	1 424	1 606	1 785	1 965	2 145	2 325	2 505	2 686
3 800	11.340	11.83					751	939	1 126	1 315	1 514	1 693	1 884	2 074	2 263	2 453	2 643	2 834
4 000	12.566	12.57					790	988	1 186	1 383	1 582	1 780	1 980	2 185	2 380	2 585	2 785	2 985

表 18　以内径为公称直径的碳素钢、普通低合金钢、复合钢板制椭圆形封头的质量

公称直径 D_g	厚度 δ/mm																					
	4	6	8	10	12	14	16	18	20	22	24	26	28	30	32	34	36	38	40	42	46	50
	直边高度 h_2/mm																					
	25			40					50													
	质量 m/kg																					
300	3.88	5.89	7.97																			
(350)	5.12	7.73																				
400	6.53	9.90	13.3	18.3	22.1	26.0	30.0															
(450)	8.20	12.3																				
500	10.0	15.1	20.1	27.1	32.7	38.5	45.2	50.5	59.0													
(550)	11.9	17.9	23.9																			
600	13.8	21.2	28.3	37.7	46.0	53.9	61.5	70.0	80.5	88.6	97.6											
(650)	16.3	24.5	32.7																			
700	18.5	28.2	37.7	50.3	60.0	71.4	81.6	91.8	106	118	130											
800	23.9	36.0	48.4	63.6	71.2	91.3	104	117	136	150	165	179										
900	30.2	45.2	60.9	79.6	97.3	113	129	147	168	186	204	222	239									
1 000	36.7	55.5	74.1	97.4	117	137	157	178	203	224	246	268	290	311								
(1 100)		66.8	89.2	116																		
1 200		78.6	106	137	165	194	222	250	285	315	344	374	404	435	466	497						
(1 300)		91.6	123	159																		
1 400		106	142	184	221	258	296	334	380	420	458	498	538	579	619	659	702	743				
(1 500)		121	162	209																		
1 600		137	185	237	285	334	383	431	488	538	590	642	692	743	795	846	910	953	1 000	1 060		
(1 700)			208	266	320																	
1 800			232	297	358	419	479	540	606	674	736	800	864	928	993	1 060	1 120	1 180	1 250	1 320	1 450	1 580
1 900			258	330	379																	
2 000			284	364	438	513	588	663	746	822	902	978	1 060	1 130	1 210	1 280	1 360	1 460	1 520	1 600	1 760	1 930
(2 100)				400	482	563																
2 200				438	527	616	705	782	895	987	1 080	1 170	1 260	1 360	1 450	1 540	1 640	1 730	1 830	1 920	2 120	2 310
(2 300)				474	575	672																
2 400				519	622	728	835	940	1 052	1 160	1 280	1 380	1 500	1 600	1 720	1 820	1 940	2 040	2 160	2 260	2 500	2 720
2 600					730	852	975	1 100	1 230	1 360	1 490	1 620	1 740	1 870	2 000	2 120	2 260	2 390	2 520	2 640	2 910	3 170
2 800					842	985	1 120	1 270	1 420	1 570	1 720	1 860	2 010	2 160	2 300	2 450	2 600	2 750	2 900	3 040	3 350	3 660
3 000					965	1 120	1 280	1 450	1 620	1 780	1 960	2 130	2 300	2 460	2 630	2 800	2 970	3 140	3 310	3 480	3 820	
3 200						1 270	1 460	1 640	1 840	2 040	2 220	2 410	2 600	2 790	2 980	3 170	3 360	3 560	3 760	3 940		
3 400									2 080		2 500		2 920		3 350		3 780					
3 600									2 320		2 800		3 260		3 740		4 220					
3 800									2 570		3 100		3 630		4 160		4 680					
4 000									2 850		3 440		4 010		4 600		5 180					

表 19　真空筒体壁厚　　单位：mm

容器长度与直径之比	公称直径											
	400	500	600	700	800	900	1 000	1 200	1 400	1 600	1 800	2 000
	筒体壁厚											
1	3	3	4	4	4	4.5	5	6	6	8	8	8
2	3	4	4	4.5	5	6	6	8	8	10	10	12
3	4	4	4.5	5	6	8	8	8	8	10	12	14
4	4	4.5	5	6	8	8	8	10	10	12	14	14
5	4	5	6	6	8	8	10	10	12	12	14	14

注：真空按外压 $1kg/cm^2$ 计算。

表 20　带夹套受内外压筒体壁厚

容器的长度与直径之比	公称直径/mm																										
	600			700			800			900			1 000			1 200			1 400			1 600			1 800		
	夹套内压力/(kg/m^2),容器内压力≤$10kg/cm^2$																										
	2.5	4	6	2.5	4	6	2.5	4	6	2.5	4	6	2.5	4	6	2.5	4	6	2.5	4	6	2.5	4	6	2.5	4	6
	筒体壁厚																										
1	6	6	6	6	6	8	6	8	8	6	8	8	8	8	10	8	10	10	10	10	12	10	12	12	12	12	14
2	6	8	8	6	8	10	8	10	10	8	10	12	10	10	12	10	12	12	12	12	14	12	14	16	14	16	18
3	8	8	10	8	10	10	10	10	12	10	12	14	10	14	14	12	12	16	14	16	18	14	16	20	16	18	22
4	8	10	10	8	10	12	10	12	14	12	12	14	12	14	16	14	14	16	16	16	20	16	18	20	18	20	24
5	8	10	12	10	12	12	10	12	14	12	14	16	12	14	18	14	16	20	16	18	20	18	20	24	18	22	26

注：以上两表适用工作温度≤150℃，屈服限 σ_s 为 2 100～2 700kg/cm^2 的 A_3，A_3F、15g、20g、0Cr13、1Cr13 制的设备。

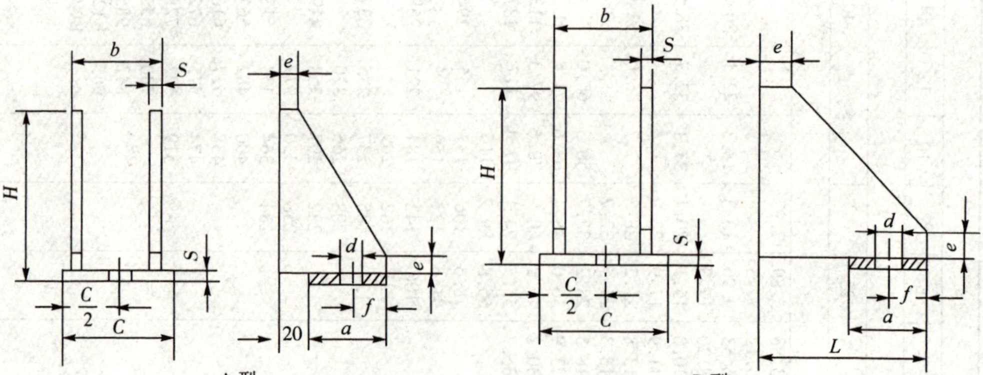

A 型　　B 型

表 21,22　附图　悬挂式支座结构尺寸

表 21　　A型悬挂式支座尺寸

支座的允许负荷/t	支座的支撑面积/cm^2	支撑面上单位压力/(kg/cm^2)	尺寸/mm								质量/kg
			a	*b*	*c*	*d*	*e*	*f*	*H*	*S*	
0.10	45.2	2.21	55	70	85	14	15	30	125	4	0.53
0.25	57	4.38	65	75	90	14	15	35	140	6	1.00
0.50	72.5	6.90	75	85	100	18	15	40	155	6	1.23
1.00	89.2	11.2	85	90	110	23	15	45	170	8	2.00
2.50	185	13.5	120	140	160	30	20	60	215	8	3.18
4.00	305	13.1	160	170	195	30	25	80	280	10	7.35
6.00	461	13.0	200	205	235	34	25	100	350	12	13.2
8.00	639	12.5	240	240	270	34	25	120	420	14	21.5

表 22　　B型悬挂式支座尺寸

支座的允许负荷/t	支座的支撑面积/cm^2	支座面上单位压力/(kg/cm^2)	尺寸/mm										质量/kg
			L	*a*	*b*	*c*	*d*	*e*	*e'*	*f*	*H*	*S*	
0.10	83.5	1.2	170	100	70	85	14	25	40	30	160	6	2.06
0.25	93	2.69	175	105	75	90	14	25	40	35	170	6	2.26
0.50	108	4.63	190	110	85	100	18	25	40	40	180	6	2.56
1.00	123	8.13	195	115	90	110	23	30	45	45	190	8	3.80
2.50	217	11.5	240	140	140	160	30	30	45	60	230	10	7.16
4.00	344	11.6	280	180	170	195	30	30	45	80	280	12	12.4
6.00	508	11.8	330	220	205	235	34	35	50	100	360	14	21.1
8.00	693	11.5	370	260	240	270	34	40	70	120	410	14	27.8

表 23　　支撑式支座尺寸

支座的允许负荷/t	支座的支撑面积/cm^2	支撑面上的压力/(kg/cm^2)	尺寸/mm									容器的公称直径D_g/mm	尺寸*A*的推荐值/mm	质量/kg
			a	*b*	*c*	*d*	*e*	*H*	*K*	*L*	*S*			
0.1	40.5	2.5	60	60	70	14	30	150	35	90	4	300 (350) 400 (450)	105 125 140 165	0.79
0.25	85.5	2.9	80	95	110	18	40	180	55	110	6	500 (550) 600 (650)	175 200 210 235	2.03

续表

支座的允许负荷/t	支座的支撑面积/cm²	支撑面上的压力/(kg/cm²)	尺寸/mm									容器的公称直径 D_g/mm	尺寸 A 的推荐值/mm	质量/kg
			a	*b*	*c*	*d*	*e*	*H*	*K*	*L*	*S*			
0.50	172	2.9	110	135	160	23	55	240	80	195	10	700 800 900 1 000	245 280 315 350	6.63
1.00	311	3.2	150	180	210	23	75	300	105	245	14	(1 100) 1 200 (1 300) 1 400	370 420 475 525	14.5
2.50	444	5.6	180	215	250	27	90	350	125	290	16	(1 500) 1 600 (1 700) 1 800	550 600 625 675	23.4
4.00	514	7.8	200	225	260	27	100	400	130	330	18	(1 900) 2 000 (2 100) 2 200	700 750 775 825	28.8
6.00	711	8.4	240	260	300	34	110	450	150	370	18	2 400 2 600	900 975	59.8
8.00	839	9.6	265	270	320	34	120	500	160	400	22	2 800 3 000	1 050 1 125	75.8

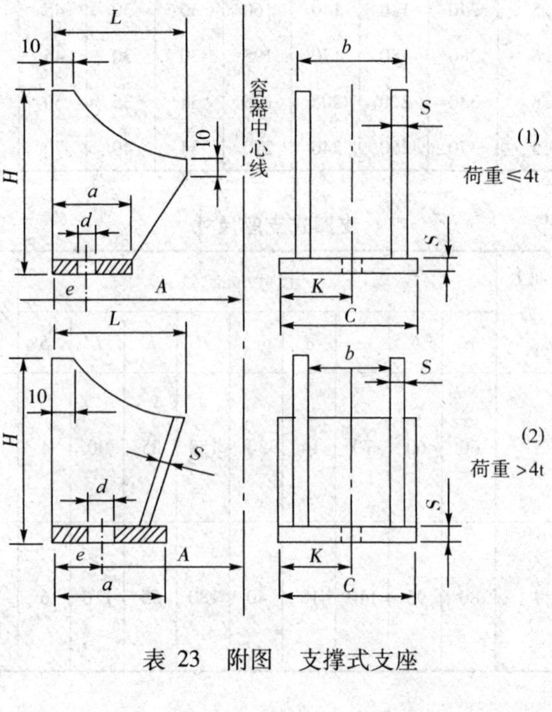

表 23 附图 支撑式支座

表 24　**国内几种保温材料性能表**

序号	材料名称	体积质量 $/(kg/m^3)$	耐热温度/℃	导热系数(λ) /[kcal/(m·h·℃)]	材料强度 $/(kg/cm^2)$
1	泡沫混凝土	400～450	250～350	0.105+0.0002tcp	4～8
2	粉煤灰泡沫混凝土	450～500	510	0.085+0.00017tcp	4～6
3	矿渣棉	300～350	600	0.058+0.000185tcp	松
4	焙烧矽藻土				
	A 级	450	800	0.047+0.000173tcp	5～6
	B 级	550	800	0.073+0.000184tcp	7～9
	C 级	650	800	0.086+0.000196tcp	11～15
5	泡沫矽藻土	350～500	600	0.052+0.00011tcp	3～5
6	石棉矽藻土	450～550	600	0.07～0.09	3～5
7	水泥蛭石	450～500	800	0.08～0.12	3～4
8	碳酸镁石棉				
	A 级	280	300	0.06～0.08	2.5～4
	B 级	360	300	0.09～0.11	2.5～4
9	碳酸钙石棉泥				
	轻质	600	300	>0.07	
	中质	860	300	>0.08	
10	石棉松绳	450	200	>0.075	松

注：1kcal＝4.186kJ

表 25　**通用式发酵罐系列**

公称容积	罐内径 /mm	圆柱高 H_0 /mm	封头高 h /mm	罐体总高 H /mm	封头容积	圆柱部分容积	不计上封头的容积	全容积	搅拌桨直径 D_t /mm	搅拌转数/(r/min)	电动机功率 /kW	搅拌轴直径 /mm	冷却方式
50L	320	640	105	850	6.3L	52L	58.3L	64.6L	112	470	0.4	25	
100L	400	800	125	1 050	11.5L	100L	112L	123L	135	400	0.4	25	
200L	500	1 000	150	1 300	21.3L	197L	218L	239L	168	360	0.6	25	夹套
500L	700	1 400	200	1 800	54.5L	540L	595L	649L	245	265	1.1	35	
$1.0m^3$	900	1 800	250	2 300	$0.112m^3$	$1.14m^3$	$1.25m^3$	$1.36m^3$	315	220	1.5	35	
$5.0m^3$	1 500	3 000	400	3 800	$0.487m^3$	$5.3m^3$	$5.79m^3$	$6.27m^3$	525	160	5.5	50	
$10m^3$	1 800	3 600	475	4 550	$0.826m^3$	$9.15m^3$	$9.98m^3$	$10.8m^3$	630	145	13	65	夹套或列管
$20m^3$	2 300	4 600	615	5 830	$1.76m^3$	$19.1m^3$	$20.86m^3$	$22.6m^3$	770	125	23	80	
$50m^3$	3 100	6 200	815	7 830	$4.2m^3$	$46.8m^3$	$51m^3$	$55.2m^3$	1 050	110	55	110	列管
$100m^3$	4 000	8 000	1 040	10 080	$9.02m^3$	$100m^3$	$109m^3$	$118m^3$	1 350	△	△	△	
$200m^3$	5 000	10 000	1 300	12 600	$16.4m^3$	$197m^3$	$213m^3$	$230m^3$	1 700	△	△	△	

注：(1) 本表以谷氨酸发酵罐为依据(采用两组六弯叶搅拌桨)。

(2) $100m^3$ 以上的发酵罐要考虑传动的方式，故有△的几项未列入。

二、生物工程设计常用规范和标准

（一）常用规范和标准名称

工程设计必须执行一定的规范和标准，才能保证设计质量。标准主要指企业的产品，规范侧重于设计所要遵守的规程。标准与规范是不可分割的，由于它们会不断地更新，设计人员要将最新的内容用于设计中。按指令性质可将标准和规范分为强制性与推荐性两类。强制性标准是法律、行政法规规定强制执行的标准，是保障人体健康、安全的标准。而推荐性标准则不具强制性，任何单位均有权决定是否采用，如违反这些标准并不负经济或法律方面的责任。按发行单位又可将规范和标准分为国家标准、行业标准、地方标准和企业标准。以下为生物工程设计中常用的有关规范和标准。

1. 《轻工业建设项目初步设计编制内容深度规定》QBJS 6—2005；
2. 《轻工业建设项目可行性研究报告编制内容深度规定》QBJS 5—2005；
3. 《轻工业建设项目施工图设计编制内容深度规定》QBJS 34—2005；
4. 《轻工业工程设计概算编制办法》QBJS 10—2005；
5. 《药品生产质量管理规范》（1998 年修订，国家药品监督管理局颁发）；
6. 《药品生产质量管理规范实施指南》（2001 年版. 中国化学制药工业协会，中国医药工业公司）；
7. 《医药工业洁净厂房设计规范》（国家医药管理局颁布，1996 年）；
8. 《洁净厂房设计规范》GB 50073—2001；
9. 《建筑设计防火规范》GBJ 16—1987（2001 年版）；
10. 《爆炸和火灾危险环境电力装置设计规范》GB 50058—1992；
11. 《工业企业设计卫生标准》GBZ 1—2002；
12. 《污水综合排放标准》GB 8978—1996；
13. 《工业企业厂界噪声标准》GB 12348—1990；
14. 《工业企业采暖通风与空气调节设计规范》GBJ 19—1987；
15. 《钢制压力容器》GB 150；
16. 《工业企业采光设计标准》GB 50033；
17. 《工业企业照明设计标准》GB 12348—1991；
18. 《工业建筑防腐蚀设计规范》GB 50046—1995；
19. 《化工企业安全卫生设计规定》HG 207；
20. 《化工装置设备布置设计规范》HG 20546；
21. 《化工装置管道布置设计规范》HG/T 20549；
22. 《医药建设项目初步设计内容及深度规定》[国家医药管理局文件，国药综经字（1995），第 397 号]；
23. 《医药建设项目可行性研究报告内容及深度规定》[国家医药管理局文件，国药综经字（1995），第 397 号]；
24. 中华人民共和国国务院令[1998]年第 253 号《建设项目环境保护管理条例》；

25.《工业企业噪声控制设计规范》GBJ 87—1985；
26.《环境空气质量标准》B 3095—1996；
27.《锅炉大气污染物排放标准》GWPB 3—1999；
28.《建筑灭火器配置设计规范》GBJ 140—1990；
29.《建筑防雷设计规范》GB 50057—1994；
30.《火灾自动报警系统设计规范》GB 50116—1998；
31.《建筑内部装修设计防火规范》GB 50222—1995；
32.《自动喷水灭火设计规范》GB 450084—2001；
33.《建筑结构荷载设计规范》GBJ 9—1987；
34.《民用建筑设计通则规范》JGJ—1987；
35.《建筑结构设计统一标准》GB 50068—2001；
36.《建筑给排水设计规范》GBJ 15—1988；
37.《建筑结构制图标准》GB/T 50105—2001；
38.《建筑地面设计规范》GB 50037—1996；
39.《通风与空气工程施工及验收规范》GB 50243—1997；
40.《自动化仪表选型规定》HG 20507—1992；
41.《工矿企业总平面设计规范》GB 50187—1993；
42.《化工企业总图运输设计规范》HG/T 20649—1998；
43.《食品企业通用卫生规范》GB 14881—1994。

（二）污水综合排放标准

（GB 8978—1996 1998 -01 -01 实施）

本标准按照污水排放去向，分年限规定了 69 种水污染物最高允许排放浓度及部分行业最高允许排水量。本标准适用于现有单位水污染物的排放管理，以及建设项目的环境影响评价、建设项目环境保护设施设计、竣工验收及其投产后的排放管理。1997 年 12 月 31 日之前建设（包括改、扩）的石化企业，COD 一级标准值由 100mg/L 调整为 120mg/L，有单独外排口的特殊石化装置的 COD 标准值按照一级：160mg/L，二级：250mg/L 执行，特殊石化装置指：丙烯腈 - 腈纶、己内酰胺、环氧氯丙烷、环氧丙烷、间甲酚、BHT、PTA、奈系列和催化剂生产装置）。

为贯彻《中华人民共和国环境保护法》、《中华人民共和国水污染防治法》和《中华人民共和国海洋环境保护法》，控制水污染，保护江河、湖泊、运河、渠道、水库和海洋等地面水以及地下水水质的良好状态，保障人体健康，维护生态平衡，促进国民经济和城乡建设的发展，特制定本标准。

1　主题内容与适用范围

1.1　主题内容

本标准按照污水排放去向，分年限规定了 69 种水污染物最高允许排放浓度及部分行业最高允许排水量。

1.2　适用范围

本标准适用于现有单位水污染物的排放管理，以及建设项目的环境影响评价、建设项目环境保护设施设计、竣工验收及其投产后的排放管理。

1.3　本标准颁布后，新增加国家行业水污染物排放标准的行业，按其适用范围执行相应的国家水污染物行业标准，不再执行本标准。

2　引用标准

下列标准所包含的条文，通过在本标准中引用而构成为本标准的条文。

GB 3097—1982 海水水质标准

GB 3838—1988 地面水环境质量标准

GB 8703—1988 地面水环境质量标准

GB 8703—1988 辐射防护规定

3　定义

3.1　污水：指在生产与生活活动中排放的水的总称。

3.2　排水量：指在生产过程中直接用于工艺生产的水的排放量。不包括间接冷却水、厂区锅炉、电站排水。

3.3　一切排污单位：指本标准适用范围所包括的一切排污单位。

3.4　其他排污单位：指在某一控制项目中，除所列行业外的一切排污单位。

4　技术内容

4.1　标准分级

4.1.1　排入 GB3838Ⅲ类水域（划定的保护区和游泳区除外）和排入 GB3097 中二类海域的污水，执行一级标准。

4.1.2　排入 GB 3838 中Ⅳ、Ⅴ类水域和排入 GB3097 中三类海域的污水，执行二级标准。

4.1.3　排入设置二级污水处理厂的城镇排水系统的污水，执行三级标准。

4.1.4　排入未设置二级污水处理厂的城镇排水系统的污水，必须根据排水系统出水受纳水域的功能要求，分别执行 4.1.1 和 4.1.2 的规定。

4.1.5　GB3838 中Ⅰ、Ⅱ类水域和Ⅲ类水域中划定的保护区，GB3097 中一类海域，禁止新建排污口，现有排污口应按水体功能要求，实行污染物总量控制，以保证受纳水体水质符合规定用途的水质标准。

4.2　标准值

4.2.1　本标准将排放的污染物按其性质及控制方式分为两类。

4.2.1.1　第一类污染物，不分行业和污水排放方式，也不分受纳水体的功能类别，一律在车间或车间处理设施排放口采样，其最高允许排放浓度必须达到本标准要求（采矿行业的尾矿坝出水口不得视为车间排放口）。

4.2.1.2　第二类污染物，在排污单位排放口采样，其最高允许排放浓度必须达到本标准要求。

4.2.2　本标准按年限规定了第一类污染物和第二类污染物最高允许排放浓度及部分行业最高允许排水量，分别为：

4.2.2.1　1997 年 12 月 31 日之前建设（包括改、扩建）的单位，水污染物的排放必须同时执行表1、表2、表3* 的规定。

4.2.2.2　1998年1月1日起建设(包括改、扩建)的单位,水污染物的排放必须同时执行表1、表4*、表5* 的规定。

4.2.2.3　建设(包括改、扩建)单位的建设时间,以环境影响评价报告书(表)批准日期为准划分。

4.3　其他规定

4.3.1　同一排放口排放两种或两种以上不同类别的污水,且每种污水的排放标准又不同时,其混合污水的排放标准按附录A计算。

4.3.2　工业污水污染物的最高允许排放负荷量按附录B计算。

4.3.3　污染物最高允许年排放总量按附录C计算。

4.3.4 对于排放含有放射性物质的污水,除执行本标准外,还须符合GB8703－1988《辐射防护规定》。

表 1　第一类污染物最高允许排放浓度　单位：mg/L

序　号	污染物	最高允许排放浓度	序　号	污染物	最高允许排放浓度
1	总　汞	0.05	8	总　镍	1.0
2	烷基汞	不得检出	9	苯并(a)芘	0.00003
3	总　镉	0.1	10	总　铍	0.005
4	总　铬	1.5	11	总　银	0.5
5	六价铬	0.5	12	总α放射性	1Bq/L
6	总　砷	0.5	13	总β放射性	10Bq/L
7	总　铅	1.0			

表 2　第二类污染物最高允许排放浓度

(1997年12月31日之前建设的单位)　单位：mg/L

序号	污染物	适用范围	一级标准	二级标准	三级标准
1	pH	一切排污单位	6~9	6~9	6~9
2	色度(稀释倍数)	染料工业	50	180	—
		其他排污单位	50	80	—
		采矿、选矿、选煤工业	100	300	—
		脉金选矿	100	500	—
3	悬浮物(SS)	边远地区砂金选矿	100	800	—
		城镇二级污水处理厂	20	30	—
		其他排污单位	70	200	400
		甘蔗制糖、苎麻脱胶、湿法纤维板工业	30	100	600
4	五日生化需氧量(BOD_5)	甜菜制糖、酒精、味精、皮革、化纤浆粕工业	30	150	600

* 本标准中表3、表4、表5未列出——编者注。

续表

序号	污染物	适用范围	一级标准	二级标准	三级标准
		城镇二级污水处理厂	20	30	—
		其他排污单位	30	60	300
		甜菜制糖、焦化、合成脂肪酸、湿法纤维板、染料、洗毛、有机磷农药工业	100	200	1 000
		味精、酒精、医药原料药、生物制药、苎麻脱胶、皮革、化纤浆粕工业	100	300	1 000
		石油化工工业(包括石油炼制)	100	150	500
5	化学需氧量(COD)	城镇二级污水处理厂	60	120	—
6	石油类	其他排污单位	100	150	500
7	动植物油	一切排污单位	10	10	30
8	挥发酚	一切排污单位	20	20	100
9	总氰化合物	一切排污单位	0.5	0.5	2.0
		电影洗片(铁氰化合物)	0.5	5.0	5.0
10	硫化物	其他排污单位	0.5	0.5	1.0
11	氨　氮	一切排污单位	1.0	1.0	2.0
		医药原料药、染料、石油化工工业	15	50	—
		其他排污单位	15	25	—
12	氟化物	黄磷工业	10	20	20
		低氟地区(水体含氟量<0.5mg/L)	10	10	20
13	磷酸盐(以P计)	其他排污单位	0.5	1.0	—
14	甲　醛	一切排污单位	—	—	—
15	苯胺类	一切排污单位	1.0	2.0	5.0
16	硝基苯类	一切排污单位	2.0	3.0	5.0
17	阴离子表面活性剂(LAS)	合成洗涤剂工业	5.0	15	20
		其他排污单位	5.0	10	20
18	总　铜	一切排污单位	5.0	1.0	2.0
19	总　锌	一切排污单位	2.0	5.0	5.0
20	总　锰	合成脂肪酸工业	2.0	5.0	5.0
		其他排污单位	2.0	2.0	5.0
21	彩色显影剂	电影洗片	2.0	3.0	5.0
22	显影剂及氧化物总量	电影洗片	3.0	6.0	6.0
23	元素磷	一切排污单位	0.1	0.3	0.3
24	有机磷农药(以P计)	一切排污单位	不得检出	0.5	0.5

续表

序号	污染物	适用范围	一级标准	二级标准	三级标准
25	粪大肠菌群数	医院、兽医院及医疗机构含病原体污水	500 个/L	1 000 个/L	5 000 个/L
		传染病、结核病医院污水	100 个/L	500 个/L	1 000 个/L
26	总余氯(采用氯化消毒的医院污水)	医院、兽医院及医疗机构含病原体污水	<0.5	>3(接触时间≥1h)	>2(接触时间≥1h)
		传染病、结核病医院污水	<0.5	>6.5(接触时间≥1.5h)	>5(接触时间≥1.5h)

(三) 药品生产环境洁净度分区

表 3　　药品生产环境洁净度分区

药品类型		100 级	10 000 级	100 000 级	300 000 级	备注
无菌药品	最终灭菌药品	大容量注射剂(≥50mL)的灌封	① 注射剂的稀配、过滤；② 小容量注射剂的灌封；③ 直接接触药品包装材料的最终处理	注射剂浓配或采用密闭系统的稀配		① 100 级：含 100 级洁净区或 10 000 级背景下的局部 100 级(以下均同)；② 含放射性药品和中药制剂
	非最终灭菌药品	① 药液配制(灌装前不需除菌过滤)；② 注射剂的灌封、分装和压塞；③ 内包材料最终处理后的暴露环境	药液配制(灌装前需除菌滤过的)	① 轧盖；② 直接接触药品包装材料最后一次精洗的最低要求		含放射性药品和中药制剂
	其他		供角膜创伤手术用滴眼剂的配制、灌装			含放射性药品和中药制剂
非无菌药品				① 非最终灭菌口服液；② 深部组织创伤外用药品；③ 眼用药品；④ 腔道用药(直肠用药除外)	① 最终灭菌口服液；② 口服固体药品；③ 表皮外用药品；④ 直肠用药；⑤ 放射免疫分析药盒	① 标注在 100 000 级或 300 000 级的各剂型均为生产中暴露工序的最低要求；② 含放射性药品和中药制剂

续表

药品类型	100 级	10 000 级	100 000 级	300 000 级	备注
原料药	标准中列有无菌检查项目的原料药生产			其他原料药的生产暴露环境的最低要求	含放射性药品和中药制剂
生物制品	灌装前不经除菌滤过的制品：配制、合并、灌封、冻干、加塞、添加稳定剂、佐剂、灭活剂等	① 灌装前经除菌滤过的制品：配制、合并、精制、添加稳定剂、佐剂、灭活剂、除菌过滤、超滤等； ② 体外免疫诊断试剂阳性血清分装，抗体－抗体分装	① 原料血浆的合并、非低温提取、分装前的巴士消毒、轧盖及制品最终容量的精洗； ② 口服制剂； ③ 发酵培养密闭系统环境，暴露部分需无菌操作； ④ 酶联免疫吸附试剂：包装、配液、分装、干燥； ⑤ 胶体金试剂、聚合酶链反应试剂（PCR）、纸片法试剂等体外免疫试剂； ⑥ 溶部组织创伤用制品、体表创伤用制品		各类制品生产过程中涉及高危致病因子的操作，其空气洁净系统等设施还应符合特殊规定

（四）酒精行业规范和标准

表 4　　酒精行业清洁生产技术要求规范

项目		单位	一级	二级	三级
淀粉质原料酒精产率	玉米	%	55	53	52
	薯干		57	56	54
糖质原料酒精产率	糖蜜		55	53	51
耗水量	玉米	m^3/kL	40	100	120
	薯干		35	90	100
	糖蜜		25	60	80

续表

项目		单位	一级	二级	三级
耗电量	玉米	kW·h/kL	180	220	240
	薯干		160	190	220
	糖蜜		30	40	45
耗标煤量	玉米	kg/kL	500	650	750
	薯干		450	600	700
	糖蜜		350	500	600
综合能耗	玉米		577	744	853
	薯干		519	682	794
	糖蜜		363	517	619
酒精糟液回用率	玉米	%	50	45	30
冷却水回用率	玉米 薯干		100	95	90
废水产生量		m^3/kL	25	35	50
COD_{cr}产生量		kg/kL	250	400	600
酒糟回收利用率			100%回收并加工(DDGS)	100%回收并利用(饲料)	100%不排入下水道或环境中
废酵母回收利用率(糖蜜类原料)			100%回收并加工利用(DDGS、医药、食品添加剂等)	100%回收并加工利用(饲料)	100%不排入下水道或环境中
锅炉渣回收利用率			100%回收并利用		
CO_2(发酵产生)回收利用率			100%回收并利用		50%回收并利用
清洁生产审核			按国家环保总局编制的酒精行业企业清洁生产审核指南进行审核		
环境管理制度			按ISO 14001运行完全达标	按ISO 14001运行	按ISO 14001运行基本达标
生产过程环境管理			通过ISO 14001认证	符合ISO 14001认证要求	基本符合ISO 14001管理体系

表5　1998年1月1日后建设的酒精企业污染物排放标准

污染物	单　位	适用原料	一级标准	二级标准	三级标准
pH		全部	6～9		
生化需氧量(BOD_5)	mg/L		20	100	600
化学需氧量(COD_{cr})			100	300	1 000
允许排水量	m^3/t酒精	玉米	100		
		薯类	80		
		糖蜜	70		

注：1. 1997年12月31日前建设的酒精行业允许污染物排放标准与上表差别在于，生化需氧量(BOD_5)一级标准30mg/L、二级标准150mg/L。

2. 一级，国际清洁生产先进水平；二级，国内清洁生产先进水平；三级，国内清洁生产基本水平。

三、部分通用设备规格型号

表 1　常用泵的类型和综合性能

类　型	型　号	流量/(m^3/h)	扬程/m 液柱	允许吸上真空高/m	效率/%	比转数 n_s	原动机	用　途
叶片式泵 1. 离心式清水泵 (1) 单级单吸悬臂式	B 型(旧型号为 BA 型或 K 型)	4.5~360	8~98	4~8	40~84 (一般 60~80)	60~250	电动机	吸送清水及物化性质类似水的液体，最高温度不超过 80℃
(2) 单级双吸泵壳中开式	Sh 型 SA 型(旧型号为 HⅡC 型)	102~12 500 90~28 600	9~140 8~104	1.3~6 1~7	65~91 65~92	60~220 60~220	电动机	
(3) 单吸多级分段式	D 型 (旧型号为 DA 或 DKS 型)	10~720	23~630	4.5~7	55~80	80~90	电动机	
(4) 锅炉给水泵	GC 型	10~55	5.4~301 (单级 27~43)	4.6~5.6	40~62	50~80	电动机	供锅炉给水用及输送物化性质类似水之液体，最高温度不超过 105℃
(5) 冷凝水泵	N 型(旧类号为 DN 型)	10~510	54~140	灌注高 1.5~22	45~71	50~60	电动机	供输送冷凝水用，最高温度不超过 80℃
2. 离心式单级、多级油泵	Y 型(单吸) YS 型(双吸)	2.5~600	35~660	允许汽蚀余量 1.9~6m	20~72		电动机 (或汽轮机)	输送不含固体颗粒的石油及其产品，介质温度 -45~400℃
3. 离心式管道油泵	YG	6.25~360	24~150	允许汽蚀余量 2~4.5m	30~80		电动机	输送汽油、煤油、柴油等石油产品，也可供输送清水或其他无腐蚀性液体

4. 离心式耐腐蚀泵 （1）金属耐腐蚀泵	F 型 - 接触液部件材质不同，其代号分别为 B：材质 1Gr18Ni9 E：材质 Gr28 G_1：材质高硅铁 H：材质 HT20—40 J：材质耐碱铝铸铁 L：材质 1Gr13 M：材质 Gr18Ni12 Mo2Ti Q：材质硬铅 U：材质铝青铜 铜 9—4	2～400	15～105	4～6.7	16.6～82	30～170	电动机	输送不含固体颗粒、有腐蚀性液体介质温度 -50～150℃
（2）塑料耐腐蚀泵	100，130，150，200，101，102 型（触液部件材质：硬聚氯乙烯）	5.4～52	6～35	1.9～6.7	50～60		电动机	输送不含固体颗粒的有腐蚀性液体，介质温度不超过 40℃
	FS 型（触液部件材质环氧玻璃钢）	8～190	17～42	4.2～6.5	44～78		电动机	输送不含固体颗粒的有腐蚀性液体，介质温度 -20～105℃
（3）金属耐腐蚀液下泵	FY 型（触液部件材质符号同金属耐腐蚀泵）	3.27～54	13.2～25.5		37～66	30～170	电动机	
（4）陶瓷耐腐蚀泵	HTB 型	10	20				电动机	输送不含固体颗粒的有腐蚀性液体，介质温度 -15～100℃（急变温差不大于 50℃）
（5）玻璃泵	BHX 型	6～40	9～25				电动机	输送硫酸（除 98%）、盐酸、稀硝酸、碱液、其他弱酸及有机溶剂，介质温度 -20～100℃（急变温差不大于 70℃）

续表

类　型	型　号	流量/(m^3/h)	扬程/m 液柱	允许吸上真空高/m	效率/%	比转数 n_s	原动机	用　途
5. 旋涡泵	W 型 WZ 型 （WZ 型与 W 型区别在于排出口上加了空气罩或排气罩，扬程低1~2m，效率低1%）	0.36~16.9	16~132	2.5~7	8.5~39	9~27	电动机	输送清水及其他不含固体颗粒的腐蚀性液体（黏度＜6°E）。介质温度 -20~80℃
容积式泵 1. 往复式泵 （1）双缸双作用蒸汽直接作用往复泵	2QS 型	1.3~170	~1.75MPa	4	65~75		蒸汽活塞	锅炉给水或输送105℃以下无腐蚀 无固体颗粒的石油及石油产品
（2）单缸双作用蒸汽活塞油泵	1QY 型 1QYR 型	3~44 3~56	~6.4 ~4.0MPa	4	70~75		蒸汽活塞	1QY 型适用于输送±46℃的丙烷、丁烷或丙丁烷混合物。1QYR 适用于输送320~400℃非腐蚀性、无颗粒的易挥发石油或其他液体
（3）双缸双作用电动往复泵	2DS 型	24~50	6~10				电动机	适用于输送无腐蚀性、无固体颗粒的液体，介质温度不超过60℃
（4）比例泵	1DB 型 2DB 型	0~0.75	2.5~ 14.0MPa				电动机	供定量输送无腐蚀性石油、石油产品及化学药剂等，介质温度不超过80℃
（5）手摇泵	S（皮碗式） SH（活塞式）	0.9~4.9	30	4.5			人工	供人工抽吸清水及其他不含固体颗粒的无腐蚀性介质之用
2. 转子式泵 （1）齿轮油泵	KCB 型	1~5	0.33~ 1.45MPa	3~5	45~55		电动机	输送60℃以下、黏度在10°E 以下（50℃）的石油、重油或其他类似液体
（2）螺杆油泵	U 型	~600	~10.0MPa	4~5.5	60~80		电动机	输送不含固体颗粒、黏度1.5~80°E、温度低于80℃、无腐蚀性的润滑油或燃料用油

表 2　BA 型单级卧式离心清水泵详细说明

BA 型泵系列有：

11/2BA－6、2BA－6、2BA－9、3BA－6、3BA－9、3BA－13、4BA－6、4BA－8、4BA－12、4BA－18、4BA－25、6BA－8、6BA－12、6BA－18、8BA－12、8BA－18、8BA－25、17 个基本型号和 22 个变型型号。

使用范围：

适用于工业和城市给排水、高层建筑增压送水、园林喷灌、消防增压、远距离输送、暖通制冷循环、浴室等冷暖水循环增压及设备配套，使用温度 $T \leqslant 80℃$。

广泛适用于：冶金、化工、纺织、造纸以及宾馆饭店等锅炉热水增压循环输送。

性能参数：

型　号	流量 Q		总扬程 H/m	转速 /(r/min)	功率 N/kW		效率/%	允许吸上真空度 HS/m	叶轮直径 D/mm	质量泵/底座/kg
	m^3/h	L/S			轴功率	电动机				
11/2BA－6	6	1.6	20.3	2 900	0.745	Y90S－2	44	6.6	126	25/20
	11	3	17.4		0.94		55.5	6.7		
	14	3.9	14		0.01	1.5	53	6.0		
11/2BA－6A	5	1.4	16	2 900	0.578	Y90S－2	38	6.5	115	25/20
	9.5	2.6	14.2		0.713		51.5	6.9		
	13.5	3.8	11.2		0.825	1.5	50	6.1		
11/2BA－6B	4.5	1.3	12.8	2 900	0.448	Y802－2	35	6.4	105	25/20
	9	2.5	11.4		0.57		49	7.0		
	13	3.6	8.8		0.693	1.1	45	6.3		
2BA－6	10	2.8	34.5	2 900	1.86	Y112M－2	50.6	8.7	162	42/28
	20	5.5	30.8		2.61		64	7.2		
	30	8.3	24		3.09	4	63.5	5.7		
2BA－6A	10	2.8	28.5	2 900	1.43	Y00L－2	54.5	8.7	148	42/28
	20	5.5	25.2		2.08		65.6	7.2		
	30	8.3	20		2.55	3	64.1	5.7		
2BA－6B	10	2.8	22	2 900	1.10	Y90L－2	54.9	8.7	132	42/28
	20	5.5	18.8		1.57		65	7.2		
	25	6.9	16.3		1.73	2.2	94	6.6		
2BA－9	11	3	21	2 900	1.12	Y90L－2	56	8.0	127	40/28
	20	5.5	18.5		1.48		68	6.8		
	25	7	16		1.66	2.2	66	6.0		
2BA－9A	10	2.8	16.8	2 900	0.85	Y90S－2	54	8.1	117	40/28
	17	4.7	15		1.07		65	7.3		
	22	6.1	13		1.23	1.5	63	6.5		
2BA－9B	10	2.8	13	2 900	0.695	Y90S－2	51	8.1	106	40/28
	15	4.2	12		0.82		60	7.6		
	20	5.6	10.3		0.89	1.5	62	6.8		

续表

型　号	流量 Q		总扬程	转速	功率 N/kW		效率/%	允许吸上真空度	叶轮直径	质量泵/
	m^3/h	L/S	H/m	/(r/min)	轴功率	电动机		HS/m	D/mm	底座/kg
3BA－6	30	8.3	62	2 900	9.30	Y160L－2	54.4	7.7	218	99/80
	45	12.5	57		11.0		73.5	6.7		
	60	16.7	50		12.3	18.5	66.3	5.6		
	70	19.5	44.5		13.3		64	4.7		
3BA－6A	30	8.3	45	2 900	6.65	Y160M2－2	55	7.5	192	99/80
	40	11.1	41.5		7.30		62	7.1		
	50	13.9	37.5		7.98	15	64	7.1		
	60	17.7	30		8.30		59	6.4		
3BA－9	40	8.3	35.5	2 900	4.64	Y132S2－2	62.5	7.0	168	69/46
	45	12.5	32.6		5.56		71.5	5.0		
	55	15.1	28.8		6.32	7.5	68.2	3.0		
3BA－9A	25	7	26.2	2 900	2.83	Y132S1－2	63.7	7.0	145	69/46
	35	9.7	25		3.35		70.8	6.4		
	45	12.5	22.5		3.87	5.5	71.2	5.0		

表 3　　单级单吸全不锈钢耐腐蚀离心泵

型　号	流　量		扬程/m	转速	效率/%	轴功率	配用功率	汽蚀余量
	m^3/h	L/S		/(r/min)		/kW	/kW	/m
25FB－16	3.6	1	16	2 900	33	0.48	1.1	4.0
25FB－16A	3.27	0.91	12.5	2 900	34	0.34	0.75	4.0
25FB－25	3.6	1	25	2 900	30	0.82	1.5	4.0
25FB－25A	3.27	0.91	20	2 900	31	0.57	1.1	4.0
25FB－40	3.6	1	40	2 900	23	1.71	3	4.0
25FB－40A	3.27	0.91	33.5	2 900	24	1.21	2.2	4.0
40FB－16	7.2	2	16	2 900	44	0.71	1.5	4.0
40FB－16A	6.55	1.82	12	2 900	46.7	0.5	1.1	4.0
40FB－20	7.2	2	20	2 900	42	0.93	1.5	4.0
40FB－25	7.2	2	25	2 900	39	1.26	2.2	4.0
40FB－25A	6.55	1.82	20.5	2 900	40	0.94	1.5	4.0
40FB－40	7.2	2	40	2 900	32	2.45	3	4.0
40FB－40A	6.55	1.82	32	2 900	33.5	1.73	2.2	4.0
40FB－63	7.2	2	63	2 900	27	5.42	7.5	4.0
40FB－63A	6.72	1.87	56	2 900	29	3.75	5.5	4.0
50FB－16	14.4	4	16	2 900	56	1.09	5.2	3.5

续表

型 号	流 量		扬程/m	转速 /(r/min)	效率/%	轴功率 /kW	配用功率 /kW	汽蚀余量 /m
	m^3/h	L/S						
50FB－16A	13.1	3.64	12	2 900	57	0.81	1.5	3.5
50FB－25	14.4	4	25	2 900	52	1.83	4	3.5
50FB－25A	13.1	3.64	20	2 900	51.5	1.42	3	3.5
50FB－40	14.4	4	40	2 900	46	3.32	5.5	3.5
50FB－40A	13.1	3.64	32.5	2 900	45	2.62	5.5	3.5
50FB－63	14.4	4	63	2 900	39	6.16	11	3.5
50FB－63A	13.1	3.64	54.5	2 900	38	5.24	7.5	3.5
65FB－25	28.8	8	25	2 900	62	3.16	5.5	3.5
65FB－25A	26.2	7.28	20	2 900	62	2.36	4	3.5
65FB－30	28.8	8	30	2 900	60.5	3.89	7.5	3.5
65FB－30A	26.2	7.28	25	2 900	61	2.79	5.5	3.5
65FB－40	28.8	8	40	2 900	57.5	5.46	11.5	3.5
65FB－40A	26.2	7.28	32	2 900	58	4	7.5	3.5
65FB－64	28.8	8	64	2 900	52.5	9.57	15	3.5
65FB－64A	26.2	7.28	55	2 900	51.5	7.82	7.5	3.5
80FB－15	54.4	15	15	2 900	69	3.2	5.5	3.0
80FB－15A	49.1	13.65	11.5	2 900	69	2.62	4	3.0
80FB－24	54.4	15	24	2 900	68	5.19	7.5	3.0
80FB－24A	49.1	13.65	19	2 900	68	3.94	7.5	3.0
80FB－38	54.4	15	38	2 900	66.5	8.41	15	3.0
80FB－38A	49.1	13.65	30.5	2 900	66.5	6.34	11	3.0
80FB－60	54.4	15	60	2 900	62.8	14.06	22	3.0
80FB－60A	49.1	13.65	52	2 900	62.5	11.56	18.5	3.0
100FB－23	100.8	28	23	2 900	73	8.65	15	3.0
100FB－23A	91.8	25.5	17.5	2 900	73	6.51	11	3.0
100FB－37	100.8	28	37	2 900	73	13.9	22	3.0
100FB－37A	91.8	25.5	29	2 900	70.5	11	18.5	3.0
100FB－57	100.8	28	57	2 900	70.5	22.2	37	3.0
100FB－57A	91.8	26.2	52	2 900	70.5	18.77	37	3.0
150FB－22	190.8	53	22	2 900	77	14.86	22	2.5
150FB－22A	173.5	48.2	17.5	2 900	78	10.6	18.5	2.5

续表

型 号	流 量		扬程/m	转速 /(r/min)	效率/%	轴功率 /kW	配用功率 /kW	汽蚀余量 /m
	m^3/h	L/S						
150FB－35	190.8	53	35	2 900	76	23.94	37	2.5
150FB－35A	173.5	48.2	28	2 900	76	17.42	30	2.5
150FB－56	190.8	53	56	2 900	76	38.3	55	2.5
150FB－56A	173.5	48.2	50	2 900	76	32.1	37	2.5

表 4　IS 型单级单吸离心泵

产品概述：

IS 型单级单吸离心泵，供输送清水或物理化学性质类似于水的其他液体之用，温度不高于 80℃。

设计特点：

IS 型系列性能范围（按设计点计）：转速：2 800r/min 或 1 450r/min 吸入口直径：50～200mm，流量：6.3～400m^3/h，扬程：5～125m，密封方式：填料密封、机械密封，材质：铸铁。

性能参数：

型 号	流量/(m^3/h)	扬程/m	转速/(r/min)	电机功率/kW	直径/mm	
					吸入	排出
IS50－32－125	12.5	20	2 900	2.2	50	32
	6.3	5	1 450	0.55	50	32
IS50－32－160	12.5	32	2 900	3	50	32
	6.3	8	1 450	0.55	50	32
IS50－32－200	12.5	50	2 900	0.5	50	32
	6.3	12.5	1 450	0.75	50	32
IS50－32－250	12.5	80	2 900	11	50	32
	6.3	20	1 450	1.5	50	32

续表

型　号	流量/(m^3/h)	扬程/m	转速/(r/min)	电机功率/kW	直径/mm	
					吸入	排出
IS65-50-125	25	20	2 900	3	65	50
	12.5	5	1 450	0.55	65	50
IS65-50-160	25	32	2 900	5.5	65	50
	12.5	8	1 450	0.75	65	50
IS65-40-200	25	50	2 900	7.5	65	40
	12.5	12.5	1 450	1.1	65	40
IS65-40-250	25	80	2 900	15	65	40
	12.5	20	1 450	2.2	65	40
IS65-40-315	25	125	2 900	30	65	40
	12.5	32	1 450	4	65	40
IS80-65-125	50	20	2 900	5.5	80	65
	25	5	1 450	0.75	80	65
IS80-65-160	50	32	2 900	7.5	80	65
	25	8	1 450	1.5	80	65
IS80-50-200	50	50	2 900	15	80	50
	25	12.5	1 450	2.2	80	50
IS80-50-250	50	80	2 900	22	80	50
	25	20	1 450	3	80	50
IS80-50-315	50	125	2 900	37	80	50
	25	32	1 450	5.5	80	50
IS100-80-125	100	20	2 900	11	100	80
	50	5	1 450	1.5	100	80
IS100-80-160	100	32	2 900	15	100	80
	50	8	1 450	2.2	100	80
IS100-65-200	100	50	2 900	22	100	65
	50	12.5	1 450	4	100	65
IS100-65-250	100	80	2 900	37	100	65
	50	20	1 450	5.5	100	65
IS100-65-315	100	125	2 900	75	100	65
	50	32	1 450	11	100	65

续表

型　号	流量/(m^3/h)	扬程/m	转速/(r/min)	电机功率/kW	直径/mm	
					吸入	排出
IS125－100－200	200	50	2 900	45	125	100
	100	12.5	1 450	7.5	125	100
IS125－100－250	200	80	2 900	75	125	100
	100	20	1 450	11	125	100
IS125－100－315	200	125	2 900	110	125	100
	100	32	1 450	15	125	100
IS125－100－400	100	50	1 450	30	125	100
IS150－125－250	200	20	1 450	18.5	150	125
IS150－125－315	200	32	1 450	30	150	125
IS150－125－400	200	50	1 450	45	150	125
IS200－150－250	400	20	1 450	37	200	150
IS200－150－315	400	32	1 450	55	200	150
IS200－150－400	400	50	1 450	90	200	150

表 5　不锈耐酸钢制 PN0.6、1.6MPa 不可拆式(Ⅰ型)螺旋板换热器

公称换热面积/m^2	通道	计算换热面积/m^2	流速 1m/s 时处理量/(m^3/h)	接管	型　号	质量/kg	
						Ⅰ6B 型	Ⅰ16B
1	6	1.0	3.89	40	Ⅰ6,Ⅰ16B1－0.2/300－6	44	50
2	6	2.1	3.89	40	Ⅰ6,Ⅰ16B2－0.2/400－6	78	85
4	6	4.4	8.2	50	Ⅰ6,Ⅰ16B4－0.4/400－6	131	135
	10	4.5	17.3	80	Ⅰ6,Ⅰ16B4－0.5/450－10	129	133
	10	4.8	13.7	70	Ⅰ6,Ⅰ16B4－0.4/500－10	161	205
8	6	7.3	8.21	50	Ⅰ6,Ⅰ16B8－0.4/500－6	212	215
	10	7.85	17.3	80	Ⅰ6,Ⅰ16B8－0.5/550－10	235	273
	10	7.3	20.90	80	Ⅰ6,Ⅰ16B8－0.6/500－10	237	275
10	6	11.1	8.21	50	Ⅰ6,Ⅰ16B10－0.4/600－6	295	355
	10	11.5	17.3	80	Ⅰ6,Ⅰ16B10－0.5/650－10	315	405
	10	11.2	20.90	80	Ⅰ6,Ⅰ16B10－0.6/600－10	305	395
15	6	16.9	12.54	70	Ⅰ6,Ⅰ16B15－0.6/600－6	415	490
	10	14.72	17.3	80	Ⅰ6,Ⅰ16B15－0.5/760－10	405	575
	10	15.0	28.1	80	Ⅰ6,Ⅰ16B15－0.8/600－10	400	570
	14	15.6	39.3	100	Ⅰ6,Ⅰ16B15－0.8/700－14	505	680

续表

公称换热面积/m^2	通道	计算换热面积/m^2	流速 1m/s 时处理量/(m^3/h)	接管	型　号	质量/kg	
						I 6B 型	I 16B
20	6	21.7	8.21	50	I 6,I 16B20 - 0.4/800 - 6	540	710
	10	21.0	20.90	80	I 6,I 16B20 - 0.6/800 - 10	555	735
	14	20.9	39.30	100	I 6,I 16B20 - 0.8/800 - 14	660	830
25	10	26.6	29.90	80	I 6,I 16B25 - 0.6/900 - 10	610	950
	14	26.9	39.20	100	I 6,I 16B25 - 0.8/900 - 14	720	1 060
30	10	28.2	28.10	100	I 6,I 16B30 - 0.8/800 - 14	750	1 180
	14	32.2	39.20	100	I 6,I 16B30 - 0.8/1000 - 14	980	1 370
40	10	45.4	35.30	100	I 6,I 16B40 - 1.0/900 - 10	1 130	1 515
	14	40.2	19.4	125	I 6,I 16B40 - 1.0/1000 - 14	1 200	1 630
50	10	53.9	35.3	100	I 6,I 16B50 - 1.0/1000 - 14	1 360	1 755
60	10	61.05	35.3	100	I 6,I 16B60 - 1.0/1100 - 10	1 920	2 112
	14	60.08	49.40	125	I 6,I 16B60 - 1.0/1200 - 14	2 000	2 200
80	10	81.83	35.3	100	I 6,I 16B80 - 1.0/1200 - 10	2 560	2 816
	14	80.9	49.40	125	I 6,I 16B80 - 1.0/1400 - 14	2 667	1 934
100	10	101.9	35.3	100	I 6,I 16B100 - 1.0/1300 - 10	3 200	3 520
	14	100.06	49.40	125	I 6,I 16B100 - 1.0/1500 - 14	3 333	3 666
120	10	115.5	35.3	100	I 6,I 16B120 - 1.0/1500 - 10	3 870	4 257
	14	119.0	49.40	125	I 6,I 16B120 - 1.0/1700 - 14	4 020	4 422
130	14	128.80	49.4	125	I 6,I 16B130 - 1.0/1750 - 14	4 241	4 665
	18	129.09	63.5	150	I 6,I 16B130 - 1.0/1967 - 18	4 462	4 908
150	14	148.1	49.4	125	I 6,I 16B150 - 1.0/1890 - 14	4 702	5 172
	18	148.2	63.5	150	I 6,I 16B150 - 1.0/2010 - 18	4 962	5 458

表 6　　碳素钢制 Pg6、16kg/cm^2 不可拆式（I 型）螺旋板换热器

公称换热面积/m^2	通道	计算换热面积/m^2	流速 1m/s 时处理量/(m^3/h)	接管	型　号	质量/kg	
						I 6T 型	I 16T
6	6	6.5	8.2	50	I 6, I 16T6 - 0.4/500 - 6	230	280
	10	5.8	13.7	70	I 6, I 16T6 - 0.4/600 - 10	285	350
8	6	8.7	8.2	50	I 6, I 16T8 - 0.4/600 - 6	370	430
	10	7.7	17.3	80	I 6, I 16T8 - 0.5/660 - 10	395	454
	10	8.7	13.7	70	I 6, I 16T8 - 0.4/700 - 10	405	465

续表

公称换热面积/m^2	通道	计算换热面积/m^2	流速1m/s时处理量/(m^3/h)	接管	型　号	质量/kg	
						I 6T 型	I 16T
10	6	9.9	12.5	70	I 6，I 16T10－0.6/500－6	335	395
	10	9.2	17.30	80	I 6，I 16T10－0.5/660－10	472	543
	10	8.8	20.9	80	I 6，I 16T10－0.6/600－10	410	495
15	6	12.5	8.2	50	I 6，I 16T15－0.4/700－6	510	580
	10	14.64	17.30	80	I 6，I 16T15－0.5/800－10	679	781
	10	13.3	20.9	80	I 6，I 16T15－0.6/700－10	575	680
	14	13.8	29.2	100	I 6，I 16T15－0.6/800－14	640	755
20	6	19.0	12.5	70	I 6，I 16T20－0.6/700－6	730	845
	10	18.3	28.1	80	I 6，I 16T20－0.8/800－10	735	870
	14	18.5	39.3	100	I 6，I 16T20－0.8－800－14	810	960
25	10	23.1	28.1	100	I 6，I 16T25－0.8/800－10	935	1 120
	14	23.3	49.4	125	I 6，I 16T25－1.0/800－14	1 000	1 165
30	10	29.0	35.3	100	I 6，I 16T30－1.0/800－10	1 190	1 470
	14	28.1	59.4	125	I 6，I 16T30－1.2/800－14	1 170	1 425
40	10	40.9	20.9	80	I 6，I 16T40－0.6/1200－10	1 725	1 885
	14	42.3	39.3	100	I 6，I 16T40－0.8/1200－14	1 845	2 110
	18	44.9	63.5	150	I 6，I 16T40－1.0/1200－18	2 075	2 405
50	10	46.2	35.5	100	I 6，I 16T50－1.0/1000－10	1 800	2 085
	14	53.2	49.4	125	I 6，I 16T50－1.0/1200－14	2 490	2 595
	18	54.0	76.3	150	I 6，I 16T50－1.2/1200－18	2 435	2 820
60	10	56.8	20.9	80	I 6，I 16T60－0.6/1400－10	2 330	2 635
	14	60.7	39.3	100	I 6，I 16T60－0.8/1400－14	2 595	2 850
	18	59.6	63.5	150	I 6，I 16T60－1.0/1400－18	2 730	3 150
80	10	76.4	28.1	100	I 6，I 16T80－0.8/1400－10	2 970	4 060
	14	78.6	39.3	100	I 6，I 16T80－0.8/1600－14	3 120	3 605
	18	82.0	63.5	150	I 6，I 16T80－1.0/1600－18	3 580	4 205
100	10	101.4	28.1	100	I 6，I 16T100－0.8/1600－10	3 905	4 330
	14	98.8	49.4	125	I 6，I 16T100－1.0/1600－14	4 040	4 585
	18	98.8	76.3	150	I 6，I 16T100－1.2/1600－18	4 200	4 930
120	10	115.5	42.5	125	I 6，I 16T120－1.2/1400－10	4 350	4 980
	14	119.0	59.4	125	I 6，I 16T120－1.2/1600－14	4 770	5 440
150	14	149.15	59.4	125	I 6，I 16T150－1.2/1800－14	6 431	7 396
	18	149.86	76.3	150	I 6，I 16T150－1.2/2000－18	6 643	7 639
	20	147.6	83.81	150	I 6，I 16T150－1.2/2050－20	6 769	7 784

四、化工工艺图图线、代号与图例规定

表 1　　**化工工艺图应用的图线**

序号	图线名称	图线规格	全厂物料平衡图	物料流程图	带控制点工艺流程图	辅助管道系统图	蒸汽伴管系统图	首页图	设备布置图	设备支架图	管口方位图	管道布置图	蒸汽伴管系统布置图	管架图	管件图	管段图
1	粗实线	———— b=0.8~12.2mm	主要物料流程线		工艺物料管线	辅助物料管线	蒸汽管及冷凝水管	增、进出管线	设备可见轮廓、单线管口	支架	设备、单线管口	单线管道		管架	管件	管道
2	中实线	———— (1/2~2/3)b			辅助物料管线			室外设备	双线管口 建(构)筑物	设备		双线管道		管道、建(构)筑物		
3	细实线	———— b/3 或更细	车间	设备	设备 管件、阀门、仪表(仪表管线)							设备、建(构)筑物、管件、阀门、仪表、管架、仪表盘				管件、阀门、控制点
4	粗虚线	- - - - - - b			工艺物料不可见管线				设备不可见轮廓							
5	虚线	— — — — b			埋地及不可见辅助物料管线											
6	细虚线	— — — — b/3			设备内不可见结构 仪表管线											
7	点划线	—·— b/3						建筑定位轴线								
8	双点划线	—··— b/3								(设备)		分区简图中的分区界线			与管道的焊缝	设备管口、其他管段
9	粗双点划线	—··— (1~1.2)b					蒸汽来源管(总管)、冷凝水收集管	(分区界线)				分区界线	蒸汽及凝水总管			

注：(1) 与国家标准《机械制图》规定相符的图线，本表基本上未予列出。

(2) 本表基本摘自有关部门制定的化工工艺初步设计和施工图设计文件编制规定。

(3) 括号中的内容，在有些图样中采用该种线型绘制。

表 2　　工艺流程图的设备代号与图例

序号	设备类别	代号	图例
1	泵	B	 （电动）离心泵　（汽轮机）离心泵　往复泵
2	反应器和转化器	F	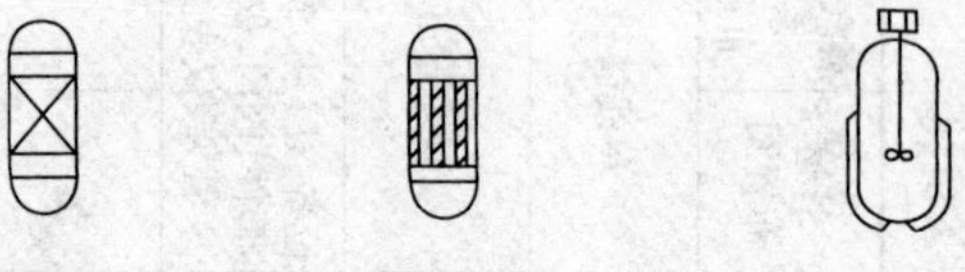 固定床反应器　管式反应器　聚合釜
3	换热器	H	 列管式换热器 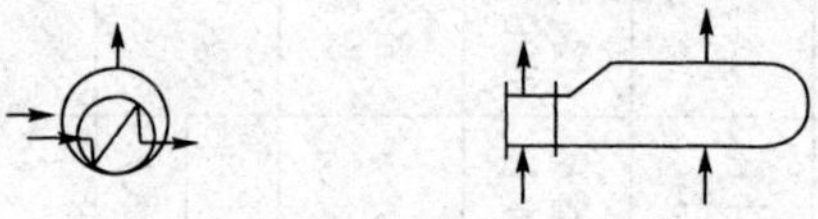 带蒸发空间换热器 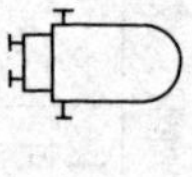 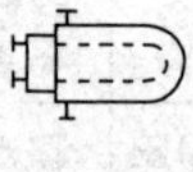 预热器（加热器）　热水器（热交换器）   空冷器 （水平式）　（斜顶式） 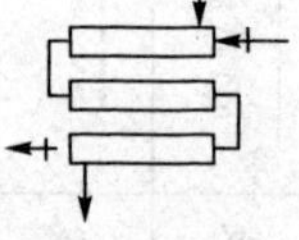 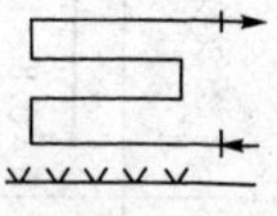 套管式换热器　喷淋式冷却器

续表

序号	设备类别	代号	图　例
4	压缩机、鼓风机和驱动机	J	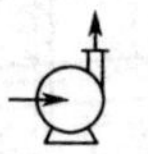 离心式鼓风机  罗茨鼓风机 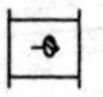 轴流式通风机 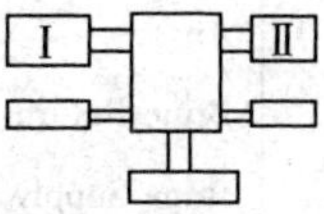 多级往复式压缩机 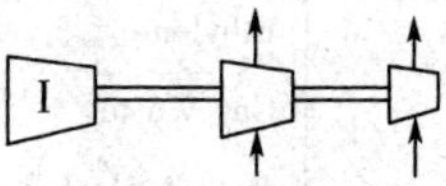 汽轮机传动离心式压缩机
5	工业炉	L	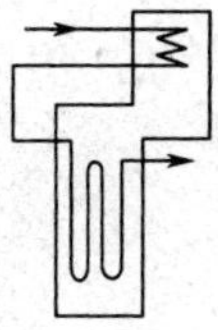 箱式炉 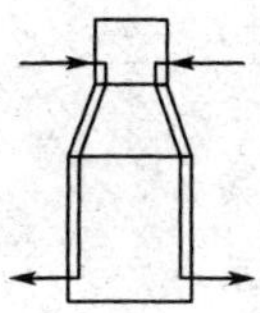 圆筒炉
6	贮槽和分离器	R	 卧式槽 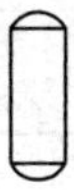 立式槽  干燥器（吸附器、离子交换器）  锥顶罐 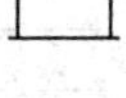 浮顶罐  湿式气柜 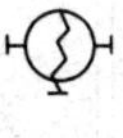 油分离器 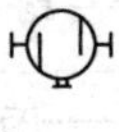 滤尘器  除尘器  球罐

注：本表摘自有关部门制定的化工工艺设计文件编制规定。

表 3　　化工工艺图的管道物料代号

代号	物料名称	代号来源	代号	物料名称	代号来源
AA	醋酸系	Acetic Acid	OX	氧	Oxygen
AC	丙烯酸	Acrylic Acid	SA	硫　酸	Sulfuric Acid
AI	仪表用空气	Air for Instrument	S	蒸　汽	Steam
AL	乙　醇	Alcohol	SC	蒸汽冷凝液	Steam Condensate
AN	丙烯腈	Acrylonitrile	SH	高压蒸汽 $20kg/cm^2G$	Steam High
A	空　气	Air	SL	低压蒸汽 $2kg/cm^2G$	Steam Low
BR	盐水(回收)	Brine Return	SM	中压蒸汽 $6kg/cm^2G$	Steam Me
BS	盐水(供应)	Brine Supply	SS	过热中压蒸汽	Steam Super Heat
CD	二氧化碳	Carbon Dioxide	VS	真空系统	Vacuum System
CW	液体苛性钠	Caustic Soda + Water	WD	饮料水	Water Drinking
ET	乙　烯	Ethylene	WE	洗涤用水	Water Extracting
GW	废　气	Gas Waste	WF	消防水	Water Fire Extinguishing
ME	甲醇系	Methyl Alcohol	W	水	Water
NH	氮(高压)	Nitrogen High	WG	清　水	Water General
NI	氮(仪表用)	Nitrogen for Instrument	WH	温　水	Water Hot
NL	氮(低压)	Nitrogen Low	WI	纯　水	Water Ion - oxchanged
O	油	Oil	WP	工艺水	Water Process
OL	润滑油系	Oil Lubricant	WR	冷却水(回收)	Water Return
OS	密封油系	Oil Seal	WS	冷却水(供应)	Water Supply
B	啤　酒	Beer	WW	废　水	Water Waste
WO	麦芽汁	Wort			

表 4　　工艺流程图的管道与附件图例

序号	名　称	符　号	序号	名　称	符　号
1	软管 翅管 可拆卸短管 同心异径管 偏心异径管 多孔管	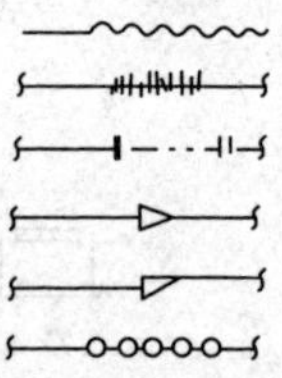	4	插板(滑动盲板) 8 字盲板 锐孔板或限流锐孔板	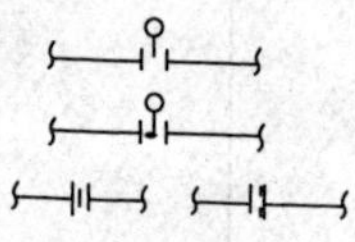
2	Y 型过滤器 锥型过滤器 帽型过滤器	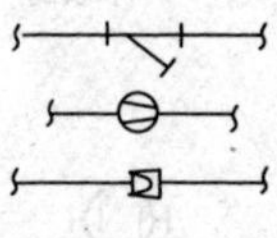	5	盲法兰 管子椭圆(或蝶形)封头 管子平板封头	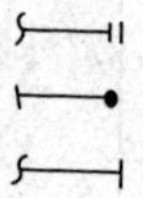
3	毕托管 文氏管 流量管 混合管	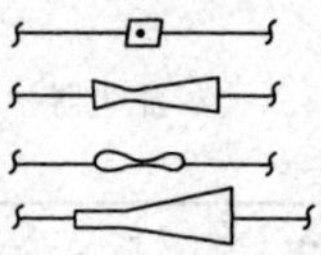	6	活接头 软管活接头 转动活接头 吹扫接头 挠性接头	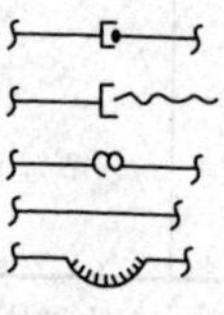

续表

序号	名　称	符　号
7	放空管或带防雨帽放空管 火炬	
8	分析取样接口 漏斗	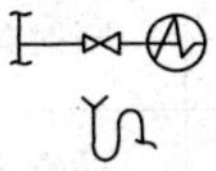
9	消音器 阻火器 爆破膜 爆破板或带放空管爆破板	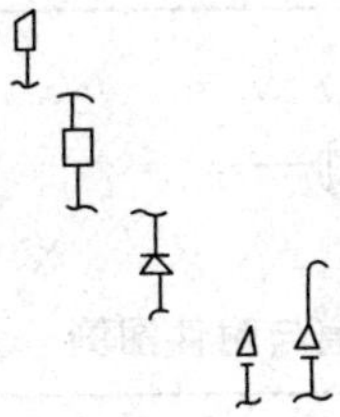
10	玻璃管液面计 玻璃板液面计 高压液位计	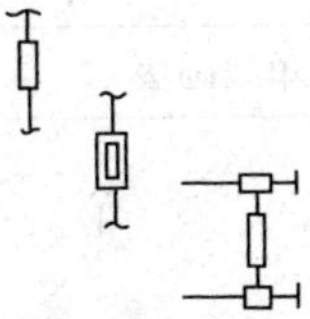
11	视镜或视盅	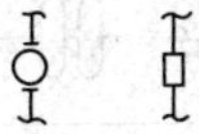
12	伸缩器（波型、方型、弧形）	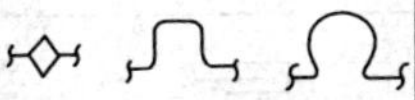
13	疏水器	
14	来自或至其他图 来自或去界区外	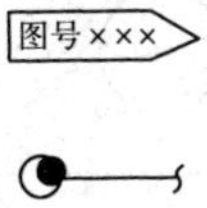
15	闸阀	
16	截止阀	
17	针孔阀	
18	球阀	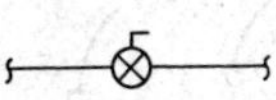
19	蝶阀	
20	减压阀	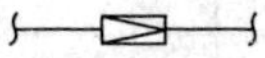
21	旋塞（直通、三通与四通）	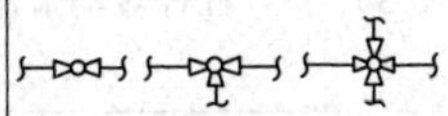
22	安全阀（弹簧式与重锤式）	
23	Y 型阀	
24	隔膜阀	
25	止回阀	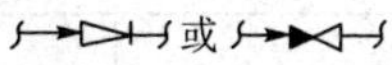
26	高压直通阀	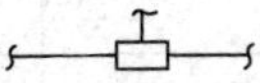
27	高压角式截止阀	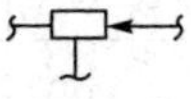
28	高压直通节流阀	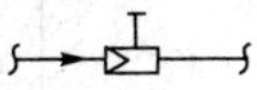
29	高压角式节流阀	
30	高压球阀	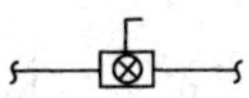
31	高压弹簧式安全阀（密闭式与开放式）	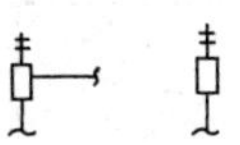
32	高压止回阀	
33	柱塞阀	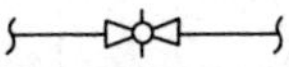
34	活塞阀	

续表

序号	名　称	符　号	序号	名　称	符　号
35	浮球阀	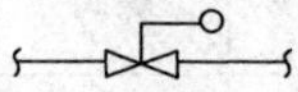	38	取样阀与实验室用龙头	
			39	旋启式止回阀	
36	杠杆转动节流阀		40	喷射器	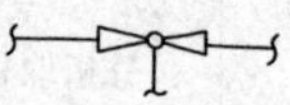
37	底阀		41	塑料防雨帽	

注：(1) 本表摘自有关部门编制的规定。

(2) 安装在操作板上的阀门以○表示，如  。

表 5　　管道布置图的管道与附件图例

序号	名　称	符　号	
		单线画法	双线画法
1	放空管		
2	波形伸缩器	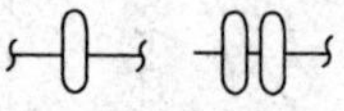	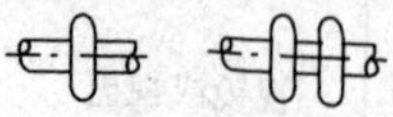
3	填料式伸缩器	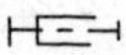	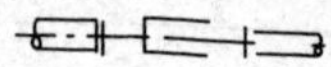
4	有固定点的填料式伸缩器	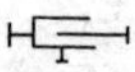	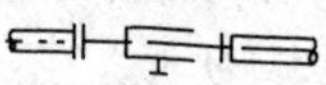
5	方型伸缩器	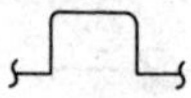	
6	弧形伸缩器		
7	折皱伸缩器		
8	法兰三通定型焊接三通	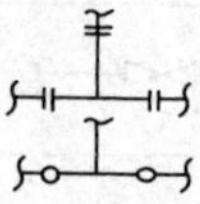	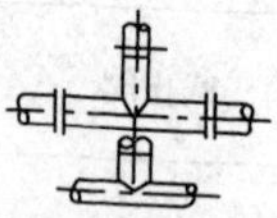
9	焊接弯头与法兰弯头	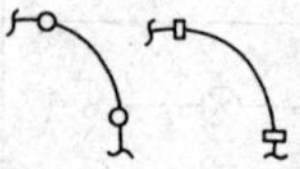	

续表

序号	名　称	符　号	
		单线画法	双线画法
10	高颈法兰	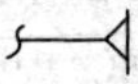	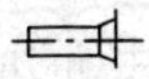
11	直通阀(法兰连接)	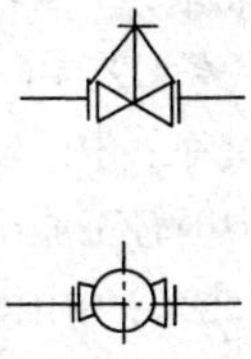	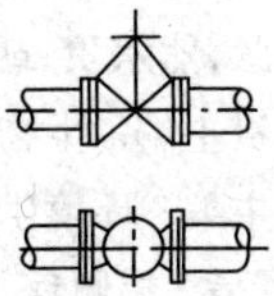
		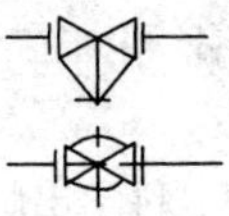	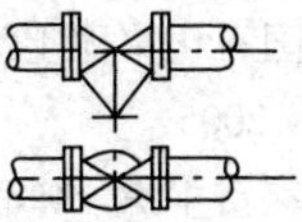
		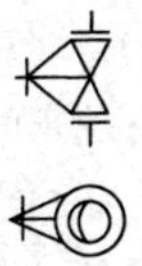	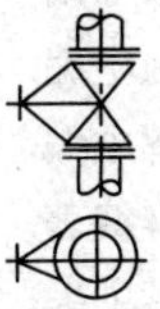
	直通阀(螺纹连接)	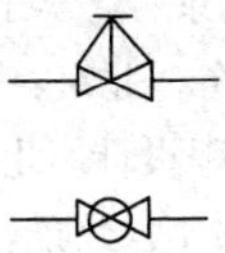	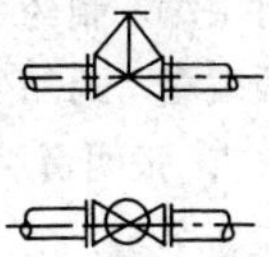
12	角阀(法兰连接)	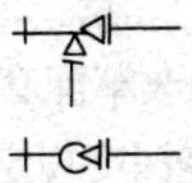	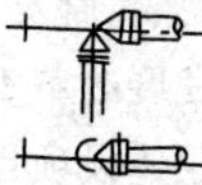
13	安全阀(法兰连接)	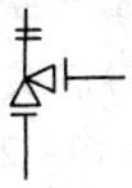	

注：本表摘自有关部门编制的规定。

主要参考文献

1. 吴思方主编. 发酵工厂工艺设计概论. 北京：中国轻工业出版社. 1995
2. 梁世中主编. 生物工程设备. 北京：中国轻工业出版社. 2005
3. 伦世仪主编. 生化工程. 北京：中国轻工业出版社. 1992
4. 顾国贤主编. 酿造酒工艺学. 第2版. 北京：中国轻工业出版社. 2006
5. 周晓云主编. 酶学原理与酶工程. 北京：中国轻工业出版社. 2005
6. 张克旭主编. 氨基酸发酵工艺学. 北京：中国轻工业出版社. 1998
7. 邬行彦,熊宗贵,胡章助,主编. 抗生素工艺学. 北京：化学工业出版社. 1991
8. 毛忠贵主编. 生物工业下游技术. 北京：中国轻工业出版社. 2006
9. 陈坚主编. 环境生物技术. 北京：中国轻工业出版社. 2006
10. 章克昌，吴佩琮. 酒精工业手册. 北京：中国轻工业出版社. 1989
11. 贾树彪，李盛贤，吴国峰编. 新编酒精工艺学. 北京：化学工业出版社. 2004
12. 中国石化集团上海工程有限公司编. 化工工艺设计手册（第三版）上、下册. 北京：化学工业出版社. 2005
13. 逯家富主编. 啤酒生产技术. 北京：科学出版社. 2004
14. 俞俊棠等编. 新编生物工艺学. 上、下册. 北京：化学工业出版社. 2003
15. 侯文顺主编. 化工设计概论（第二版）. 北京：化学工业出版社. 2005
16. 唐燕辉主编. 药物制剂生产专用设备及车间工艺设计（第二版）. 北京：化学工业出版社. 2006
17. 陈利群编著. 制药厂设计与实践. 上海：同济大学出版社. 2006
18. 张洪斌主编. 药物制剂工程技术与设备. 北京：化学工业出版社. 2003
19. 张珩主编. 制药工程工艺设计. 北京：化学工业出版社. 2006
20. 梁毅编著. 药品生产企业 GMP 实务. 北京：军事医学科学出版社. 2003
21. 朱宏吉、张明贤编. 制药设备与工程设计. 北京：化学工业出版社. 2004
22. 陈霖新主编. 洁净厂房的设计与施工. 北京：化学工业出版社. 2003
23. 冯为民、付晓灵主编. 工程经济学. 北京：北京大学出版社. 2006
24. 国家发展改革委投资司. 投资体制改革配套文件汇编. 北京. 2005
25. 轻工业建设项目初步设计编制内容深度规定 QBJS 6—2005
26. 轻工业建设项目可行性研究报告编制内容深度规定 QBJS 5—2005
27. 轻工业建设项目施工图设计编制内容深度规定 QBJS 34—2005
28. 轻工业工程设计概算编制办法 QBJS 10—2005
29. 医药建设项目初步设计内容及深度规定[国家医药管理局文件. 国药综经字（1995）. 第 397 号]
30. 医药建设项目可行性研究报告内容及深度规定[国家医药管理局文件. 国药综经字（1995）. 第 397 号]
31. 药品生产质量管理规范（1998 年修订. 国家药品监督管理局颁发）
32. 药品生产质量管理规范实施指南（2001 年版. 中国化学制药工业协会. 中国医药工业公司）
33. 医药工业洁净厂房设计规范（国家医药管理局颁布. 1996）
34. 洁净厂房设计规范 GB 50073—2001
35. 食品企业通用卫生规范 GB 14881—1994

36. 工业企业设计卫生标准 GBZ 1—2002
37. 中华人民共和国建设部. 建筑工程设计文件编制深度规定. 2003
38. 机械工业信息研究院等编. 机电产品供应目录. 风机分册、阀门分册、泵分册. 北京：机械工业出版社. 2006
39. 邝生鲁主编. 化学工程师技术全书. 上、下册. 北京：化学工业出版社. 2001

中国轻工业出版社生物专业教材书目

本 科 教 材

物工程工厂设计概论	36.00 元
物制药技术（第二版）	45.00 元
基酸工艺学	42.00 元
物工艺技术	35.00 元
生物学	35.00 元
生物学实验技术	28.00 元
工程	34.00 元
学原理和酶工程	40.00 元
物工程专业实验（天津市高校“十五”规划教材）	25.00 元
物工业下游技术（普通高等教育“九五”国家级重点教材）	26.00 元
生物工程原理	40.00 元
物工程分析与检验	34.00 元
物化学	64.00 元
酵生物技术专业英语	20.00 元
物工程设备	50.00 元
业发酵分析	20.00 元
物制药技术	38.00 元
酵工业概论	30.00 元
物化学	40.00 元
基酸发酵工艺学	42.50 元
胞生物学	32.00 元
物工程概论	12.00 元
谢控制发酵	32.00 元
化工程	14.00 元
生物学（第二版）	34.50 元
境生物技术	30.00 元

高职高专教材

物化学	26.00 元
品检验技术	26.00 元
药学概论	30.00 元
物制药工艺学	26.00 元
物化学技术	28.00 元
物检测技术	24.00 元
药设备	26.00 元
事管理与法规	39.00 元

药理学	32.00元
药物制剂技术（普通高等教育“十一五”国家级规划教材）	34.00元
药品营销原理与实务	36.00元
药剂学	35.00元
药品检验	35.00元
发酵工艺原理	30.00元
生物化学技术	28.00元
生物检测技术	24.00元
食用菌生产技术	35.00元
现代生物技术概论	28.00元
植物组织培养	28.00元
微生物学	40.00元
氨基酸发酵生产技术	30.00元
生物化学	30.00元
化工原理	48.00元
有机化学	20.00元
发酵工艺教程	24.00元
发酵食品工艺学	28.00元

中职教材

啤酒工艺学	36.00元
生物化学	15.50元
发酵工厂设备	45.25元
微生物学	15.00元
酒精工艺学	18.00元
发酵调味品工艺学	20.00元

国家职业资格培训教程

白酒酿造工教程（上）	26.00元
白酒酿造工教程（中）	22.00元
白酒酿造工教程（下）	38.00元